化学工程基础

杜正银 冯 华 胡东成 编

西北师范大学教材建设基金资助项目

科学出版社
北 京

内 容 简 介

本书主要论述化学工程中典型单元操作、理想反应器及化学工艺学的基本原理及其应用。全书共9章，内容按照传递过程、反应工程、化学工艺三部分编排，系统阐述动量传递、热量传递、质量传递、反应动力学、理想反应器和合成氨工艺学的基本原理、数学模型、典型设备和过程优化等。

本书可作为高等学校化学、应用化学专业化学工程基础课程的教材，也可作为环境工程、生物工程、制药工程等工科专业少学时化工原理课程的教学用书，还可供化学、化工及相关专业的研究生和从事上述专业的生产、设计、开发、运行的工程技术人员参考。

图书在版编目（CIP）数据

化学工程基础 / 杜正银，冯华，胡东成编. -- 北京：科学出版社，2024.12. -- ISBN 978-7-03-080565-2

Ⅰ. TQ02

中国国家版本馆CIP数据核字第2024B1B522号

责任编辑：丁 里 / 责任校对：杨 赛
责任印制：张 伟 / 封面设计：迷底书装

科学出版社 出版
北京东黄城根北街16号
邮政编码：100717
http://www.sciencep.com

北京中石油彩色印刷有限责任公司印刷
科学出版社发行 各地新华书店经销
*

2024年12月第 一 版　开本：787×1092　1/16
2024年12月第一次印刷　印张：17 1/4
字数：449 000

定价：59.00元

（如有印装质量问题，我社负责调换）

前　言

"化学工程基础"是高等学校化学、应用化学等专业的一门必修课，是以物理、化学、数学的原理为基础，研究工业生产中化学物质的转化过程及物质的组成、性质和状态变化的一门工程课程。"化学工程基础"是基础理论到工程实践的桥梁，是过程强化、过程集成和解决工程问题的有效工具，属于应用广泛的工程技术基础课。通过对该课程的学习，学生可以掌握化工生产过程中涉及的常见单元操作和反应工程的基本规律，熟悉常见工程问题的解决途径与方法，提高运用多学科知识分析和解决实际工程问题的能力。

本书内容按照传递过程、反应工程、化学工艺三部分编排，系统阐述动量传递、热量传递、质量传递、反应动力学、理想反应器和合成氨工艺学的基本原理、数学模型、典型设备和过程优化等。通过对本书内容的学习，学生将对化学工程的工科特点有明确的认识，对化工生产过程中物理过程与化学过程的密切联系，以及物理、化学、材料、机械等多学科交叉融合有深入的理解。本书不仅能使学生具备一定的与化工实际生产过程和工程原理相关的工科知识，形成较为完善的知识构架，而且能在一定程度上满足学生个性发展的多样化需要，为今后择业、创业提供帮助和参考。

本书由西北师范大学杜正银教授、冯华副教授、胡东成副教授编写，杜正银教授负责全书统稿和校审。在编写过程中，西北师范大学王永成教授、宋鹏飞教授、黄静伟副教授，宁夏师范学院梁永峰教授，兰州文理学院张兴辉教授，西北民族大学张宏教授，河西学院佟永纯教授，陇东学院武芸教授，兰州城市学院徐大乾副教授，天水师范学院张建斌副教授，甘肃农业大学胡冰副教授等提出了很多好的意见和建议；研究生张茜、牟丹、王俊怡、刘昶昊、王璐、吴圆圆、张菊红、董坤、代梦莲等在文字校对、绘图方面做了很多工作，在此一并表示衷心的感谢。最后感谢西北师范大学教材建设基金、西北师范大学化学化工学院对本书出版的资金支持。

由于编者水平有限，书中不妥和疏漏之处在所难免，敬请广大读者朋友批评指正。

编　者
2024 年 2 月于兰州

目 录

前言
第1章 绪论 ··· 1
  1.1 化学工业概述 ··· 1
    1.1.1 化学工业发展概况 ·· 1
    1.1.2 化学工业在国民经济中的地位 ·· 1
    1.1.3 化学工业的特点和分类 ·· 2
  1.2 化学工程学 ·· 3
    1.2.1 化学工程学的形成与发展 ··· 3
    1.2.2 化学工程学的性质与任务 ··· 4
    1.2.3 化学工程学的内容 ·· 4
    1.2.4 化学工程学的研究方法 ·· 5
  1.3 化工生产过程 ··· 5
    1.3.1 从实验室到工业化生产 ·· 5
    1.3.2 化工过程开发步骤 ·· 7
  习题 ··· 9
第2章 流体流动与输送 ·· 10
  2.1 流体静力学基本方程及其应用 ·· 10
    2.1.1 流体概述 ··· 10
    2.1.2 流体静力学基本方程 ·· 13
    2.1.3 流体静力学基本方程的应用 ··· 14
  2.2 流体流动中的守恒原理 ·· 17
    2.2.1 流体的流动 ·· 17
    2.2.2 守恒原理及其应用 ··· 20
  2.3 流体的流动阻力 ··· 26
    2.3.1 流体在管内的流动阻力 ··· 26
    2.3.2 流体流动阻力的计算 ·· 31
  2.4 简单管路的计算 ··· 38
  2.5 流体流量的测量 ··· 40
    2.5.1 孔板流量计 ·· 40
    2.5.2 文丘里流量计 ··· 42
    2.5.3 转子流量计 ·· 42
  2.6 流体输送机械 ·· 43
    2.6.1 离心泵的分类 ··· 44
    2.6.2 离心泵的结构 ··· 44

2.6.3　离心泵的工作原理 ·· 45
　　　2.6.4　离心泵的主要性能参数及特性曲线 ·· 46
　　　2.6.5　离心泵的安装高度 ·· 48
　习题 ··· 49

第 3 章　热量传递·· 52
　3.1　概述 ·· 52
　　　3.1.1　传热在化工生产中的应用 ··· 52
　　　3.1.2　传热基本方式 ·· 52
　　　3.1.3　工业中的换热方式 ·· 53
　　　3.1.4　热载体及其选择 ··· 54
　　　3.1.5　传热基本概念 ·· 54
　3.2　传导传热 ··· 54
　　　3.2.1　傅里叶定律 ··· 54
　　　3.2.2　导热系数 ·· 55
　　　3.2.3　平壁的稳态热传导 ·· 57
　　　3.2.4　圆筒壁的稳态热传导 ··· 59
　3.3　对流传热 ··· 61
　　　3.3.1　对流传热过程分析 ·· 61
　　　3.3.2　牛顿冷却定律 ·· 62
　　　3.3.3　传热膜系数 ··· 62
　3.4　传热过程的计算 ·· 67
　　　3.4.1　总传热系数 ··· 67
　　　3.4.2　传热的平均温度差 ·· 70
　　　3.4.3　热交换计算示例 ··· 74
　3.5　传热设备 ··· 76
　　　3.5.1　换热器 ··· 76
　　　3.5.2　其他传热设备 ·· 79
　3.6　强化传热的途径 ·· 81
　习题 ··· 83

第 4 章　吸收·· 85
　4.1　概述 ·· 85
　　　4.1.1　吸收的目的与分类 ·· 85
　　　4.1.2　吸收剂的选择 ·· 86
　　　4.1.3　吸收流程与设备 ··· 86
　4.2　气液相平衡 ·· 88
　　　4.2.1　亨利定律 ·· 88
　　　4.2.2　气液相平衡与吸收过程 ·· 91
　4.3　传质与吸收速率方程 ·· 92
　　　4.3.1　单相中的传质 ·· 93
　　　4.3.2　对流传质 ·· 97

		4.3.3 吸收速率方程 ·································	98
4.4	填料吸收塔的计算 ···································		102
	4.4.1	物料衡算与操作线方程 ·····························	102
	4.4.2	填料层高度的计算 ································	105
	4.4.3	传质单元数的计算 ································	107
4.5	填料塔 ··		109
	4.5.1	填料塔的结构 ····································	109
	4.5.2	填料的特性和种类 ································	110
	4.5.3	填料塔的流体力学性能 ···························	112
习题 ··			114

第5章 精馏 ·· 116

5.1	概述 ··		116
5.2	相律与气液相平衡 ···································		116
	5.2.1	相律 ··	117
	5.2.2	两组分理想体系的气液相平衡 ····················	117
5.3	精馏原理 ·······································		120
	5.3.1	部分汽化和部分冷凝 ·····························	120
	5.3.2	精馏过程 ··	121
	5.3.3	理论板及恒摩尔流假设 ···························	122
5.4	两组分连续精馏 ···································		123
	5.4.1	物料衡算及操作线方程 ···························	123
	5.4.2	进料热状况对精馏操作的影响 ····················	126
	5.4.3	回流比及其对精馏操作的影响 ····················	129
	5.4.4	理论塔板数的计算 ································	135
5.5	实际塔板数与塔板效率 ··································		139
	5.5.1	塔板效率 ··	139
	5.5.2	塔高、塔径及塔板压降的计算 ····················	140
5.6	其他精馏方式 ·····································		142
	5.6.1	间歇精馏 ··	142
	5.6.2	特殊精馏 ··	144
5.7	板式塔 ··		147
	5.7.1	塔板的类型 ······································	148
	5.7.2	塔板的性能评价 ··································	150
	5.7.3	塔板的结构 ······································	150
	5.7.4	塔板的流体力学状况 ·····························	151
习题 ··			153

第6章 均相反应动力学与理想反应器 ················· 155

6.1	概述 ··		155
	6.1.1	化学反应器的分类 ································	156
	6.1.2	化学动力学基本概念 ·····························	157

6.2 简单反应动力学 162
6.2.1 反应速率方程及反应级数 162
6.2.2 单一反应的速率方程 163
6.3 复杂反应动力学 166
6.3.1 平行反应 166
6.3.2 连串反应 167
6.4 理想反应器 169
6.4.1 反应器体积、反应时间与空间速度 170
6.4.2 理想流动模型与反应器设计方程 171
6.4.3 间歇反应器 174
6.4.4 活塞流反应器 176
6.4.5 全混流反应器 179
6.4.6 多釜串联反应器 182
6.4.7 理想流动反应器容积比较 186
6.4.8 反应器的热稳定性 187
6.5 理想反应器的优化 188
6.5.1 以生产强度为优化目标 188
6.5.2 以产率和选择性为优化目标 189
习题 191

第 7 章 多相反应动力学与多相反应器 193
7.1 多相催化概述 193
7.1.1 多相催化反应 193
7.1.2 工业催化的特点和要求 193
7.2 气固相催化反应动力学 195
7.2.1 气固相催化反应步骤 195
7.2.2 气固相催化反应本征动力学 196
7.2.3 气固相催化反应宏观动力学 202
7.2.4 温度对气固相催化反应的影响 211
7.3 气固相催化反应器 211
7.3.1 固定床反应器 212
7.3.2 流化床反应器 214
习题 215

第 8 章 停留时间分布 217
8.1 概述 217
8.1.1 停留时间分布密度函数 217
8.1.2 停留时间分布函数 218
8.2 停留时间分布函数的测定 219
8.2.1 脉冲示踪法 219
8.2.2 阶跃示踪法 221
8.3 停留时间分布的数学特征 221

8.3.1 数学期望 ………………………………………………………………………… 221
8.3.2 方差 …………………………………………………………………………… 222
8.3.3 对比时间 ……………………………………………………………………… 223
8.4 理想反应器的停留时间分布 ……………………………………………………… 225
8.4.1 活塞流反应器 ………………………………………………………………… 225
8.4.2 全混流反应器 ………………………………………………………………… 226
8.5 非理想反应器的停留时间分布 …………………………………………………… 228
8.5.1 多釜串联反应器 ……………………………………………………………… 228
8.5.2 轴向扩散流动模型反应器 …………………………………………………… 231
8.6 停留时间分布的应用 ……………………………………………………………… 234
8.7 实际流动反应器的计算 …………………………………………………………… 235
8.7.1 全混流反应器的转化率和体积 ……………………………………………… 236
8.7.2 多釜串联反应器的转化率 …………………………………………………… 236
习题 ……………………………………………………………………………………… 236

第9章 合成氨工艺 …………………………………………………………………… 238
9.1 概述 ………………………………………………………………………………… 238
9.1.1 合成氨工业发展简史 ………………………………………………………… 238
9.1.2 氨的用途及其重要性 ………………………………………………………… 239
9.1.3 合成氨的原料及原则流程 …………………………………………………… 239
9.2 原料气的生产和净化 ……………………………………………………………… 240
9.2.1 原料气的生产 ………………………………………………………………… 240
9.2.2 原料气的净化 ………………………………………………………………… 244
9.3 氨的合成 …………………………………………………………………………… 248
9.3.1 氨合成的热力学和动力学 …………………………………………………… 248
9.3.2 氨合成工艺 …………………………………………………………………… 253
9.3.3 合成分离流程 ………………………………………………………………… 254
9.3.4 合成塔 ………………………………………………………………………… 255
9.4 氨合成全流程 ……………………………………………………………………… 256
9.5 氨的深加工——尿素的合成 ……………………………………………………… 257
9.6 合成氨的发展趋势 ………………………………………………………………… 259
习题 ……………………………………………………………………………………… 260

主要参考文献 ………………………………………………………………………… 261

附录 …………………………………………………………………………………… 262
附录1 干空气的物理性质 ……………………………………………………………… 262
附录2 水的物理性质 …………………………………………………………………… 263
附录3 主要物理量的单位换算 ………………………………………………………… 264
附录4 钢管的规格 ……………………………………………………………………… 265

第1章 绪　　论

化学工程学是研究化学工业和其他工业过程中共同的原理、规律及实现该过程所需设备的一门工程学科。化学工程学以化学、物理、数学为学科基础，以化学反应为中心，同时涉及电子、仪表、机械、材料、环境、生物等多学科的融合与交叉。化学工程学与化学工业紧密相关。

1.1　化学工业概述

1.1.1　化学工业发展概况

化学工业，即化学加工工业，是指综合运用物理、化学的手段将原料转变为产品的工业。化学工业是众多工业门类中的一种，是很多工业的基础，可以为农业、轻工业、重工业和国防工业等提供基本生产资料，也可以为人们的衣、食、住、行等各方面提供所需的化学产品。长期以来，世界化学工业的发展速度一直高于工业平均增长速度，居于各工业门类的前列。

化学工业历史悠久，最早可追溯到早期的制陶、冶炼、酿造、漂染等行业。从19世纪初开始，化学工业逐渐形成以生产纯碱、硫酸等无机产品为主的简单化学工业。近代有机化学工业最初是以煤为基础原料发展的，但规模并不大；而钢铁工业的发展促进了炼焦工业的发展，从炼焦的副产品煤焦油中能提取多种有机芳香族化合物，可用于制造药物、染料、香料、炸药等，最终形成了以煤焦油为基础的有机化学工业。到了20世纪，随着科技的进步，以石油化学工业和合成氨工业为代表的化学工业得到了蓬勃发展。美国是石油化学工业的发源地，石油的大规模开采和炼油厂的兴建促进了石油化学工业的发展。同时，合成氨技术的问世和世界上第一座合成氨工厂的建成，标志着化学工业发展到了一个新阶段。如今，化学工业已逐步发展为一个涉及多行业、多学科、多领域的工业部门。

随着化学工业的日益发展，其面临着能源、原料和环保三方面的问题。首先，在能源和原料日趋紧张的情况下，需要通过技术升级、工艺改良，尽量减少对原料和能源的消耗。其次，化学工业会造成一定程度的水污染、大气污染和土壤污染。为减少化工污染对人类和环境的危害，实现无害化清洁生产，需选择节能、低耗、无污染的化学工艺过程，采用无毒无害的原料、催化剂和溶剂，生产与环境和生态相容、友好的产品。从源头上控制化学工业对环境的污染，将为改善人类的生存环境做出新的贡献。

1.1.2　化学工业在国民经济中的地位

化学工业在国民经济生产和社会生活中的作用十分重要，它是国民经济的主要组成部分之一，在各国经济发展中都有举足轻重的地位。化学工业产品不仅与人们的生活息息相关，渗透到了人类生活的各个领域，而且为农业、医药、能源、国防、环境等行业提供了基本原料和技术支撑。发展化学工业对改进化工生产工艺、优化工业原料、稳定农业生产、巩固国防建设和改善人民生活有很大作用。

化学工业为农业提供化肥、农药、塑料薄膜等产品，反过来又利用农副产品作原料，如利用淀粉、油脂、纤维素、天然香料、色素、生物药材等制造工农业所需要的化工产品，形成良性循环。化学工业为农业技术改造和农业生产提供了物质基础和条件保障，提高了农业劳动生产率。医药工业与化学工业也有着密切的关系。化学药品属于精细化工产品，化学药品的合成离不开化工中间体和化工原料，有些合成药技术水平的提高依赖于化工中间体水平的提高。因此，利用化学工业促进中间体的发展，将大大提高合成化学药品的能力。能源对化学工业极其重要，它既是化学工业的原料，又是化学工业的燃料和动力。化学工业对能源的消耗较大，其采用化学方法实现物质转换的过程中也伴随着能量的变化。化学工业还为国防提供了大量设备和原材料。绝大多数化学工业产品也是用来武装和改造化学工业本身的物质技术基础。国防中所用的各种炸药都是化工产品，而国防所需的军舰、潜艇、军用飞机等装备和鱼雷、导弹、原子弹、氢弹等高性能武器都需要使用质量优异的化工产品和先进化工材料。

近十年来，我国化学工业取得了长足发展，产业规模进一步扩大，自主创新能力不断增强，技术装备水平明显提高，质量效益稳步提升，行业总体保持平稳较快发展。据统计，2020年我国化工行业规模以上企业22973家，化学工业营业收入6.57万亿元，利润总额4279.2亿元。虽然营业收入同比略有下降，但利润总额同比增长25.4%，是全国经济增长率的数倍。2021年我国石油和化学工业实现营业收入14.45万亿元，同比增长30%；实现利润总额1.16万亿元，同比增长126.8%；进出口总额8600.8亿美元，同比增长38.7%；主要石化产品的产量和消费量都有大幅增长，规模以上企业数量也有所增加。同时，"十四五"期间我国将重点培育18个沿海石化园区、18个内陆石化园区、4个现代煤化工基地和30个专业化工园区，实现石油化工、现代煤化工与下游化工产品的产业链协同，并培育产业集聚度高、相关产业协同促进的五大世界级石化产业集群。

1.1.3 化学工业的特点和分类

1. 化学工业的特点

化学工业是一个多行业的生产部门，生产过程与其他工业有许多共性。但从化工产品的应用和化工技术等方面看，化学工业也具有自己的特点。

(1) 生产技术复杂，产品品种多样。同一种化工产品，有多种原料来源和多种工艺流程，即同一产品用不同的原料加工而成，工艺流程就各不相同；同一产品用相同的原料加工而成，工艺流程也可不相同。此外，同一种原料经过不同的加工，可以得到不同的产品；而采用相同原料和工艺过程，只是工艺条件不同时，也会得到不同的产品。

(2) 原料的综合利用率较高。化学工业是利用化学反应生产产品的制造业，许多化学反应在生成主产物的同时往往会伴随生成一些副产物，而这些副产物大部分又是化学工业的重要原料，可以再加工和深加工。因此，化工部门是最能综合利用资源的一个部门。

(3) 属于资金密集型、技术密集型和能源密集型产业。化学工业的工艺很复杂，化工生产从原料预处理、化学反应、产物分离提纯到最终获得合格产品，工艺流程长，所需大型装置、设备多，技术含量高，能源消耗大，并且化工技术更新换代速度快，又进一步缩短了许多大型设备的使用寿命，增加了投资。例如，一个年产30万t的乙烯厂，需要投资60亿～80亿元，而部分大型设备在使用10～15年后就需要更换。

(4) 化学工业耗能高。很多化工产品的生产不仅以煤、石油、天然气作为原料，而且也作为动力和燃料；有些化工产品的生产需要在高温或低温条件下进行，无论高温还是低温都需要消耗大量的能源和动力。

(5) 污染较大。传统的化学工业生产过程中会产生较多的废气、废液和固体废弃物，它们在一定程度上对空气、土壤、水体、人体都是有害的，会造成严重的环境污染，并对人体健康造成威胁。同时，有些化工原料和产品本身是易燃、易爆、有毒、有害的化学物质，若在使用、运输、保存过程中发生泄漏，也会严重危害人体健康，污染环境。近年来，随着绿色化工技术与工艺的开发和推广应用，化工生产已经逐步利用绿色化学反应提高原料利用率，从源头减少或不使用有毒有害物质等，使得化学工业进入清洁生产新时代。

2. 化学工业的分类

最早人们将化学工业分为无机化学工业和有机化学工业两大类，但由于化工原料来源广泛、产品种类繁多、性质和用途各异，逐渐出现了多种分类方式。

化学工业按照原料的来源可分为石油化学工业、煤化学工业、生物化学工业、农林化学工业；按照产品的生产规模可分为大宗化学品工业和精细化学品工业；按照化工产品的性质和用途可分为制碱、硫酸、无机盐、有机原料、农药、化学肥料、染料、涂料及颜料、合成纤维、合成树脂和塑料、橡胶、国防化工、石油化工、煤化工、医药、高纯物质和化学试剂、专用化学品和化工新材料等。

1.2 化学工程学

1.2.1 化学工程学的形成与发展

化学工程的研究始于19世纪中后期，随着化学工业的发展逐渐形成并发展。20世纪初，英国人戴维斯(G. E. Davis)出版了《化学工程手册》，这是第一部有关化学工程的专著。书中首次将化工生产过程的各步骤进行分类，系统阐述了化工基本操作过程，如物料输送、吸收、萃取、蒸馏、结晶等。化学工程学成为继冶金工程、机械工程、土木建筑工程和电气工程之后诞生的第五个工程学科。1915年，利特尔(A. D. Little)提出了"单元操作"的概念，并表示任何化工生产过程，无论其规模大小，都可以通过一系列单元操作完成。单元操作侧重于描述化工过程中的物理化学原理及定量计算方法。1920年，美国麻省理工学院将化学工程学科从化学系分离出来，成为一个独立的系。1923年，沃克(W. H. Walker)、刘易斯(W. K. Lewis)和麦克亚当斯(W. H. McAdams)出版了《化学工程原理》一书，该书是第一本全面阐述单元操作的著作。从此，单元操作得到了广泛重视，为化学工程作为一门独立的学科奠定了基础。

小资料　戴维斯；刘易斯

20世纪初，化学工程学的发展促进了许多化学工艺的问世，如美国用丙烯合成出异丙醇，被誉为石油化工的开端。随着这些化学工艺的出现，化学热力学、化学反应工程、化工系统工程、化工控制工程等二级学科相继诞生。20世纪50~60年代，科学家发现很多单元操作都存在共同的动量传递、热量传递和质量传递过程，于是将这三个传递过程和化学反应工程联合起来，称为"三传一反"。至此，化学工程完成了从单元操作到"三传一反"的过渡。20世纪60年代以后，与化学工程紧密关联的各个主要领域，如石油化工、煤化工、有机合成、工业催化等得到了蓬勃发展。20世纪末至今，化学工程与很多新兴工程技术学科及计算机相结合，促进了化学工程在各领域的渗透和发展，也催生了很多新的学科，如环境化学工程、材料化学工程、海洋化学工程、生物化学工程等。可见，单元操作和"三传一反"在化学工程学中具有里程碑意义。

1.2.2 化学工程学的性质与任务

化学工程学是以化学、物理和数学原理为基础，研究物料在工业规模条件下发生物理或化学状态变化的工业过程及实现这类工业过程所用装置的设计和操作的一门工程技术学科。具体地说，化学工程学研究化工单元操作和化学反应工程学以及有关的流体力学、热量传递和物质传递原理、热力学和化学动力学等在化学工业中的应用，以指导各种过程及其设备的改进和发展。随着传统化工制造业的发展和现代化工的兴起，化学工程学逐渐与生物、制药、材料、环境、纳米技术等学科相互渗透、交叉融合，出现了许多与化学工程相关的二级学科，促进了科学与工程技术的发展，也对生产生活方式产生了深远影响。

化学工程学的任务是从理论上阐明化工生产的各个过程，找到其中具有规律性的问题。具体指研究化工单元操作、化学反应工程学、流体力学、热量传递及物质传递原理、化学热力学和动力学、系统工程等在化学工业中的应用，来指导各种过程及其设备的改进和发展，以期在化工技术开发中减少盲目性，增加确定性。

1.2.3 化学工程学的内容

化学工业产品种类繁多、型号各异，其生产过程也差异很大。但是分析表明，每一种化工产品的生产都可以分为化学工程和化学工艺两大基本内容。

化学工程学是在化学工业的基础上发展起来的，主要包括单元操作、化学反应工程、传递过程、化工热力学、化工系统工程、过程动态学及控制等方面。其中，单元操作和化学反应工程已发展成为化学工程学两个最重要的分支。

(1) 单元操作：化工产品生产的物理过程都可归纳为几种基本过程，如流体输送、蒸馏、吸收、换热、萃取、结晶、干燥等，这些基本过程称为单元操作。通过对单元操作的研究，得到具有共性的结果，可以用来指导各类产品的生产和化工设备的设计。因此，对单元操作的研究有极为重要的理论意义和应用价值。为了适应新型化工产品的生产和技术要求，新的单元操作不断出现并逐步得到了充实。

(2) 化学反应工程：化学反应是化工生产的核心，它决定了产品的收率，对生产成本具有重要影响。人们在研究氧化、还原、硝化、磺化等各种化学反应的过程中，发现除了单元操作和传递过程，还有若干具有共性的问题，如反应器内的返混、反应相内外的传质和传热、反应器的稳定性等，这就是化学反应工程的主要内容。通过对这些问题的研究，诞生了一个新的学科分支，即化学反应工程学。

(3) 传递过程：是单元操作和化学反应工程的共同基础。在各种单元操作设备和反应装置中进行的传递过程主要是动量传递、热量传递和质量传递。有些过程有两种或两种以上的传递现象同时存在，如气体的增湿与减湿。

(4) 化工热力学：是热力学基本定律应用于化学工程领域而形成的一门学科，是化学反应工程的一个分支，也是单元操作和化学反应工程的理论基础。主要研究化学工程中各种形式的能量之间相互转化的规律、传递过程的方向及过程趋近平衡的极限条件，提供过程分析和设计所需的有关基础数据，为有效利用能量和改进实际过程提供理论依据。

(5) 化工系统工程：是将系统工程的理论和方法应用于化工过程领域的一门新兴的交叉学科，是化学工程的一个重要分支。随着生产规模的扩大和资源、能源的大量使用，能量利用、设计和操作优化等问题逐渐突出，由于各个过程单元相互影响、相互制约，因此可以将化工过程看作一个综合系统，进行整体优化。于是系统工程这一学科在化学工程中迅速发展，并取得了显著的效果，形成了化工系统工程。它的基本内容是：以运筹学和现代控制论的方法为工具，以电子计算机为技术手段，从系统的整体目标出发，根据系统内部各个组成部分的特性及其相互关系，确定化工系统在规划、设计、控制和管理等方面的最优策略。

(6) 过程动态学及控制：主要研究过程的动态与稳态特性，质量与能量平衡，过程控制、工程控制方法，控制系统的构建与模拟等。其目的是保持操作的合理和优化，了解工业过程的动力学知识和控制技术。

1.2.4 化学工程学的研究方法

化学工程学作为一门工程技术学科，面临着真实的、复杂的化工生产过程，其复杂性不仅体现在过程本身，还体现在化工设备复杂、多样的几何形状和所处理物料千变万化的物性，这使得建立化学工程学统一的理论研究方法非常困难。因此，面对实际的化工生产过程，探求合理的研究方法是化学工程学科首先要解决的问题。经过上百年的发展，化学工程学形成了两种基本的研究方法：实验研究法和数学模型法。

(1) 实验研究法：对一些化工过程通过大量实验归纳影响过程的变量之间的关系。化学工程更多地依赖于实验研究，常用的实验研究方法有因次分析法和相似论法。这两种方法都以无因次(量纲为一)数群的形式来表达实验结果，揭示多个因素对一个物理量的综合影响，主要用于传递过程和单元操作的实验研究，可以简化工作。实验研究法对化学工程学科的形成和发展有重要作用，至今也仍有很大的应用价值。

(2) 数学模型法：由于化学反应工程的复杂性，化工生产过程中的所有问题并不是都能用因次分析法和相似论法这两种实验研究法解决，此时就要借助数学模型法。数学模型法的实质是在保证与原过程近似等效的基础上，将复杂的问题做必要的、合理的简化，使其易于进行数学化描述，从而建立数学模型。数学模型法用于解决化工生产过程中的实际问题，推动了化学反应工程的发展，使化学工程学摆脱了单纯从实验数据归纳过程规律的传统做法。

1.3 化工生产过程

化工生产过程是指对原料进行化学加工，最终获得有价值产品的生产过程。由于原料、产品的多样性及生产过程具有复杂性，形成了数以万计的化工生产工艺。所有的化工生产过程都是由化学反应及若干物理操作有机组合而成的。因此，化工生产过程与化学有着密切的联系。

1.3.1 从实验室到工业化生产

1. 实验室研究与工业化生产的关系

对化工生产过程而言，无论是新产品的研制、旧工艺的改进，还是新的生产工艺过程的开发，都是先从实验室研究开始的。将实验室的研究成果在工业生产上实施的研究过程称为化工过程开发。从实验室研究到工业化生产，不仅有生产量的变化，而且有本质的飞跃。两者既有联系，又有很大的差异。

化学实验是以研究为主要目的，为工业生产提供理论依据及条件参数，解决工业生产中遇到的相关问题；工业生产一般是以实验研究数据为设计依据进行的规模化生产，离开了实验数据，工业生产就成了"空中楼阁"，不知道在生产什么了。二者的区别主要表现在以下几个方面：

(1) 化学实验室研究和化工生产的物料处理量相差悬殊，实验室研究的物料用量需要放大几千倍、几万倍甚至更大倍数才能达到工业化生产的规模，因此实验室成果不能全面反映工业生产的实际情况。

(2) 实验室研究的设备体积小、物料量少，无法对大型工业设备中出现的传热、传质、流动与混合等许多工程因素进行充分考察。因此，实验室研究确定的操作参数不一定是工业生产中的最佳工艺条件。

(3) 尽管化学反应的本质不会因实验生产条件的不同而改变，但各步化学反应的最佳反应工艺条件可能随实验规模和设备等外部条件的不同而改变。

(4) 实验室研究所用设备多为仪器，一般不考虑设备的腐蚀对生产过程和产品质量的影响，而工业生产中必须考虑设备的腐蚀和防腐蚀问题。

(5) 实验室研究一般考虑的是快速和便捷，而工业化生产通常考虑的是经济及产量。

(6) 实验室所用化学试剂的纯度一般较高，物料配比准确；工业生产中为了提高产量、降低成本，在不影响产品质量和正常生产的情况下，往往对原料的纯度要求不是很高，对工艺参数的控制也没有实验室精准。

2. 从实验室研究到工业化生产需要解决的问题

要将一项实验室研究(小试)成果推向工业化生产，还需要完成大型冷模试验、中间试验、过程分析与合成、经济评价、概念设计与基础设计等内容，这称为化工过程开发。化工过程开发必须解决以下问题：

(1) 明确放大目标和安全风险。工艺放大首先要判断该工艺是否满足放大的要求，全面评估该工艺过程中化学反应的危险性，明确放大目标，确定产品的质量和数量哪个处于优先考虑地位。例如，对于放热反应，实验室小试由于反应物料量小放热不明显，而在工艺放大时，如果反应放热量不能够及时传递出去，会使溶剂剧烈沸腾、压力升高，进而可能导致爆炸。另外，人员安全也是要考虑的一个重要因素，尤其要考虑人员暴露于易挥发的有毒有害物料环境中的情况。

(2) 确定关键工艺步骤。在编写工艺规程时，首先需要考虑采用连续操作还是间歇操作工艺。间歇操作灵活，适用于小批量、多品种、反应时间较长的产品生产；连续操作反应条件、产品质量规格稳定，设备密闭污染少，容易实现操作过程的全自动化，适合大规模生产。化工过程开发中的关键工艺步骤还应该考虑原料的储存和运输、母液的循环使用、加热和混匀的方式、设备之间的相对位置以及加料速度、反应温度和水分的控制范围等，确保最大化降低生产和运行成本，提高产品的质量和收率。

(3) 设备的选择。生产设备的选择也是化工过程开发中关键的一步，要求所选设备强度高、耐腐蚀，能满足生产工艺对温度、压力、无水无氧等特殊操作的要求。因此，工厂中大部分用于放大的多用途设备不一定适用，有时需要专用的反应设备。例如，氢化反应往往要用到高压氢化反应釜；强酸反应体系不能用容易腐蚀的金属材质的反应釜，而应该用搪瓷玻璃反应釜。

(4) 在放大反应中使用在线监测与智能控制。采用声、光、电、磁等技术，对实验室和工业反应器中的化学反应过程及多相流动进行原位在线监测，记录关键反应参数和过程参数，可以揭示化学反应机理、多相反应器内流动和传质规律，指导化学反应器的放大设计和操作优化。在线监控与分析就是化工过程放大中的"眼睛"，可以随时了解反应釜中物料的状态、化学反应的进度，判断是否有潜在的风险，并通过智能控制系统及时发出指令，消除安全隐患，保证放大过程的正常进行。

(5) 编制应急处理方案。作为工艺开发的一部分，必须编制应急处理方案以应对在规定时间内未进行完全的反应或失控反应。对于不完全反应的情况，一般要延长反应时间直到反应完全，必要时补加一定量的试剂；对于温度、压力失控引起的跑料、冒料、反应液冲出反应釜等，不仅要设计安全瓶、缓冲罐，更重要的是如何尽快控制反应条件，及时撤出反应热，让反应恢复正常状态。因此，化工过程开发必须设计放大时补加试剂的安全方案，确定延长工艺过程或中断工艺过程带来的影响并编制各种应急处置方案。

(6) 检验放大反应的最大承受量。工厂中试剂滴加的体积误差一般在5%以内，质量误差为1%~2%，这个范围往往大于实验室研究的控制范围。若放大反应必须控制在更精准的范围内，则需要探讨更精确地加入反应物料的方式以及由此产生的设备成本的增加。因此，需要做一系列小试条件下的破坏性实验，即在一定范围内试剂被过量加入或低于加入量，以检验放大反应的最大承受量，最终确定放大反应的工艺参数和产品的性能指标。

(7) 建立产品的分析方法。放大反应结束后，要对产品进行一系列化验和分析，包括纯度、杂质含量、残留溶剂、灼烧残渣、重金属残留、晶型测试等。

(8) 明确反应釜清洗工艺和"三废"处理工艺。反应结束后，对反应釜和物料输送管道的清洗可以减少不同产品及同一产品不同批次间的相互污染。清洗的最佳方式是将反应产品溶解后转移。反应中所使用的溶剂一般经回收处理后再利用。反应过程中产生的废液、废固、废气也要设计相应的无害化处理工艺，以确保资源、能源的高效利用和保护环境。

(9) 技术经济评价。一项实验室研究成果能否应用于工业化生产，必须经过技术和经济评价。技术评价主要是评价技术水平和应用前景，在技术上必须具有可靠性、先进性和适用性。经济评价主要是看开发的化工项目实施后，对项目实施单位和社会产生的经济效益。技术经济评价的具体内容包括对项目的市场分析、技术分析、经济分析及风险分析等，全面了解该项目的经济效益、社会效益和环境效益。

1.3.2 化工过程开发步骤

化工过程开发是指化工新产品、新技术从概念的形成到实验室研究开发，最终实现工业化生产的全部科学技术活动。化工过程开发的基本内容是根据基础理论研究的成果和有关工程资料，按照科学的方法，寻求技术可靠、经济合理的途径来制备该化学品，然后进行扩大试验，评价过程的可行性，设计工业装置，实现工业化生产。化工过程开发的目的包括产品开发、工艺过程开发、工艺改进和应用开发四个方面。化工过程开发涉及范围广、综合性强且耗资大。很多时候，工艺研发的主要目的不是做到多大规模，而是怎样清楚地阐述工艺，从而使技术相关方能够很好地重复这一工艺并得到最终产品。

化工过程开发主要包括以下步骤(图 1-1):

(1) 收集资料、确定项目。通过收集大量资料,确定与化工新产品开发、生产技术改造以及新工艺和新技术的推广应用有关的研究项目,这是化工过程开发工作开展之前的重要工作,它关系到开发工作的成败。确定的项目必须具有合法性、科学性、经济性和安全性。

(2) 初步评价。初步评价是化工过程开发中三次权威性技术经济评价之一,是在确定项目时决定取舍所进行的评价,而取舍的主要依据就是判断其是否具有实用性、经济性,并且不会对社会造成危害。

(3) 实验室开发研究。实验室开发研究指经过初步论证和可行性评价之后,对开发项目进行的实验室研究,其主要目的是提供中间评价及概念设计所需的数据。开发研究不仅要考虑化学反应的特征和影响反应过程的因素,还要考虑工艺条件和工艺步骤对整个过程的影响。一般按照工艺流程建立小型工业模拟装置进行模拟试验,称为小试。

(4) 概念设计。指研究人员根据小试研究结果所揭示的开发对象的特征,针对未来生产规模所做的原则流程的尝试性设计,又称为预设计。其主要内容包括:确定原料和产品的规格、生产规模;进行物料衡算和能量衡算;给出最佳工艺流程和物料流程图;提出主要设备的型号、规格及材料的初步要求;确定单耗指标和"三废"处理方案;估算基建投资与产品成本;测算投资回收期等。

(5) 中间评价。也称"第二次评价",是运用技术经济分析方法对概念设计的方案进行技术可靠性和经济合理性方面的分析,对方案的可行性做出分析。中间评价的目的是判断过程是否具有进一步开发的价值,提出改进意见及具体实施计划。

(6) 中间试验研究。简称中试,是在小试完成并通过技术经济评价后,在概念设计基础上进行的放大试验,是过渡到工业化生产的关键阶段。其目的是检验和确定系统的连续运转条件、操作范围和可靠性。

(7) 最终评价。又称"工业化评价"或"第三次评价",它是开发工作后期在中试总结报告基础上,着重在投资和经济效益方面进行的评价,其目的是对该项目的投资建设做出决策。

(8) 基础设计和工程设计。基础设计是在最终技术经济评价得到肯定后,依据中试结果以及有关资料,按照工业化的规模和要求,为建立工业化装置(又称工业示范装置或试生产装置)所做的设计和对放大结果的预测。基础设计是技术转让的主要技术文件。工程设计是依据基础设计编制的,用于指导建立生产装置的最终设计文件,工程设计已属于工程范畴,应由科研、设计、制造、生产单位的工程技术人员统筹负责进行。

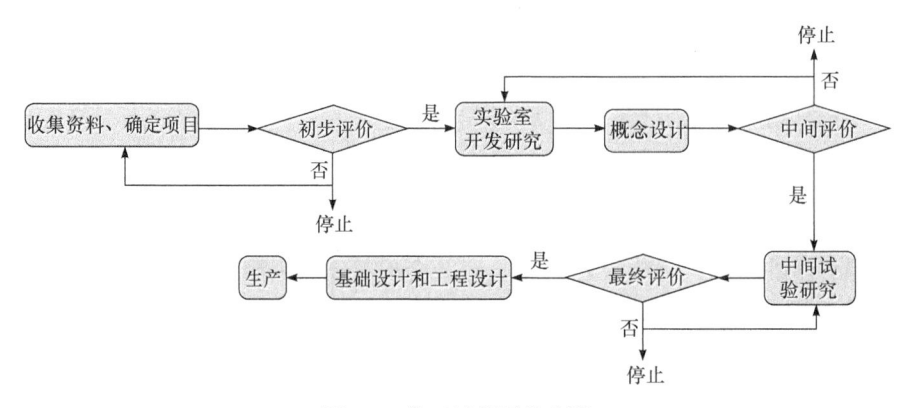

图 1-1 化工过程开发步骤

习 题

1. 化学工业在国民经济中有什么样的地位?
2. 化学工业有哪些特点?
3. 按生产的化工产品可以将化学工业分为哪几类?
4. 化学工程学的任务是什么?
5. 什么是单元操作?
6. 简述化学工程学的研究方法。
7. 简述实验室研究与工业化生产的关系。
8. 化工过程开发的步骤有哪些?

第 2 章　流体流动与输送

本章重点：

(1) 熟悉流体流动的现象、流动类型以及流量的测量。
(2) 掌握流体静力学方程、连续性方程、伯努利方程及其应用。
(3) 掌握离心泵的基本原理、特性曲线及功率的计算。

本章难点：

(1) 实际流体的伯努利方程的建立。
(2) 流体流动过程中的管路计算。

流体没有固定的形状，可以自由流动。气体和液体统称为流体。一方面，化工生产中使用的原料、中间体和生成的产物等大多是以流体的形式存在的；另一方面，化工生产中物料的输送、传热、传质等绝大部分过程是在流体的流动状态下进行的。在这些过程中，无论是管径、流量的确定，还是输送机械的选择，都与流体流动的基本原理和规律有关。可见，流体的流动与输送是化学工程中的普遍问题。因此，学习流体流动与输送在化学工程中是极为重要的。

2.1　流体静力学基本方程及其应用

2.1.1　流体概述

流体是指由无数个物质微团或质点所组成的一类能流动的物质。

流体受到任何微小剪切力的作用都会发生连续变形。构成流体的微团紧密接触，彼此没有间隙。这就是流体的连续介质模型。流体微团宏观上要足够小，以至于可以将其看成一个几何上没有维度的点；同时微观上又足够大，它里面包含着许多分子，其行为已经表现出大量分子的统计学性质。连续介质模型和宏观分子统计学成为人们从宏观角度研究流体、建立数学模型的基础。

当流体受到外部切向力作用时，易于变形而产生流动，这是流体的易流动性特征。流体在外部温度和压力作用下，分子间的距离会发生一定的改变，表现为流体密度大小的变化，这是流体的可压缩性。同时，流体没有固定的形状，随容器形状的变化而变化。

为了研究方便，可以将流体分为理想流体和实际流体。理想流体指不具有黏度，流动时不产生摩擦阻力的流体。理想流体具有不可压缩性和受热不膨胀的性质。对于理想气体，除了不具有黏度、流动时不产生摩擦阻力外，还服从理想气体状态方程。

要研究流体流动过程中的基本规律，先要对流体的性质有基本的了解。

1. 密度

单位体积流体所具有的质量称为流体的密度，通常用 ρ 表示，其表达式为

$$\rho = \frac{m}{V} \tag{2-1}$$

式中，ρ 为流体的密度，kg·m^{-3}；m 为流体的质量，kg；V 为流体的体积，m^3。

不同流体的密度是不同的。对于一定的流体，密度是压强 p 和温度 T 的函数，即 $\rho = f(p,T)$。

对液体而言，除了在极高压力下，一般情况下压力对其密度的影响很小，可以忽略不计，所以液体可视为不可压缩流体。但由于液体的密度会随着温度的变化有所不同，因此从物理化学手册及相关资料中查阅液体的密度时，要注意液体所对应的温度。

化工生产中所处理的液体往往是多组分混合物。对液体混合物来说，若每一组分混合前后体积不变，则混合后液体的总体积等于混合前各组分的体积之和。因此，可用式(2-2)计算液体混合物的平均密度 ρ_m：

$$\frac{1}{\rho_m} = \frac{w_1}{\rho_1} + \frac{w_2}{\rho_2} + \cdots + \frac{w_n}{\rho_n} \tag{2-2}$$

式中，ρ_m 为液体混合物的平均密度；$\rho_1, \rho_2, \cdots, \rho_n$ 为液体混合物中各组分的密度；$w_1, w_2, \cdots, w_n$ 为液体混合物中各组分的质量分数。

由于气体具有可压缩性和热膨胀性，因此气体的密度会随压强和温度的变化而变化。当压强不太高、温度不太低时，气体的密度可以近似用理想气体状态方程计算：

$$pV = nRT = \frac{m}{M}RT$$

$$pM = \frac{m}{V}RT = \rho RT$$

$$\rho = \frac{pM}{RT} \tag{2-3}$$

式中，p 为气体的绝对压强，Pa；V 为气体的体积，m^3；n 为物质的量，mol；m 为气体的质量，kg；T 为气体的热力学温度，K；M 为气体的摩尔质量，kg·mol^{-1}；R 为摩尔气体常量，其值为 8.314 J·mol^{-1}·K^{-1}。

当化工生产中所涉及的流体为含几种组分的气体混合物时，通常仍作为理想气体来处理。若各组分在混合前后的质量不变，可用式(2-3)计算混合气体的密度 ρ_m，此时式中气体的摩尔质量 M 要用混合气体的平均摩尔质量 $\overline{M}$ 代替，即

$$\rho_m = \frac{p\overline{M}}{RT} \tag{2-4}$$

而

$$\overline{M} = M_1 y_1 + M_2 y_2 + \cdots + M_n y_n \tag{2-5}$$

式中，$M_1, M_2, \cdots, M_n$ 为气体混合物中各组分的摩尔质量，kg·mol^{-1}；$y_1, y_2, \cdots, y_n$ 为气体混合物中各组分的物质的量分数(或体积分数)。

2. 比体积

单位质量流体所具有的体积称为流体的比体积，用 v 表示。比体积是密度的倒数，即

$$v = \frac{V}{m} = \frac{1}{\rho} \tag{2-6}$$

式中，v 为流体的比体积，m^3·kg^{-1}。

3. 流体的静压强

流体垂直作用于单位面积上的力称为流体的静压强，简称压强，工程上习惯称为压力，用 p 表示：

$$p = \frac{F}{A} \tag{2-7}$$

式中，p 为流体的静压强，Pa；F 为流体垂直作用于面积 A 上的力，N；A 为流体受力的面积，m^2。

压强的常用单位为 Pa，称为帕斯卡(Pascal)，其在国际单位制中的单位为 $N \cdot m^{-2}$。压强还有一些习惯用的单位，如标准大气压(atm)、毫米汞柱(mmHg)、米水柱(mH_2O)、工程大气压(at 或 $kgf \cdot cm^{-2}$)、巴(bar)等。它们之间的换算关系如下：

$1\ atm = 1.0133 \times 10^5\ Pa = 101\ 325\ N \cdot m^{-2} = 760\ mmHg = 10.33\ mH_2O = 1.0133\ bar$

$1\ at = 1\ kgf \cdot cm^{-2} = 9.807 \times 10^4\ N \cdot m^{-2} = 9.807 \times 10^4\ Pa = 735.6\ mmHg = 10\ mH_2O = 0.9807\ bar$

另外，压强的单位还有千帕(kPa)、兆帕(MPa)，如压力表上一般用兆帕表示，$1\ MPa = 10^3\ kPa = 10^6\ Pa$。

基于不同的基准，压强可以用两种不同的方式表示。一种是以绝对真空(绝对零压)为基准测得的压强，称为绝对压强。另一种是以大气压强为基准，当被测系统的压强大于大气压强时为正压系统，测得的压强称为表压强；当被测系统的压强小于大气压强时为负压系统，测得的压强称为真空度。

工程中可用测压仪表来测量流体的压强，当被测流体的绝对压强比外界大气压强高时，测压仪表称为压强表，该压强表上所显示的数值即为表压强，表示被测定流体的绝对压强高于外界气压的数值，即

$$表压强 = 绝对压强 - 大气压强$$

当被测流体的绝对压强小于外界大气压强时，所用的测压仪表称为真空表，该真空表上所显示的数值称为真空度，表示外界大气压高于被测流体的绝对压强的数值，即

$$真空度 = 大气压强 - 绝对压强$$

可见，真空度 = – 表压强。

显然，设备内流体的绝对压强越低，则它的真空度越高。

绝对压强、表压强、真空度和大气压强之间的关系如图 2-1 所示。

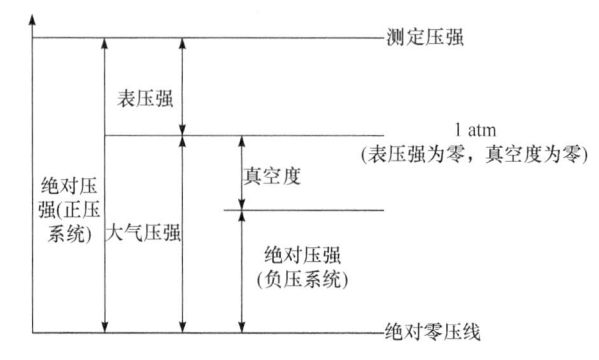

图 2-1 绝对压强、表压强、真空度和大气压强之间的关系

为了避免混淆，在表示压强的数值大小时一定要注明是绝对压强、表压强或真空度，如 200 kPa(绝对压强)、1.74×10⁵ N·m⁻²(表压强)和 56 mmHg(真空度)。另外，考虑到大气压强随地理位置的不同而有所变化，在描述真空度数值时，还需要注明当时、当地的大气压强值，如果未说明，则按照 1 atm 处理。

2.1.2 流体静力学基本方程

通常流体的受力包括两个方面：质量力和表面力。质量力是指与质量有关的力，如重力、离心力，它们属于非接触性的力；表面力是指与作用面有关的力，其中与作用面垂直的力，即法向力，又称为压力；与作用面平行的力，即切向力，又称为剪力或剪切力。

对于静止的流体，质量力只表现为重力，表面力也只有压力。

静止状态下流体所受的压力和重力之间的关系用流体静力学基本方程描述。如图 2-2 所示，容器中盛有密度为 ρ 的静止的液体。在液体内部取一垂直的液体柱，其底面积为 A，上、下底面距液面的高度分别为 z_1、z_2，则液柱的垂直高度为 $h = z_2 - z_1$。

经过分析，液柱在垂直方向上所受的力有：作用于液柱上底面的压力 F_1、作用于液柱下底面的压力 F_2 以及作用于整个液柱的重力 $G = \rho g A(z_2 - z_1) = \rho g A h$。

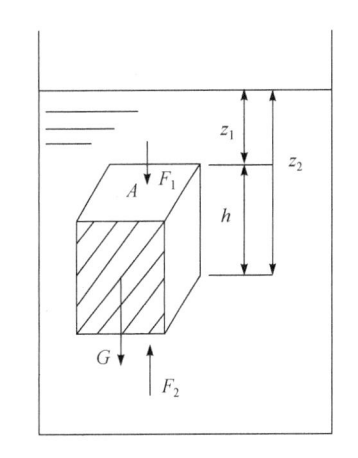

图 2-2 流体静力学基本方程的推导示意图

因为流体处于静止状态，所以作用在垂直方向上的三个力之和为零，即

$$F_2 - F_1 - \rho g A h = 0$$

因为 $F = pA$，所以 $F_1/A = p_1$，$F_2/A = p_2$，则上式简化为

$$p_2 = p_1 + \rho g h \tag{2-8}$$

式(2-8)称为流体静力学基本方程，它反映的是静止流体内部两个截面上的压强之间的关系。若液柱的上表面取在液面上，用 p_0 表示液面所受到的大气压强，那么式(2-8)就可以写为

$$p_2 = p_0 + \rho g h \tag{2-9}$$

式(2-9)说明液柱底面的压强 p_2 等于液面压强 p_0 加上高度为 h 的液柱产生的压强 $\rho g h$。

根据式(2-9)可以看出，当容器液面上方的压强 p_0 一定时，静止液体内任一点压强的大小，与液体本身的密度 ρ 和该点距液面的深度 h 有关。因此，在静止的、连通的同一种液体内，处于同一水平面上的各点的压强都相等。将压强相等的面称为等压面。

当 p_0 改变时，液体内部各点的压强也将发生同样大小的改变，即帕斯卡原理。

如果将式(2-9)写为

$$\frac{p_2 - p_0}{\rho g} = h \tag{2-10}$$

式(2-10)说明压强或压差的大小可用液柱高度来表示。

将流体静力学基本方程[式(2-8)]中与底面 1 有关的各项移到方程左端,将与底面 2 有关的各项移到方程右端,可得

$$z_1 + \frac{p_1}{\rho g} = z_2 + \frac{p_2}{\rho g} \tag{2-11}$$

式(2-11)说明$\left(z + \dfrac{p}{\rho g}\right)$是一个常数。

需要注意的是,流体静力学基本方程及其推论的适用条件是:绝对静止、均质、连续的、不可压缩的流体。对气体而言,尽管它的密度随着温度和压强的变化而变化,但是在压强变化不大、密度取平均值可以视为常数的情况下,流体静力学方程对气体也同样适用。

2.1.3 流体静力学基本方程的应用

流体静力学基本方程可以用于测定流体的压强、压差,测量容器中的液位以及计算液封高度等。

1. 压强的测量

(1) 单管压力计。如图 2-3 所示,假设有一个球形容器 A,右侧连接有一段水平管和竖直管,管中和容器中充满密度为ρ的液体,竖直管高度为 R,大气压强为 p_0,那么根据流体静力学基本方程可以写出点 1 的压强

$$p_1 = p_0 + \rho g R \tag{2-12}$$

或者点 1 的表压

$$p_1(\text{表}) = p_1 - p_0 = \rho g R \tag{2-13}$$

这就是单管压力计测量压强的原理。生活中常见的压力表和真空表如图 2-4 所示,就是利用单管压力计的测量原理,将压力差转换成弹簧扭矩,从而带动指针旋转指示压强。不同的是,为了与压力表区分,真空表表盘刻度为逆时针旋转,而且数值前面有负号。

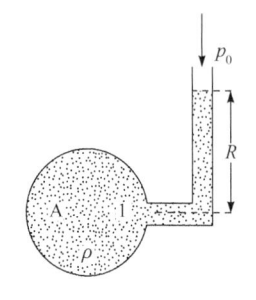

图 2-3 单管压力计

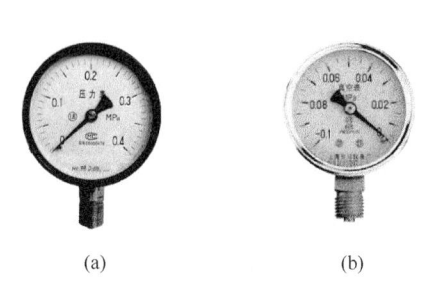

图 2-4 压力表(a)和真空表(b)

(2) U 形管压力计。如果球形容器 A 的点 1 处连接的是 U 形管，如图 2-5 所示，U 形管内指示液体的密度为 ρ_0，球形容器中液体的压力使得 U 形管两侧管中的指示液面产生高度差 R，U 形管左侧管中待测液体的高度为 h，则根据流体静力学基本方程并经过简单推导可以得到点 1 的压强

$$p_1 = p_0 + \rho_0 gR - \rho gh \tag{2-14}$$

这就是 U 形管压力计的测压原理。

2. 压差的测量

(1) U 形管压差计。如图 2-6 所示，要测量流体从左向右流过水平管道 1、2 两点处的压差，在管道下方连接一个 U 形管压差计，由于压强 p_1 大于 p_2，U 形管中指示液液面高度差为 R，指示液的密度为 ρ_0，待测液的密度为 ρ，指示液的密度大于待测液的密度，因此

A 点的压力：$p_A = p_1 + \rho g(h+R)$

A' 点的压力：$p_{A'} = p_2 + \rho gh + \rho_0 gR$

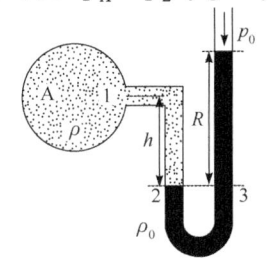

图 2-5 U 形管压力计测压强

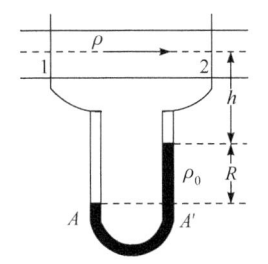

图 2-6 U 形管压差计测压差

由于 A 与 A' 面为等压面，即 $p_A = p_{A'}$，因此可以推导出 1、2 两点之间的压差

$$p_1 - p_2 = (\rho_0 - \rho)gR \tag{2-15}$$

这就是 U 形管压差计测量压差的原理。

思考：推导并比较将 U 形管压差计连接到水平管道的上方所测得的压差与将 U 形管压差计连接到水平管道的下方所测得的压差是否有区别。

经过推导可以看出，U 形管压差计所测压差的大小只与被测流体及指示液的密度、读数 R 有关，而与 U 形管压差计放置的位置无关。

(2) 微差压差计。利用 U 形管压差计测量压差，如果待测两点间的压差比较小，那么 U 形管中指示液的高度差 R 就比较小，读数误差大。这个问题利用微差压差计就可以解决。如图 2-7 所示，在 U 形管压差计两侧臂的上端装有扩张室，扩张室的直径与 U 形管直径之比大于 10。扩张室和测压管中装有密度分别为 ρ_1 和 ρ_2 的两种不互溶的指示剂，ρ_1 略小于 ρ_2。当两测压点之间存在微压差 Δp 时，两扩张室液面的高度变化很小以致可忽略不计，但 U 形管内却可以得到一个较大的 R 读数。这就是微差压差计的工作原理。根据流体静力学基本方程，有

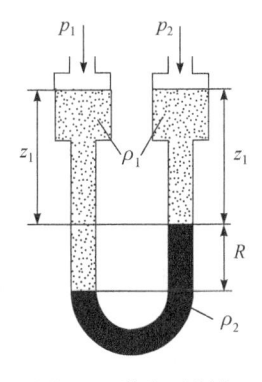

图 2-7 微差压差计

$$p_1 - p_2 = (\rho_2 - \rho_1)gR \tag{2-16}$$

由式(2-16)可知，只要选择两种合适的指示液，ρ_2 和 ρ_1 的差值越小，读数 R 就越大。微差压差计多用于气体系统的压差测量。一般可选择的两种指示液体系为液体石蜡-乙醇、水-四氯化碳等。

3. 液位的测量

在化工生产中经常要了解容器中溶液的储存量或设备内液体的液位，这就需要进行液位的测量。液位计是根据流体静力学基本方程设计的一种仪表，用于观察设备内液面的高低，测量和读取容器内液体量的多少。如图 2-8 所示，最简单的液位计是在容器底部器壁和液面上方的器壁上各开一个小孔，用一根玻璃管将两孔相连。根据流体静力学基本方程，玻璃管内所示的液面高度就是容器内的液面高度。

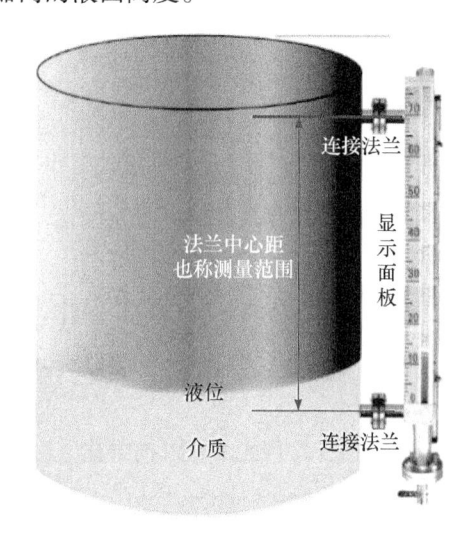

图 2-8 液位的测量

4. 液封高度的计算

化工生产中为防止设备中的气体泄漏，或者为了控制设备内气体压强不超过规定值，经常要用到液封装置。当设备内的压强超出规定值时，气体就会通过液封管排出，从而保证设备安全。液封管浸入液体中的高度，即液封高度，它的确定就是利用流体静力学基本方程计算的。现通过【例 2-1】进行说明。

【例 2-1】 如图所示，某工厂乙炔发生器 A 通过一液封管 B 与水封槽 C 相连。根据工艺要求，发生器 A 内的压强不得超过 7.6×10^3 Pa(表压)，当发生器内压强超过该规定值时，气体就从液封管 B 中排出，水封槽 C 与大气相通。为保证该液封装置正常运行，试求安全液封管应插入水封槽内水面下的深度 h。水的密度取 1000 kg·m^{-3}。

解 当反应器内压强超过规定值时，气体将由液封管排出，故先按反应器内允许的最大压强计算液封管插入槽内水面下的深度。

过液封管口作基准水平面 1-1'，在其上取 a、b 两点。其中

$$p_a = p_0 + 7.6 \times 10^3$$

$$p_b = p_0 + \rho g h$$

因

$$p_a = p_b$$

故

$$p_0 + 7.6 \times 10^3 = p_0 + 1000 \times 9.81 h$$

解得

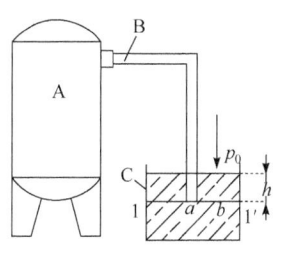

$$h = 0.77 \text{ m}$$

【例 2-1】图

为了安全起见，实际安装时液封管插入水面下的深度应略小于 0.77 m。

2.2 流体流动中的守恒原理

在化工生产中，流体大多数是以流动的状态存在的，运输过程中多采用密闭的管道。流体流动过程中要遵守动量守恒、能量守恒和质量守恒这几个基本规律。因此，在处理流体流动过程中的实际问题时，通常以物料衡算和能量衡算作为依据，找出流体流动过程中各参数的变化关系，进而解决化学工程问题。

2.2.1 流体的流动

1. 流量与流速

(1) 流量。流量是指单位时间内流过某一截面的流体量。常用 q_V 表示体积流量，q_V 等于流体流过的体积 V 除以时间 t，单位是 m³·s⁻¹ 或 m³·h⁻¹；用 q_m 表示质量流量，q_m 等于流体流过的质量 m 除以时间 t，单位是 kg·s⁻¹ 或 kg·h⁻¹。

$$q_V = V/t \tag{2-17}$$

$$q_m = m/t \tag{2-18}$$

质量流量和体积流量之间的关系为

$$q_m = \rho q_V \tag{2-19}$$

(2) 流速。如果用体积流量除以截面积 A，就表示单位时间、单位截面积上通过的流体的体积，称为体积流速或平均流速，记作 u，单位是 m·s⁻¹；同样，如果用质量流量除以截面积 A，就表示单位时间、单位截面积上通过的流体的质量，称为质量流速，记作 w，单位是 kg·m⁻²·s⁻¹。

$$u = \frac{q_V}{A} \tag{2-20}$$

$$w = \frac{q_m}{A} \tag{2-21}$$

根据体积流量和质量流量之间的关系可以看出，质量流速 w 等于密度 ρ 乘以体积流速 u [式(2-22)]；而质量流量 q_m 等于质量流速 w 乘以截面积 A，也等于密度 ρ 乘以体积流速 u，再乘以截面积 A [式(2-23)]。

$$w = \rho u \tag{2-22}$$

$$q_m = wA = \rho uA \tag{2-23}$$

值得注意的是，对气体而言，它的体积与温度、压强有关，所以气体的体积流量需要注明温度和压强条件。

2. 管径的初选

一般情况下，输送流体的管道为圆形管道，因此可以根据流体的流速要求对管内径进行初步选择。根据圆管的横截面积 $A = \dfrac{\pi d^2}{4}$，将其代入式(2-20)中，得

$$u = \frac{4q_V}{\pi d^2} \tag{2-24}$$

推得

$$d = \sqrt{\frac{4q_V}{\pi u}} \tag{2-25}$$

这就是说，当知道体积流量和平均流速时，可以计算出管内径。这是能满足输送要求的最小管径。根据式(2-25)，要计算管径，需要知道体积流量和平均流速。前者一般由生产任务给定，后者需要自己选择。那么实际工作中应如何选择管径和流速呢？管径的选择、流速的大小与管路建设投资和运行操作费用紧密相关。在流量一定时，流速大、管径小，管路建设成本低；但是管径越小、流速越大，流动阻力就会越大，能耗也将相应增大，运行费用就会增加。另外，流速的选择还要考虑流体的工况条件。因此，合理的管径和流速的选择应在计算的基础上综合考虑建设成本和运行成本等多方面的因素来确定，先选择适当的流速，然后计算管径，最后对照管道规格选取合适的管径。表 2-1 列举了几种流体在管道中的常用速度范围，表 2-2 列举了常见工业管道规格及相关数据，供流速选择和管径初选时参考。

表 2-1　几种流体在管道中的常用速度范围

流体	流速范围/(m·s^{-1})	流体	流速范围/(m·s^{-1})
自来水(3×10^5 Pa)	1.0~1.5	低压气体	8~15
水及低黏度液体(1×10^5~1×10^6 Pa)	1.5~3.0	易燃、易爆的低压气体	<8
高黏度液体	0.5~1.0	高压气体	15~25
工业供水(<8×10^5 Pa)	1.5~3.0	过热蒸汽	30~50
锅炉供水(<8×10^5 Pa)	>3.0	常压气体	10~20
常压饱和水蒸气	15~25	离心泵出入口流体	1.5~3.0

表 2-2　常见工业管道规格及相关数据

公称直径 /mm	公称直径 /in	外径/mm	近似内径/mm	壁厚*/mm	相当于无缝钢管的外径/mm
15	0.6	21.25	15	2.75(3.25)	22
20	0.8	26.75	20	2.75(3.5)	25
25	1.0	33.5	25	3.25(4)	32

续表

公称直径 /mm	/in	外径/mm	近似内径/mm	壁厚*/mm	相当于无缝钢管的外径/mm
32	1.3	42.25	32	3.25(4)	38
40	1.6	48	40	3.5(4.25)	45
50	2.0	60	50	3.5(4.5)	57
70	2.8	75.5	70	3.75(4.5)	76
80	3.2	88.5	80	4(4.75)	89
100	4	114	106	4(5.0)	108
125	5	140	131	5(5.5)	133
150	6	165	156	5(5.5)	159
200	8	219	207	6	219
250	10	273	259	7	273
300	12	325	309	8	435
350	14	377		9	485
400	16	426		9	535
450	18	478		9	590
500	20	529		9	640
600	24	630		10	755
700	28	720		10	860
800	32	820			975

*括号中的数据为管壁加厚的情况。

【例 2-2】 用泵从储液槽中输送液体到高位槽，已知输送量为 48 600 kg·h^{-1}，液体的密度为 875 kg·m^{-3}，流速为 2 m·s^{-1}，求输送管路的直径并选择合适的管道。

解 根据 $d = \sqrt{\dfrac{4q_V}{\pi u}}$ 求算管径，其中

$$q_V = \frac{q_m}{\rho} = \frac{48\ 600}{875 \times 3600} = 0.0154(\text{m}^3 \cdot \text{s}^{-1})$$

则

$$d = \sqrt{\frac{4 \times 0.0154}{\pi \times 2}} = 0.099(\text{m})$$

因市场上供应的管道是固定尺寸，无此规格的管道供应，故要选择与此尺寸相近的管道代替。根据表 2-2 中管道规格，选用 ϕ 108 mm × 4.0 mm 的无缝钢管，其内径为

$$d = 0.108 - 2 \times 0.004 = 0.10(\text{m})$$

流量一定时，管径发生变化，则 u 必然要改变。经核算，流速为

$$u = \frac{4 \times 0.0154}{\pi \times 0.10^2} = 1.96(\text{m} \cdot \text{s}^{-1})$$

这里，因选择的管径与计算管径大小非常接近且略大一点，故核算后的流速与原流速相比略小一点。

3. 定态流动和非定态流动

流体在管路中流动，除要关注流速和流量外，还要关注流动状态，即定态流动和非定态流动。判断的依据是任一截面上与流体流动相关的物理量是否随时间的变化而变化。

如图 2-9 所示，一恒位水槽，上面有进水管和溢流管，水槽右侧底部有一个出水管，进水管连续进水，因为进水流量大于出水流量，所以多余的水会从溢流管流出，这样水槽中的水位将保持恒定。水槽中的水在流动过程中，任一截面上与流动相关的物理量，如流速、压强、密度等不随时间的变化而变化，这种流动称为定态流动。

如果水槽中的水只有出水、没有进水，如图 2-10 所示，那么水槽中的液面会逐渐下降，水在流动过程中水槽任一截面上水的压强、流速会随时间的变化而变小。这种任一截面上与流动相关的一个或多个物理量随时间的变化而变化的流动称为非定态流动。

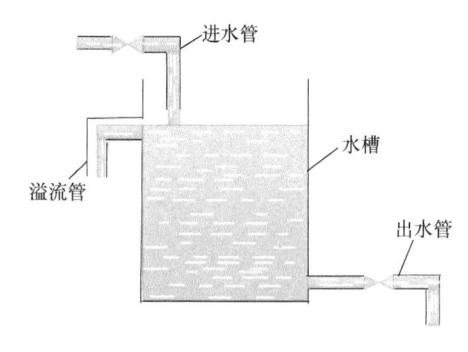

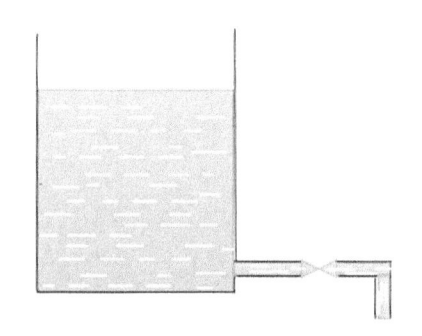

图 2-9 定态流动示意图　　　　图 2-10 非定态流动示意图

化工生产过程大多采用定态操作，所以本章主要对定态系统进行研究。

2.2.2 守恒原理及其应用

流体在流动过程中涉及三大守恒定律：质量守恒定律、能量守恒定律和动量守恒定律。

1. 流体定态流动的质量衡算

在如图 2-11 所示的变径管道 1-1′和 2-2′截面间的简单控制体中，流体做定态流动，以质量流量 q_{m1} 进入该控制体，以质量流量 q_{m2} 离开该控制体，根据质量守恒定律有

$$q_{m1} = q_{m2} \tag{2-26}$$

因为 $q_m = \rho u A$，所以

$$A_1 u_1 \rho_1 = A_2 u_2 \rho_2 \tag{2-27}$$

将式(2-27)推广到管路中任意截面，可得

$$A_1 u_1 \rho_1 = A_2 u_2 \rho_2 = A u \rho = 常数 \tag{2-28}$$

如果该流体是不可压缩的流体，即密度 ρ 是一个常数，那么

$$A_1 u_1 = A_2 u_2 = A u = 常数 \tag{2-29}$$

这说明不可压缩的流体在定态流动下，流经各截面时不仅质量流量相等，而且体积流量也相等。

式(2-29)也可以写为

$$\frac{u_1}{u_2}=\frac{A_2}{A_1} \tag{2-30}$$

对于在圆管内做定态流动的不可压缩的流体，则有

$$u_1 d_1^2 = u_2 d_2^2 \tag{2-31}$$

式(2-30)和式(2-31)说明定态流动的流体在不同截面上的平均流速与截面积成反比，与管内径的平方成反比。

以上各式就是流体定态流动时的连续性方程。可见，连续性方程是质量守恒定律在流体力学中的具体表现形式。

思考：如果流体流经如图 2-12 所示的分支管道，应如何描述定态流动时的连续性方程？

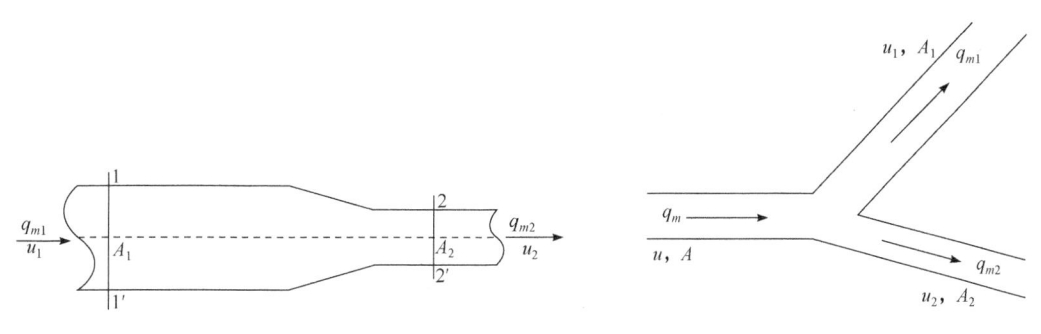

图 2-11 简单控制体中的质量守恒　　图 2-12 分支管道中的质量守恒

2. 流体定态流动的能量衡算

在化工生产过程中，除需要进行物料衡算外，还必须掌握能量衡算，即找出体系中各种形式能量之间的转换关系。能量不会随意产生，也不会凭空消失，只能从一种形式转变成另一种形式，但总能量保持不变，即

输入总能量 = 输出总能量

物质所具有的能量形式有多种。不可压缩的流体做定态流动时，只考虑各种形式机械能的转换，其能量衡算也只是机械能的衡算。流体在流动过程中所具有的机械能主要包括位能、动能和静压能三种形式。

(1) 位能。指流体因距所选的基准面有一定距离 z，由于重力作用而具有的能量，其值等于 mgz，单位为焦耳。这相当于将质量为 m 的流体从基准水平面举到高度 z 处所做的功。

(2) 动能。流体因流动而具有的能量。质量为 m 的流体以速度 u 流动时，其所具有的动能为 $\frac{1}{2}mu^2$，单位为焦耳。

(3) 静压能。流动的流体内部与静止流体一样都存在静压强。如图 2-13 所示，在有流动液体的管道壁面处开一小孔，小孔垂直连接一细玻璃管，可以看到液体会进入玻璃管并上升一定高度，这就是流动液体具有静压强的表现。静压能就是体积为 V 的流体处于静压强 p 下通过截面积 A 时所具有的能量，它反映的是流体因克服静压强而向外做功的能力。

根据静压力的定义：

$$F = pA$$

在静压力 F 下，流体通过截面积 A 前进的距离为

$$L = \frac{V}{A}$$

则流体的静压能为

$$FL = pA\frac{V}{A} = pV$$

单位为焦耳。

流体的机械能是位能、动能、静压能的总和。能量不会自行产生，也不会自行消灭，只能从一种形式转变为另一种形式，但总能量不会增加或减少。因此，对于理想流体做定态流动，根据能量守恒定律，流体的机械能保持不变。图 2-14 为理想流体的定态流动系统，流体从管道的 1-1′ 截面流入，从 2-2′ 截面流出。假设在 1-1′、2-2′ 截面间没有外界能量输入，流体也没有向外界做功，以 1-1′、2-2′ 截面和管内壁所围成的空间为衡算范围，以 0-0′ 水平面为基准面，m kg 流体在衡算范围内流动所具有的机械能守恒，故有

$$mgz_1 + \frac{1}{2}mu_1^2 + m\frac{p_1}{\rho} = mgz_2 + \frac{1}{2}mu_2^2 + m\frac{p_2}{\rho} \tag{2-32}$$

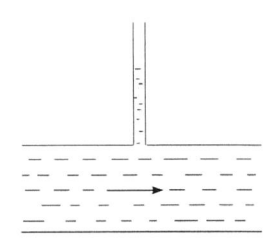

图 2-13 流动流体的静压强示意图 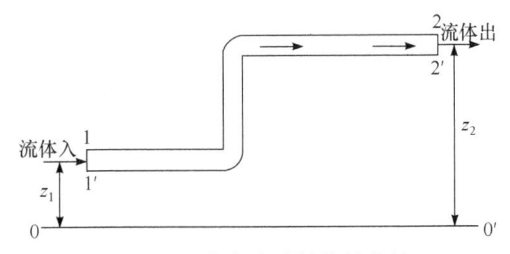　　图 2-14 定态流动的能量衡算

式(2-32)两边各项分别除以质量 m，得

$$gz_1 + \frac{1}{2}u_1^2 + \frac{p_1}{\rho} = gz_2 + \frac{1}{2}u_2^2 + \frac{p_2}{\rho} \tag{2-33}$$

式(2-33)表示每千克流体所具有的能量，单位是 $J \cdot kg^{-1}$。

式(2-32)两边各项分别除以 mg，得

$$z_1 + \frac{u_1^2}{2g} + \frac{p_1}{\rho g} = z_2 + \frac{u_2^2}{2g} + \frac{p_2}{\rho g} \tag{2-34}$$

式(2-34)表示每重力单位，即每牛顿流体所具有的能量，单位是 $J \cdot N^{-1}$，即 m。工程上将每牛顿流体所具有的各种形式的能量统称为压头，z 称为位压头，$\frac{u^2}{2g}$ 称为动压头，$\frac{p}{\rho g}$ 称为静压头，三者之和称为总压头。

上述三式均表示定态流动的理想流体的机械能守恒与转化关系，称为理想流体的伯努利方程。

小资料　伯努利

在实际流体的输送过程中，由于流体克服摩擦力做功会消耗一部分能量，需要外界向系

统提供能量才能达到输送的目的。如图 2-15 所示，若单位质量的流体在输送过程中克服流体阻力所损失的能量为 W_f，从输送设备中获取的能量为 W_e，此时伯努利方程可以表示为

$$mgz_1 + \frac{mu_1^2}{2} + \frac{mp_1}{\rho} + mW_e = mgz_2 + \frac{mu_2^2}{2} + \frac{mp_2}{\rho} + mW_f \tag{2-35}$$

$$gz_1 + \frac{1}{2}u_1^2 + \frac{p_1}{\rho} + W_e = gz_2 + \frac{1}{2}u_2^2 + \frac{p_2}{\rho} + W_f \tag{2-36}$$

令 $H_e = \dfrac{W_e}{g}$，$\sum h_f = \dfrac{W_f}{g}$，代入式(2-36)，得

$$z_1 + \frac{p_1}{\rho g} + \frac{u_1^2}{2g} + H_e = z_2 + \frac{p_2}{\rho g} + \frac{u_2^2}{2g} + \sum h_f \tag{2-37}$$

通常将 H_e 称为外加压头或泵压头，将 $\sum h_f$ 称为损失压头。

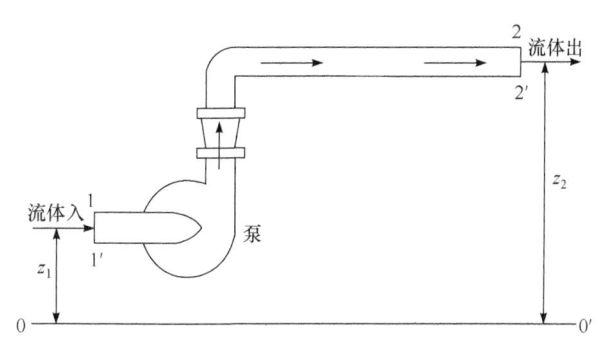

图 2-15 实际流体的能量衡算

式(2-35)、式(2-36)和式(2-37)均为实际流体的伯努利方程，只适用于不可压缩的流体。

对于静止的流体，流速 $u = 0$，无外加能量，无摩擦力造成的能量损失，即 $H_e = 0$、$\sum h_f = 0$，此时伯努利方程可简化为

$$z_1 + \frac{p_1}{\rho g} = z_2 + \frac{p_2}{\rho g}$$

这与流体静力学方程[式(2-11)]完全一致，说明静止状态的流体是流动状态的流体的一种特殊形式。

3. 泵功率的计算

外界对流体的能量输入主要指输送机械(如离心泵等)对流体做功。泵的功率指单位时间泵做功的多少，即耗用的能量。泵的有效功率为

$$P_e = q_m W_e = q_m g H_e = q_V \rho g H_e \tag{2-38}$$

式中，q_m 为流体流动的质量流量，kg·h^{-1}；q_V 为体积流量，m^3·h^{-1}；ρ 为流体的密度，kg·m^{-3}；g 为重力加速度，m·s^{-2}；H_e 为泵压头，m 液柱。泵压头也称为泵的扬程，是离心泵的一个基本性能指标。

泵的轴功率(shaft power)通常指输入功率，即原动机传到泵轴上的功率，用 P_s 表示，等于有效功率 P_e 除以泵的效率 η，即

$$P_s = \frac{P_e}{\eta} \tag{2-39}$$

泵的有效功率和轴功率的单位是 W 或 kW。

4. 伯努利方程的讨论

在应用伯努利方程进行能量衡算时，要注意以下几点：

(1) 注意伯努利方程的适用条件。应用伯努利方程，要求流体在衡算范围内是不可压缩的、连续的，并做定态流动；同时还要区分是实际流体还是理想流体，有无外界对流体做功。实际流体在流动过程中会有一部分能量的消耗，如克服摩擦力做功等，若此过程中无外功的输入，系统的总机械能将随着流体流动的方向逐渐减小。

(2) 注意能量衡算的基准。可以计算 1 kg 流体的各种能量，也可以计算 1 N 流体的能量，根据不同的情况选择合适的伯努利方程会使计算过程更加简便。

(3) 注意选取合适的截面和基准水平面。正确选择截面和基准水平面可以简化计算。选择的截面通常与流动方向垂直，而且所有已知量和未知量都要尽可能在两截面上。基准水平面一般选择在其中一个截面上，并且通过水平管道的中心线。选定基准面后，截面高于基准面的，其位压头为正值；截面低于基准面的，其位压头为负值。

(4) 注意各物理量的取值并采用一致的单位制。例如，压强和速度都是指截面上的平均值；压强不仅要单位相同，而且表示方法也要一样，都用绝压或表压。各物理量的单位尽可能采用国际单位制以方便计算。

5. 伯努利方程的应用

伯努利方程在化工生产过程中的应用非常广泛，可以用来计算管路中流体的流速、流量，确定设备的相对位置，还可以计算输送设备的有效功率等。

1) 计算管路中流体的流量和流速

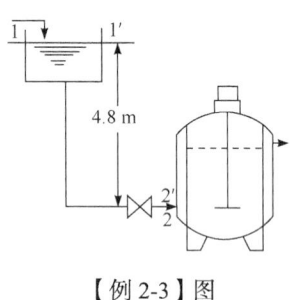

【例 2-3】 如图所示，高位槽向反应釜的夹层输水，水槽液面距反应釜夹层进口的垂直距离为 4.8 m，水管为 $\phi 64\,\text{mm} \times 2\,\text{mm}$ 的钢管，流经全部管路的阻力损失为 43 J·kg^{-1}，水管进入反应釜夹层的阻力损失忽略不计，反应釜夹层出口与大气相通。求管中水的流量。

解 以水平管的中心线为基准面，以水槽液面为 1-1′ 截面，水管出口内侧为 2-2′ 截面，在两截面间列伯努利方程：

$$gz_1 + \frac{p_1}{\rho} + \frac{u_1^2}{2} + W_e = gz_2 + \frac{p_2}{\rho} + \frac{u_2^2}{2} + W_f$$

【例 2-3】图

因系统无外功引入，故 $W_e = 0$；$z_1 = 4.8$ m，$z_2 = 0$；水槽液面的流速一般可忽略不计，所以 $u_1 = 0$；反应釜夹层出口与大气相通，所以按表压计 $p_1 = p_2 = 0$；$W_f = 43$ J·kg^{-1}。将以上数据代入伯努利方程可得

$$4.8 \times 9.81 = \frac{u_2^2}{2} + 43$$

解得
$$u_2 = 2.86 \text{ m·s}^{-1}$$

管内径为
$$d = 64 \text{ mm} - 2 \times 2 \text{ mm} = 0.06 \text{ m}$$

则体积流量为
$$q_V = \frac{\pi}{4} d^2 u_2 = \frac{\pi}{4} \times 0.06^2 \times 2.86 \times 3600 = 29.1 (\text{m}^3 \cdot \text{h}^{-1})$$

2) 确定容器间的相对位置

【例 2-4】 如图所示，用虹吸管从高位槽向反应器加料，高位槽与反应器均与大气相通，且高位槽中液面恒定。现要求料液以 2 m·s^{-1} 的流速在管内流动，设料液在管内流动时的能量损失为 15 J·kg^{-1}(不包括出口)，试确定高位槽中的液面应比虹吸管的出口高出的距离。

解 以高位槽液面为 1-1′面，管出口内侧为 2-2′面，并且以 2-2′面为基准面，在 1-1′到 2-2′间列伯努利方程：

$$gz_1 + \frac{u_1^2}{2} + \frac{p_1}{\rho} = gz_2 + \frac{u_2^2}{2} + \frac{p_2}{\rho} + W_f$$

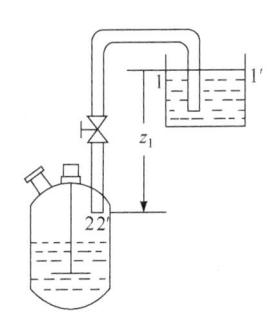

【例2-4】图

其中，$z_2 = 0$；$u_1 = 0$；按表压计 $p_1 = p_2 = 0$；$W_f = 15$ J·kg^{-1}。

将以上数据代入并化简得

$$z_1 = \left(\frac{1}{2} u_2^2 + W_f\right) / g = \left(\frac{1}{2} \times 2^2 + 15\right) / 9.81 = 1.73 (\text{m})$$

3) 确定输送设备的有效功率

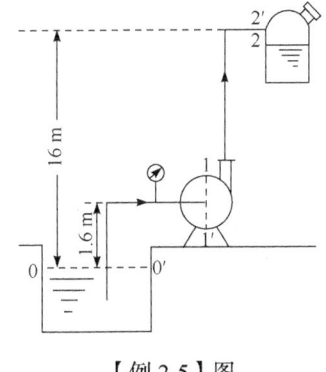

【例2-5】图

【例 2-5】 如图所示，用离心泵将25℃的水从储槽送至高位槽，储槽内水位维持恒定。管路的直径为 ϕ70 mm × 2 mm。高位槽进口距储槽水面高度为 16 m，离心泵进口距储槽水面 1.6 m。在操作条件下，泵入口处真空表的读数为 2.39×10^4 Pa；假设泵的前后流速不变，泵前管路阻力损失为 $2u^2$ J·kg^{-1}，泵后管路阻力损失为 $13u^2$ J·kg^{-1}。高位槽进口处的压强为 9.03×10^4 Pa(表压)。试求泵的有效功率。

解 选取储槽水面为截面 0-0′，同时也是基准面，泵入口处为截面 1-1′，高位槽进口内侧为截面 2-2′。

首先在 0-0′截面与 1-1′截面间进行能量衡算：

$$gz_0 + \frac{p_0}{\rho} + \frac{u_0^2}{2} = gz_1 + \frac{p_1}{\rho} + \frac{u_1^2}{2} + W_{f1}$$

由题意可得：$z_0 = 0$, $z_1 = 1.6$ m；$p_0 = 0$(表压), $p_1 = -2.39 \times 10^4$ Pa(表压)；$u_0 = 0$；$W_{f1} = 2u_1^2$。

代入上式得

$$0 = 1.6 \times 9.81 - \frac{2.39 \times 10^4}{10^3} + \frac{1}{2}u_1^2 + 2u_1^2$$

解得

$$u_1 = 1.81 \text{ m·s}^{-1}$$

在 1-1′ 与 2-2′ 截面间进行能量衡算：

$$gz_1 + \frac{p_1}{\rho} + \frac{u_1^2}{2} + W_e = gz_2 + \frac{p_2}{\rho} + \frac{u_2^2}{2} + W_{f2}$$

即

$$W_e = g(z_2 - z_1) + \frac{p_2 - p_1}{\rho} + \frac{u_2^2 - u_1^2}{2} + W_{f2}$$

由题意可知：$z_1 = 1.6$ m，$z_2 = 16$ m；$p_1 = -2.39 \times 10^4$ Pa(表压)，$p_2 = 9.03 \times 10^4$ Pa(表压)；$u_1 = u_2 = 1.81$ m·s^{-1}；$W_{f2} = 13u_2^2$。代入上式得

$$W_e = 9.81 \times 14.4 + \frac{(9.03 + 2.39) \times 10^4}{1000} + 13 \times 1.81^2 = 298.05 (\text{J·kg}^{-1})$$

$$q_m = Au\rho = \frac{\pi}{4}(0.070 - 2 \times 0.002)^2 \times 1.81 \times 1000 = 6.19 (\text{kg·s}^{-1})$$

$$P_e = q_m W_e = 6.19 \times 298.05 = 1.85 (\text{kW})$$

2.3 流体的流动阻力

利用伯努利方程可解决化工生产中流体的流速或流量、流体输送所需的压头及泵的功率等流体流动方面的工程问题。对于实际流体的流动，由于流体具有黏性，还需要考虑流动过程中克服摩擦阻力做功的情况，因此对流动阻力的计算非常重要。本节主要讨论流体流动阻力的产生、影响因素及其计算。

2.3.1 流体在管内的流动阻力

1. 牛顿黏性定律

流体在运动状态下，有一种抗拒内在的向前运动的特性，称为黏性。黏性是流体的固有物理性质之一，是流动性的反面；流体的黏性越大，流动性越小。流体无论在静止还是流动状态下都具有黏性，但只有在流体流动时才能显示出来。流体在管内流动时，由于黏性的存在，加之与管壁之间存在摩擦力，因此管内任一截面上各点的速度并不相同，越靠近管壁速度越小，管中心速度最大；据此可以将流体看作无数极薄的圆筒层，一层套着一层，各层以不同的速度向前运动，如图2-16所示。运动速度快的流体层对相邻运动慢的流体层有向前的带动作用；反过来，运动速度慢的流体层对相邻运动快的流体层有向后的拖拽作用。这种在相邻流体层间产生的大小相等、方向相反的相互作用称为流体的内摩擦力。因此，流体的黏性就是流体在运动时呈现内摩擦力的特征。内摩擦力也称为黏滞力或黏性摩擦力。

对于圆管内流动的流体，在经过圆管中心线的同一纵切面上不同流体层的速度变化如

图 2-17 所示。设某流体层以恒定速度 u 沿着 x 方向运动，相邻两流体层间的速度差为 du，相邻两流体层间的距离为 dδ，则处于中心线上的流体层速度最大，越靠近壁面速度越小，黏附在壁面上的流体层的流速为零。牛顿经过大量实验证明，圆管内流动的流体的内摩擦力 F 与两流体层的速度差 du 成正比，与两层之间的垂直距离 dδ 成反比，与两层间的接触面积 A 成正比，即

$$F \propto A \frac{\mathrm{d}u}{\mathrm{d}\delta}$$

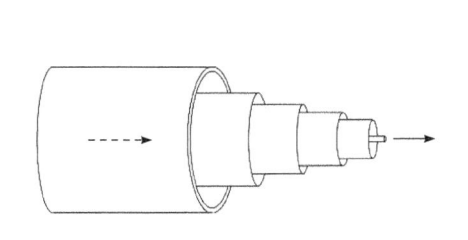

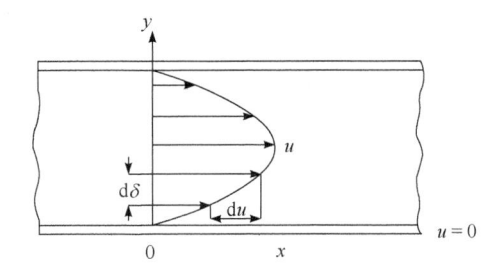

图 2-16　圆管内流体分层流动模型　　图 2-17　圆管内流体流动速度变化

若引入比例系数 μ，则

$$F = -\mu A \frac{\mathrm{d}u}{\mathrm{d}\delta} \tag{2-40}$$

若将单位面积上的内摩擦力用 τ 表示，则

$$\tau = \frac{F}{A} = -\mu \frac{\mathrm{d}u}{\mathrm{d}\delta} \tag{2-41}$$

以上两式所述的关系称为牛顿黏性定律。其中，内摩擦力 F 也称为剪切力；μ 称为流体的黏性系数或动力黏度，简称黏度，是流体黏性大小的度量，单位是 Pa·s；τ 是单位面积上的内摩擦力，又称为内摩擦应力或剪应力，Pa；$\frac{\mathrm{d}u}{\mathrm{d}\delta}$ 称为速度梯度，即垂直于流体流动方向上的流体流动速度变化率；负号表示内摩擦力 F 或剪应力 τ 的方向与速度增加的方向相反。基于此，将满足牛顿黏性定律的流体称为牛顿流体，所有气体和大多数液体都属于牛顿流体；反之，将不满足牛顿黏性定律的流体称为非牛顿流体，如淀粉等高分子水溶液、胶体溶液、泥浆等。本章主要讨论牛顿流体。

根据牛顿黏性定律，黏度表示为

$$\mu = \frac{\tau}{\frac{\mathrm{d}u}{\mathrm{d}\delta}} \tag{2-42}$$

式(2-42)表明，当 $\frac{\mathrm{d}u}{\mathrm{d}\delta}=1$ 时，$\mu = \tau$。可见，黏度的物理意义是促使流体流动产生单位速度梯度的剪应力。黏度总是与速度梯度相联系，所以只有在流体流动时才显现出来。在国际单位制中黏度的单位是 Pa·s，常用单位还有泊(P)、厘泊(cP)，它们的换算关系为

$$1\,\text{Pa}\cdot\text{s} = 10\,\text{P} = 1000\,\text{cP}$$

一般情况下，液体的黏度是温度的函数，与压强无关，温度升高，黏度下降。水在 20℃ 下的黏度是 1.005 cP，而油的黏度可达几十、几百厘泊。气体的黏度随压强增加而增大的很少，一般在工程计算中可以忽略，只有在极高或极低的压强下，才需考虑压强对气体黏度的影响。当压强小于 40 atm 时，气体的黏度随温度升高而增大。

动力黏度与同温、同压下流体密度的比值称为运动黏度，用 ν 表示，即

$$\nu = \frac{\mu}{\rho} \tag{2-43}$$

运动黏度是流体在重力作用下流动阻力的度量。在国际单位制中，运动黏度的单位是 $\text{m}^2\cdot\text{s}^{-1}$。运动黏度通常用毛细管黏度计测定，然后根据式(2-43)可计算动力黏度。

黏度是流体的基本物性参数之一，其值可由实验测定。部分常见流体的黏度也可从教材、工具书中查得。

2. 流体的流动型态

对于实际流体，流动型态表现出两种截然不同的类型，一种是层流，又称滞流；另一种是湍流，又称紊流。两种流型在内部质点的运动方式、流动速度分布规律和流动阻力产生的原因等方面都有所不同，但根本区别在于流体质点运动方式的不同。

1883 年，雷诺为了直接观察流体流动时内部质点的运动情况及各种因素对流动状况的影响，进行了如图 2-18 所示的实验，即雷诺实验。实验装置是：在一恒位水槽的下部装有一个管口呈喇叭状的水平玻璃管，出口有一个流量调节阀，水槽上方放置一个盛有有色液体的容器，底部接一针形阀并与细管相连，细管末端连接一个针形小管，将其置于直管进口处的中心。

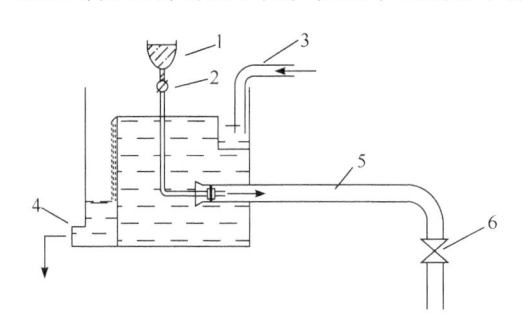

图 2-18 雷诺实验装置示意图
1. 有色液体容器；2. 针形阀；3. 进水管；4. 溢流管；
5. 水平圆直玻璃管；6. 流量调节阀

打开容器底端的针形阀，同时打开流量调节阀，有色液体从针管流出。实验中当水的流量调节阀开度较小时，有色液体离开针管口后呈一条直线，表明流体质点有秩序地分层顺着轴线平行流动，层与层之间没有明显的干扰；各层间分子只因扩散而转移，不产生流体质点的宏观混合[图 2-19(a)]，这就是层流。当流量调节阀的开度增大到一定程度时，有色液体离开针管后开始抖动、弯曲，呈波浪线向前流动。此时，流动型态可能是层流，也可能是湍流，较易受外界条件的影响，很容易发生流型的转变[图 2-19(b)]。继续加大流量调节阀的开度，当达到某一临界值时，有色液体离开针管后呈发散状，波浪线断裂并向四周扩散，最后完全与水流主体混为一体，玻璃管中水流呈现均匀的颜色，表明流体质点在管内做不规则的杂乱运动，质点间相互碰撞并产生大大小小的旋涡[图 2-19(c)]，这就是湍流。由此可见，层流与湍流的本质区别是层流的流体质点无径向脉动而湍流有径向脉动。

(a) 层流　　　　　　　　(b) 过渡区　　　　　　　　(c) 湍流

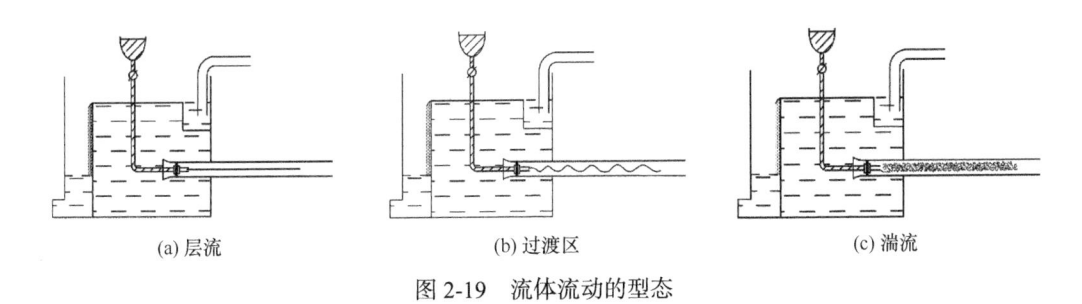

图 2-19　流体流动的型态

小资料　雷诺

雷诺实验揭示了流体两种截然不同的流动型态及其产生机制。雷诺实验证明，流体的流动型态是由多方面因素决定的，流速 u 的大小、流体流道的几何尺寸(圆管以管内径 d 表示)、流体的物理性质(包括黏度 μ 和密度 ρ)都能引起流动状况的改变。通过进一步分析研究，将这些影响因素组合成一个复合数群，以此判断流体的流动型态，此复合数群称为雷诺数，用 Re 表示，即

$$Re = \frac{du\rho}{\mu} \tag{2-44}$$

对圆形直管中流体的流动，当 $Re \leqslant 2000$ 时，流体呈层流型态，称为层流区；当 $Re \geqslant 4000$ 时，流体呈湍流型态，称为湍流区；当 Re 为 2000～4000 时，流体呈层流与湍流的过渡区。层流区和湍流区是流体流动型态的两个稳定区；过渡区不是一种流动型态，只是 Re 处于这个区间的流体的流型易受外界条件的干扰而变化。

需要注意的是，Re 是一个无因次数群，组成该数群的各物理量必须用一致的单位表示。因此，无论采用何种单位制，只要数群中各物理量的单位一致，计算出的 Re 值必然相等。

3. 流体流动的边界层

如图 2-20 所示，当流体以速度 u_0 进入平板并流过平板表面时，因平板的阻滞作用，流体与壁面接触部分的速度为零。流体的黏性又使得相邻流体层之间产生内摩擦力而导致流动速度减慢。这种减速作用从与壁面接触的流体层开始依次向流体内部传递，离壁面越远，减速作用越小。随着流体沿壁面向前流动，从壁面到流体主体，流速逐渐增加，流速受影响的区域也逐渐增大。通常将速度小于主体流速 u_0 的 99%的区域称为流动边界层，简称边界层；将自壁面到主体流速 u_0 的 99%的区域的垂直距离称为边界层厚度，记为 δ。在边界层中，流体的速度梯度不为零；在边界层以外，流体的速度大于或等于主体流速 u_0 的 99%的区域称为主流区。处于主流区的流体的黏性不起作用，速度梯度为零或接近零，剪应力 τ 一般忽略不计，可视为理想流体。相应地，边界层内的流动型态为层流时，该边界层称为层流边界层；边界层内的流动型态为湍流时称为湍流边界层。湍流状态下，无论管内流体流动的湍动程度如何剧烈，在湍流边界层内靠近壁面处有一薄层，流体流动速度较小，其流动型态为层流，称为层流内层。

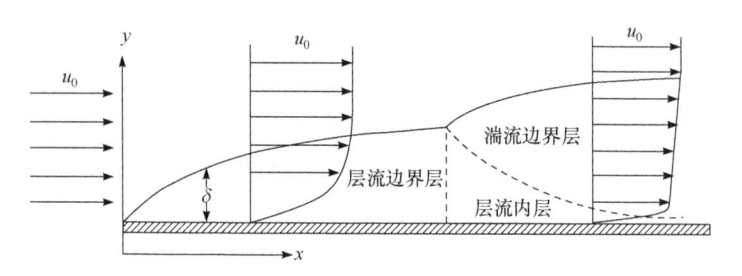

图 2-20　平板上的流动边界层

对于在圆形管道内流动的流体，如图 2-21 所示，从入口处就开始形成很薄的边界层，随着流体流动距离的增加而逐渐变厚。经过充分发展，在距管口 x_0 处，管壁上已经形成的边界层占据整个圆管的截面，其厚度 δ 等于管半径，即管道周边的边界层在管道中心处汇合。此时，边界层不再改变，管内流动状态也维持不变。充分发展的管内流型属于层流还是湍流取决于汇合点处边界层内的流动型态。若在汇合点之前边界层内呈层流状态，则此后的管内流体的流动型态为层流；若边界层内的流体流动已经发展为湍流，则汇合点后管内流体的流动型态就是湍流。将 x_0 称为稳定段长度，它与圆管的形状、管壁粗糙度及雷诺数等因素有关。

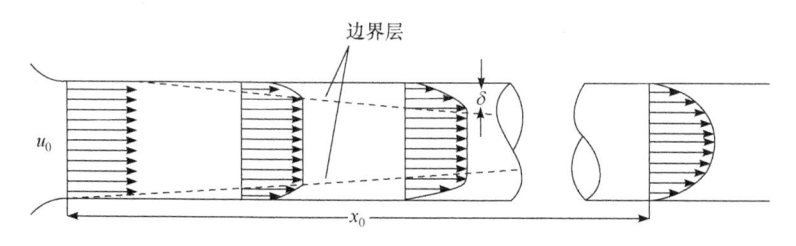

图 2-21　圆管中的流动边界层

流体流经上述平板、直径不变的圆形直管时，边界层总是紧贴固体壁面。但是，当流体流经曲面，如球体、圆柱体表面时，边界层会与壁面分离并产生旋涡，将这种现象称为边界层分离。边界层分离现象还常常发生在流体流道大小突然改变、流动方向突然改变、流经管件、阀门及管道出入口等处。边界层分离会导致流动阻力大大增加。

4. 流体在圆管内流动的速度分布

圆管内流动的实际流体由于受流动阻力的影响，在管截面上各点的速度都不一样，存在速度分布。理论分析和实验证明，层流时的速度沿管径按抛物线的规律分布，如图 2-22(a)所示，截面上各点速度的平均值 u 等于管中心处最大速度 u_{max} 的 0.5 倍。

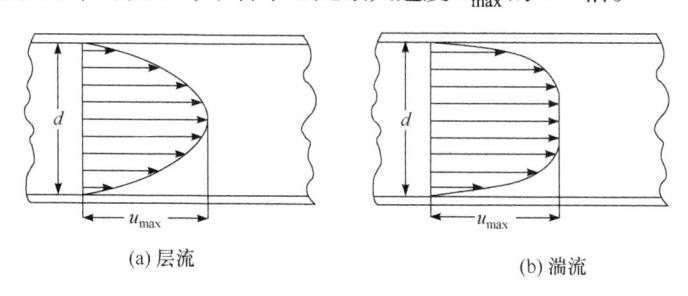

(a) 层流　　(b) 湍流

图 2-22　流体在圆管内流动的速度分布

湍流时流体质点的运动情况比较复杂，目前还不能完全采用理论方法得出湍流时的速度分布规律。但是经过实验测定,发现湍流时圆管内的速度分布曲线如图 2-22(b)所示。湍流的速度分布比较均匀,速度分布曲线不再是严格的抛物线,顶端比较平坦,管内流体在某一截面上的平均流速 u 为管中央最大流速 u_{max} 的 0.8 倍。

流体在层流和湍流状态下的速度分布是由壁面阻力和流体的内摩擦力引起的,也与流体种类、速度大小、流动型态等直接相关。湍流状态下层流内层的厚度随 Re 增大而减小。层流内层的厚度虽然不大,但黏附在壁面,是传热和传质的主要阻力,对传热和传质过程有很大的影响。

工业生产中的流体大多控制在湍流型态下流动和输送。

2.3.2 流体流动阻力的计算

流体在流经包括直管、弯头、阀门、三通等管件组成的管路时,受到两方面的阻力而使能量损失:因流体内摩擦力的影响而造成的能量损失称为直管阻力损失,用 h_l 表示;因管件的局部阻碍而造成的能量损失称为局部阻力损失,用 h_f' 表示。流体在衡算范围内总的阻力损失,即伯努利方程[式(2-37)]中的损失压头,就是全部直管阻力损失和局部阻力损失之和,即

$$\sum h_f = h_l + h_f' \tag{2-45}$$

1. 直管阻力损失

1) 层流直管阻力

流体在层流状态下的流动阻力主要是流体的内摩擦力,服从牛顿黏性定律。

先分析流体在圆形直管中做层流流动时的受力情况。如图 2-23 所示,取一个中心轴线在圆管中心线上的半径为 r、长度为 l 的流体柱,其前、后截面上的压强分别为 p_1、p_2,则

由压差产生的推力: $(p_1 - p_2)\pi r^2$

流体层间的内摩擦力: $F = -\mu A \dfrac{\mathrm{d}u}{\mathrm{d}\delta} = -2\mu\pi r l \dfrac{\mathrm{d}u}{\mathrm{d}r}$

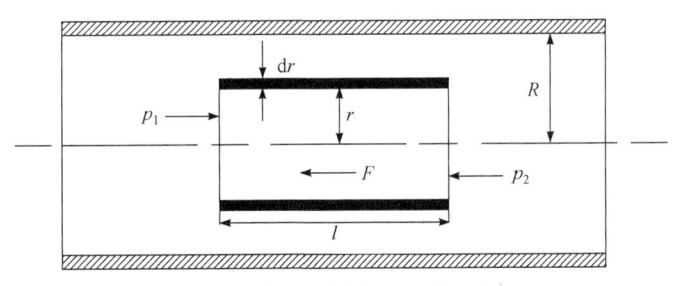

图 2-23 管内流动流体的受力分析

因为流体做定态流动,流体柱所受的推力与表面滑动的内摩擦力大小相等而方向相反,所以

$$-(p_1 - p_2)\pi r^2 = 2\mu\pi r l \dfrac{\mathrm{d}u}{\mathrm{d}r}$$

令 $\Delta p = p_1 - p_2$,对上式在圆管半径 R 范围内积分,得

$$\int_0^R -\Delta p r \mathrm{d}r = \int_{u_0}^0 2\mu l \mathrm{d}u$$

将层流的边界条件 $u_0 = 2u$、$d = 2R$ 代入上式，整理得

$$\Delta p = \frac{32\mu u l}{d^2} \tag{2-46}$$

式(2-46)称为哈根-泊肃叶(Hagen-Poiseuille)方程。将 Re 的计算式(2-44)代入式(2-46)得

$$\Delta p = \frac{64}{Re} \cdot \frac{l}{d} \cdot \frac{\rho u^2}{2} \tag{2-47}$$

当流体流经上述圆形直管，在衡算范围内无外功引入的情况下，在 1-1′和 2-2′截面间列伯努利方程，得直管的阻力损失

$$h_1 = z_1 - z_2 + \frac{p_1 - p_2}{\rho g} + \frac{u_1^2 - u_2^2}{2g} \tag{2-48}$$

因为 $z_1 = z_2$，$u_1 = u_2$，所以

$$h_1 = \frac{p_1 - p_2}{\rho g} = \frac{\Delta p}{\rho g} \tag{2-49}$$

将式(2-47)代入式(2-49)，得

$$h_1 = \frac{64}{Re} \cdot \frac{l}{d} \cdot \frac{u^2}{2g} \tag{2-50}$$

式(2-47)和式(2-50)即为分别以压差(又称压降)和压头表示的流体在圆形直管中层流流动时的摩擦阻力损失。

小资料　泊肃叶

2) 湍流直管阻力

对于在圆形直管中做湍流流动的流体，根据多方面的实验并进行适当数据处理后得

$$\Delta p = \lambda \cdot \frac{l}{d} \cdot \frac{\rho u^2}{2} \tag{2-51}$$

$$h_1 = \lambda \cdot \frac{l}{d} \cdot \frac{u^2}{2g} \tag{2-52}$$

式(2-51)和式(2-52)称为范宁(Fanning)公式，分别是以压差和压头表示的流体在圆形直管中湍流流动时的摩擦阻力损失。其中，λ 称为流动摩擦阻力系数，简称摩擦系数；$\frac{l}{d}$ 称为几何相似系数。对比范宁公式和哈根-泊肃叶方程可以看出，层流流动时的摩擦阻力是湍流流动时摩擦阻力的特殊情况，即 $\lambda = \frac{64}{Re}$。

对于圆形光滑管道，当雷诺数 Re 为 $(3\sim100)\times10^3$ 时，摩擦系数 λ 值可用布拉休斯(Blasius)公式计算，即

$$\lambda = \frac{0.3164}{Re^{0.25}} \tag{2-53}$$

3) 非圆形直管阻力

对于在非圆形直管中做湍流流动的流体，计算摩擦阻力时，应将范宁公式中的直径 d 以

当量直径 d_e 代替。当量直径按照式(2-54)计算：

$$d_e = 4 \times \frac{流体流过的横截面积}{流体润湿的周边长度} \tag{2-54}$$

例如，对于外管内径为 D、内管外径为 d 的圆环形通道，其当量直径为

$$d_e = 4 \times \frac{\frac{\pi}{4}(D^2-d^2)}{\pi(D+d)} = D - d \tag{2-55}$$

即圆环形通道的当量直径为外管内径与内管外径的差值。

对于边长分别为 a、b 的矩形管道，其当量直径为

$$d_e = 4 \times \frac{ab}{2(a+b)} = \frac{2ab}{a+b} \tag{2-56}$$

对于在非圆形直管中做层流流动的流体，计算摩擦阻力时，除用当量直径 d_e 代替直径 d 外，摩擦系数还应做进一步修正，这里不再赘述。

4) 流动摩擦系数图

摩擦系数 λ 与雷诺数 Re 及管壁相对粗糙度 ε 有关。管壁粗糙度分为相对粗糙度和绝对粗糙度。管壁凸出部分的平均高度称为绝对粗糙度，用 e 表示。绝对粗糙度与管径的比值 e/d 称为相对粗糙度，用 ε 表示。管壁粗糙度与管道材质、焊接工艺、锈蚀、表面结垢情况等因素有关。

描述摩擦系数与雷诺数及相对粗糙度之间关系的曲线称为流动摩擦系数图或穆迪(Moody)图，如图 2-24 所示。该图分为四个区域。

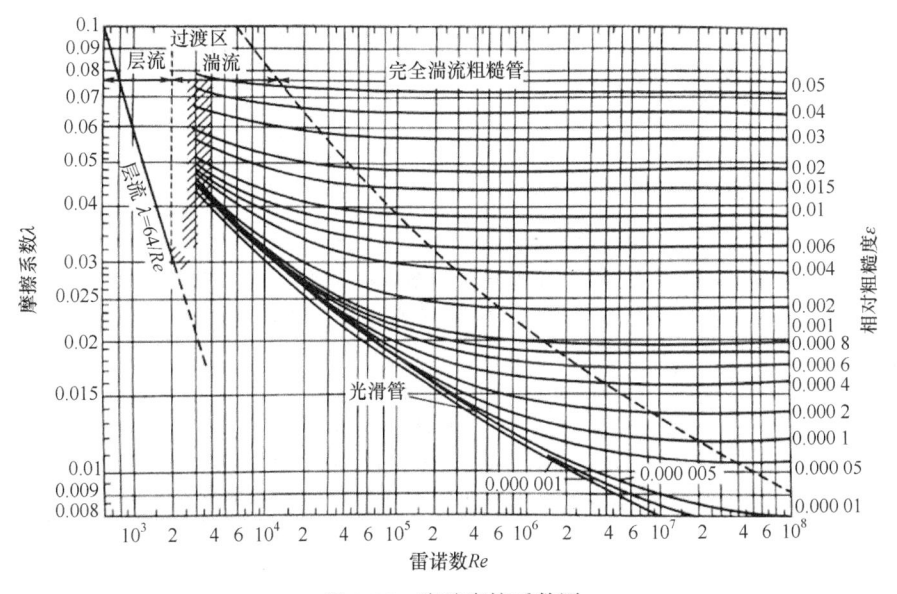

图 2-24 流动摩擦系数图

(1) 在 $Re < 2000$ 的层流区，由于流体流动速度较慢，粗糙管壁的凸出部分对流体流动的影响可以忽略不计，λ 与 Re 呈直线关系，即 $\lambda = 64/Re$，与相对粗糙度无关。

(2) 在 $2000 \leqslant Re \leqslant 4000$ 的过渡区，管内流动受外界条件的影响而出现不同的流型，摩擦系数也随之出现波动。

(3) 当 $Re > 4000$ 且处于图中虚线以下时，流体做湍流流动，其内摩擦力远大于层流的内

摩擦力，流体质点的不规则运动使流体出现旋涡，而管壁的凸出部分又加大了流体的湍动程度，所以摩擦系数 λ 既与流体流动的雷诺数 Re 有关，也与管壁相对粗糙度 ε 有关。当 ε 一定时，λ 值随 Re 的增大而减小；当 Re 一定时，λ 值随 ε 的增大而增大。在此区域内，Re 对 λ 的影响比 ε 对 λ 的影响更大，称为光滑管区。

(4) 当 $Re > 4000$ 且处于图中虚线以上的区域时，Re-λ 曲线趋近于水平线，即 λ 不随 Re 的变化而变化，接近为一常数，只与管壁相对粗糙度有关，随着 ε 的增大而增大。根据范宁公式，如果管道的长径比 l/d 一定，则阻力损失与流速的平方成正比。因此，这一区域称为完全湍流粗糙管区或阻力平方区。相对粗糙度 ε 越大，达到阻力平方区的 Re 值越小。

根据图 2-24，在已知 Re 和 ε 的情况下，查询该图可以确定流动摩擦阻力系数 λ，进而计算阻力损失。

2. 局部阻力损失

局部阻力损失的计算通常采用局部阻力系数法或当量长度法。

(1) 局部阻力系数法。一般近似地认为克服局部阻力所引起的能量损失可以表示为动能 $\dfrac{u^2}{2g}$ 的倍数，即

$$h_\mathrm{f} = \zeta \dfrac{u^2}{2g} \tag{2-57}$$

式中，ζ 为局部阻力系数，其值可通过实验确定。部分管件和阀门的局部阻力系数见表 2-3。

表 2-3　湍流时部分管件和阀门的局部阻力系数 ζ 值

管件和阀门名称	ζ
标准弯头	0.35(45°)，0.75(90°)
90°方角弯头	1.3
180°回弯头	1.5
活管接头	0.04
突然缩小(进口)容器→管	0.5
突然扩大(出口)管→容器(或排放到空间)	1
标准三通管	1
闸阀	0.17(全开)，0.9(3/4 开)，4.5(1/2 开)，24(1/4 开)
标准截止阀(球心阀)	6.4(全开)，9.5(1/2 开)
角阀(90°)	5
止逆阀	2(旋启式)，70(球形式)
底阀	1.5
滤水阀	2
盘形水表	7

(2) 当量长度法。将流体流经各种管件的局部阻力折算成流体流过一定长度的直管所造

成的阻力损失。将这一折算的直管长度称为当量长度 l_e，单位为 m。这样，局部阻力损失就可以采用直管阻力计算公式来求算，即

$$h_f = \lambda \frac{l_e}{d} \cdot \frac{u^2}{2g} \tag{2-58}$$

$$\Delta p = \lambda \frac{l_e}{d} \cdot \frac{\rho u^2}{2} \tag{2-59}$$

当量长度 l_e 的值一般由实验测定。在湍流情况下，常用管件和阀门的当量长度值可从如图 2-25 所示的共线图中查得。当使用共线图查某种管件和阀门的当量长度时，应先从图左侧的垂直线上找出与所述管件或阀门相对应的点，再在图右侧的标尺上找出与管内径对应的点，两点连一直线并与图中间的当量长度标尺相交，交点的数值就是所求的当量长度。

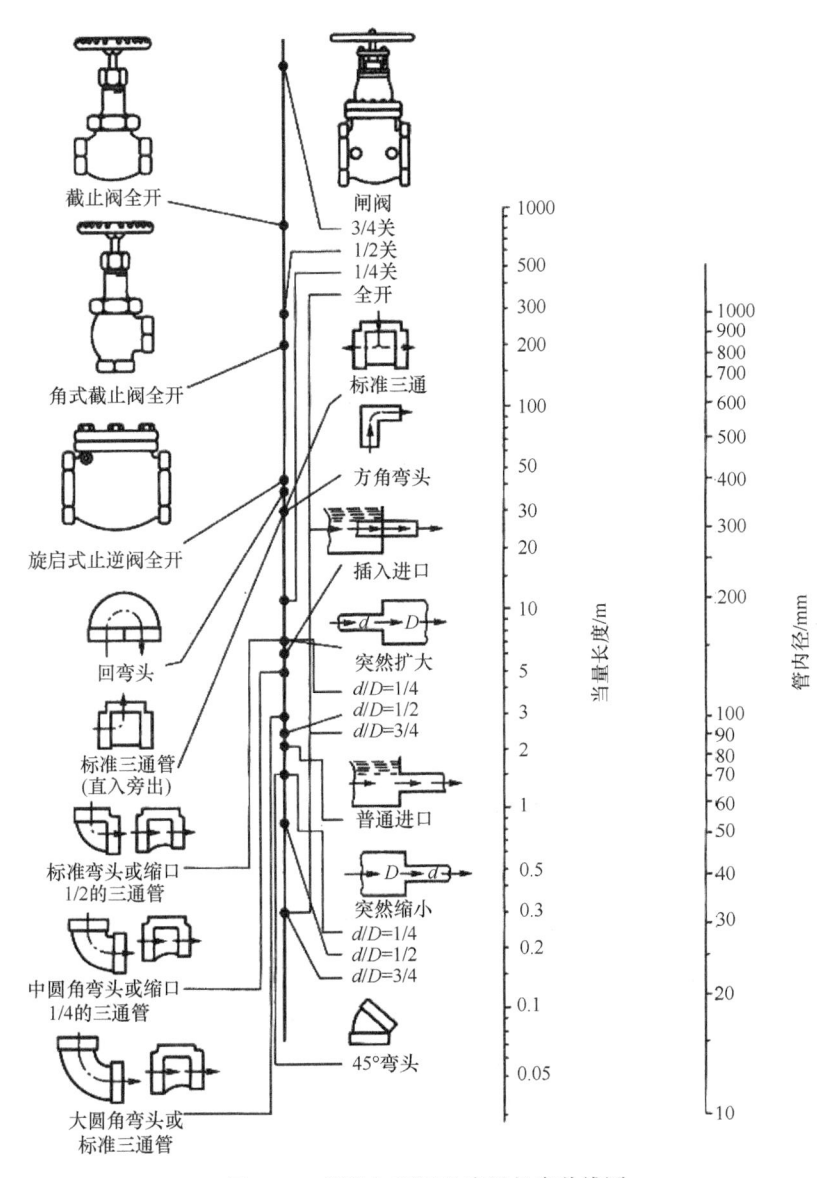

图 2-25 管件与阀门的当量长度共线图

表 2-3 和图 2-25 中未涉及的管件、阀门的局部阻力系数 ζ 和当量长度 l_e 的值可从化工手册中查找。

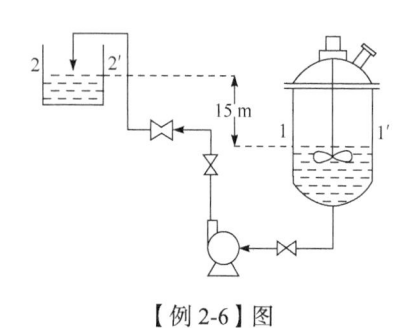

【例 2-6】 将密度为 1200 kg·m^{-3} 的溶液用泵从反应器输送到高位槽，输送量为 $2.4×10^4 \text{ kg·h}^{-1}$，反应器液面上方压强为 $2.85×10^4$ Pa(真空度)，高位槽液面上方通大气。管道为 $\phi 57$ mm $\times 3.5$ mm 的钢管，管路总长为 48 m，管路中有 2 个全开的闸阀、1 个文丘里(Venturi)流量计、5 个标准弯头，反应器液面距管路出口的垂直距离为 15 m。已知该溶液的黏度为 $6.4×10^{-3}$ Pa·s，管壁的绝对粗糙度为 0.3 mm。若该泵的效率为 0.68，求泵的轴功率。

【例 2-6】图

解 如图所示，以反应器液面为 1-1′截面，高位槽液面为 2-2′截面，并以 1-1′截面为基准面，在两截面间列伯努利方程

$$z_1 + \frac{u_1^2}{2g} + \frac{p_1}{\rho g} + H_e = z_2 + \frac{u_2^2}{2g} + \frac{p_2}{\rho g} + \sum h_f \quad (1)$$

将 $z_1 = 0$，$p_2 = 0$(表压)，$u_1 = 0$ 代入式(1)化简得

$$H_e = z_2 + \frac{u_2^2}{2g} - \frac{p_1}{\rho g} + \sum h_f \quad (2)$$

$$d = 0.057 - 0.0035 \times 2 = 0.050 \text{(m)}$$

$$u_2 = \frac{q_m}{\rho A} = \frac{2.4 \times 10^4}{3600 \times 1200 \times \frac{\pi}{4} \times 0.050^2} = 2.83 \text{(m·s}^{-1}\text{)}$$

若要求算 $\sum h_f$，需先求出 λ。为此，需确定管内流体的流动型态。

$$Re = \frac{du\rho}{\mu} = \frac{0.050 \times 2.83 \times 1200}{6.4 \times 10^{-3}} = 26\,531$$

管壁的绝对粗糙度 $e = 0.30$ mm，则管壁的相对粗糙度

$$\varepsilon = \frac{e}{d} = \frac{0.3}{50} = 6 \times 10^{-3}$$

根据 Re 和 ε 值，查图 2-24，得 $\lambda = 0.037$。

采用当量长度法计算局部阻力，则总阻力损失为

$$\sum h_f = h_l + h_f = \lambda \cdot \frac{l}{d} \cdot \frac{u_2^2}{2g} + \lambda \cdot \frac{l_e}{d} \cdot \frac{u_2^2}{2g} = \lambda \cdot \frac{l + l_e}{d} \cdot \frac{u_2^2}{2g} \quad (3)$$

查图 2-25 可知，全开闸阀 2 个：$l_e = 0.35 \times 2 = 0.7$(m)；标准弯头 5 个：$l_e = 1.5 \times 5 = 7.5$(m)；文丘里流量计 1 个：查手册可知，$l_e/d = 12$；直管长度 $l = 48$ m。将以上数据代入式(3)得

$$\sum h_f = 0.037 \times \left(\frac{48 + 0.7 + 7.5}{0.050} \times \frac{2.83^2}{2 \times 9.81} + 12 \times \frac{2.83^2}{2 \times 9.81} \right) = 17.16 \text{(m)}$$

将 $z_2 = 15$ m、$u_2 = 2.83 \text{ m·s}^{-1}$、$p_1 = -2.85 \times 10^4$ Pa(表压)、$\rho = 1200 \text{ kg·m}^{-3}$、$\sum h_f = 17.16$ m 代入式(2)得

$$H_e = 15 + \frac{2.83^2}{2 \times 9.81} + \frac{2.85 \times 10^4}{1200 \times 9.81} + 17.16 = 34.99 \text{(m)}$$

则

$$P_e = q_m g H_e = \frac{2.4 \times 10^4}{3600} \times 9.81 \times 34.99 = 2288 \text{(W)}$$

$$P_s = \frac{P_e}{\eta} = \frac{2288}{0.68} = 3365 \text{(W)}$$

要点提示：求算流体流经管路的阻力损失时，应注意将衡算范围内的直管阻力损失和局部阻力损失全部包括在内，尤其是在计算局部阻力损失时不可漏项。

【例 2-7】 如图所示，有一恒位水槽，槽底部与内径为 80 mm 的钢管相连，管路上装有一个闸阀，阀前离管路入口端 15 m 处安装有一个指示液为汞的 U 形管压力计，测压点与管路出口端之间距离为 20 m，水平管入口处局部阻力系数取 0.5。

(1) 当闸阀关闭时测得 $R = 500$ mm，$h = 1400$ mm；当闸阀部分开启时，测得 $R = 300$ mm，$h = 1100$ mm，管路摩擦系数取 0.02，每小时从管中流出水量为多少立方米？

(2) 当闸阀全开时(取 $l_e/d = 15$、$\lambda = 0.018$)，测压点 A 处的静压强($\text{N} \cdot \text{m}^{-2}$，表压)为多少？

解 (1) 当闸阀全关时，压强以表压计，根据流体静力学基本方程有

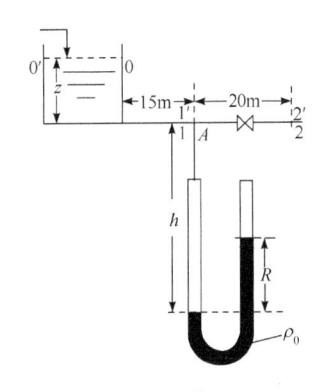

$$\rho g(z + h) = \rho_0 g R \tag{1}$$

将 $R = 0.5$ m、$h = 1.4$ m、$\rho = 1000$ kg·m^{-3}、$\rho_0 = 1.36 \times 10^4$ kg·m^{-3} 代入式(1)得水槽液位高度

$$z = \frac{\rho_0 R}{\rho} - h = 13.6 \times 0.5 - 1.4 = 5.4 \text{(m)}$$

当闸阀部分开启时，以水平管中心线为基准水平面，以水槽液面为 0-0′截面，以 A 点所在截面为 1-1′截面，压强以表压计，在 0-0′与 1-1′截面间列伯努利方程

$$z = \frac{u_1^2}{2g} + \frac{p_1}{\rho g} + \sum h_{f1} \tag{2}$$

其中，$\sum h_{f1} = h_l + h_f = \lambda \cdot \frac{l}{d} \cdot \frac{u_1^2}{2g} + \zeta \cdot \frac{u_1^2}{2g} = (\lambda \cdot \frac{l}{d} + \zeta) \frac{u_1^2}{2g}$；此时根据静力学方程有

$$p_1 = \rho_0 g R - \rho g h \text{ (表压)}$$

将 $\sum h_{f1}$、p_1 代入式(2)整理得

$$\left(1 + \lambda \cdot \frac{l}{d} + \zeta\right) \frac{u_1^2}{2g} = z - \frac{\rho_0 R - \rho h}{\rho} \tag{3}$$

将 $R = 0.3$ m、$h = 1.1$ m、$\rho = 1000$ kg·m^{-3}、$\rho_0 = 1.36 \times 10^4$ kg·m^{-3}、$\lambda = 0.02$、$\zeta = 0.5$、$l = 15$ m、$d = 0.08$ m 代入式(3)得

$$\left(1+0.02\times\frac{15}{0.08}+0.5\right)\frac{u_1^2}{2\times 9.81}=5.4-\frac{13\,600\times 0.3-1000\times 1.1}{1000}$$

解得

$$u_1=3.01\ \mathrm{m\cdot s^{-1}}$$

则

$$q_V=\frac{\pi}{4}\times 0.08^2\times 3.01\times 3600=54.4(\mathrm{m^3\cdot h^{-1}})$$

(2) 当闸阀全开时，以水平管中心线为基准水平面，以水平管出口内侧截面为 2-2′面，压强以表压计，$p_1=p_2=0$，$u_1=u_2=0$，在 0-0′与 2-2′截面间列伯努利方程

$$z=\frac{u_2^2}{2g}+\sum h_{\mathrm{f}2}=\left(1+\lambda\cdot\frac{l+l_\mathrm{e}}{d}+\zeta\right)\frac{u_2^2}{2g}$$

代入数据

$$5.4=\left[1+0.018\times\left(\frac{15+20}{0.08}+15\right)+0.5\right]\frac{u_2^2}{2\times 9.81}$$

解得

$$u_2=3.31\ \mathrm{m\cdot s^{-1}}$$

以水平管中心线为基准水平面，压强以表压计，在 0-0′与 1-1′截面间列伯努利方程

$$z=\frac{u_1'^2}{2g}+\sum h'_{\mathrm{f}1}+\frac{p_1'}{\rho g}=\left(1+\lambda\cdot\frac{l}{d}+\zeta\right)\frac{u_1'^2}{2g}+\frac{p_1'}{\rho g}$$

则

$$\frac{p_1'}{\rho g}=z-\left(1+\lambda\cdot\frac{l}{d}+\zeta\right)\frac{u_1'^2}{2g} \tag{4}$$

其中，$u_1'=u_2=3.31\ \mathrm{m\cdot s^{-1}}$，将数据代入式(4)得

$$\frac{p_1'}{\rho g}=5.4-\left(1+0.018\times\frac{15}{0.08}+0.5\right)\frac{3.31^2}{2\times 9.81}=2.68(\mathrm{m})$$

$$p_1'=2.68\rho g=2.68\times 1000\times 9.81=2.63\times 10^4(\mathrm{N\cdot m^{-2}})$$

要点提示：管路的总阻力损失包括直管阻力损失和局部阻力损失。闸阀全开求算 A 点压强时，算出管中流速后，除可在 0-0′与 1-1′截面之间列伯努利方程求解外，也可在 1-1′与 2-2′截面间列方程求解。

2.4 简单管路的计算

简单管路是指流体由入口至出口在同一条由相同或不同直径的管段、管件、阀门、设备组成的串联管路。简单管路不出现流体分支或汇合的情况。

管路计算就是运用流体流动的连续性方程、伯努利方程和流体流动阻力损失计算公式对流体流动过程中的质量和机械能进行衡算，从而解决实际工作中遇到的流体管路输送的设计

问题和操作问题。

在简单输送管路的计算中，最常见的是已知管径、流量、管件及局部阻力系数，计算输送设备的功率、系统内的压强或设备间的相对位置。这种情况的计算相对比较简单，按照相应公式一步步计算即可。

【例 2-8】 如图所示，用泵将地下蓄水池的水泵入洗涤塔中，对进入塔釜的含有氨气的混合气体进行喷淋洗涤，得到的氨水溶液从塔底排出后流入地下储罐。地下蓄水池和地下储罐均与大气相通。已知管道内径均为 0.1 m，流量为 86 m³·h⁻¹，地下蓄水池距地面 1 m，塔内液面高度距地面 1 m，地下储罐的液面距地面 0.2 m，水在塔前管路中流动的总摩擦损失(从管子口至喷头进入洗涤塔的阻力忽略不计)为 12 J·kg⁻¹，喷头处的压强较塔内压强高 24 kPa，氨水溶液从塔中流到地下储罐的阻力损失可忽略不计，氨水溶液的密度以水计。泵的效率为 68%，求泵所需的功率。

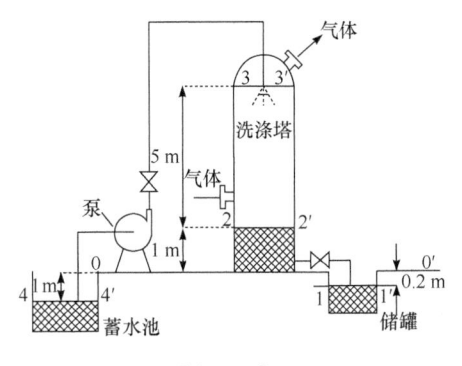

【例 2-8】图

解 取地下储罐的液面为 1-1′截面、塔内液面为 2-2′截面、喷头内侧为 3-3′截面、地下蓄水池液面为 4-4′截面，取地平面为基准水平面 0-0′面。首先在 1-1′和 2-2′截面间列伯努利方程

$$gz_1 + \frac{u_1^2}{2} + \frac{p_1}{\rho} = gz_2 + \frac{u_2^2}{2} + \frac{p_2}{\rho} \tag{1}$$

其中，$z_1 = -0.2$ m，$z_2 = 1$ m，$u_1 = u_2 \approx 0$，$p_1 = 0$(表压)，$\rho = 1000$ kg·m⁻³，将以上数据代入式(1)，化简得

$$1.2g + \frac{p_2}{\rho} = 0$$

则

$$p_2 = -11\,770 \text{ Pa}(表压)$$

计算塔前管路，在 3-3′和 4-4′截面间列伯努利方程

$$gz_4 + \frac{u_4^2}{2} + \frac{p_4}{\rho} + W_e = gz_3 + \frac{u_3^2}{2} + \frac{p_3}{\rho} + \sum h_f \tag{2}$$

其中，$z_4 = -1$ m，$z_3 = 6$ m，$u_4 \approx 0$，$p_4 = 0$(表压)，$\sum h_f = 12$ J·kg⁻¹。又因为

$$u_3 = \frac{q_V}{A} = \frac{84.82}{3600 \times \frac{\pi}{4} \times 0.1^2} = 3.04 (\text{m·s}^{-1})$$

$$p_3 = p_2 + 24 \times 10^3 = (-11\,770) + 24\,000 = 12\,230 (\text{Pa})(表压)$$

将以上数据代入式(2)，得

$$-g + W_e = 6g + \frac{3.04^2}{2} + \frac{12\ 230}{1000} + 12$$

解得

$$W_e = 97.5 \text{ J·kg}^{-1}$$

则

$$P_e = W_e q_m = W_e q_V \rho = 97.5 \times \frac{86}{3600} \times 1000 = 2329(\text{W})$$

泵的轴功率

$$P_s = \frac{P_e}{\eta} = \frac{2329}{0.68} = 3425(\text{W}) \approx 3.4(\text{kW})$$

要点提示：题干中给出的阻力损失为 12 J·kg^{-1}，所以列伯努利方程时选择对每千克流体进行机械能衡算；体积流量的单位是 m^3·h^{-1}，在计算中要换算成 m^3·s^{-1}。

2.5 流体流量的测量

化工生产过程中为了满足生产工艺的要求，常需要对输送流体的流量进行测量。测量流量的装置有很多种，这里主要介绍利用流体流动的守恒原理工作的三种流量测量仪表。

2.5.1 孔板流量计

孔板流量计是利用孔板对流体的节流作用，使流体的流速增大、压力减小，以产生的压差作为测量的依据。

如图 2-26 所示，孔板流量计主要由水平管道、节流元件和测压管三部分构成。节流元件是一个中央开有圆孔的金属薄板，测压管是连接孔板前后测压孔的 U 形管压差计。当流体流过孔板后，由于惯性作用，流动截面继续收缩一定距离后才逐渐扩大到整个管截面。流动截面最小处称为缩脉。流道缩小使流速增大、静压强降低。当流体以一定的流量流过小孔时，就会产生一定的压差，流量越大，压差越大。因此，可以用测量压差的方法测量流体的流量。

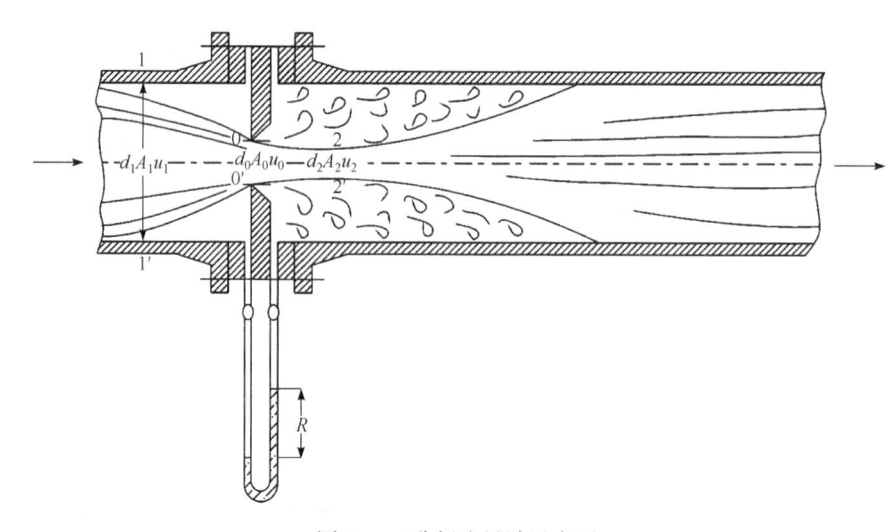

图 2-26 孔板流量计示意图

为了建立管内流量与孔板前后压力变化的定量关系，取孔板上游尚未收缩的流动截面为 1-1'面，下游截面宜放在缩脉处，以便测得最大压差读数，但由于缩脉的位置及其截面积难以确定，因此以孔板处为下游截面 0-0'面，忽略能量损失，在 1-1'截面和 0-0'截面之间列伯努利方程，得

$$z_1 + \frac{u_1^2}{2g} + \frac{p_1}{\rho g} = z_0 + \frac{u_0^2}{2g} + \frac{p_0}{\rho g}$$

因为是水平管道，所以 $z_1 = z_0$，将上式化简得

$$u_0^2 - u_1^2 = 2g\left(\frac{p_1}{\rho g} - \frac{p_0}{\rho g}\right) = 2\left(\frac{p_1 - p_0}{\rho}\right) \tag{2-60}$$

对不可压缩的流体，根据连续性方程有

$$u_1 = u_0 \frac{A_0}{A_1}$$

将其代入式(2-60)，整理得孔口处的速度

$$u_0 = \frac{1}{\sqrt{1 - (A_0/A_1)^2}} \sqrt{\frac{2(p_1 - p_0)}{\rho}} \tag{2-61}$$

当实际流体流过孔板流量计时，由流动阻力引起的压头损失、孔板处突然收缩造成的扰动、管道与圆孔截面积的相对大小对节流作用的影响以及孔板与导管间装配的误差等都会影响孔板处流速的大小。将这些影响归纳为一个系数 c_0，对所测的流速加以校正，则

$$u_0 = c_0 \sqrt{\frac{2(p_1 - p_0)}{\rho}} \tag{2-62}$$

式中，c_0 为孔板系数，量纲为一，其值由实验或经验关系确定，一般情况下为 0.6~0.7。

如果 U 形管压差计的读数为 R，指示液密度为 ρ_i，根据压差测量公式有

$$p_1 - p_0 = (\rho_i - \rho)gR$$

将其代入式(2-62)得

$$u_0 = c_0 \sqrt{\frac{2gR(\rho_i - \rho)}{\rho}} \tag{2-63}$$

则

$$q_V = A_0 u_0 = A_0 c_0 \sqrt{\frac{2gR(\rho_i - \rho)}{\rho}} \tag{2-64}$$

$$q_m = \rho A_0 u_0 = \rho A_0 c_0 \sqrt{\frac{2gR(\rho_i - \rho)}{\rho}} \tag{2-65}$$

可见，知道了 U 形管压差计的读数 R、指示液的密度 ρ_i、待测液的密度 ρ、孔板的孔截面积 A_0 和孔板系数 c_0，根据式(2-64)和式(2-65)就能很容易地计算出管道中流体的体积流量和质量流量。

孔板流量计在安装时应注意孔板与管道轴线垂直，孔口中心与管道轴线重合。孔板流量计的优点是结构简单，制造容易，安装与更换方便，应用较为广泛；缺点是流体流经孔板后

2.5.2 文丘里流量计

为了减少孔板流量计对流体节流造成的能量损失，用一段渐缩渐扩的短管代替孔板，就构成了文丘里流量计，如图 2-27 所示。文丘里流量计测压口的位置是流体进入流量计前的某截面和流量计的喉管(又称缩脉、文丘喉)处。当流体在渐缩段内流动时，流速变化平缓，涡流较少，在缩脉处流体的动能达到最高。此后，在渐扩的过程中，流体的速度又平缓降低，相应的流体压力逐渐恢复。这样一个渐缩渐扩的过程避免了涡流的形成，从而大大降低了能量的损失。

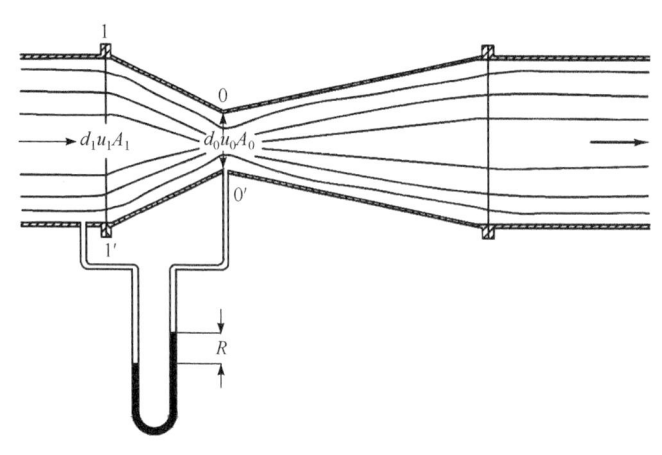

图 2-27　文丘里流量计示意图

文丘里流量计与孔板流量计的结构类似，测量原理也相同，因此可以直接在孔板流量计流量计算公式的基础上写出文丘里流量计的流量计算公式，即

$$q_V = A_0 c_V \sqrt{\frac{2gR(\rho_i - \rho)}{\rho}} \qquad (2\text{-}66)$$

式中，c_V 为文丘里流量系数，量纲为一，其值一般由实验测定，通常取 0.98~1.0。

文丘里流量计的优点是能量损失小，多用于低压气体输送中的流量测量；缺点是加工精度要求较高，因此造价也较高。

2.5.3 转子流量计

孔板流量计和文丘里流量计的共同特点是收缩口的截面积保持不变，而压差随流量的改变而变化。这类流量计称为恒截面变压差流量计。如果流体流经流量计前后压力差几乎保持不变，而截面积发生变化，这类流量计称为变截面恒压差流量计，其中最常见的是转子流量计。

转子流量计如图 2-28 所示，由一个截面自下而上逐渐扩大的垂直锥形玻璃管和一个能够旋转自如的金属或其他材质的转子所构成。被测流体由流量计的底端进入，从顶端流出。

下面分析转子的受力情况。当流体自下而上流过垂直的锥形玻璃管时，转子受到两个力的作用：一个是垂直向上的推动力，它等于流体流经转子与锥形玻璃管间的环形截面所产生的压力差；另一个是垂直向下的净重力，它等于转子所受的重力减去流体对转子的浮力。当流量加大使得压力差大于转子的净重力时，转子就上升；当压力差与转子的净重力相等时，转子处于平衡状态，停留在一定位置上。转子的平衡高度的变化，即为流量大小的变化。

假设在一定的流量条件下，处于平衡位置的转子上、下两截面的压强分别为 p_2、p_1，那么根据转子所受的净压力等于转子所受重力减去流体对转子的浮力，即

$$A_R(p_1 - p_2) = V_R \rho_R g - V_R \rho g$$

化简得压差

$$p_1 - p_2 = \frac{V_R \rho_R g - V_R \rho g}{A_R} \tag{2-67}$$

式中，A_R 为转子的最大横截面积，m^2；V_R 为转子体积，m^3；ρ_R 和 ρ 分别为转子的密度和流体的密度，$kg \cdot m^{-3}$。从这一公式可以看出，当用转子流量计测量流体流量时，转子两端的压差为一常数，与流量无关。

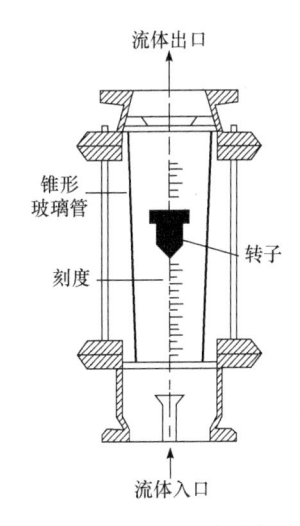

图 2-28 转子流量计示意图

当流量计的转子稳定在某一位置时，流体流过的环隙截面积也是固定值。此时，流体流经环隙截面(环隙截面积为 a_R)的流量和压差的关系与流体通过孔板流量计的关系相似。因此，环隙中的流体流量与压差的关系可表示为

$$q_V = c_R a_R \sqrt{\frac{2(p_1 - p_2)}{\rho}} \tag{2-68}$$

将式(2-67)代入式(2-68)，得

$$q_V = 3600 c_R a_R \sqrt{\frac{2g V_R (\rho_R - \rho)}{A_R \rho}} \tag{2-69}$$

式中，q_V 为转子流量计的体积流量，$m^3 \cdot h^{-1}$；a_R 为环隙的截面积，m^2；c_R 为转子流量计的流量系数，量纲为一，它与 Re 值及转子的形状有关，一般由实验测定；A_R 为转子的最大横截面积，m^2；V_R 为转子体积，m^3；ρ_R 和 ρ 分别为转子的密度和被测流体的密度，$kg \cdot m^{-3}$，要求转子的密度必须大于被测流体的密度。

转子流量计在出厂时一般用 20℃ 的水或 20℃、100 kPa 的空气进行流量标定，并在玻璃管外表面上标有刻度和数值，根据转子的停留位置，即可读出被测流体的流量。

转子流量计的优点是读取流量方便，测量范围宽，能量损失很小，能用于腐蚀性液体的测量；缺点是测量管大多由玻璃制成，不能承受高温、高压，安装时也必须保持垂直。

2.6 流体输送机械

流体输送是主要的、最常见的化工单元操作之一，它遵循流体流动的基本原理。流体流动过程中常伴随着能量的损失，所以自发的流动只会从高能状态流向低能状态。但是化工生产过程中往往需要将流体从一处输送到另一处，或者需要增大流体的压强使流体从低压系统进入高压系统，或者需要减小系统内压强以形成真空，这就需要为流体提供外部的机械能。这些对流体做功以提高流体机械能的装置称为流体输送机械。

通常，将输送液体的机械称为泵，如离心泵、往复泵等；将输送气体的机械按不同的工况分为通风机、鼓风机、压缩机和真空泵。

离心泵是液体从轴向流入、径向流出的输送机械。离心泵具有体积小、结构简单、操作容易、流量均匀、使用寿命长、购置费和操作费均较低等突出优点，在化工生产中的应用最为广泛。本节以离心泵为代表，重点讨论其分类、结构、工作原理、性能及安装高度等。

2.6.1 离心泵的分类

离心泵的分类方法有很多种。

按叶轮数目分：①单级泵，即在泵轴上只有一个叶轮；②多级泵，即在泵轴上有两个或两个以上的叶轮，这时泵的总扬程为 n 个叶轮产生的扬程之和。

按工作压强分：①低压泵，压强低于 100 mH_2O；②中压泵，压强为 100～650 mH_2O；③高压泵，压强高于 650 mH_2O。

按叶轮吸入方式分：①单侧进液式泵，又称单吸泵，即叶轮上只有一个进液口；②双侧进液式泵，又称双吸泵，即叶轮两侧都有一个进液口，它的流量比单吸泵大一倍，可以近似看作是两个单吸泵叶轮背靠背放在了一起。

按泵壳结合分：①水平中开式泵，即在通过轴心线的水平面上开有结合缝；②垂直结合面泵，即结合面与轴心线相垂直。

按泵轴位置分：①卧式泵，泵轴位于水平位置；②立式泵，泵轴位于垂直位置。

按液体流出叶轮方式分：①蜗壳泵，液体从叶轮出来后，直接进入具有螺旋线形状的泵壳；②导叶泵，液体从叶轮出来后先进入外面设置的导叶，再进入下一级叶轮或流入出口管。

按安装高度分：①自灌式离心泵，泵轴低于液体储槽液面，启动时不需要灌泵，可自动启动；②吸入式离心泵，泵轴高于液体储槽液面，启动前需要先用待输送液体灌满泵壳和吸入管道。

按用途分：可分为油泵、水泵、凝结水泵、排灰泵、循环水泵等。

2.6.2 离心泵的结构

离心泵主要由叶轮、泵壳和轴封装置三部分构成，其结构如图 2-29 所示。

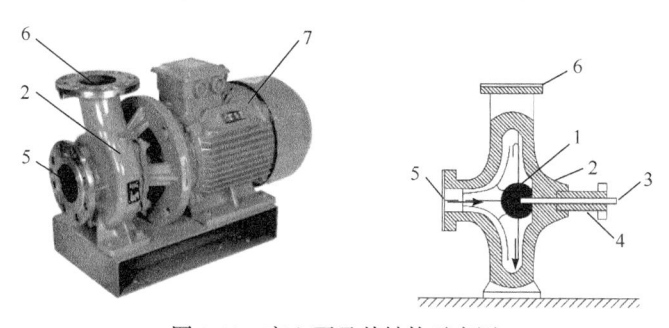

图 2-29 离心泵及其结构示意图
1. 叶轮；2. 泵壳；3. 泵轴；4. 轴封装置；5. 吸入口；6. 排出口；7. 电机

叶轮是离心泵的关键部件，置于蜗形泵壳内，并紧固在泵轴上，由若干弯曲叶片构成。叶轮按照其构造特点可分为封闭式、半开式和全开式三种类型，如图 2-30 所示。封闭式叶轮在叶片两侧带有前、后盖板，适合输送清洁液体，因其效率较高，所以离心泵一般多采用此类叶轮。半开式叶轮又称半闭式叶轮，在吸入口侧无盖板，适合输送易沉淀或含有少量颗粒的物料，其效率较封闭式叶轮低。全开式叶轮又称开式叶轮，没有前、后盖板，仅由叶片与轮毂组成，适合输送含有较多悬浮物的物料，输送效率较低，而且输送压强也不高。叶轮是离心泵的供能装置，其作用是将电机的机械能直接传给液体，以提高液体的动能和静压能。

(a) 封闭式　　(b) 半开式　　(c) 全开式

图 2-30　叶轮的三种类型

离心泵的泵壳多呈蜗牛状，因此又称蜗壳。泵壳内有一截面逐渐扩大的流道，而叶轮旋转的方向与泵壳流道扩大的方向相同。泵壳的作用主要有两个：其一是汇集液体，即将叶轮外周甩出的液体汇集，再沿泵壳中的通道排出泵体；其二是能量转换，即泵壳内叶轮旋转方向与流道逐渐扩大的方向一致，可以使部分动能转变为静压能并减少能量损失。泵壳中央的吸入口与吸入管路相连接，吸入管路的底部装有单向底阀。泵壳侧边的排出口与装有调节阀门的排出管路相连接。

轴封装置指离心泵工作时由于泵轴旋转而泵壳不动，需要在泵轴与泵壳之间进行密封的部件。轴封装置的作用是防止高压液体从泵壳与泵轴的间隙漏出，同时防止外部空气漏入泵内。常用的轴封装置有填料密封和机械密封两种，前者成本低、易更换，用于大多数液体的输送；后者成本高、更精密，密封效果好，多用于酸、碱、腐蚀性和有毒有害液体的输送。

2.6.3　离心泵的工作原理

离心泵的工作原理如图 2-31 所示。离心泵启动后，泵轴带动叶轮一起做高速旋转运动，迫使预先充灌在叶片间的液体旋转，在惯性离心力的作用下，液体自叶轮中心向外周做径向运动。液体在流经叶轮的运动过程中获得了能量，静压能升高，流速增大。当液体离开叶轮进入泵壳后，因壳内流道逐渐扩大而减速，部分动能转化为静压能，最后液体沿切向流入排出管路。当液体自叶轮中心甩向外周时叶轮中心形成低压区，在储槽液面与叶轮中心总势能差的作用下，液体被吸进叶轮中心。依靠叶轮的不断运转，液体连续地被吸入和排出。液体在离心泵中获得的机械能最终表现为静压能的提高。

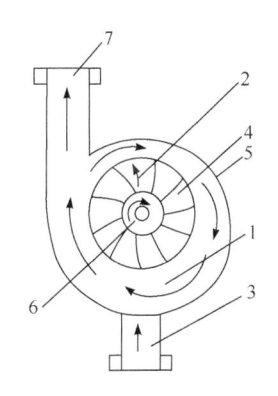

图 2-31　离心泵工作原理示意图
1. 蜗壳中的流动；2. 叶轮上的流动；
3. 吸入口；4. 叶轮；5. 泵壳；
6. 泵轴；7. 排出口

离心泵没有自吸能力，它借助高速旋转的叶轮产生的离心力来输送液体。离心力的大小不仅与叶轮的转速、尺寸有关，还与液体的密度有关。液体的密度越大，产生的离心力就越大。当启动离心泵时，若泵内未充满液体而存在大量气体，由于空气的密度远小于液体的密度，叶轮旋转产生的惯性离心力很小，因而叶轮中心处不能形成吸入液体所需的真空度，也就不能正常输送液体。这种可以启动离心泵使叶轮旋转，但不能输送液体的现象称为气缚现象。为了避免气缚现象，若泵的吸入口位于储槽液面的上方，在离心泵启动前要用待输送液体灌满泵体，并且在泵的吸入管路应安装单向底阀和滤网。单向底阀可防止启动前灌入的液体从泵内漏出，滤网可阻挡液体中的固体杂质，防止其被吸入从而堵塞泵壳和管路。若泵的位置低于储槽内液面，则启动时无需灌泵，打开槽底阀门，液体靠位差就能自动充满离心泵。

2.6.4 离心泵的主要性能参数及特性曲线

离心泵的主要性能参数包括体积流量、扬程、轴功率和效率。了解离心泵的主要性能参数对于正确选择和使用离心泵很重要。

离心泵的体积流量指单位时间内泵输送液体的体积，用 q_V 表示，单位为 $m^3 \cdot h^{-1}$。离心泵的体积流量大小表明泵的送液能力，它与泵的结构、尺寸和转速等有关。

泵的扬程又称泵压头，指 1 N 的液体经过离心泵所获得的能量，即离心泵对输送液体提供的能量，用 H_e 表示，单位是 m 液柱。离心泵的压头与泵的结构、转速、流量等有关，可通过相关流动实验测定并利用式(2-70)进行计算：

$$H_e = h_0 + \frac{u_2^2 - u_1^2}{2g} + \frac{p_2 - p_1}{\rho g} + \sum h_f \tag{2-70}$$

式中，h_0 为所选两截面间的垂直高度差，m；p_1 和 p_2 分别为吸入管路和排出管路的压强，$N \cdot m^{-2}$；u_1 和 u_2 分别为吸入管和排出管中流体的流速，$m \cdot s^{-1}$；$\sum h_f$ 为两截面间的压头损失，m。

单位时间内，液体流经泵后实际获得的功就是泵的有效功率 P_e。泵的有效功率可通过扬程 H_e 和流量 q_V 根据式(2-38)计算，即

$$P_e = q_V \rho g H_e$$

由于泵轴所做的功不可能全部转变为液体的机械能，其中一部分要消耗于泵在转动过程中的能量损失，所以泵的轴功率 P_s 大于泵的有效功率 P_e。有效功率 P_e 与轴功率 P_s 的比值即为泵的效率 η，如式(2-39)所示，即

$$\eta = \frac{P_e}{P_s}$$

离心泵的功率和效率与离心泵的类型、结构、精密度和流量有关。一般大型离心泵的效率高达 90%，中小型泵的效率较低。

在离心泵的主要性能参数中，扬程 H_e、轴功率 P_s 和效率 η 都与体积流量有关，它们之间的关系可以通过实验测定并用曲线表示出来，称为离心泵的特性曲线，包括 H_e-q_V 曲线、P_s-q_V 曲线和 η-q_V 曲线。图 2-32 为 4B20 型离心水泵在 2900 $r \cdot min^{-1}$ 下的特性曲线。离心泵的特性曲线反映了泵的基本性能，是离心泵分析和选型的重要依据。

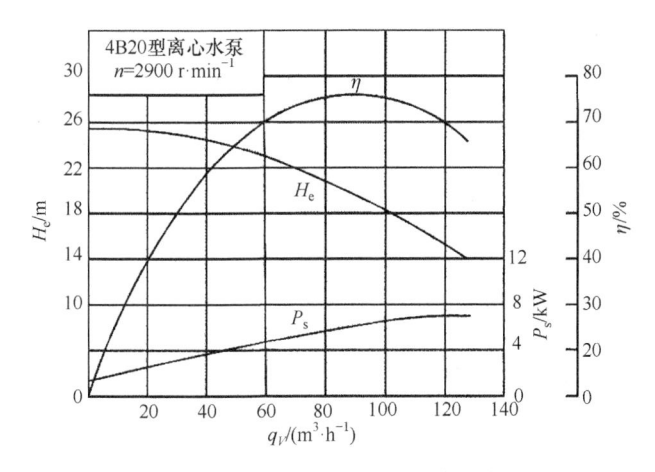

图 2-32 4B20 型离心水泵的特性曲线

H_e-q_V 曲线表示泵的扬程与体积流量的关系。流量为零时扬程最大，其后扬程随流量的增大而下降。

P_s-q_V 曲线表示泵的轴功率与体积流量的关系。轴功率随流量的增大而增大，流量为零时功率最小。因此，离心泵在启动时，应将泵的出口阀门关闭以降低启动功率，减小启动电流，从而保护电机，待泵运转正常后再打开出口阀门。

η-q_V 曲线表示泵的效率与流量的关系。从图 2-32 中可以看出，当流量为零时，效率为零；随着流量的增大，泵的效率也上升并达到一个最大值，此后随着流量继续增大，效率反而下降。这说明离心泵在一定转速下有一最高效率点，该点称为离心泵的设计点。离心泵在与最高效率点相对应的流量和扬程下工作最为经济，称为最佳工况参数，一般标注在泵的铭牌上。因此，根据生产任务选择离心泵时，所选泵的运行应尽可能接近其最高效率点。

要说明的是，离心泵的特性曲线随叶轮转数的变化而变化，也与泵的种类及型号相关，因此特性曲线必须标出泵的型号和转速。

【例 2-9】 如图所示，在一定转速下测定某离心泵的性能，吸入管与压出管的内径相同，为 0.05 m。当流量为 30 m³·h⁻¹ 时，泵入口处真空表与出口处压力表的读数分别为 25.5 kPa 和 260 kPa，两测压口间的垂直距离为 0.5 m，泵的轴功率为 3.30 kW。水的密度为 $\rho = 1000$ kg·m⁻³，试计算泵的压头、有效功率和效率。

解 以泵前水平管路的中心线为基准面，泵入口处的截面为 1-1'，泵出口处的截面为 2-2'，在两截面间列伯努利方程

$$z_1 + \frac{u_1^2}{2g} + \frac{p_1}{\rho g} + H_e = z_2 + \frac{u_2^2}{2g} + \frac{p_2}{\rho g} + \sum h_f$$

【例 2-9】图

已知 $z_1 = 0$、$z_2 = 0.5$ m、$p_1 = -2.55 \times 10^4$ Pa(表压)、$p_2 = 2.60 \times 10^5$ Pa(表压)；吸入管路与排出管路直径相同，故 $u_1 = u_2$；两测压口间的管路较短，忽略其间的阻力损失 $\sum h_f$，将以上数据代入上式整理得

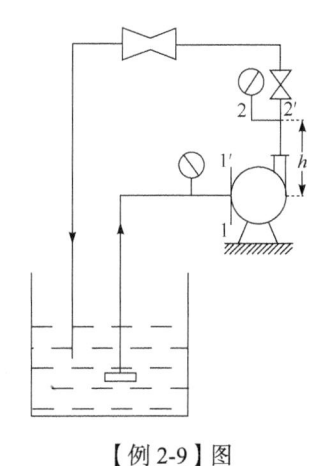

泵压头 $$H_e = z_2 - z_1 + \frac{p_2 - p_1}{\rho g} = 0.5 + \frac{2.60 \times 10^5 + 2.55 \times 10^4}{1000 \times 9.81} = 29.6 \text{(m)}$$

有效功率 $$P_e = q_V \rho g H_e = \frac{30 \times 1000 \times 9.81 \times 29.6}{3600} = 2.42 \text{(kW)}$$

泵的效率 $$\eta = \frac{p_e}{p_s} \times 100\% = \frac{2.42}{3.30} \times 100\% = 73.3\%$$

2.6.5 离心泵的安装高度

当离心泵的安装位置高于液体储槽时,其安装高度有一定的限度,超过这一限度离心泵就不能吸入液体。这取决于离心泵的吸上真空高度。安装高度和吸上真空高度的关系可通过能量衡算求得。

如图 2-33 所示,设储槽液面压强为 p_0,液体密度为 ρ,液面距泵入口处的垂直距离为安装高度 H_g,泵入口处的压强为 p_1,液体流速为 u_1,吸入管路的总阻力损失为 $\sum h_f$,储槽内液体流速忽略不计。以储槽内液面 0-0′ 为基准水平面,泵入口处截面为 1-1′ 截面,在 0-0′ 和 1-1′ 截面间列伯努利方程

$$\frac{p_0}{\rho g} = H_g + \frac{p_1}{\rho g} + \frac{u_1^2}{2g} + \sum h_f$$

即

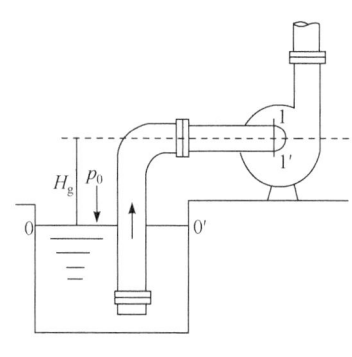

图 2-33 泵的安装高度示意图

$$H_g = \frac{p_0 - p_1}{\rho g} - \frac{u_1^2}{2g} - \sum h_f \tag{2-71}$$

令 $H_s = \dfrac{p_0 - p_1}{\rho g}$,则式(2-71)可变为

$$H_g = H_s - \frac{u_1^2}{2g} - \sum h_f \tag{2-72}$$

式(2-71)和式(2-72)即为离心泵安装高度 H_g 的计算式。其中,H_s 为离心泵的允许吸上真空高度,表示泵吸入口处的压强 p_1 可达到的真空度。p_1 越小,H_s 越大,H_g 也越大。但是,当 p_1 等于或小于液体在工作温度下的饱和蒸气压时会引起液体的部分汽化并产生许多小气泡,由泵中心的低压区流进叶轮高压区的气泡受压而重新凝结并形成局部真空,使周围液体以极大的速度冲向原气泡所占据的空间,在冲击点处形成几万千帕的极高压强。在这种压强很大、频率很高的流体质点的连续冲击下,叶轮材料表面会产生蚀点,逐渐缺损甚至出现裂缝,这种现象称为气蚀。气蚀会增大泵运行的噪声,大大降低流量、压头和效率,缩短泵的使用寿命,甚至使泵无法正常工作。

为了避免发生气蚀,离心泵入口处的绝对压强必须大于工作温度下液体的饱和蒸气压。由于离心泵入口处的绝对压强与泵的安装高度密切相关,因此需要根据离心泵的 H_s 值确定泵的安装高度。离心泵的 H_s 值与泵的结构、流量、被输送液体的性质及当地大气压等因素有关,一般由泵的生产厂家通过实验测定,标于铭牌上,所以又称为泵的样本 H_s 值。但是样本 H_s 是以清水在 20℃及大气压为 10 mH$_2$O 的条件下测定的数值,当实际输送条件与泵样本给

定条件不符时，需要按式(2-73)进行校正

$$H'_s = H_s + (H_0 - 10) - (H_v - 0.24) \tag{2-73}$$

则实际输送条件下离心泵的安装高度 H'_g 为

$$H'_g = H_s + (H_0 - 10) - (H_v - 0.24) - \frac{u^2}{2g} - \sum h_f \tag{2-74}$$

式(2-73)和式(2-74)中，H_s 为泵样本的允许吸上真空高度；H'_s 为实际条件下的允许吸上真空高度；H_0 为当地大气压；H_v 为操作温度下待输送液体的饱和蒸气压；10 为离心泵样本在 293 K 下测定时的大气压强为 10 mH₂O；0.24 为 293 K 时水的饱和蒸气压；$u^2/2g$ 为吸入管路中水的动压头；$\sum h_f$ 为吸入管路中的总压头损失，一般均可忽略；等式右端各项的单位均为 mH₂O，所得实际安装高度 H'_g 的单位为 m。

离心泵样本 H_s 值越大，表明离心泵在一定条件下抗气蚀性能越好。同时，H_s 值越大，离心泵的安装高度越高。

在实际安装时，为保证安全，通常将计算得到的安装高度 H'_g 再减去 0.5～1.0 m，以此作为实际安装高度。

习　题

1. 在甲地操作的苯乙烯真空精馏塔顶的真空表读数为 96.03 kPa，在乙地操作时，若要求塔内维持相同的绝对压强，真空表的读数应为多少？已知甲地的平均大气压强为 101.33 kPa，乙地的平均大气压强为 85.3 kPa。
(80 kPa)

2. 在 ϕ 57 mm × 3.5 mm 的管道中有运动黏度为 2.6×10^{-5} m²·s⁻¹ 的有机液体，试确定维持管中的层流流动型态的最大流量。
(7.35 m³·h⁻¹)

3. 10℃水在 ϕ 60 mm × 3 mm 的管道中流动，流量为 20 m³·h⁻¹，试判断其流型。
(湍流)

4. 某列管式换热器，其壳内径为 450 mm，内装 151 根 ϕ 25 mm × 2.5 mm 的钢管，试求壳体与管外空间的当量直径。
(0.026 m)

5. 如图所示，将密度为 900 kg·m⁻³ 的液体从液面恒定的高位槽通过管道输送到一设备中，管道规格为 ϕ 108 mm × 4 mm，设备内压强为 4.0×10^4 Pa(表压)，若要求输送量为 50 m³·h⁻¹，沿程阻力损失(不计进出口阻力损失)为 2 m 液柱，设备入口距高位槽液面之间的垂直距离应为多少米？
(6.69 m)

6. 一定量的流体在圆形直管内做层流流动。若管长及液体物性不变，而管径减至原来的 1/2，流体阻力损失为原来的多少倍？若管径增大到原来的 3 倍，则流动阻力损失又是原来的多少？
(16; 1/81)

7. 如图所示，鼓风机吸入管内径为 220 mm，在进口处测得 U 形管压差计读数 R 为 18 mm(指示液为水)，已知空气的密度为 1.2 kg·m⁻³，忽略能量损失，试求管道内空气的流量。
(2347 m³·h⁻¹)

8. 如图所示，密封酸蛋内的硫酸用压缩空气压入与大气相通的高位槽。输送管道为 ϕ 40 mm × 3 mm 的无缝钢管，流量为 0.2 m³·min⁻¹。压送过程中酸蛋的液面与管道出口的位置差恒定保持为 8 m。已知管道总压头损失(不包括出口)为 3 m，硫酸密度为 1830 kg·m⁻³，在酸蛋中应维持多少压强？
(209.8 kPa)

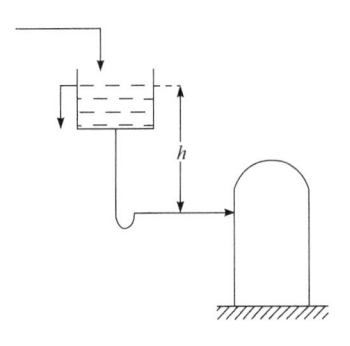

习题 5 图

习题 7 图　　　　　　　　　　　　　　习题 8 图

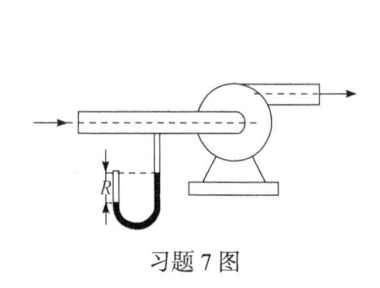

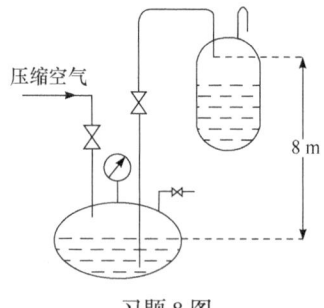

9. 若常压下 20℃的空气以 14 m·s⁻¹ 的速度流经 130 m 长的长方形水平通风管。已知管道截面长为 320 mm、宽为 180 mm、相对粗糙度为 0.0005，求每千克空气流经该通风管的能量损失和压头损失。

(1052 J·kg⁻¹；107.2 m)

10. 设管壁的绝对粗糙度为 0.5 mm，计算 25℃水以 3.2×10⁻³ m³·s⁻¹ 的流量流过 ϕ 57 mm × 3.5 mm、长 23 m 水平钢管的能量损失、压头损失及压力损失。

(24.44 J·kg⁻¹；2.49 m；24 368 Pa)

11. 如图所示，内径相同的两个圆柱形密闭容器中均装有同一种有机液体，底部用同一管道和一阀门相连。容器 1 液面上方的表压 p_1 为 102 kPa，液面高度为 4 m；容器 2 液面上方的表压 p_2 为 126 kPa，液面高度为 3 m。已知液体的密度为 830 kg·m⁻³，试判断阀门开启后液体的流向，并计算平衡后两容器新的液面高度。

(从容器 2 向容器 1 流动；4.97 m, 2.03 m)

12. 如图所示，某一高位槽供水系统的管道规格为 ϕ 50 mm × 2.5 mm。当阀门全关时，压力表的读数为 91 kPa；当阀门全开时，压力表的读数为 87 kPa，且此时水槽液面至压力表处的能量损失可以表示为 $W_f = u^2$ J·kg⁻¹（u 为水在管内的流速）。求：

(1) 高位槽的液面高度。

(2) 阀门全开时水在管内的流量(m³·h⁻¹)。

(9.28 m；9.39 m³·h⁻¹)

习题 11 图　　　　　　　　　　　　　习题 12 图

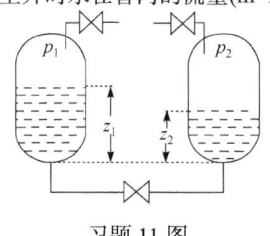

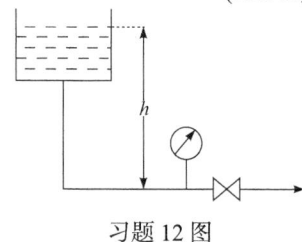

13. 列管换热器的管束由 150 根 ϕ 25 mm × 2.5 mm 的钢管组成。空气以 7 m·s⁻¹ 的速度在列管内流动。已知：空气在管内的平均温度为 80℃、压强为 198×10³ Pa(表压)，当地大气压为 98.7 × 10³ Pa。计算：

(1) 空气的质量流量。

(2) 操作条件下空气的体积流量。

(3492 kg·h⁻¹；1192 m³·h⁻¹)

14. 如图所示，用 U 形管压力计测量容器内液面上方的压强，指示液为水银。已知该液体密度为 900 kg·m⁻³，$h_1 = 0.4$ m，$h_2 = 0.6$ m，$R = 0.6$ m。求：

(1) 容器内的表压。

(2) 若容器内的表压增大一倍，压力计的读数 R'。

(71.22 kPa；1.15 m)

15. 密度为 850 kg·m⁻³、黏度为 8 × 10⁻³ Pa·s 的液体在内径为 16 mm 的水平铜管内流动，溶液的流速为 0.8 m·s⁻¹。

(1) 计算雷诺数，判断流型并说出质点沿管轴做什么运动。

(2) 若该管路上游压强为 150×10³ Pa，液体流经多长的管道，其压强才下降到 125.5 × 10³ Pa?

(1360，层流；30.63 m)

16. 如图所示为某厂 C₄ 混合组分油从储槽回流至精馏塔顶部。储槽液面恒定，液面上方的压强为 1.7 × 10⁶ Pa(表压)，精馏塔内操作压强为 1.25×10⁶ Pa(表压)。塔内管路出口处高出储槽内液面 32 m，管

道为 ϕ 150 mm × 3.5 mm，混合油密度为 660 kg·m^{-3}。现要求输送量为 4.5×10^4 kg·h^{-1}，管路的全部能量损失为 140 J·kg^{-1}(不包括出口能量损失)，核算该过程是否需要泵。 (W_e = -227.2 J·kg^{-1}，不需要泵)

习题 14 图

习题 16 图

17. 用泵将碱液由敞口槽送至 15 m 高的塔中。已知塔顶压强为 6.25×10^4 Pa (表压)，流量为 24 m^3·h^{-1}，输送管路为 ϕ 59 mm × 3.5 mm 的无缝钢管，管长 54 m(包括局部阻力的当量长度)。碱液密度为 1160 kg·m^{-3}，黏度为 2.3×10^{-3} Pa·s，管壁的绝对粗糙度为 0.3 mm。求该泵的有效功率。若该泵的效率为 0.7，则该泵的轴功率为多少？ (3176 W；4537 W)

第3章 热量传递

本章重点：

(1) 单层、多层圆筒壁热传导速率方程及其应用。
(2) 对流传热的基本原理和给热系数的含义及影响因素。
(3) 换热器的能量衡算，总传热速率方程和总传热系数的计算，以及用平均温差法进行传热计算。

本章难点：

(1) 总传热速率方程的应用。
(2) 换热器的设计计算。

3.1 概　　述

3.1.1 传热在化工生产中的应用

传热又称热量传递，是指由温度差引起的能量转移过程，是自然界和日常生活中最常见的热现象。由热力学第二定律可知，只要有温度差存在，热量就必然从高温处传递到低温处。自然界中温度差无处不在、无时不有，因而热量传递是自然界和工农业生产中一种普遍存在的现象。

化学工业与传热的关系尤为密切。在化工生产中，一些常见的单元操作，如蒸发、蒸馏、干燥等，均需对物料进行加热或冷却，才能保证操作的正常进行。对于化学反应器，更需有效地进行热量传递，使反应可以在最优温度下进行。此外，化工生产中设备、管道的保温或低温隔热、热能的合理利用以及废热的回收等，也都涉及热量传递问题。

化工生产中对传热过程的要求有两种情况：一种是强化传热过程，如各种换热设备中的传热，要求有较高的传热速率；另一种是削弱传热过程，如对设备和管道的保温、保冷，要求有较低的传热速率以减少热损失。

在生产中，传热过程可分为稳态传热过程和非稳态传热过程两大类。在传热过程中，若物体各点温度不随时间改变而仅随位置变化，则这种传热过程称为稳态传热过程，简称稳态传热。若物体各点温度既随位置变化，也随时间变化，则这种传热过程称为非稳态传热过程，简称非稳态传热。工业生产中的连续换热操作多属于前者，间歇操作的换热器和连续操作的换热器开车之初多属于非稳态传热。本章只讨论稳态传热过程。

3.1.2 传热基本方式

热量传递是常见而复杂的物理现象，根据传热机理的不同，可以将传热分为三种方式：热传导、热对流和热辐射。根据具体情况，热量传递可以以其中一种方式进行，也可以以两种或三种方式同时进行。

1. 热传导

热传导简称导热，是依靠物体温度较高部分的自由电子运动或分子热振动等微观粒子的热运动传递热量。当物体内部或在两个直接接触的物体之间存在温度差时，温度较高部分的分子因振动而与相邻的分子碰撞，将其动能的一部分传给后者，导致热能从温度较高部分向温度较低部分传递。导热是物质的固有性质。

2. 热对流

热对流简称对流，是指流体中存在温度差时，由各部分质点发生相对位移引起的热量传递，因而热对流只能发生在流体中。对流传热与流体的流动状况密切相关，根据产生对流的原因不同，可分为以下两种方式：

(1) 自然对流。流体内部因各点之间的温度不同而引起密度的差异，使温度高的地方因流体密度小而上浮，温度低的地方因流体密度大而下沉，这样使质点发生相对位移而传递热量。这种对流称为自然对流。

(2) 强制对流。因外界的机械作用，如搅拌等外力作用而使流体质点被迫发生位移从而传递热量。这种对流称为强制对流。

3. 热辐射

热辐射是物体因具有温度而以电磁波形式散播辐射能，辐射能遇到另一物体时，被全部或部分吸收，被吸收的辐射能重新转变为热能的一种传热方式。一切温度高于绝对零度的物体都能产生热辐射，温度越高，辐射出的总能量越大。与导热和对流传热不同，热辐射无需任何介质，在真空中也可以传播，并且在能量转移过程中还存在能量形式的转换。

实际传热过程一般都不是单一的传热方式，如火焰对炉壁的传热就是辐射、对流和导热的综合。不同的传热方式遵循不同的传热规律。

3.1.3 工业中的换热方式

化工生产中，根据冷、热流体的接触情况，换热方式可分为三种：直接接触式、蓄热式和间壁式。

1. 直接接触式

这是热流体与冷流体在换热设备中直接混合的一种传热方式，又称混合式传热。例如，将水蒸气直接通入冷水中使冷水加热，即为混合式传热。

2. 蓄热式

先将热流体的热量储存在蓄热室的热载体上，然后由热载体将热量传递给冷流体，即为蓄热式换热。

3. 间壁式

进行换热的冷、热流体分别处于固体间壁的两侧，热流体通过间壁将热量传递给冷流体，即为间壁式换热。间壁式换热要求固体间壁为热的良导体，一般为金属或石墨等非金属材质。这种换热方式中，冷、热流体不相接触，因此在化工生产中应用极为广泛。常见的热交换器

(或称换热器)如夹套式热交换器、套管式热交换器、列管式热交换器、板式热交换器等都属于间壁式换热。

3.1.4 热载体及其选择

为了将冷流体加热或热流体冷却，必须用另一种流体供给或取走热量，此流体称为热载体。起加热作用的热载体称为加热剂，起冷却作用的热载体称为冷却剂。

1. 加热剂

工业中常用的加热剂有热水(40～100℃)、饱和水蒸气(100～180℃)、矿物油(180～250℃)、联苯-二苯醚混合物等低熔混合物(180～540℃)、烟道气(500～1000℃)等。此外，还可用电加热获取更高的温度。

饱和水蒸气是最常用的加热剂，其优点是压强和温度——对应，调节其压强就可以控制加热温度，使用方便。其缺点是饱和水蒸气冷凝传热能达到的温度受压强的限制。

2. 冷却剂

工业中常用的冷却剂有水(20～30℃)、空气(高于30℃)、冷冻盐水(-15～30℃)、液氨(-33.4℃)等。

水的传热效果好，应用最为普遍。但在水资源较缺乏的地区，应因地制宜采用空气冷却。

3.1.5 传热基本概念

传热速率 Q：在换热器中传热的快慢用传热速率表示，传热速率又称热流量，是指在单位时间内通过传热面的热量，用 Q 表示，单位为 W。

热通量 q：又称热流密度，指单位时间内通过单位面积所传递的热量，即 $q = \dfrac{Q}{A}$，单位为 $W \cdot m^{-2}$。

定压比热容 c_p：简称比热容，指单位质量的物质温度升高 1 K 所吸收的热量，单位为 $J \cdot kg^{-1} \cdot K^{-1}$。

等温面：指同一时刻，温度场中温度相同的各点所组成的面。温度不同的等温面彼此不能相交。

思考：三种传热方式各自的特点有哪些？每种传热方式分别在什么情况下起主要作用？

3.2 传 导 传 热

3.2.1 傅里叶定律

1. 温度梯度

为了直观描绘物体内部的温度分布情况，常用等温面形象地表示。等温面是指某一瞬间温度场中所有温度相同的点组成的面，它可以是平面或曲面。在等温面上温度处处相等，故等温面上无热量传递；而在不同的等温面上温度不同，即等温面不相交。因此，从任意一点起，沿着与等温面相交的任意方向移动时，温度都随移动距离而变化。这种温度随距离的变化率以沿着与等温面垂直的方向为最大，这一最大变化率称为温度梯度，即

温度梯度$(K \cdot m^{-1})=\dfrac{\partial t}{\partial x}$

温度梯度是垂直于等温面的向量，其正方向为温度增加的方向。如图3-1所示，对于一维稳态传热过程，温度只沿 x 变化，则温度梯度为 $\dfrac{dt}{dx}$。

2. 傅里叶定律

实验证明，对于一维稳态热传导过程，可用傅里叶(Fourier)定律来描述。

图 3-1　温度梯度和热流方向示意

$$q = -\lambda \dfrac{dt}{dx} \tag{3-1}$$

式中，q 为热通量，$W \cdot m^{-2}$；λ 为比例系数，称为导热系数(或热导率)，$W \cdot m^{-1} \cdot K^{-1}$；$\dfrac{dt}{dx}$ 为沿 x 方向的温度梯度；负号表示热流方向与温度梯度的方向相反。

小资料　傅里叶

3.2.2　导热系数

由式(3-1)得

$$\lambda = -\dfrac{q}{\dfrac{dt}{dx}}$$

这表明导热系数在数值上等于单位时间内、温度梯度为 $1\,K \cdot m^{-1}$ 时，通过单位导热面积所传递的热量。导热系数 λ 表征物质导热能力的大小，其数值越大，物质的导热能力越强。这是物质的物理性质之一。

物质的导热系数通常由实验方法测定，与物质种类、组成、温度和压强等其他参数有关。不同物质导热系数值的变化范围很大，一般来说，气体的导热系数最小，液体居中，固体(除绝热材料外)的导热系数最大。在固体材料中，金属材料的导热系数最大，建筑材料次之，绝热材料最小。三类固体材料的导热系数值的数量级大致为

　　　　金属材料　　　　$10 \sim 10^2\ W \cdot m^{-1} \cdot K^{-1}$
　　　　建筑材料　　　　$10^{-1} \sim 10^0\ W \cdot m^{-1} \cdot K^{-1}$
　　　　绝热材料　　　　$10^{-2} \sim 10^{-1}\ W \cdot m^{-1} \cdot K^{-1}$

1. 固体的导热系数

在所有固体中，金属的导热性能最好。大多数金属的导热系数随着温度的升高而降低，随着纯度的增加而增大，即合金比纯金属的导热系数低。

非金属固体的导热系数与其组成、结构的紧密程度和温度有关。大多数非金属固体的导热系数随密度的增加而增大。在密度一定的情况下，固体的导热系数与温度呈线性关系，随着温度的升高而增大。表3-1列举了常见固体材料的导热系数。

表 3-1　常见固体材料的导热系数

物质名称	温度/℃	$\lambda/(\mathrm{W\cdot m^{-1}\cdot K^{-1}})$
银	100	409.38
铜	100	379.14
铝	300	227.95
熟铁	18	61
镍	100	82.57
铸铁	53	48
钢(1% C)	18	45
铅	100	33
不锈钢	20	16
石墨	0	1.51
冰	0	2.33
玻璃	30	1.09
建筑砖	20	0.69
石棉	200	0.21
硬橡胶	0	0.15
锯木屑	20	0.052
棉毛	30	0.050
软木	30	0.043
玻璃纤维(粗)		0.041
玻璃纤维(细)		0.029

2. 液体的导热系数

液体可分为金属液体(液态金属)和非金属液体。

液态金属的导热系数比一般液体的高，大多数液态金属的导热系数随温度的升高而降低。

在非金属液体中，水的导热系数最大。除水和甘油外，大多数非金属液体的导热系数也随温度的升高而降低，但水和甘油的导热系数随温度的升高而增大。通常纯液体的导热系数比其溶液大。液体的导热系数基本与压强无关。表 3-2 列出几种液体的导热系数。

表 3-2　几种液体的导热系数

液体	温度/℃	$\lambda/(\mathrm{W\cdot m^{-1}\cdot K^{-1}})$
50%乙酸	20	0.35
丙酮	30	0.17
苯胺	0~20	0.17
苯	30	0.16
30%氯化钙水溶液	30	0.55
80%乙醇	20	0.24
60%甘油	20	0.38

续表

液体	温度/℃	$\lambda/(\text{W}\cdot\text{m}^{-1}\cdot\text{K}^{-1})$
40%甘油	20	0.45
正庚烷	30	0.14
水银	28	8.36
90%硫酸	30	0.36
60%硫酸	30	0.43
水	30	0.62
水	60	0.66

3. 气体的导热系数

与液体和固体相比,气体的导热系数最小,对导热不利,但有利于保温和绝热。工业上使用的保温材料(如玻璃棉等)就是因为其空隙中有大量静止的空气,所以其导热系数很小,适用于保温隔热。

气体的导热系数随着温度的升高而增大。这与温度升高后气体分子的热运动加剧、碰撞机会增多有关。在相当大的压强范围内,气体的导热系数随压强的变化很小,可以忽略不计,只有当压强大于 200 MPa 或小于 2.7 kPa 时才应考虑压强的影响,此时导热系数随压强的升高而增大。表 3-3 列出几种气体的导热系数。

表 3-3　几种气体的导热系数

气体	温度/℃	$\lambda/(\text{W}\cdot\text{m}^{-1}\cdot\text{K}^{-1})$
氢气	0	0.17
二氧化碳	0	0.015
空气	0	0.024
空气	100	0.031
甲烷	0	0.029
一氧化碳	0	0.021
水蒸气	100	0.025
氮气	0	0.024
乙烯	0	0.017
氧气	0	0.024
乙烷	0	0.018
氨气	0	0.016

3.2.3　平壁的稳态热传导

1. 单层平壁的热传导

单层平壁的热传导如图 3-2 所示。平壁的厚度为 b、面积为 A,假定壁的材质均匀,导热

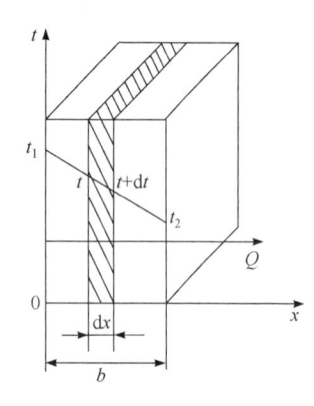

系数不随温度变化，视为常数，平壁两侧面的温度 t_1 及 t_2 恒定。在平壁内部，距离左侧面 x 处，取一厚度为 dx 的微元，根据傅里叶定律

$$q = -\lambda \frac{dt}{dx} = 定值$$

将上式分离变量并积分

$$\int_0^b q\,dx = -\int_{t_1}^{t_2} \lambda\,dt$$

得单位面积上的热流量

图 3-2 温度梯度和热流方向示意图

$$q = \frac{\lambda}{b}(t_1 - t_2) \tag{3-2}$$

式中，q 为热通量，$W \cdot m^{-2}$；λ 为平壁的导热系数，$W \cdot m^{-1} \cdot K^{-1}$；$b$ 为平壁的厚度，m；t_1、t_2 为平壁两侧的温度，K。

通过面积 A 的传热速率 Q

$$Q = qA = \frac{\lambda A}{b}(t_1 - t_2) \tag{3-3}$$

式(3-3)可改写为

$$Q = \frac{\Delta t}{\dfrac{b}{\lambda A}} = \frac{\Delta t}{R} = \frac{传热推动力}{热阻} \tag{3-4}$$

式中，R 为导热热阻，$K \cdot W^{-1}$；Δt 为平面壁两侧之间的温度差，称为传热推动力，K。式(3-4)表明，传热速率与传热推动力 Δt 成正比，与热阻 R 成反比；当平壁厚度 b 越大，平壁面积 A 和物质的导热系数 λ 越小时，导热的热阻 R 越大。

2. 多层平壁的热传导

由几层不同厚度、不同材料组成的复合平壁称为多层平壁。在生产中经常遇到多层平壁的热传导，如由耐火砖、保温层和普通砖构成的三层复合炉壁的传热，如图3-3所示。

假定各层平壁之间接触紧密，可认为相邻两层平壁接触面上的温度相同。热量在各层平壁内没有积累，因而单位时间内依次通过各层平壁的热量相等，即传热速率 Q 相等。

$$Q = Q_1 = Q_2 = Q_3$$

假设各层的厚度分别为 b_1、b_2 和 b_3，导热系数分别为 λ_1、λ_2 和 λ_3，两外表面温度分别为 t_1、t_4，层间温度分别为 t_2、t_3，根据式(3-4)可得

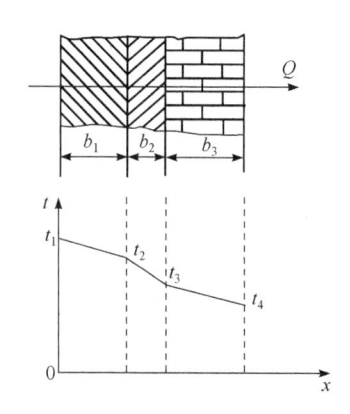

图 3-3 多层平壁的热传导

$$Q = \frac{t_1 - t_2}{\dfrac{b_1}{\lambda_1 A}} = \frac{t_2 - t_3}{\dfrac{b_2}{\lambda_2 A}} = \frac{t_3 - t_4}{\dfrac{b_3}{\lambda_3 A}} \tag{3-5}$$

根据数学合比定律，对 n 层平壁有

$$Q = \frac{t_1 - t_{n+1}}{\sum\limits_{i=1}^{n} \dfrac{b_i}{\lambda_i A}} = \frac{\sum \Delta t}{\sum\limits_{i=1}^{n} \dfrac{b_i}{\lambda_i A}} = \frac{\sum \Delta t_i}{\sum R_i} = \frac{\text{总推动力}}{\text{总热阻}} \tag{3-6}$$

式中，i 为壁层的序数；n 为多层平壁的层数。

以上两式表明，对于多层平壁的稳态热传导，每层平壁两侧的温度差与该层平壁的导热热阻之比为一常数，即热阻越大，温度差越大，反之亦然。

【例 3-1】 某燃烧炉由三层砖紧密砌成，内层为耐火砖，$\lambda_1 = 1.00 \text{ W} \cdot \text{m}^{-1} \cdot \text{K}^{-1}$，厚度为 230 mm；中间为保温砖，$\lambda_2 = 0.150 \text{ W} \cdot \text{m}^{-1} \cdot \text{K}^{-1}$；外层为普通砖，$\lambda_3 = 0.900 \text{ W} \cdot \text{m}^{-1} \cdot \text{K}^{-1}$，厚度为 230 mm。内壁温度为 700℃，要求普通砖内壁温度不超过 150℃，外壁温度不超过 60℃。试求保温砖的厚度及每平方米壁面损失的热量。

解 由多层平壁的热传导公式可得

$$Q = \frac{t_1 - t_{n+1}}{\sum\limits_{i=1}^{n} \dfrac{b_i}{\lambda A_i}} = \frac{t_1 - t_4}{R_1 + R_2 + R_3}$$

$$\frac{t_1 - t_3}{R_1 + R_2} = \frac{t_3 - t_4}{R_3}$$

式中

$$R_2 A = \frac{b_2}{\lambda_2} = \frac{b_2}{0.150} = 6.67 b_2 (\text{m}^2 \cdot \text{K} \cdot \text{W}^{-1})$$

$$R_3 A = \frac{b_3}{\lambda_3} = \frac{0.230}{0.900} = 0.256 (\text{m}^2 \cdot \text{K} \cdot \text{W}^{-1})$$

$$\frac{700 - 150}{0.230 + 6.67 b_2} = \frac{150 - 60}{0.256}$$

解得 $b_2 = 0.200 \text{ m}$，即保温砖的厚度为 200 mm。

$$q = \frac{\Delta t}{\dfrac{b_1}{\lambda_1} + \dfrac{b_2}{\lambda_2} + \dfrac{b_3}{\lambda_3}} = \frac{700 - 60}{0.230 + 6.67 \times 0.20 + 0.256} = 352 (\text{W} \cdot \text{m}^{-2})$$

即每平方米壁面损失的热量为 352 W。

3.2.4 圆筒壁的稳态热传导

在化工生产中经常会遇到通过圆筒壁的热传导现象，与平壁热传导相比，其不同之处在于圆筒壁的传热面积 A 不是常量，它沿半径而变化。在如图3-4所示的圆筒壁上取一厚度为 $\mathrm{d}r$ 的薄层，此薄层与轴线的距离为 r，圆筒的长度为 L，则 $A=2\pi rL$，故

$$Q = -\lambda 2\pi rL \frac{\mathrm{d}t}{\mathrm{d}r}$$

分离变量，并积分

$$\int_{r_1}^{r_2} \frac{\mathrm{d}r}{r} = \frac{-2\pi L\lambda}{Q} \int_{t_1}^{t_2} \mathrm{d}t$$

$$\ln\frac{r_2}{r_1} = \frac{-2\pi L\lambda}{Q}(t_2 - t_1)$$

$$Q = \frac{2\pi L(t_1 - t_2)}{\frac{1}{\lambda}\ln\frac{r_2}{r_1}} \tag{3-7}$$

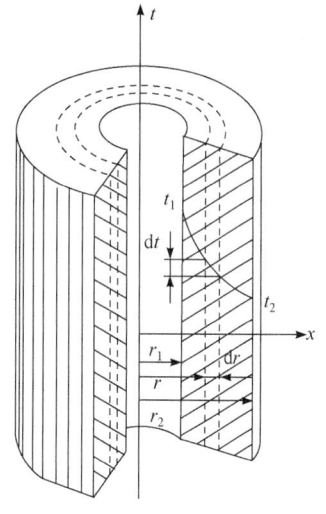

图 3-4　单层圆筒壁的热传导

式(3-7)为单层圆筒壁稳态热传导的传热速率计算式。若传热面积 A 用平均传热面积 A_m 表示，式(3-7)也可写成与平壁热传导的热流量方程相类似的形式

$$Q = \frac{A_\mathrm{m}\lambda(t_1-t_2)}{b} = \frac{A_\mathrm{m}\lambda(t_1-t_2)}{r_2-r_1} \tag{3-8}$$

比较式(3-8)和式(3-7)，则 A_m 应为圆筒壁内、外表面积的对数平均值，即

$$A_\mathrm{m} = \frac{2\pi L(r_2-r_1)}{\ln\frac{r_2}{r_1}} = \frac{2\pi L(r_2-r_1)}{\ln\frac{2\pi Lr_2}{2\pi Lr_1}} = \frac{A_2-A_1}{\ln\frac{A_2}{A_1}}$$

所以 A_m 又称对数平均传热面积。当 $A_2/A_1 < 2$ 时，A_m 可用算术平均值 $A_\mathrm{m}=\frac{A_1+A_2}{2}$ 代替，其误差小于4%，可以满足工程计算的要求。

多层圆筒壁的热传导方程类似于多层平壁串联，可通过单层圆筒壁的热传导方程推得

$$Q = \frac{2\pi L(t_1 - t_{n+1})}{\sum_{i=1}^{n}\frac{1}{\lambda_i}\ln\frac{r_{i+1}}{r_i}} \tag{3-9}$$

式中，i 为壁层的序数；n 为多层圆筒壁的层数。

【例 3-2】 ϕ 38 mm×2.5 mm 的水汽管(钢的 $\lambda = 50\ \mathrm{W\cdot m^{-1}\cdot K^{-1}}$)包有隔热层。第一层是 40 mm 厚的矿渣棉($\lambda = 0.07\ \mathrm{W\cdot m^{-1}\cdot K^{-1}}$)，第二层是 20 mm 厚的石棉泥($\lambda = 0.15\ \mathrm{W\cdot m^{-1}\cdot K^{-1}}$)。若壁内温度为 140℃，石棉泥外壁温度为 30℃。求每米管长的热损失速率。若以同量的石棉作内层、矿渣棉作外层时，情况如何？试作比较。

解 根据题意得

$$d_1=0.033 \quad \lambda_1=50 \quad t_1=140$$
$$d_2=0.038 \quad \lambda_2=0.07$$
$$d_3=0.118 \quad \lambda_3=0.15$$
$$d_4=0.158 \quad t_4=30$$

$$\frac{Q}{l}=\frac{2\pi\Delta t}{\sum\frac{1}{\lambda_n}\ln\frac{d_{n+1}}{d_n}}=\frac{2\pi(140-30)}{\frac{1}{50}\ln\frac{0.038}{0.033}+\frac{1}{0.07}\ln\frac{0.118}{0.038}+\frac{1}{0.15}\ln\frac{0.158}{0.118}}=38.1(\mathrm{W}\cdot\mathrm{m}^{-1})$$

若以同量(相同体积,因密度恒定)的石棉作内层、矿渣棉作外层,根据体积关系计算得

$$d_1=0.033 \quad \lambda_1=50 \quad t_1=140$$
$$d_2=0.038 \quad \lambda_2=0.15$$
$$d_3=0.118 \quad \lambda_3=0.07$$
$$d_4=0.158 \quad t_4=30(设不变)$$

从而求得 $\frac{Q}{l}=58.9\ \mathrm{W}\cdot\mathrm{m}^{-1}$。

计算结果表明,选用隔热材料包裹管路时,在耐热性等条件允许下,导热系数小的应包在内层;金属管的热阻可忽略不计。

思考: 影响导热系数的因素有哪些?

3.3 对流传热

3.3.1 对流传热过程分析

当流体与固体壁面间发生对流传热时,由于流体沿壁面流动,在壁面附近存在一层层流内层,在此薄层内流体质点分层流动,在平行的相邻两层之间没有流体质点做宏观运动,因此在垂直于流体流动的方向上不存在对流传热,只有热传导。流体的导热系数较低,致使层流内层的热阻很大,所以在该层内的温差也较大。在流体主体中,由于流体质点的剧烈湍动并充满旋涡,因此温度差极小;在层流内层和湍流主体之间有一缓冲层,在其内部,热对流和热传导同时存在,温度的变化较缓慢。图 3-5 为冷、热流体在壁面两侧的流动情况及与流体流动方向相垂直的某一截面上的温度分布情况。

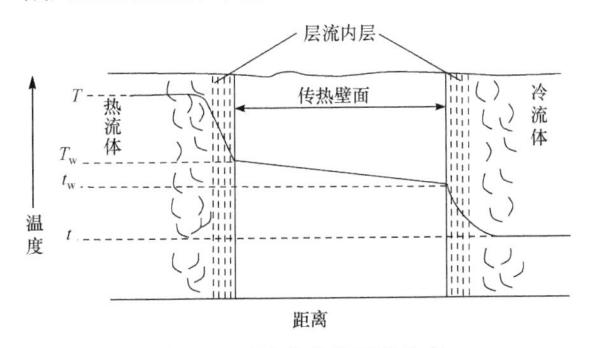

图 3-5 对流传热的温度分布

3.3.2 牛顿冷却定律

工业上遇到的传热通常是指间壁式换热器中流体与壁面间的热量交换，即流体流过固体壁面时的传热过程，称为对流传热或给热。研究表明，对流传热与流体的流动情况、流体的性质、壁面的几何特征及流体相对于壁面的流动方向等多种因素有关，因此对流传热是一个极其复杂的过程。实践证明，对流传热速率 Q 与流体和壁面之间的温度差 $(T-T_w)$ 及传热面积 A 成正比，即

流体被冷却时

$$Q = \alpha A(T - T_w) \tag{3-10a}$$

流体被加热时

$$Q = \alpha A(t_w - t) \tag{3-10b}$$

式中，α 为比例系数，称为传热膜系数，也常称为对流传热系数或给热系数，$W \cdot m^{-2} \cdot K^{-1}$；$T_w$、$t_w$ 为热、冷壁的壁温，K；T、t 为热、冷流体的主体温度，K；A 为传热面积，m^2。

式(3-10a)和式(3-10b)称为牛顿冷却定律(Newton's cooling law)。牛顿冷却定律并非理论推导出的结果，而只是一种简化处理方法，它将复杂的对流传热过程的传热速率 Q 与推动力和热阻的关系用一个简单的关系式表达出来了。由于将影响对流传热的各种因素都归纳到传热膜系数 α 中，而影响 α 的因素又极为复杂，因此式(3-10a)和式(3-10b)的应用受到一定的限制。故工程上常用传热有效膜的概念，将复杂的对流传热简化成热传导来解决。

3.3.3 传热膜系数

1. 传热有效膜

式(3-10b)可改写成如下形式：

$$Q = \alpha A(t_w - t) = \alpha A \Delta t = \frac{\Delta t}{R} \tag{3-11}$$

式中，R 为对流传热的热阻，$K \cdot W^{-1}$。

假设有一层厚度为 b_t 的静止流体膜所具有的热阻恰好与拟考察的对流传热过程的热阻相当，则将该静止流体膜称为传热有效膜。运用传热有效膜的概念，就可以将复杂的对流传热过程简化为传热有效膜内的热传导过程。因此，牛顿冷却定律可改写为

$$Q = \frac{\lambda}{b_t} A \Delta t \tag{3-12}$$

式中，b_t 为传热有效膜的厚度。比较式(3-12)和式(3-11)得

$$\alpha = \frac{\lambda}{b_t} \tag{3-13}$$

显然，传热有效膜的概念与层流内层不同，层流内层是实际存在的，而传热有效膜是一假设的静止流体膜层，实际上并不存在。

2. 无相变时流体的传热膜系数 α

实验研究表明，影响传热膜系数的因素主要有以下几种：
(1) 流体的种类。液体、气体、蒸气的传热膜系数各不相同。

(2) 流体的物理性质。流体的密度 ρ、定压比热容 c_p、导热系数 λ 和黏度 μ、体积膨胀系数 β 等。

(3) 流体的流型。层流、湍流的传热膜系数各不相同。当流体呈湍流流动时，α 值随着 Re 值的增大和层流内层的厚度减薄而增大。

(4) 对流的原因。自然对流和强制对流的 α 值不同。强制对流时的流体流速一般高于自然对流，故前者的传热膜系数较大。

(5) 流体的相态变化。有相变的比没有相变的传热膜系数大。

(6) 传热面的形状、位置和大小。传热面如管、板或管束，水平安装或垂直安装，以及它们的直径、长度、高度等都影响 α 值。

由此可见，影响 α 的因素非常复杂，要建立一个普遍适用的表达 α 值的解析式是十分困难的。但可以像处理流体阻力系数那样，用量纲分析的方法，将影响对流传热膜系数的众多因素组合成若干个量纲为一的数群(准数)，进行待求函数的无量纲化，以减少变量，然后通过实验确定这些准数间的关系，从而组成特征数方程，最后由实验求出在特定条件下的参数。

对流传热过程中有影响的 4 个特征数及其物理意义列于表 3-4 中。

表 3-4　表示对流传热关系的特征数

特征数名称	符号及表达式	物理意义
努塞特数(Nusselt number)	$Nu = \dfrac{\alpha l}{\lambda}$	表示对流传热膜系数的特征数
雷诺数(Reynolds number)	$Re = \dfrac{du\rho}{\mu}$	表示流动类型的特征数
普朗特数(Prandtl number)	$Pr = \dfrac{c_p \mu}{\lambda}$	表示物性影响的特征数
格拉斯霍夫数(Grashof number)	$Gr = \dfrac{\beta g \Delta t l^3 \rho^2}{\mu^2}$	表示自然对流影响的特征数

上述特征数表达式中，需要注意定性温度和特性尺寸这两个概念。

(1) 定性温度 t。在对流传热过程中，由于流体温度沿流动方向逐渐变化，在处理实验数据时，需要取一个有代表性的温度以确定物性参数的数值，这个确定物性参数数值的温度称为定性温度。不同的关联式确定定性温度的方法往往不同，如有的用流体进、出口温度的算术平均值 $t_m = (t_2+t_1)/2$ 确定，有的用膜温 $t = (t_m+t_w)/2$ 确定。所以在选用关联式时，必须遵照该式的规定，计算定性温度。

(2) 特性尺寸 l。它是代表传热面几何特征的长度量。参与对流传热过程的传热面几何尺寸往往不止一个，在建立特征数关联式时，通常选用对流体的流动和传热有决定性影响的尺寸。例如，对于管内强制对流给热，如果是圆形管道，特性尺寸取管内径；如果是非圆形管道，特性尺寸通常取当量直径。

3. 无相变时强制对流传热膜系数的关联式

流体在圆形直管内做强制湍流时的传热，对于低黏度液体

$$Nu = 0.023Re^{0.8}Pr^n \tag{3-14}$$

或

$$\alpha = 0.023\frac{\lambda}{d_i}\left(\frac{d_i u\rho}{\mu}\right)^{0.8}\left(\frac{c_p\mu}{\lambda}\right)^n \tag{3-15}$$

式(3-14)和式(3-15)称为狄丢斯公式。式中，定性温度取流体进、出口温度的算术平均值；当流体被加热时，$n = 0.4$；当流体被冷却时，$n = 0.3$。

式(3-14)和式(3-15)的适用范围为：$Re > 10^4$；$Pr = 0.7 \sim 120$；管长与管内径之比 $\frac{L}{d_i} \geqslant 60$。

若与上述条件不符，应对以上两式做适当修正。

(1) 对于高黏度液体

$$Nu = 0.027Re^{0.8}Pr^{0.33}\left(\frac{\mu}{\mu_w}\right)^{0.14} \tag{3-16}$$

式中，μ 为流体主体在平均温度下的黏度，Pa·s；μ_w 为壁温下流体的黏度，Pa·s；传热面特征尺寸 l 取管内径 d_i；定性温度取流体进、出口温度的算术平均值。由于壁温未知，用试差法求取较为麻烦，故工程计算中对 $\left(\frac{\mu}{\mu_w}\right)^{0.14}$ 项可取近似值，即当液体被加热时，$\left(\frac{\mu}{\mu_w}\right)^{0.14} \approx 1.05$；当液体被冷却时，取 $\left(\frac{\mu}{\mu_w}\right)^{0.14} \approx 0.95$。

式(3-16)的适用范围为 $Re > 10\,000$，$0.7 < Pr < 16\,700$，$\frac{L}{d_i} > 60$。

(2) 对于 $Re = 2000 \sim 10\,000$ 的流体，因湍流不充分，层流内层较厚，热阻大，使 α 值减小。此时，可用湍流的公式计算，再乘以小于 1 的校正系数 f。

$$f = 1 - \frac{6\times 10^5}{Re^{1.8}} \tag{3-17}$$

(3) 对于 L/d_i 小于 30 的短管，因管内流动尚未充分发展，层流内层较薄，热阻小，故按式(3-15)算得 α 后，还需乘以系数 $1.02 \sim 1.07$ 加以校正。

(4) 对于在圆形弯管中做强制对流流动的流体，因流体在其内流动时受离心力的作用扰动加剧，使传热膜系数加大，故需乘以 $(1 + 1.77\, d/R)$ 项加以校正，此处 d 为弯管内径，R 为弯管曲率半径。

(5) 对于在非圆形管道中做湍流流动的流体，其传热膜系数的计算有两种方法。

采用当量直径 d_e 代替其特征尺寸 l，沿用圆形管道的计算公式进行计算。此法简单，但准确性较差。

直接用特定情况下的有关经验公式计算，可参考有关化学工程学和传热学的专著。

4. 有相变时强制对流传热膜系数

流体的相态变化主要有蒸气冷凝和液体沸腾。相变流体要放出或吸收大量的潜热，但流体的温度不发生变化，因此在壁面附近流层中的温度梯度较高，从而使得对流传热系数比无相变时大。

1) 蒸气冷凝

当饱和蒸气与低于其饱和温度的壁面接触时,将放出潜热冷凝成液体。如图 3-6 所示,若冷凝液能很好地润湿壁面,在壁面上形成一层完整的液膜,这种冷凝方式称为膜状冷凝;若冷凝液不能完全润湿壁面,由于表面张力的作用,必在壁面上形成小液珠而沿壁面掉下,这种冷凝方式称为滴状冷凝。

膜状冷凝时,蒸气放出的潜热必须穿过液膜才能传递到壁面上,由于蒸气冷凝时有相的变化,一般热阻很小,因此液膜层就形成壁面与蒸气间传热的主要热阻。若冷凝液在重力作用下沿壁面向下流动,则液膜越往下越厚,热阻随之越大。滴状冷凝时,由于大部分壁面直接暴露在蒸气中,没有

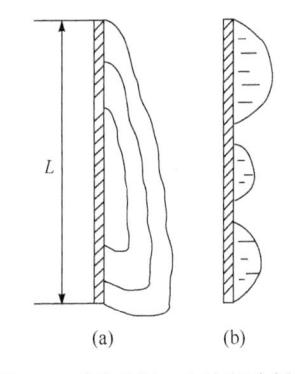

图 3-6 膜状冷凝(a)和滴状冷凝(b)

液膜阻碍传热,因此滴状冷凝的对流传热系数比膜状冷凝的高。但迄今由于滴状冷凝难以持续维持,工业上遇到的多是膜状冷凝,所以工业冷凝器的设计都按膜状冷凝考虑。

2) 液体沸腾时的对流传热膜系数

在液体的对流传热中,伴有由液相变为气相,即在液相内部产生气泡或气膜的过程,称为液体沸腾(又称沸腾传热)。液体沸腾有两种情况:一种是液体在管内流动过程中受热沸腾,称为管内沸腾;另一种是将加热面浸入液体中,液体被壁面加热而引起的无强制对流的沸腾现象,称为大容器沸腾或池内沸腾。本节仅讨论大容器的沸腾传热。

大容器沸腾过程中,液体主体温度达到饱和温度 t_s,加热壁面温度 t_w 高于饱和温度 t_s。随着壁面温度与饱和温度的温度差 Δt (即 $t_w - t_s$)不同,会出现不同类型的沸腾状态,可用沸腾曲线表示温度差 Δt 对对流传热膜系数的影响,如图 3-7 所示。

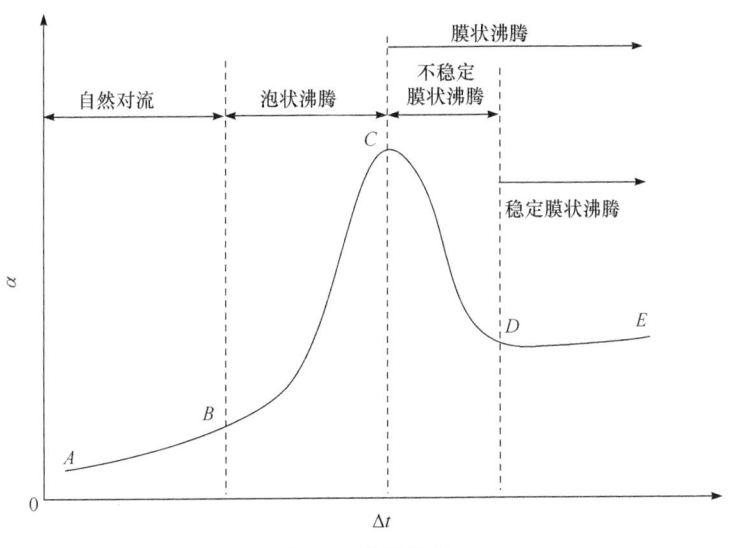

图 3-7 沸腾曲线

AB 段:Δt 很小,加热表面上的液体轻微过热,无气泡产生,α 较小,加热面与液体之间的传热主要以自然对流为主。此区称为自然对流区。

BC 段:随着 Δt 增大,在加热表面的局部位置产生气泡,此局部位置称为汽化核心。随着气泡数目增多,气泡加速长大,对液体扰动大,使得 α 增加。此区称为泡状沸腾或泡核沸

腾区。

CD 段：随着 Δt 不断增大，汽化核心大大增多，产生的气泡来不及脱离加热面就已连成气膜，将加热面与液体隔开，造成 α 急剧下降。该阶段称为不稳定膜状沸腾或部分泡核沸腾。

DE 段：当 Δt 继续增大，气膜稳定，加热面的温度较高，辐射传热的影响变得更加重要，故 α 基本不变，此时称为稳定膜状沸腾。

一般将 *CDE* 段称为膜状沸腾区。

在上述各阶段中，泡状沸腾具有对流传热系数大、壁温低的特点，因此工业生产中一般总是设法控制在泡状沸腾状态下操作。沸腾传热过程极其复杂，目前尚无可靠的一般关联式用于沸腾传热系数的计算，有关的经验公式可查阅相关书籍。

了解各种情况下 α 值数量级的概念，有助于判断和分析计算结果的正确性。表 3-5 列出了工业上常见传热情况下的 α 值范围。

表 3-5　对流传热系数 α 值的大致范围

传热情况	空气自然对流	气体强制对流	水自然对流	水强制对流	水蒸气冷凝	有机蒸气冷凝	水沸腾
α /(W·m^{-2}·K^{-1})	5～20	20～100	200～1 000	1 000～15 000	5 000～15 000	500～2 000	2 500～25 000

【例 3-3】 某厂用一列管式换热器加热苯，苯在管内流动，由 20℃ 加热至 80℃，流量为 8.33 kg·s^{-1}，管束由 38 根 ϕ 25 mm×2.5 mm 的无缝钢管组成，水蒸气为加热剂，在管间流动。求管壁对苯的传热膜系数。

解 苯的定性温度为

$$t_m = \frac{1}{2} \times (80+20) = 50(\text{℃})$$

苯在 50℃ 的物性参数为

$$\rho = 860 \text{ kg·m}^{-3} \qquad c_p = 1.80 \text{ kJ·kg}^{-1}\text{·K}^{-1}$$

$$\lambda = 0.14 \text{ W·m}^{-1}\text{·K}^{-1} \qquad \mu = 0.45 \times 10^{-3} \text{ Pa·s}$$

$$Re = \frac{du\rho}{\mu} = \frac{d\frac{4q_V}{\pi d^2 n}\rho}{\mu} = \frac{4q_m}{\pi d \mu n} = \frac{4 \times 8.33}{3.14 \times 0.02 \times 0.45 \times 10^{-3} \times 38} = 3.1 \times 10^4$$

$$Pr = \frac{c_p \mu}{\lambda} = \frac{1.80 \times 10^3 \times 0.45 \times 10^{-3}}{0.14} = 5.79$$

可见苯在圆形直管内做强制湍流，被加热，故 $n=0.4$，根据狄丢斯公式有

$$\alpha = 0.023 \frac{\lambda}{d} Re^{0.8} Pr^{0.4} = 0.023 \times \frac{0.14}{0.02} \times 31\,000^{0.8} \times 5.79^{0.4} = 1.27 \times 10^3 (\text{W·m}^{-2}\text{·K}^{-1})$$

思考：对流传热的机理是什么？流体有相变时的对流传热膜系数为什么大于没有相变时的对流传热膜系数？

3.4 传热过程的计算

3.4.1 总传热系数

在实际生产中，冷、热两种流体进行热交换时，热能自热流体经过间壁传向冷流体，这个过程称为热交换或传热。其传递过程实际上是先由热流体以对流方式将热量传给与之接触的一侧间壁壁面；然后间壁以热传导方式将热量传给与冷流体接触的一侧壁面，最后由该壁面以对流方式将热量传给冷流体，形成一种对流-导热-对流的串联复合传热方式，如图3-8所示。

在稳态热交换过程中，每一串联段的传热速率均相等。但是，不管计算哪一段的传热速率，都必须知道间壁两侧的温度T_w或t_w。要测定T_w或t_w通常是比较困难的，但是在间壁两边冷、热流体的主体温度却很容易测定，因此可用主体温度求得通过间壁的总传热速率。

热流体对间壁壁面的对流传热速率

$$Q_1 = \alpha_1 A_1 (T - T_w) = \frac{T - T_w}{\dfrac{1}{\alpha_1 A_1}} \quad (3-18)$$

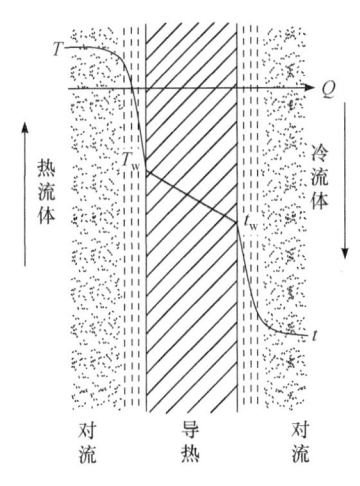

图 3-8 流体的热交换

间壁内导热的传热速率

$$Q_2 = \frac{\lambda}{b} A_m (T_w - t_w) = \frac{T_w - t_w}{\dfrac{b}{\lambda A_m}} \quad (3-19)$$

间壁壁面对冷流体的对流传热速率

$$Q_3 = \alpha_2 A_2 (t_w - t) = \frac{t_w - t}{\dfrac{1}{\alpha_2 A_2}} \quad (3-20)$$

式中，T、t分别为热、冷流体的主体温度，K；T_w、t_w分别为热、冷流体一侧的壁面温度，K；A_1、A_m、A_2分别为热流体一侧壁面的传热面积、间壁的平均传热面积、冷流体一侧壁面的传热面积，m²；α_1、α_2分别为热、冷流体的传热膜系数，W·m⁻²·K⁻¹；b为壁厚，m；λ为器壁的导热系数，W·m⁻¹·K⁻¹。

在稳态传热的情况下，串联传热过程的$Q = Q_1 = Q_2 = Q_3$，它的总传热速率等于各层的传热速率，根据合比定律得总传热速率方程

$$Q = \frac{(T - T_w) + (T_w - t_w) + (t_w - t)}{\dfrac{1}{\alpha_1 A_1} + \dfrac{b}{\lambda A_m} + \dfrac{1}{\alpha_2 A_2}} = \frac{T - t}{R} \quad (3-21)$$

式中，R为热交换过程的总热阻。

$$R = \frac{1}{\alpha_1 A_1} + \frac{b}{\lambda A_m} + \frac{1}{\alpha_2 A_2} \tag{3-22}$$

1. 平壁

当间壁为平壁或圆筒壁的壁厚与直径相比很小(薄管壁)时，$A_1=A_m=A_2=A$，总传热速率方程为

$$Q = \frac{A(T-t)}{\frac{1}{\alpha_1} + \frac{b}{\lambda} + \frac{1}{\alpha_2}} = KA(T-t) \tag{3-23}$$

式中，K 为总传热系数，其物理意义为：间壁两侧流体主体温度之间的温度差为 1 K 时，单位时间通过单位间壁传热面积所传递的热量，单位为 $W \cdot m^{-2} \cdot K^{-1}$，与传热膜系数 α 的单位相同。

当间壁为多层复合平壁时

$$K = \frac{1}{\frac{1}{\alpha_1} + \sum_{i=1}^{n} \frac{b_i}{\lambda_i} + \frac{1}{\alpha_2}} \tag{3-24}$$

2. 圆筒壁

当传热面为圆筒壁时，$A_1 \neq A_m \neq A_2$，此时总传热系数随所选取的基准传热面不同而不同。在工程计算中，常以热交换器的外壁面积作为基准面积，设热交换器的内壁面积为 A_1、外壁面积为 A_2，则式(3-24)可写为

$$K_2 = \frac{1}{\frac{1}{\alpha_2} + \frac{b}{\lambda}\frac{A_2}{A_m} + \frac{1}{\alpha_1}\frac{A_2}{A_1}} \tag{3-25}$$

或

$$K_2 = \frac{1}{\frac{1}{\alpha_2} + \frac{bd_2}{\lambda d_m} + \frac{d_2}{\alpha_1 d_1}} \tag{3-25a}$$

式中，d_2、d_m、d_1 分别为圆筒壁外径、壁面对数平均直径、内径，m；K_2 为基于外表面计算的传热系数，$W \cdot m^{-2} \cdot K^{-1}$。

总传热系数也可以热阻 R 的形式表示

$$\frac{1}{K_2} = R = \frac{1}{\alpha_2} + \frac{bd_2}{\lambda d_m} + \frac{d_2}{\alpha_1 d_1} = R_2 + R_w + R_1 \tag{3-26}$$

式中，R_1、R_w、R_2 分别为管内、管壁、管外热阻，$m^2 \cdot K \cdot W^{-1}$。

式(3-26)表明，间壁两侧流体间传热的总热阻等于两侧流体的对流传热的热阻和器壁导热热阻之和。当各项热阻具有不同的数量级时，总热阻的数值将由其中的最大热阻所决定。以化工厂最常用的列管式换热器为例，管壁的热阻 $\frac{b}{\lambda}$ 通常较小，可以忽略。当 $\alpha_1 \gg \alpha_2$ 时，K 值趋近并小于 α_2；反之，当 $\alpha_2 \gg \alpha_1$ 时，K 值趋近并小于 α_1。若要提高 K 值，应改善传热膜系

数较小一侧流体的传热条件。

当换热器操作一段时间后，在器壁表面逐渐会有污垢积聚，垢层虽然不厚，但因其导热系数很小，故内、外垢层的热阻 R_{s1}、R_{s2} 往往很大，在计算总传热系数 K 值时，污垢热阻就不能忽略，总热阻用式(3-27)表示

$$R = \frac{1}{K_2} = \frac{1}{\alpha_2} + R_{s2} + \frac{bd_2}{\lambda d_m} + R_{s1}\frac{d_2}{d_1} + \frac{d_2}{\alpha_1 d_1} \quad (3-27)$$

当传热面为平壁或薄管壁时，d_2、d_m 和 d_1 相等或接近相等，则式(3-27)可简化为

$$R = \frac{1}{K_2} = \frac{1}{\alpha_2} + R_{s2} + \frac{b}{\lambda} + R_{s1} + \frac{1}{\alpha_1} \quad (3-28)$$

若换热器使用过久，垢层越积越厚，会使热流量值显著下降，故工厂需定期清垢。清垢的方法因垢层的种类而异，有机械法、化学法(酸碱处理)、溶剂法(表面活性剂处理)等。

工业上常用换热器 K 值的大致范围和污垢热阻值分别见表 3-6 和表 3-7。

表 3-6　工业上常用换热器 K 值的大致范围

换热流体	$K/(\text{W}\cdot\text{m}^{-2}\cdot\text{K}^{-1})$	换热流体	$K/(\text{W}\cdot\text{m}^{-2}\cdot\text{K}^{-1})$
气体-气体	10～30	冷凝蒸气-水	1420～4250
气体-水	17～280	冷凝蒸气-重油沸腾	140～425
重油-水	60～280	冷凝蒸气-轻质油沸腾	455～1020
轻油-水	340～910	冷凝蒸气-水沸腾	2000～4250
水-水	850～1700		

表 3-7　常见流体的污垢热阻 R_s

流体	$R_s/(\text{m}^2\cdot\text{K}\cdot\text{kW}^{-1})$	流体	$R_s/(\text{m}^2\cdot\text{K}\cdot\text{kW}^{-1})$
水($1\text{ m}\cdot\text{s}^{-1}$，$T>50℃$)		液体	
蒸馏水	0.09	处理过的盐水	0.264
海水	0.09	有机物	0.176
洁净的河水	0.21	燃料油	1.056
未处理凉水塔用水	0.58	焦油	1.76
已处理凉水塔用水	0.26	水蒸气	
已处理锅炉用水	0.26	优质(不含油)	0.052
井水、硬水	0.58	劣质(不含油)	0.09
气体		往复机排出	0.176
空气	0.26～0.53		
溶剂蒸气	0.14		

3.4.2 传热的平均温度差

传热平均温度差是指换热器中参与换热的冷、热流体进、出口温度的平均差值，用 Δt_m 表示。传热可分为恒温传热和变温传热两种。恒温传热是指在任何时间内经过间壁两侧进行热量交换的两种流体，其温度都不发生变化的传热过程，即热流体恒定在温度 T，冷流体恒定在温度 t。例如，蒸发器间壁的一侧用饱和蒸气加热，另一侧则是沸腾的液体，两种流体的温度都保持不变。恒温传热温差 Δt_m 可以简单地表示为

$$\Delta t_m = T - t \tag{3-29}$$

变温传热是指在传热过程中，传热面各点的温度不随时间变化，但随着传热面位置的不同而变化。化工厂中使用的换热器通常为稳态变温传热。

参与热交换的两种流体在间壁两侧流动的方向不同，平均温度差也不相同。工业上常用的换热器间壁两侧内流体流向大致有以下四种形式，如图 3-9 所示。

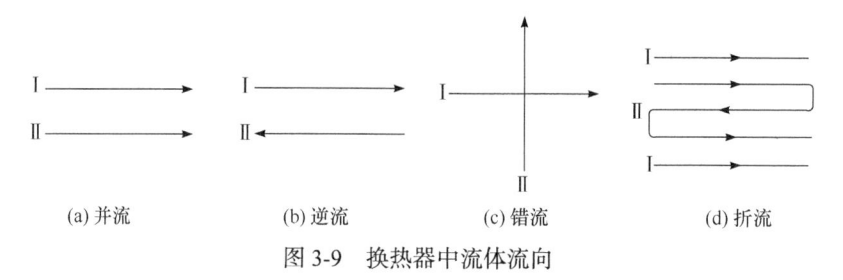

(a) 并流　　(b) 逆流　　(c) 错流　　(d) 折流

图 3-9　换热器中流体流向

(a) 并流：冷、热两流体在间壁两侧以相同的方向流动。
(b) 逆流：冷、热两流体在间壁两侧以相反的方向流动。
(c) 错流：冷、热两流体在间壁两侧彼此呈垂直方向流动。
(d) 折流：冷、热两流体之一在间壁一侧只按一个方向流动，而另一侧的流体先与其做并流流动，然后折回与其做逆流流动，如此反复，称为简单折流；若间壁两侧的两种流体均做折流流动，或既有折流又有错流，则称为复杂折流。

图 3-10 为逆流和并流时温度沿传热面变化的情况。图中 T 代表热流体的温度，t 代表冷流体的温度，Δt_1 和 Δt_2 分别代表换热器两端的温度差。现以逆流操作为例，推导稳态变温传热时的平均温度差 Δt_m。

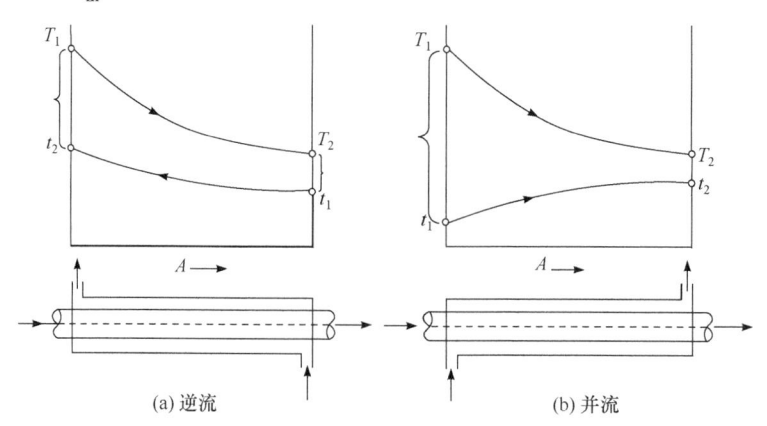

(a) 逆流　　(b) 并流

图 3-10　变温传热时的温度差变化

冷、热流体热交换的热量衡算为

$$dQ = q_{m1}c_{p1}dT = q_{m2}c_{p2}dt \tag{3-30}$$

式中，q_{m1}、q_{m2} 分别为热、冷流体的质量流量，$kg \cdot s^{-1}$；c_{p1}、c_{p2} 分别为热、冷流体的定压比热容，$J \cdot kg^{-1} \cdot K^{-1}$。

由于是稳态传热过程，并假定两流体的平均定压比热容为常量，将式(3-30)移项得

$$\frac{dQ}{dT} = q_{m1}c_{p1} = 常量 \tag{3-30a}$$

$$\frac{dQ}{dt} = q_{m2}c_{p2} = 常量 \tag{3-30b}$$

如果将传递的热流量 Q 对温度 T 或 t 作图，则 Q-T 和 Q-t 都是直线关系，如图3-11所示。

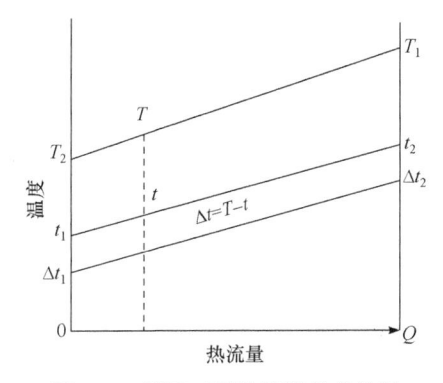

图 3-11 逆流时平均温度差的推导

Q-T 和 Q-t 关系可分别表示为

$$T = m_1 Q + k_1 \tag{3-31}$$

$$t = m_2 Q + k_2 \tag{3-32}$$

将以上两式相减，得

$$T - t = (m_1 - m_2)Q + (k_1 - k_2) \tag{3-33}$$

式中，m_1、k_1 和 m_2、k_2 分别为 Q-T 和 Q-t 直线的斜率、截距。

显然，Δt 和 Q 也呈直线关系，Q-Δt 直线的斜率为

$$\frac{d(\Delta t)}{dQ} = \frac{\Delta t_2 - \Delta t_1}{Q} \tag{3-34}$$

式中，dQ 为通过换热器间壁任一微元面积的两侧流体传递的热流量。

$$dQ = K(T-t)dA = K\Delta t dA \tag{3-35}$$

将式(3-35)代入式(3-34)得

$$\frac{d(\Delta t)}{K\Delta t dA} = \frac{\Delta t_2 - \Delta t_1}{Q} \tag{3-36}$$

假定总传热系数 K 为常量，对式(3-36)积分

$$\frac{1}{K}\int_{\Delta t_1}^{\Delta t_2}\frac{d(\Delta t)}{\Delta t}=\frac{\Delta t_2-\Delta t_1}{Q}\int_0^A dA \tag{3-37}$$

得

$$\frac{1}{K}\ln\frac{\Delta t_2}{\Delta t_1}=\frac{\Delta t_2-\Delta t_1}{Q}A \tag{3-38}$$

移项得

$$Q=KA\frac{\Delta t_2-\Delta t_1}{\ln\frac{\Delta t_2}{\Delta t_1}} \tag{3-39}$$

比较式(3-39)与式(3-23)，则平均温度差等于换热器间壁两端处冷、热流体温度差的对数平均值，即

$$\Delta t_m=\frac{\Delta t_2-\Delta t_1}{\ln\frac{\Delta t_2}{\Delta t_1}} \tag{3-40}$$

Δt_m 称为对数平均温度差。当 $\frac{\Delta t_2}{\Delta t_1}\leqslant 2$ 时，用算术平均温度差 $\frac{\Delta t_2+\Delta t_1}{2}$ 代替对数平均温度差，其误差<4%，可满足工程计算的要求。

若换热器中两流体做并流流动，也可推导出与式(3-40)相同的结果。

工业上的换热器大多采用逆流操作，因为当冷、热流体的进、出口温度都一定时，逆流的 Δt_m 值比并流的大。因此，在相同 K 值的条件下，为了完成同样的热负荷(Q 值相同)，采用逆流操作，可以节省传热面积；或在传热面积相同时，采用逆流操作可以提高热流量。此外，逆流操作还可以减少加热剂或冷却剂的用量。并流操作只在加热热敏性物料时，为防止温度差过大的场合才应用。错流和折流时的平均温度差可先按逆流计算，然后乘以对数平均温度差校正系数 φ(φ恒小于1)。φ 与冷、热流体的温度变化程度有关，是下列 P 和 R 两个因数的函数，即

$$\varphi=f(P,\ R) \tag{3-41}$$

式中

$$P=\frac{t_2-t_1}{T_1-t_1}=\frac{冷流体的温升}{两流体的最初温度差} \tag{3-42}$$

$$R=\frac{T_1-T_2}{t_2-t_1}=\frac{热流体的温降}{冷流体的温升} \tag{3-43}$$

图 3-12～图 3-14 分别为折流换热器在不同壳程下的温度差校正系数 φ 随 P 和 R 的变化曲线。各图右侧对应流动方式，管内(管程)流体只流经一次；管间(壳程)流体流经一次称为单壳程，流经两次称为双壳程，流经四次称为四壳程。

错流换热器的 φ 值可按图 3-15 查取。其他复杂流向的 φ 值可查阅有关手册或传热学书籍。

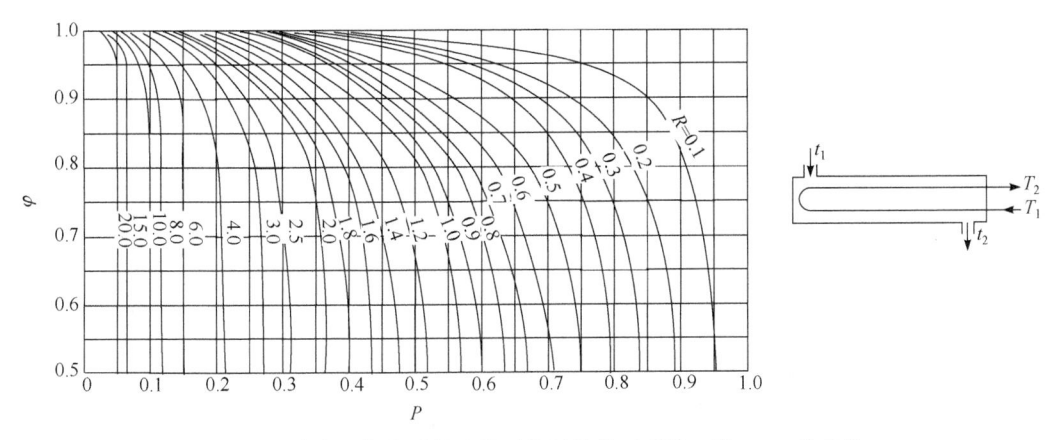

图 3-12 单壳程换热器的对数平均温差校正系数 φ 随 P、R 的变化

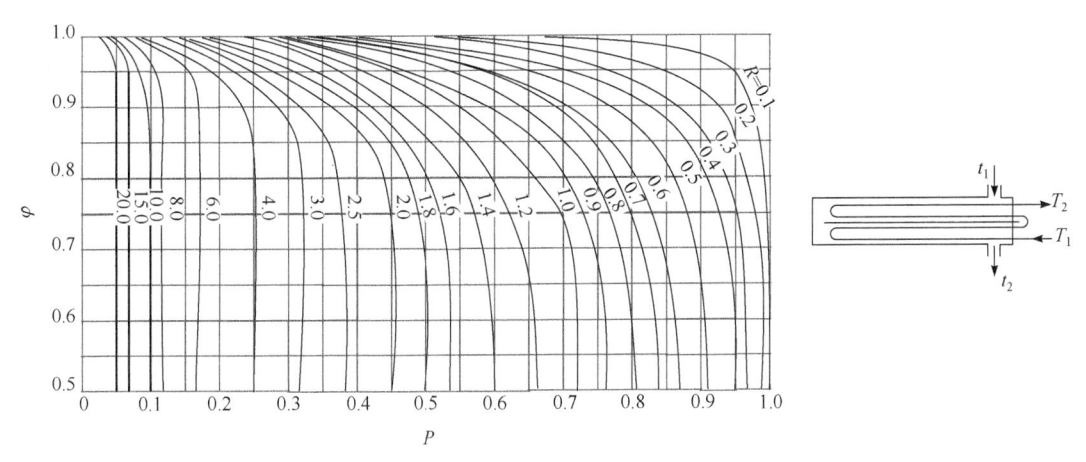

图 3-13 双壳程换热器的对数平均温差校正系数 φ 随 P、R 的变化

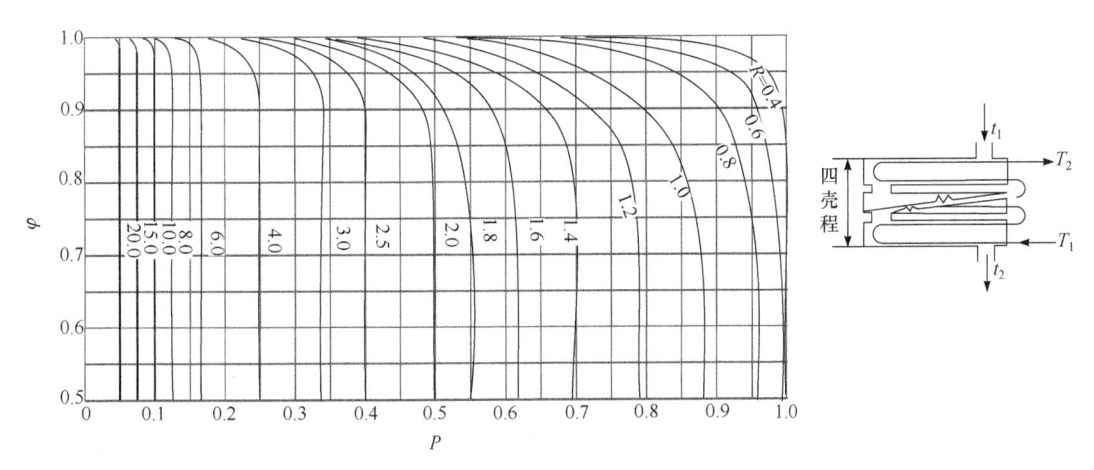

图 3-14 四壳程换热器的对数平均温差校正系数 φ 随 P、R 的变化

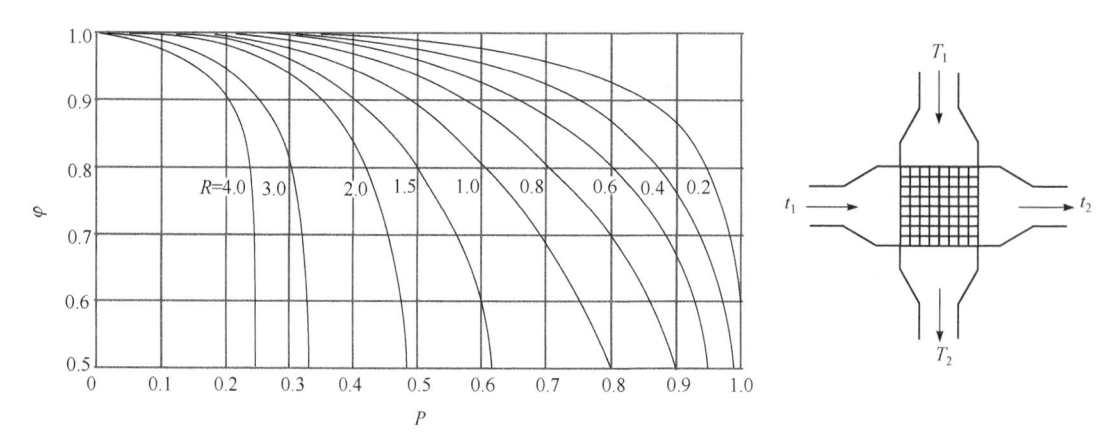

图 3-15 错流时的对数平均温差校正系数 φ 随 P、R 的变化

3.4.3 热交换计算示例

换热器的热交换计算主要有两种类型：设计计算和校核计算。设计计算往往是根据已有的生产任务确定换热面积；校核计算则是确认已有的换热器是否能完成新的换热任务。两类计算均以热量衡算方程和总热流量方程为基础，常用的计算方法有平均温度差法和传热单元数法。本书仅要求掌握前面介绍的平均温度差法，传热单元数法可参阅有关资料。

【例3-4】 在某钢制列管式换热器中，用流量为 $30\,\mathrm{m^3\cdot h^{-1}}$、温度为 $20\,^\circ\mathrm{C}$ 的冷水，将某石油馏分由 $90\,^\circ\mathrm{C}$ 冷却到 $40\,^\circ\mathrm{C}$，已知该馏分的流量为 $9075\,\mathrm{kg\cdot h^{-1}}$，平均定压比热容为 $3.35\,\mathrm{kJ\cdot kg^{-1}\cdot K^{-1}}$，水在列管式换热器的管间与油逆流流动，由模拟实验测知 $\alpha_{水}=1000\,\mathrm{W\cdot m^{-2}\cdot K^{-1}}$，$\alpha_{油}=300\,\mathrm{W\cdot m^{-2}\cdot K^{-1}}$，钢管的壁厚为 $2.5\,\mathrm{mm}$，其导热系数 $\lambda=49\,\mathrm{W\cdot m^{-1}\cdot K^{-1}}$。试求所需的换热面积。

解 换热量的计算

$$Q = q_{m1}c_{p1}(T_1-T_2) = 9075 \times 3.35 \times [(273+90)-(273+40)] = 1.52\times 10^6 (\mathrm{kJ\cdot h^{-1}})$$

冷却水的出口温度

$$Q = q_{m2}c_{p2}(t_2-t_1)$$

$$t_2 = \frac{Q}{q_{m2}c_{p2}} + t_1 = \frac{1.52\times 10^6}{30\times 1\times 10^3 \times 4.18} + (273+20) = 305(\mathrm{K})$$

求平均温度差 Δt_m

$$\Delta t_1 = T_1 - t_2 = (273+90) - 305 = 58(\mathrm{K})$$

$$\Delta t_2 = T_2 - t_1 = (273+40) - (273+20) = 20(\mathrm{K})$$

$$\Delta t_\mathrm{m} = \frac{\Delta t_1 - \Delta t_2}{\ln\dfrac{\Delta t_1}{\Delta t_2}} = \frac{58-20}{\ln\dfrac{58}{20}} = 35.7(\mathrm{K})$$

求总传热系数 K：因壁厚较薄，可简化为平壁传热计算，且略去污垢热阻。

$$K = \frac{1}{\dfrac{1}{\alpha_{水}}+\dfrac{b}{\lambda}+\dfrac{1}{\alpha_{油}}} = \frac{1}{\dfrac{1}{1000}+\dfrac{0.0025}{49}+\dfrac{1}{300}} = 228(\mathrm{W\cdot m^{-2}\cdot K^{-1}})$$

求传热面积 A：根据 $Q = KA\Delta t_m$，则

$$A = \frac{Q}{K\Delta t_m} = \frac{1.52\times 10^6 \times 1000}{3600\times 228 \times 35.7} = 51.9(\text{m}^2)$$

【例 3-5】 有一碳钢制造的套管换热器，内管直径为 ϕ 89 mm×3.5 mm，流量为 2000 kg·h^{-1} 的苯在内管中从 80℃ 冷却到 50℃。冷却水在环隙从 15℃ 升温到 35℃。苯的对流传热系数 $\alpha_1 = 230$ W·m^{-2}·K^{-1}，水的对流传热系数 $\alpha_2 = 290$ W·m^{-2}·K^{-1}。忽略污垢热阻。试求：(1) 冷却水消耗量；(2) 并流和逆流操作时所需传热面积；(3) 如果逆流操作时所采用的传热面积与并流时的相同，计算冷却水出口温度与消耗量，假设总传热系数随温度的变化忽略不计。

解 (1) 苯的流量 $q_{m1} = 2000$ kg·h^{-1}；

苯的平均温度 $T = \dfrac{80+50}{2} = 65(℃)$，查得 65℃ 苯的定压比热容 $c_{p1} = 1.86\times 10^3$ J·kg^{-1}·K^{-1}；

水的平均温度 $t = \dfrac{15+35}{2} = 25(℃)$，查得 25℃ 水的定压比热容 $c_{p2} = 4.178\times 10^3$ J·kg^{-1}·K^{-1}；

热量衡算为

$$Q = q_{m1}c_{p1}(T_1 - T_2) = q_{m2}c_{p2}(t_2 - t_1)$$

热负荷为

$$Q = \frac{2000}{3600}\times 1.86\times 10^3 \times (80-50) = 3.1\times 10^4 (\text{W})$$

冷却水消耗量为

$$q_{m2} = \frac{Q}{c_{p2}(t_2-t_1)} = \frac{3.1\times 10^4 \times 3600}{4.178\times 10^3 \times (35-15)} = 1335(\text{kg·h}^{-1})$$

(2) 以内表面积 A_1 为基准，总传热系数为 K_1，经查碳钢的导热系数 $\lambda = 45$ W·m^{-1}·K^{-1}，则

$$\frac{1}{K_1} = \frac{1}{\alpha_1} + \frac{bd_1}{\lambda d_m} + \frac{d_1}{\alpha_2 d_2} = \frac{1}{230} + \frac{0.0035\times 0.082}{45\times 0.0855} + \frac{0.082}{290\times 0.089} = 7.54\times 10^{-3}(\text{m}^2\cdot\text{K}\cdot\text{W}^{-1})$$

$$K_1 = 133 \text{ W·m}^{-2}\cdot\text{K}^{-1}$$

本题管壁热阻与其他传热阻力相比很小，可忽略不计。

并流操作 80 $\longrightarrow$ 50

　　　　　15 $\longrightarrow$ 35　　$\Delta t_1 = 80-15 = 65(℃)$；$\Delta t_2 = 50-35 = 15(℃)$

$$\Delta t_{m并} = \frac{(80-15)-(50-35)}{\ln\dfrac{80-15}{50-35}} = 34.2(℃)$$

传热面积

$$A_{1并} = \frac{Q}{K_1\Delta t_{m并}} = \frac{3.1\times 10^4}{133\times 34.2} = 6.82(\text{m}^2)$$

逆流操作 80 $\longrightarrow$ 50

　　　　　35 $\longleftarrow$ 15

$$\Delta t_{m逆} = \frac{(80-35)-(50-15)}{\ln\dfrac{80-35}{50-15}} = 39.8(℃)$$

传热面积

$$A_{1逆} = \frac{Q}{K_1 \Delta t_{m逆}} = \frac{3.1 \times 10^4}{133 \times 39.8} = 5.86(\text{m}^2)$$

因 $\Delta t_{m并} < \Delta t_{m逆}$，$A_{1并} > A_{1逆}$。

$$\frac{A_{1并}}{A_{1逆}} = \frac{\Delta t_{m逆}}{\Delta t_{m并}} = \frac{39.8}{34.2} = 1.16$$

(3) 逆流操作 $A_1 = 6.82 \text{ m}^2$，$\Delta t_m = \dfrac{Q}{K_1 A_1} = \dfrac{3.1 \times 10^4}{133 \times 6.82} = 34.2(℃)$

设冷却水出口温度为 t_2'，则

80 ⟶ 50　　以算术平均代替对数平均求 Δt_m

t_2' ⟵ 15　　根据 $\Delta t_m = \dfrac{\Delta t_1' + 35}{2} = 34.2℃$，得 $\Delta t_1' = 33.4℃$

$$t_2' = 80 - 33.4 = 46.6(℃)$$

水的平均温度 $t' = (15+46.6)/2 = 30.8(℃)$，查得 $c_{p2}' = 4.174 \times 10^3 \text{ J}\cdot\text{kg}^{-1}\cdot\text{K}^{-1}$

冷却水消耗量

$$q_{m2}' = \frac{Q}{c_{p2}'(t_2' - t_1)} = \frac{3.1 \times 10^4 \times 3600}{4.174 \times 10^3 \times (46.6 - 15)} = 846(\text{kg}\cdot\text{h}^{-1})$$

逆流操作比并流操作可省冷却水

$$\frac{1335 - 846}{1335} \times 100\% = 36.6\%$$

可见，使逆流与并流的传热面积相同，则逆流时冷却水出口温度由原来的 35℃ 变为 46.6℃，在热负荷相同条件下冷却水消耗量减少了 36.6%。

思考：热交换过程中包括哪几个步骤？为什么提高传热速率应对传热膜系数小的这一侧流体重点考虑？

3.5　传　热　设　备

3.5.1　换热器

热交换器是实现热能从一种流体传至另一种流体的设备，常称为换热器。换热器是广泛应用于化工、食品等许多工业领域的通用设备，在实际应用中，由于应用场合、工艺要求和设计方案的不同，出现了形式多样的换热器。

1. 换热器的分类

1) 按换热器作用原理分类

(1) 直接接触式换热器。适用于参与换热的两种流体互相溶混，或允许两者之间有物质扩散、机械夹带的场合，如冷却塔、喷淋室。

(2) 蓄热式换热器。冷、热流体交替流过换热面，换热过程分两个阶段进行。多用于从高温炉气中回收热量以预热空气或将气体加热至高温，如炼钢热风炉。

(3) 间壁式换热器。参与换热的两流体被壁面隔开，不互相混溶。化工生产中的换热器多属于间壁式换热器。

(4) 中间载热体式换热器。载热体在高、低温流体换热器内循环,多用于核能工业、化工过程、冷冻技术及余热利用中。

2) 按换热器的用途分类

按用途不同可分为加热器、冷却器、蒸发器、再沸器、预热器、过热器、冷凝器等。

3) 按换热器传热面形状和结构分类

有管式换热器(承压能力高)、板式换热器(结构紧凑、传热效果好,但承压能力差)和特殊型式换热器。

在化工生产中,一般不允许参与换热的两种流体(物料)相互混合,所以间壁式换热器应用最多。

2. 间壁式换热器的类型

1) 夹套式换热器

夹套式换热器主要用于反应过程的加热或冷却,如图 3-16 所示。通常用钢板或铸铁板制成容器,在容器外壁上再焊接或用螺钉固定一夹套,作为载热体(加热介质)或载冷体(冷却介质)的通道。通过容器间壁实现冷、热两流体间的换热。这种换热器的传热系数小,传热面积又受容器壁面的限制,因此只适用于传热量不大的场合。

2) 沉浸式蛇管换热器

蛇管一般由金属管子弯绕而制成,适应容器所需要的形状,沉浸在容器内的流体中。蛇管的形状如图 3-17 所示。

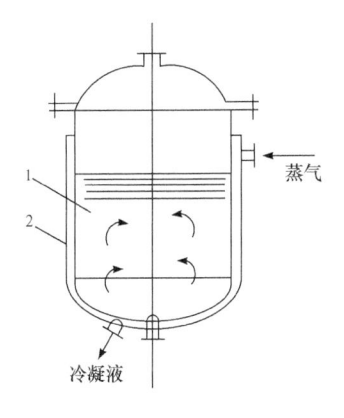

图 3-16 夹套式换热器
1. 容器;2. 夹套

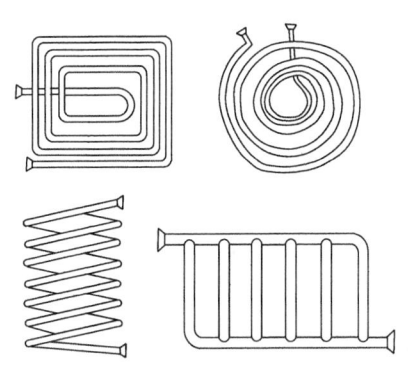

图 3-17 蛇管的形状

3) 喷淋式换热器

将蛇管固定在支架上并排列在同一垂直面上,热流体在管内流动,冷流体(一般为水)由最上面的多孔分布管(淋水管)流下,洒布在蛇管上并沿管面两侧下降至下面的管子表面,最后流入水槽排出,如图 3-18 所示。冷水在各管表面上流过时,与管内流体进行热交换。

这种设备常放置在室外空气流通处,当冷却水在空气中汽化时,可带走部分热量,从而提高冷却效果。与沉浸式蛇管换热器相比,其具有便于检修和清洗、传热效果较好等优点;缺点是喷淋不易均匀。

蛇管式换热器的结构简单,价格低廉,便于防腐蚀,能承受高压。主要缺点是体积大,总传热系数 K 值也较小。

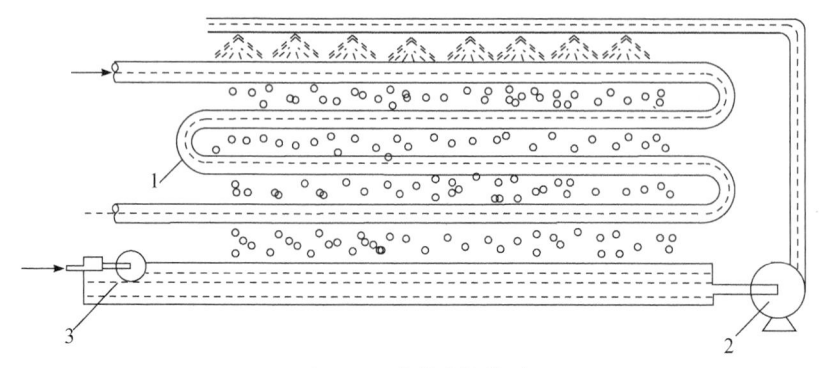

图 3-18 喷淋式换热器
1. 弯管；2. 循环泵；3. 控制阀

4) 套管式换热器

套管式换热器是用管件将两种尺寸不同的标准管子连接成同心圆形式的套管，然后用 180°的弯管将多段套管串联而成，如图 3-19 所示。

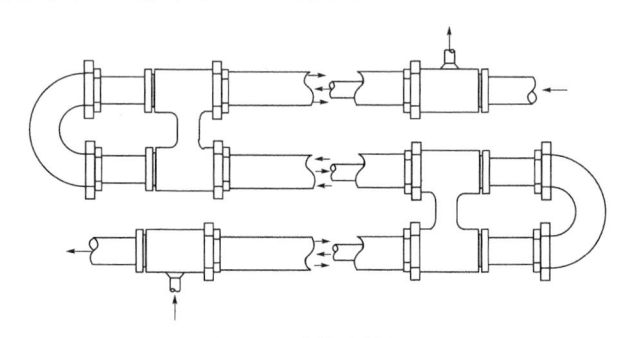

图 3-19 套管式换热器

套管式换热器的优点是结构简单，能承受高压，传热面积可根据需要而增减，冷、热流体可严格按逆流流动；缺点是管间的接头多，容易发生泄漏，单位体积的换热面积也较小。

5) 列管式换热器

列管式换热器是化工生产中应用最广的一种换热器。它的型式有多种，其主要结构是在一个圆筒形壳体内安装由许多平行管子(称为列管)组成的管束。图 3-20 为一种最简单的列管式换热器。

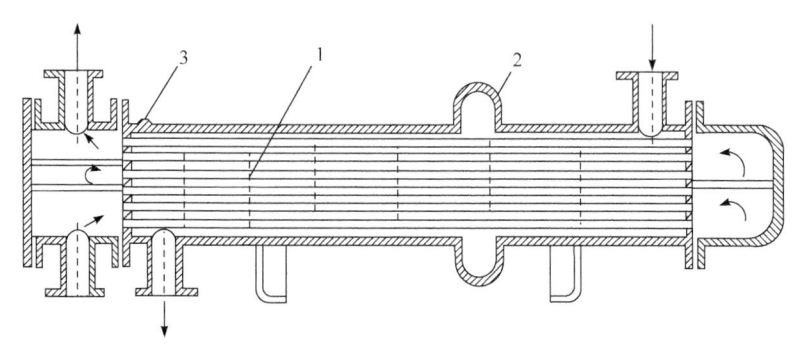

图 3-20 具有补偿圈的固定管板式列管换热器
1. 挡板；2. 补偿圈；3. 放气嘴

若管内流动的流体只在所有的列管内平行流过一次，则这种换热器称为单程列管式换热器。如果在换热器两端分配室内增设若干隔板，将全部管子分成若干组，流体每次只能流过一组管子，然后进入另一组管子返回。如此依次流过各组管子，最后由出口流出，这种换热器则称为多程列管式换热器。在多程列管式换热器中，由于流道变窄，流体的流速增加，传热膜系数增大，对传热有利。但程数增多后，流速增加而使流体流动的沿程阻力增大，且换热器结构复杂，故程数不宜太多，工业上多为2～4程。

对于在换热器管间流动的流体，也可用安装折流板的方式增大流体的速度，并迫使流体的流动方向垂直于换热管，这样流体的传热膜系数也可以显著提高。

3.5.2 其他传热设备

1. 板式换热器

板式换热器有平板式换热器和螺旋板式换热器两种，其结构分别如图 3-21 和图 3-22 所示。

图 3-21 平板式换热器

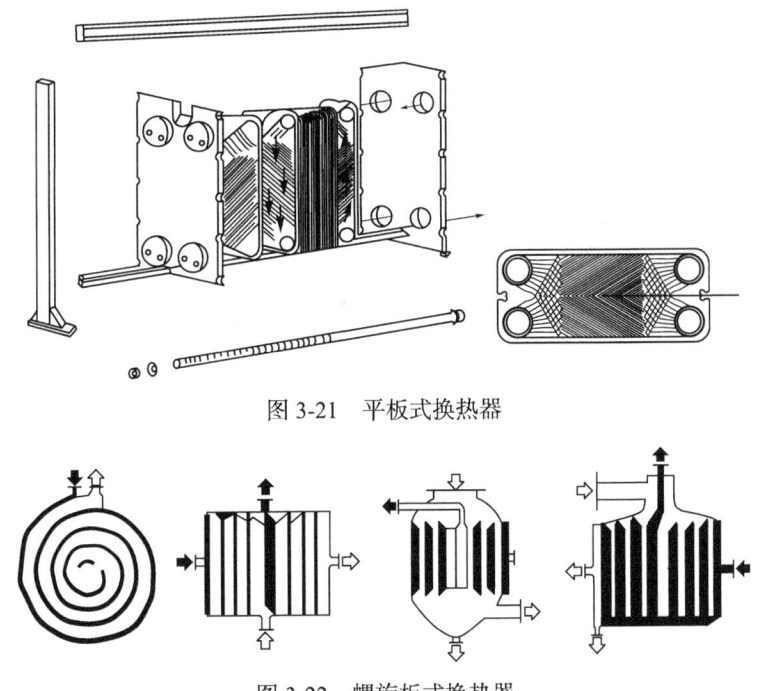

图 3-22 螺旋板式换热器

平板式换热器的每块平板表面一般压成波纹或沟槽形状，不仅能提高板的刚度和强度，而且能使流体流过波纹或沟槽时容易形成湍流，提高传热系数。板面上的波纹根据需要可制成水平波纹、人字波纹、锯齿波纹等。

螺旋板式换热器是由两张平行的薄钢板卷制而成，两板之间焊有定距柱以保持流道间距和增加螺旋板的刚度。流体在板间流动时，受由惯性力、离心力及定距柱引起的干扰作用，容易形成湍流，所以传热膜系数较高；而且在通道两侧可以保持完全逆流，传热温差较大；流体在螺旋通道中做螺旋运动时，可自行冲刷通道，减少结垢。

板式换热器制作简便，结构紧凑，能节约金属材料，在工业上得到了广泛应用。其缺点是操作压强和温度都不能太高。

2. 翅片式换热器

翅片式换热器的结构特点是在换热器的间壁上安装径向或轴向的翅片，如图 3-23 所示。常见的几种翅片形式如图 3-24 所示。

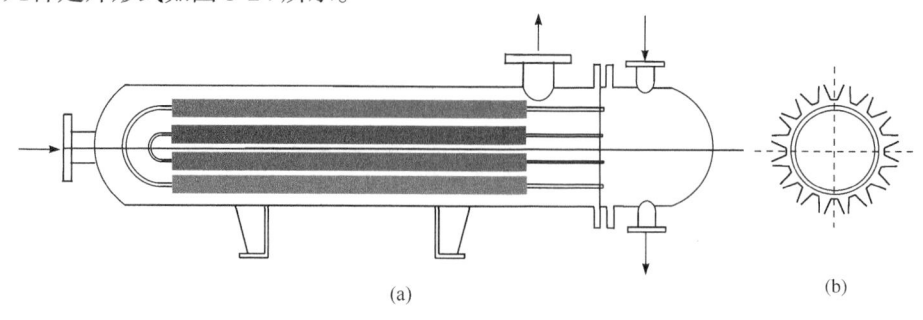

图 3-23 翅片式换热器(a)及翅片管断面(b)

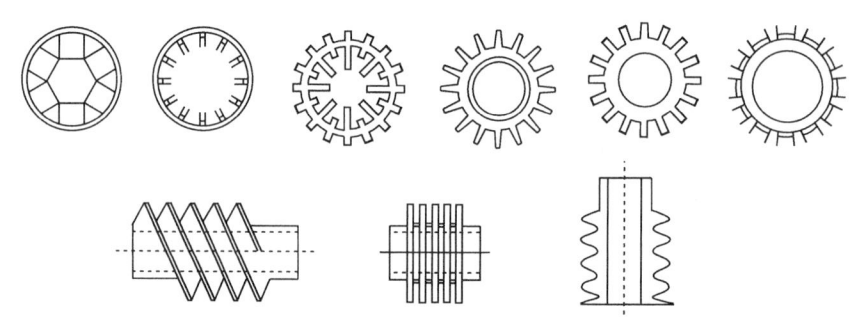

图 3-24 常见的翅片形式

翅片式换热器适用于两种流体的传热膜系数相差较大的场合。例如，用饱和水蒸气加热空气时，热阻主要在空气一侧，在空气一侧的管壁上安装翅片，既可增大传热面积，又可增加流体的湍动，从而达到强化传热的目的。

3. 板翅式换热器

板翅式换热器是一种高效、紧凑的换热器，随着制造工艺的改进和技术的提高，其成本不断下降，现已逐渐用于航空、航天、电子、原子能和石油化工等领域。

板翅式换热器由许多单元体组成。单元体是指在两块平行的金属薄板之间安放波纹状或其他形状的金属翅片，其侧壁是密封的。将各单元体进行适当的排列并焊接固定，即可得到逆流、并流和错流的板翅式换热器的组装件，称为芯部或板束，如图 3-25 所示，然后将带有流体进、出口的集流箱焊到板束上，就成为板翅式换热器。板翅式换热器的翅片形式如图 3-26 所示。

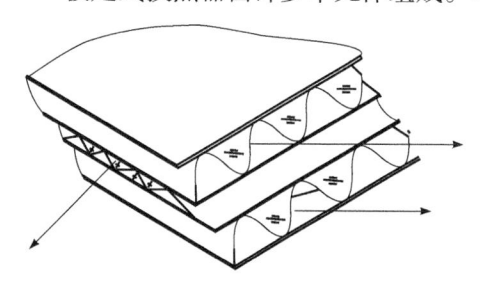

图 3-25 板翅式换热器的板束

板翅式换热器结构紧凑，1 m³ 的体积可以供 2500~4000 m² 的换热面积。因加入了翅片，增大了传热面积，促进了流体的湍动，故传热系数高。板翅通常用铝合金制作，可用于低温或超低温的换热。缺点是流道窄小，易堵塞且压降较大，一旦结垢，清洗和检修均很困难，故只能用于洁净物料和对金属铝无腐蚀作用的物料的传热。

(a) 光直形　　　　　(b) 锯齿形　　　　　(c) 多孔形

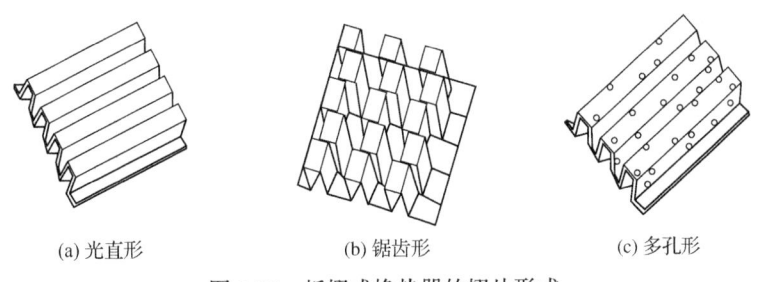

图 3-26　板翅式换热器的翅片形式

4. 热管式换热器

热管式换热器是由传热元件——热管束制成的。最普通的热管是在一根抽除了不凝性气体的金属管内充以少量工作液体后密封而成，如图 3-27 所示。常用的工作液体有水、液氨、乙醇、丙酮、液态钠、液态锂、汞等，不同的工作液体适用于不同的工作温度。

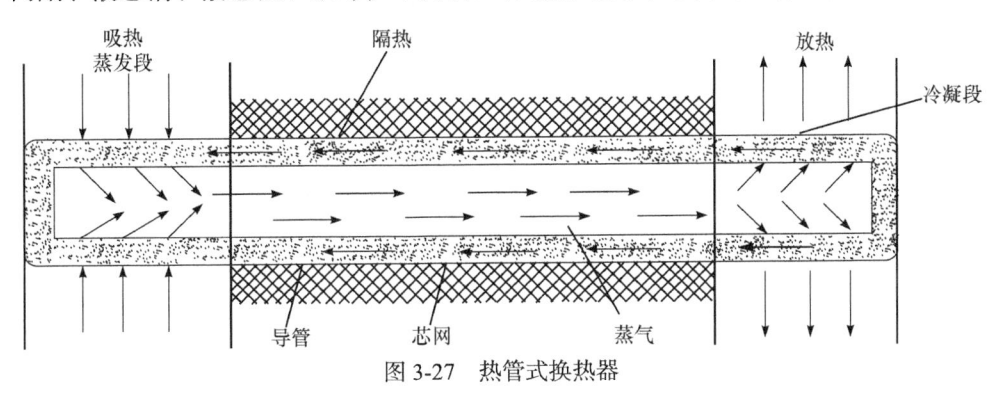

图 3-27　热管式换热器

热管束的加热段(又称蒸发段)浸于热流体中，冷却段(又称冷凝段)浸于冷流体中，冷、热流体中间用隔板分开。当加热段受热时，工作液体受热沸腾，形成的蒸气流至冷却段放出潜热；冷凝液沿着有毛细结构的吸液芯在毛细管渗透力的作用下回流到加热段再次加热沸腾，热量则由加热段传至冷却段。由于热管是通过液体沸腾和蒸气冷凝来传递热量，而沸腾和冷凝的传热膜系数都很大，热管表面还可加装翅片来强化传热，所以热管式换热器特别适用于气-气传热过程和气-液传热过程。热管式换热器用于气-气传热过程时的传热系数比普通的列管式换热器大几十倍甚至上百倍，故传热效率很高。热管式换热器目前在废热锅炉及预热各种工业原料气等方面得到了广泛的应用，并获得了良好的经济效益。

思考： 间壁式换热器有哪些？选择时应考虑哪些因素？

3.6　强化传热的途径

在动力、核能、制冷、化工、石油、航空、航天等工业中，换热器不仅是保证设备正常运转不可缺少的部件，而且在金属消耗、动力消耗和投资方面，在整个工程中占有重要份额。因此，换热器的合理设计、运转和改进对节省投资、材料、能源和空间而言是十分重要的，这涉及强化传热问题。

应用强化传热技术可以达到以下目的：①减少初设计的传热面积，以减少换热器的体积和质量;②提高换热器的换热能力;③使换热器能在较低温度差下工作;④减少换热阻力,以减少换热器的动力消耗。

上述目的要求相互制约,要同时达到这些目的是不可能的。因此,在采用强化传热技术前,必须先明确要达到的主要目的和任务,以及达到这一主要目的所能提供的现有条件,然后通过选择比较,才能确定一种合用的强化传热技术。

强化传热即提高冷、热流体间的热流量。从热流量方程 $Q = KA\Delta t_m$ 来看,增大总传热系数 K、传热面积 A 和平均温度差 Δt_m 都可以提高热流量 Q。在设计换热器和改进换热器或生产操作中,都是从这三方面来考虑强化传热。

1) 增大传热面积 A

增大传热面积,可以提高热流量。但应指出,增大传热面积不应靠增大设备的尺寸来实现,而应从设备的结构上考虑。改进传热面的结构,提高设备的紧凑性,使单位设备体积内能提供较大的传热面积。例如,用螺纹管、波纹管代替光滑管,或采用翅片式换热器、板式换热器及板翅式换热器等,都可以增加单位设备体积的传热面积。例如,板式换热器每立方米体积可提供传热面积为 250~1500 m^2,而列管式换热器每立方米的传热面积只有 40~160 m^2。

2) 增大平均温度差 Δt_m

增大平均温度差可提高热流量,但平均温度差的大小主要取决于两流体的温度条件。通常,流体的温度已由生产工艺条件所规定,可变动的范围有限。当换热器间壁两侧流体均为变温时,采用逆流操作时可得到较大的平均温度差。

3) 增大总传热系数 K

增大总传热系数,可以提高热流量。总传热系数的表达式可写为

$$K = \cfrac{1}{\cfrac{1}{\alpha_1} + R_{s1} + \cfrac{b}{\lambda} + R_{s2} + \cfrac{1}{\alpha_2}}$$

由上式可见,要提高 K 值,就必须减小各项热阻。但各项热阻在各种实际的热交换系统中所占的比重往往各不相同,因此只有设法减小对 K 值影响较大的热阻,才对提高热流量有效。减小热阻的方法有以下几种:

(1) 加大流速,增强流体湍动程度,减小传热边界层中层流内层的厚度,以提高对流传热膜系数,减小对流传热的热阻。例如,增加列管式换热器的管程数和壳程挡板数;将板式换热器的板面压制成凹凸不平的波纹,以及流体在螺旋板式换热器中受惯性离心力的作用,均可增强流体的湍动程度;而在管内装入麻花状铁片、金属螺旋圈或金属丝片等添加物,也有增强流体湍动程度的作用。但是,应考虑因流速加大而引起流体阻力的增加,以及造成设备结构复杂、清洗和检修困难等问题。当考虑强化传热措施时,不能片面地追求提高对流传热膜系数,而不顾及其他后果。

(2) 防止结垢和及时清除垢层,以减小污垢热阻。例如,增大流速和添加缓蚀剂可减弱垢层的形成;安排不易结垢的流体在管内流动和采用可拆卸的换热器结构,以便于清除垢层;也可以定期用机械法、化学法等清除垢层。

综上所述,强化传热的途径有多种。对于实际的传热过程,应掌握影响传热的主要因素,结合传热设备结构、运转动力消耗,以及检修操作是否方便等全面考虑,才能提出经济上合理和技术上可行的强化传热方案。

思考: 强化传热过程可以采取哪些措施?削弱传热呢?

习 题

1. 平壁炉炉壁是用内层为 120 mm 厚的某种耐火材料和外层为 230 mm 厚的某种建筑材料砌成,两种材料的导热系数均未知。已测得炉内壁温度为 800℃,外侧壁面温度为 113℃。为减少热损失,在普通建筑材料外面又包砌一层 50 mm 的石棉,包砌石棉后测得的各层温度:炉内壁温度为 800℃、耐火材料与建筑材料交界面温度为 686℃、建筑材料与石棉交界面温度为 405℃、石棉层外侧温度为 77℃。包砌后热损失比原来减少百分之多少? (42.5%)

2. $\phi 60$ mm ×3 mm 的钢管外包一层 30 mm 石棉层(导热系数为 0.16 W·m⁻¹·K⁻¹)后,再包一层 30 mm 软木(导热系数为 0.04 W·m⁻¹·K⁻¹),已测得管内壁温度为 −110℃,软木外侧温度为 10℃。已知大气温度为 20℃。

(1) 求每米管长所损失的冷量及软木层外壁面与空气间的对流传热膜系数。

(2) 计算钢、石棉及软木层各层热阻在总热阻中所占的百分数。若忽略钢管壁热阻,重新计算每米管长损失的冷量。

(3) 若将两层保温材料互换(各层厚度仍为 30 mm),钢管内壁温度仍为 −110℃,作为近似计算,假设最外层的石棉层表面温度仍为 10℃,求此时每米管长损失的冷量。

(4) 若将两层保温材料互换,钢管内壁温度仍为 −110℃,计算每米管长实际损失的冷量及最外层的石棉层表面的实际温度。

提示:保温层互换后,保温层外壁面和空气间的对流传热膜系数与互换前相同。

(5) 通过以上各题的计算结果,将得到哪些有用的结论?

(52.1 W·m⁻¹, 9.21 W·m⁻²·K⁻¹; 0.01%, 29.94%, 70.05%, 52.1 W·m⁻¹; 38.1 W·m⁻¹; 38.74 W·m⁻¹, 12.6℃)

3. 在外径为 140 mm 的蒸气管道外包扎保温材料,以减少热损失。蒸气管外壁温度为 390℃,保温层外表面温度不高于 40℃。保温材料的 λ 与 t 的关系为 $\lambda=0.1+0.0002t$ (t 的单位为℃,λ 的单位为 W·m·℃⁻¹)。若要求每米管长的热损失 Q/L 不大于 450 W·m⁻¹,试求保温层的厚度及保温层中的温度分布。"

(0.071 mm; $t = -50\ln r - 942$)

4. 有一蒸汽冷凝器,蒸汽侧传热系数 α_2 为 10 000 W·m⁻²·K⁻¹,冷却水侧传热系数 α_2 为 1000 W·m⁻²·K⁻¹,已测得冷却水进、出口温度分别为 $t_1 = 30℃$、$t_2 = 35℃$,若将冷却水流量增加一倍,蒸汽冷凝量将增加多少?已知蒸汽的饱和温度 100℃下冷凝。 ($V'/V = 1.64$)

5. 套管式换热器由 $\phi 48$ mm × 3 mm 和 $\phi 25$ mm × 2.5 mm 的钢管制成,两种流体分别在内管和环隙中流动,分别测得传热膜系数 α_1 和 α_2。若两流体流量保持不变并忽略出口温度变化对物性的影响,则将内管改为 $\phi 32$ mm × 2.5 mm 后两侧的传热膜系数有何变化?(设流动为湍流) ($\alpha_1' = 1.57\alpha_1$; $\alpha_2' = 0.583\alpha_2$)

6. 在一列管式换热器中,用热柴油与原油换热。

(1) 当柴油与原油逆流流动时测得柴油进、出口温度分别为 243℃、155℃,原油进、出口温度分别为 128℃、162℃。求传热平均温度差。

(2) 保持原油、柴油流量及进口温度不变,但该换热器改用并流操作,计算并流时的 Δt_m。

在上述两种情况下,换热器 K 值及两流体比热容均可认为不变。 (49.2℃;42.5℃)

7. 用 90℃热水将流量为 10 000 kg·h⁻¹ 的原油从 20℃预热至 70℃,已知原油的比热容为 2400 J·kg⁻¹·K⁻¹,试分别计算逆流与并流操作时所需的加热剂用量。 (4082 kg·h⁻¹;14 280 kg·h⁻¹)

8. 有一单管程列管式换热器,壳程为 116℃饱和水蒸气冷凝,空气在管程湍流流动,流量为 V kg·h⁻¹,由 20℃加热到 80℃。

(1) 若设计时将此换热器管程改为双程,为完成相同任务,换热器面积可减少多少?(管径及总管数均不变)

(2) 若管程仍为单程,将空气流量增加至 20%,为保持空气出口温度不变,则此时加热蒸汽的温度必须为多少度? (42.6%;118℃)

9. 某气体冷却器总传热面积为 20 m²,用以将流量为 1.4 kg·s⁻¹ 的某种气体从 50℃冷却至 35℃,使用的冷却水初温为 25℃,与气体做逆流流动,换热器的总传热系数为 230 W·m⁻²·K⁻¹,气体的平均比热容为

$1.0 \text{ kJ·kg}^{-1}\text{·K}^{-1}$，试求冷却水用量及水的出口温度。 $(0.21 \text{ kg·s}^{-1}; 48.4\text{℃})$

10. 一套管换热器逆流操作时，管间通空气，流量为 2.52 kg·s^{-1}，进、出口温度分别为 130℃、70℃；管内通冷水，流量为 0.6 kg·s^{-1}，冷水的进口温度为 30℃。已知空气侧的对流传热系数为 $50 \text{ W·m}^{-2}\text{·K}^{-1}$，水侧的对流传热系数为 $2000 \text{ W·m}^{-2}\text{·K}^{-1}$，空气和水的平均比热容分别为 $1.0 \text{ kJ·kg}^{-1}\text{·K}^{-1}$ 和 $4.2 \text{ kJ·kg}^{-1}\text{·K}^{-1}$。试分别计算水量、空气流量增加一倍后换热器的传热量与原工况的比值。 $(Q'/Q=1.156; Q''/Q=1.4)$

11. 有一单程列管式换热器，其规程如下：管径为 $\phi 25 \times 2.5 \text{ mm}$，管长 3 m，管子数 $n = 37$。今拟采用此换热器冷凝并冷却 CS_2 饱和蒸气，自饱和温度 46℃冷却到 10℃。CS_2 在壳程冷凝，其流量为 300 kg·h^{-1}，冷凝潜热为 352 kJ·kg^{-1}，冷却水在管程流动，进口温度为 5℃，出口温度为 32℃，逆流流动。已知 CS_2 在冷凝和冷却时的传热系数分别为 $K_1=291 \text{ W·m}^{-2}\text{·K}^{-1}$ 和 $K_2=174 \text{ W·m}^{-2}\text{·K}^{-1}$。此换热器是否适用？(传热面积 A 及传热系数均以外表面积计) $(A_{需} = 5.16 \text{ m}^2 < A_{实际}$，适用$)$

12. 有一列管式换热器，列管规格为 $\phi 25 \text{ mm} \times 2.5 \text{ mm}$ 的钢管。表压为 196 kPa 的饱和水蒸气在壳程冷凝加热管程内的冷水。冷水进口温度为 20℃、出口温度为 80℃。水的流速为 0.6 m·s^{-1}，水侧的污垢热阻为 $6\times10^{-4} \text{ m}^2\text{·K·W}^{-1}$。蒸汽冷凝传热膜系数为 $10^4 \text{ W·m}^{-2}\text{·K}^{-1}$，蒸汽侧污垢热阻及壁阻可忽略。

(1) 求以外表面积为基准的总传热系数 K_1。

(2) 一年后，由于管内壁结垢，冷却水出口温度降为 70℃，求此时的总传热系数 K_1' 及水侧的污垢热阻。
$(837 \text{ m}^2\text{·K·W}^{-1}; K_1' = 646 \text{ W·m}^{-2}\text{·K}^{-1}, R_2 = 8.82\times10^{-4} \text{ m}^2\text{·K·W}^{-1})$

13. 有一传热面积为 15 m² 的列管式换热器，用管程的冷却水使壳程 110℃的饱和水蒸气冷凝。已知冷却水进口温度为 20℃、出口温度为 80℃、流量为 $2.5\times10^4 \text{ kg·h}^{-1}$、比热容为 $4 \text{ kJ·kg}^{-2}\text{·K}^{-1}$。

(1) 试求总传热系数 K。

(2) 一年后，由于结垢，在冷却水流量及进口温度、蒸汽温度维持原值的条件下，冷却水的出口温度降至 72℃。若要维持冷却水出口温度仍为 80℃，饱和水蒸气应为多少度？ $(2035 \text{ W·m}^{-2}\text{·K}^{-1}; 123.9\text{℃})$

第4章 吸　　收

本章重点：

(1) 掌握气液平衡关系和亨利定律不同的表达形式。
(2) 掌握气体吸收速率方程和塔高的计算。

本章难点：

(1) 吸收速率方程的不同表达形式。
(2) 塔高的计算。

4.1 概　　述

在化工生产中，许多纯物料需要从混合物中提取。混合物的分离是化工生产中重要的过程。利用物系中不同组分的物理性质或化学性质的差异形成一个两相物系，使其中某一组分或某些组分从一相转移到另一相，从而达到分离的目的，这一过程称为传质(分离)过程。在化学工业中，常见的传质过程有吸收、蒸馏、萃取和干燥等单元操作。这些操作的不同之处在于形成两相的方法以及相态的差异。

分离气体混合物的方法有很多，如吸收、吸附、膜分离、液化-精馏等。利用气体混合物中各组分在液体中溶解度的差异，选择合适的吸收剂，使气体混合物中易溶的一个或几个组分溶于液相，而难溶解的组分滞留在气相中，从而使原混合气体的组分得以分离。这种利用各组分溶解度不同分离气体混合物的单元操作称为吸收过程。混合气体中，能够溶解的组分称为溶质或吸收质，以 A 表示；不被溶解的组分称为惰性组分，又称惰气或载体，以 B 表示；吸收操作中所用的溶剂称为吸收剂或溶剂，以 S 表示；吸收操作中所得到的溶液称为吸收液或溶液，其主要成分为溶质 A 和溶剂 S；排出的气体称为吸收尾气，其主要成分是惰性气体 B 和少量的残余溶质 A。

4.1.1 吸收的目的与分类

吸收过程作为一种重要的分离气体混合物的手段，广泛应用于化工、医药、冶金等生产过程，其目的主要有以下几个：

(1) 除去生产过程中的有害组分，以净化或精制气体。例如，合成氨原料气中硫化氢等硫化物的脱除、裂解气中乙炔的脱除等。

(2) 回收混合气体中的有用组分，以减少物料的损失。例如，从炼焦炉气、石油裂解气中分离回收芳烃等有用组分。

(3) 制取某些产品。例如，用水吸收 HCl 气体制备盐酸，用硫酸溶液吸收 SO_3 制取浓硫酸等。

(4) 保护环境。例如,除去工业尾气中的 SO_2、NO、HF 等有害气体组分。

在吸收过程中,若溶质与溶剂不发生显著的化学反应,可以当作是气体单纯地溶于液相的物理过程,则此吸收过程称为物理吸收,如用水吸收二氧化碳、用洗油吸收苯等。在吸收过程中,若溶质与溶剂发生显著的化学反应,则此吸收过程称为化学吸收,如用硫酸溶液吸收氨、用碱液吸收二氧化碳等。物理吸收中,当操作条件改变,解吸便可发生,而化学吸收能否发生解吸过程由化学反应是否可逆决定。在吸收过程中,若混合气体中只有一个组分被吸收,其余组分可认为不溶于吸收剂,则此吸收过程称为单组分吸收。若混合气体中有两个或多个组分进入液相,则此吸收过程称为多组分吸收。气体溶于液体中时常伴随热效应,如果是化学吸收,还可能有反应热。若热效应很小,或被吸收的组分在气相中的浓度很低,而吸收剂用量很大,液相的温度变化不显著,则可认为是等温吸收。反之,若热效应使液相温度发生明显变化,则该吸收过程为非等温吸收过程。

4.1.2 吸收剂的选择

吸收操作中,吸收剂的性能至关重要,吸收剂的选择主要遵循以下原则:

(1) 吸收剂具有较高的选择性,即吸收质在吸收剂中有较大的溶解度,而混合气体中的其他组分溶解度较小。这样,处理一定量的混合气体所需的吸收剂量较少,气体中吸收质的极限残余浓度较低,可实现较完全的分离。

(2) 吸收剂的蒸气压低,不易挥发,以减少其在吸收和再生过程中的损失,避免在气体中引入新的杂质。

(3) 吸收剂化学稳定性较高,以防止在使用过程中发生变质。

(4) 吸收剂黏度低,不易产生泡沫,以实现吸收塔内良好的气液接触和塔顶的气液分离。

(5) 吸收剂价廉、易得、无毒、不易燃烧。

能同时满足上述所有要求的吸收剂很少,因此在选择吸收剂时,要对可供选用的吸收剂进行全面评价,以做出经济、合理、恰当的选择。

4.1.3 吸收流程与设备

在实际生产中,吸收过程通常有单一吸收塔流程、多塔吸收流程、吸收剂在塔内再循环流程和吸收-解吸联合操作等多种流程。单一吸收塔流程指用一个吸收塔经过吸收达到分离、纯化、制取溶液等目的。单一吸收塔逆流操作示意图如图 4-1 所示。多塔吸收流程指用多个塔,通过气体、液体串、并联达到高效吸收的目的,常见的有气、液逆流串联和气体串联、液体并联(逆流)流程,如图 4-2 所示。吸收剂在塔内再循环流程如图 4-3 所示,多用于气体深度纯化、制取较高浓度的溶液等。在炼焦产生的煤气中含有少量苯和甲苯等碳氢化合物,可用洗油为吸收剂加以吸收,吸收与解吸流程如图 4-4 所示。含有苯和甲苯等碳氢化合物的煤气在常温下从吸收塔的底部送入,洗油从塔顶淋下,气、液两相在塔内逆流接触,煤气中苯和甲苯等碳氢化合物溶于洗油,使塔顶引出的煤气中苯和甲苯等碳氢化合物

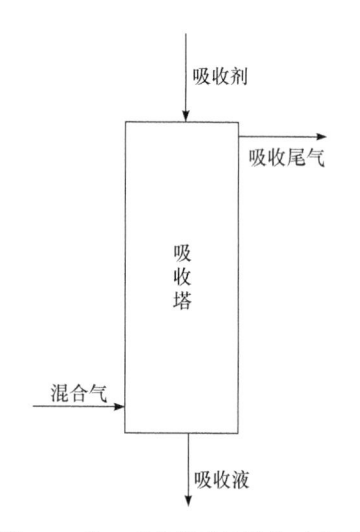

图 4-1 单一吸收塔逆流操作示意图

含量降到某允许值。吸收了苯和甲苯等碳氢化合物的洗油(称富油)从塔底排入富油储槽。为了使吸收剂(洗油)再生后循环使用，将富油经换热器加热至170℃左右后送至解吸塔顶，与从塔底通入的过热水蒸气接触，洗油中的苯在高温下逸出而被水蒸气带走，经冷凝分层将水除去，最终可得苯类液体(粗苯)，而脱除溶质的洗油(称贫油)经冷却后可作为吸收剂再次送入吸收塔循环使用。

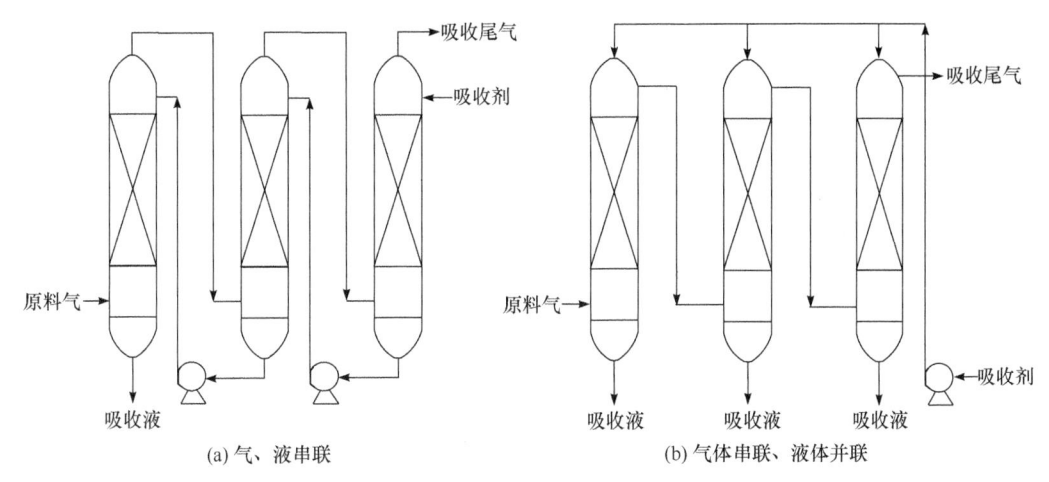

图 4-2 多个吸收塔逆流操作示意图
(a) 气、液串联
(b) 气体串联、液体并联

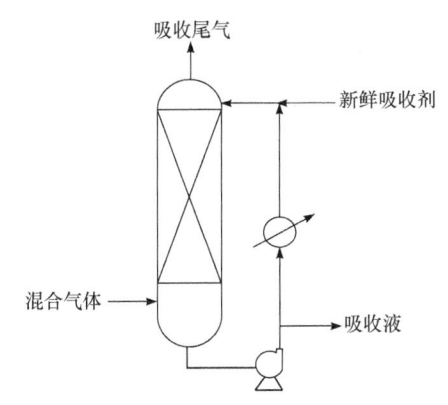

图 4-3 吸收剂再循环流程

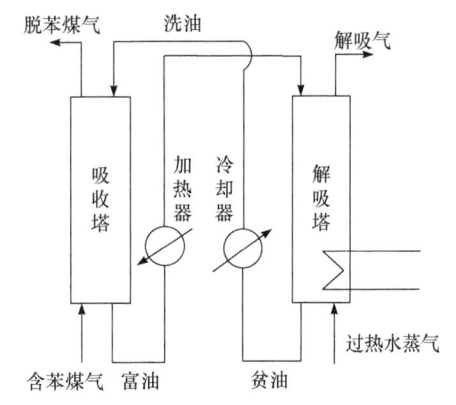

图 4-4 吸收与解吸流程

化工生产中的吸收设备应能提供较大的气、液接触面积，以使两相充分接触，同时应增大两相间的传质推动力，提高相间传质速率。目前工业吸收一般采用塔设备，气、液在塔内逆流接触。按照气、液两相在塔内的级式接触和连续接触两种接触方式，将塔分为级式接触吸收塔(如板式塔)和微分接触吸收塔(如湿壁塔、填料塔)两大类，如图 4-5 所示。在板式塔中，气体自下而上通过板上小孔与液相鼓泡接触，吸收质被部分吸收。气体逐板上升，每上升一块塔板，气体中吸收质的浓度阶跃式降低；吸收剂逐板下降，其吸收质的浓度则阶跃式升高，故称为级式接触吸收塔。在填料塔中，液体自塔顶喷淋在填料表面并沿填料表面流下，气体从塔的下端进入，通过填料空隙上升与液体逆流接触，吸收质不断被吸收，故气体中吸收质浓度自下而上不断降低，而液体中吸收质浓度自上而下连续增高，称为微分接触吸收塔。两类塔设备分别采用不同的计算方法。本章重点讨论填料塔的计算和结构。

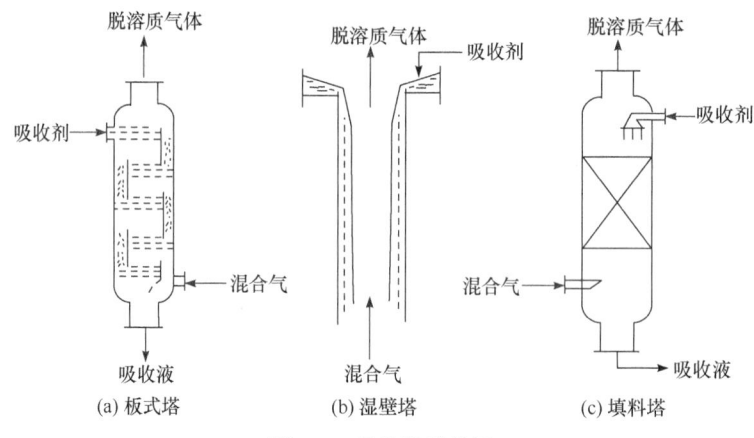

图 4-5 吸收塔示意图

(a) 板式塔　(b) 湿壁塔　(c) 填料塔

4.2 气液相平衡

4.2.1 亨利定律

在一定的温度和压强下，当混合气体与吸收剂接触时，气体中的溶质向液相吸收剂中转移(吸收过程)，同时进入液相中的吸收质也可能向气相转移(解吸过程)。随着过程的进行，液相中的吸收质浓度不断增加，吸收速率逐渐降低，解吸速率不断增大，经过足够长时间后，吸收速率与解吸速率相等，在宏观上过程就像停止了，但微观上过程仍在继续进行。这种状态称为相际动平衡，简称相平衡或平衡。在平衡状态下，吸收过程和解吸过程仍在进行，但在同一时刻从气相进入液相的溶质的量与液相进入气相的溶质的量相等，即净转移量为零，组分在气相和液相中的浓度不再发生变化，此时溶液中的吸收质浓度称为平衡浓度或平衡溶解度，简称溶解度；溶液上方气相中溶质的分压称为平衡分压或饱和分压。将平衡时的气、液两相组成关系用曲线表示，称为溶解度曲线。图 4-6 和图 4-7 分别为 NH_3 和 SO_2 在水中的溶解度曲线。从图中可以看出，在一定温度下，气体的溶解度随气相分压增大而增大；在相同的气相分压下，溶解度随温度升高而降低。因为总压 p 变化时，气相中吸收质的物质的量分数 y 会随之变化，溶解度曲线的位置也将不同，所以 x-y 关系曲线上应标明总压。

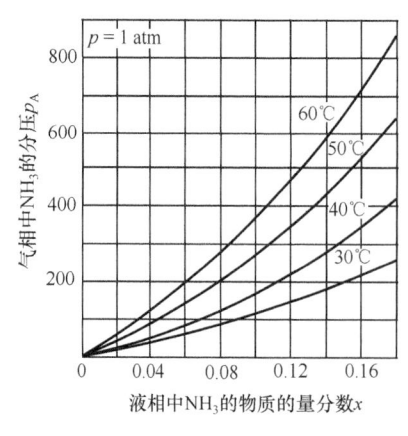

图 4-6　NH_3 在水中的溶解度曲线

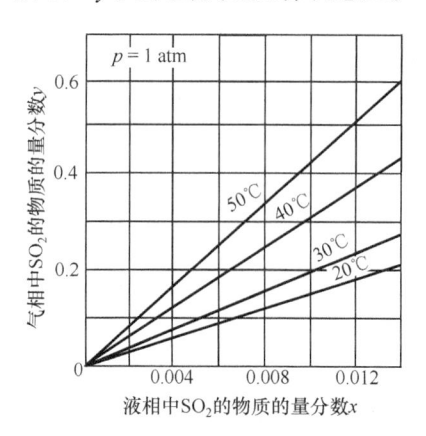

图 4-7　SO_2 在水中的溶解度曲线

吸收操作通常用于低浓度吸收质的吸收，液相平衡浓度较低，属于稀溶液范畴。当总压不太高(< 0.5 MPa)时，在一定温度下，稀溶液上方气相中溶质的平衡分压与溶质在液相中的浓度成正比，即服从亨利定律(Henry law)。由于互成平衡的气、液相组成可以用不同的浓度表示，因此亨利定律有不同的表达形式。

1. 以气相分压和液相物质的量分数表示

$$p^* = Ex \qquad (4-1)$$

式中，p^*为吸收质的平衡分压，Pa；E为亨利系数，Pa。亨利系数E的大小表示气体被吸收的难易程度。在同一溶剂中，难溶气体的E值大，易溶气体的E值小。当气相平衡分压相同时，E值越大，x越小，所以根据E值大小可以判断气体溶解度的大小。亨利系数的值可以通过实验测定，也可以查取相关的手册得到，表4-1为部分气体在水中的亨利系数，可供参考。当E很大，如在10^9 Pa数量级时，气体在水中的溶解度很小，如H_2、O_2、CO等；E在10^7 Pa数量级时，溶解度中等，如CO_2、Cl_2、H_2S等；E值很小时，气体溶解度很大，如NH_3、HCl等。

表4-1 气体-水体系的亨利系数

气体	$t/℃$								
	0	10	20	30	40	50	60	80	100
	$E/10^9$ Pa								
H_2	5.87	6.44	6.92	7.39	7.61	7.75	7.73	7.65	7.55
N_2	5.36	6.77	8.15	9.36	10.54	11.45	12.16	12.77	12.77
空气	4.38	5.56	6.73	7.81	8.82	9.59	10.23	10.84	10.84
CO	3.57	4.48	5.43	6.28	7.05	7.71	8.32	9.56	8.57
O_2	2.58	3.31	4.06	4.81	5.42	5.96	6.37	6.96	7.10
CH_4	2.27	3.01	3.81	4.55	5.27	5.58	6.34	6.91	7.10
NO	1.71	1.96	2.68	3.14	3.57	3.95	4.24	4.54	4.60
C_2H_6	1.28	1.57	2.67	3.47	4.29	5.07	5.73	6.70	7.01
C_2H_4	0.56	0.78	1.03	1.29	—	—	—	—	—
	$E/10^7$ Pa								
N_2O	—	14.29	20.06	26.24					
CO_2	7.38	10.54	14.39	18.85	23.61	28.68	—	—	—
C_2H_2	7.30	9.73	12.26	14.79	8.01	—			
Cl_2	2.72	3.99	5.37	6.69	7.55	9.02	9.73		
H_2S	2.72	3.72	4.98	6.17	1.35	8.96	10.44	13.68	15.00
Br_2	0.22	0.37	0.60	0.92	0.56	1.94	2.54	4.09	—
SO_2	0.17	0.25	0.36	0.49	—	0.87	1.12	1.70	—
	$E/10^3$ Pa								
HCl	2.46	2.62	2.79	2.94	3.03	3.06	2.99		
NH_3	2.08	2.40	2.77	3.21	—	—	—	—	—

2. 以气相分压和液相物质的量浓度表示

若将亨利定律表示成溶质在液相中的物质的量浓度 c 与其在气相中分压 p 之间的关系，则可写为

$$p^* = \frac{c}{H} \tag{4-2}$$

式中，c 为平衡时溶液中吸收质的物质的量浓度，$kmol \cdot m^{-3}$；H 为溶解度系数，$kmol \cdot m^{-3} \cdot Pa^{-1}$，$p^*$ 为平衡时吸收质在气相中的平衡分压，Pa。

3. 气、液两相浓度以物质的量分数表示

若溶质在气相和液相中的组成分别用物质的量分数 y 和 x 表示，则亨利定律可表示为

$$y^* = mx \tag{4-3}$$

式中，m 为相平衡常数或称为分配系数，y^* 和 x 分别为平衡时吸收质在气相和液相中的物质的量分数。在吸收中，亨利定律的这一形式比较常用。

根据亨利定律式(4-2)和式(4-3)，经简单推导可得到亨利系数 E、溶解度系数 H 和相平衡常数 m 之间的换算关系。

由于

$$p^* = Ex = \frac{c}{H} = \frac{1}{H} c_M \cdot x \tag{4-4}$$

式中，c_M 为溶液的总物质的量浓度，则单位体积溶液的 c_M 为

$$c_M = \frac{\rho}{M} \tag{4-5}$$

式中，ρ 为溶液的密度，M 为溶液的平均摩尔质量。所以

$$E = \frac{c_M}{H} \tag{4-6}$$

同理可得

$$m = \frac{E}{p} \tag{4-7}$$

4. 气、液两相浓度以物质的量比表示

在吸收过程中，气相中的吸收质不断溶解进入液相，故气相和液相的量不断发生变化，使吸收计算变得复杂。由于吸收时气相中惰性组分和液相中吸收剂的量不变，为了简化计算，工程上常以惰性组分和吸收剂为基准，用物质的量比表示气相和液相中吸收质的含量。定义 Y 为 1 mol 惰性组分气体中所带的吸收质的物质的量，X 为 1 mol 吸收剂中所溶解的吸收质的物质的量，则 Y 和 X 与 y 和 x 的关系为

$$Y = \frac{y}{1-y} \quad \text{或} \quad y = \frac{Y}{1+Y} \tag{4-8}$$

$$X = \frac{x}{1-x} \quad \text{或} \quad x = \frac{X}{1+X} \tag{4-9}$$

代入相平衡关系 $y^* = mx$，得

$$Y^* = \frac{mX}{1+(1-m)X} \tag{4-10}$$

对稀溶液，X 值很小，即 $(1-m)X \ll 1$，则上式可简化为

$$Y^* = mX \tag{4-11}$$

亨利定律的各种表达式所描述的都是互成平衡的气、液两相组成之间的关系，据此既可以根据液相组成计算平衡时的气相组成，也可以根据气相组成计算平衡时的液相组成。

> **小资料** 亨利

【例 4-1】 总压为 101.325 kPa、温度为 20℃时，1000 kg 水中溶解 15 kg NH_3，此时溶液上方气相中 NH_3 的平衡分压为 2.266 kPa。试求此时的溶解度系数 H、亨利系数 E、相平衡常数 m。

解 首先将此气、液相组成换算为 y、x。

NH_3 的摩尔质量为 17 kg·kmol^{-1}，溶液的量为 15 kg NH_3 与 1000 kg 水之和，故

$$x = \frac{n_A}{n} = \frac{n_A}{n_A + n_B} = \frac{15/17}{15/17 + 1000/18} = 0.0156$$

$$y^* = \frac{p_A^*}{P} = \frac{2.266}{101.325} = 0.0224$$

$$m = \frac{y^*}{x} = \frac{0.0224}{0.0156} = 1.44$$

由式(4-7)得

$$E = pm = 101.325 \times 1.44 = 146 \text{ (kPa)}$$

或者由式(4-1)得

$$E = \frac{p_A^*}{x} = \frac{2.266}{0.0156} = 145 \text{ (kPa)}$$

H 值也可直接由式(4-2)算出，溶液中 NH_3 的浓度为

$$c_A = \frac{n_A}{V} = \frac{m_A/M_A}{(m_A + m_s)/\rho_s} = \frac{15/17}{(15+1000)/1000} = 0.869 \text{ (kmol·m}^{-3}\text{)}$$

所以

$$H = \frac{c_A}{p_A^*} = \frac{0.0869}{2.266} = 0.383 \text{ (kmol·m}^{-3}\text{·kPa}^{-1}\text{)}$$

4.2.2 气液相平衡与吸收过程

根据亨利定律，可以判断过程的方向是吸收还是解吸，以及过程的极限。

相平衡关系描述的是气、液两相接触传质的极限状态。根据气、液两相的实际组成与相应条件下平衡组成的比较，可以判断传质进行的方向，确定传质推动力的大小，并指明传质

过程所能达到的极限。

1. 判断过程进行的方向

如果 $y > y^*$ 或 $x < x^*$，说明溶液还没有达到饱和状态，此时气相中的溶质必然要进入液相，传质的方向由气相到液相，即发生吸收过程；反之，如果 $y < y^*$ 或 $x > x^*$，说明溶液是过饱和状态，溶质将从液相转移至气相，即发生解吸过程。

2. 指明过程进行的极限

吸收的极限是气、液两相经充分接触后的相平衡。对于逆流吸收塔，若塔无限高，且存在大量的吸收剂和较小的气体流量，则塔顶出塔气体的最小浓度 $y_{2\min}$ 都不会低于与入塔吸收剂组成 x_2 相平衡的气相组成 y_2^*，即

$$y_{2\min} \geqslant y_2^* = mx_2$$

反之，若塔无限高，且吸收剂流量较小，气体流量较大，则塔底出塔液的最大浓度 $x_{1\max}$ 都不会高于与入塔气相组成 y_1 相平衡的液相组成 x_1^*，即

$$x_{1\max} \leqslant x_1^* = \frac{y_1}{m}$$

由此可见，相平衡关系限定了混合气体离塔时的最低组成和吸收液离塔时的最高组成。

3. 确定过程的推动力

吸收或解吸过程之所以会发生，是因为相互接触的气、液两相没有达到平衡。通常用一相的实际组成与其平衡组成的偏离程度表示传质过程的推动力。如果溶质的气相组成为 y，液相组成为 x，且 y 大于与液相溶质组成相平衡的气相组成 y^*，则以气相组成差表示的推动力为 $\Delta y = y - y^*$。如前所述，因为气、液相组成有不同的表示方法，所以推动力也有多种不同的形式，如以气相中溶质的分压差表示吸收过程的推动力为 $\Delta p = p - p^*$；以液相物质的量浓度表示的推动力为 $\Delta c = c^* - c$；以液相中溶质的物质的量分数差表示的推动力为 $\Delta x = x^* - x$。实际组成偏离平衡组成的程度越大，过程的推动力就越大，其传质速率也越大。

【例 4-2】 在 1 atm 和 20℃ 下，稀氨水的相平衡方程为 $y^* = 0.94x$，现有含氨 $y = 0.1$ 的氨/氮混合气分别与 $x = 0.06$ 和 $x = 0.15$ 的氨水接触，试分别判断过程的方向。

解 与混合气中氨的浓度 y 平衡的液相浓度 x^* 为

$$x^* = \frac{y}{m} = \frac{0.1}{0.94} = 0.106$$

当氨水的浓度 $x = 0.06$ 时，因为 $x < x^*$，所以将发生吸收过程；当 $x = 0.15$ 时，因为 $x > x^*$，所以发生解吸过程，部分氨将由液相转入气相。

思考： 亨利定律的适用条件是什么？

4.3 传质与吸收速率方程

吸收过程包括三个步骤：①吸收质由气相主体传递到两相界面，即气相内的物质传递，

属于单相中的传质；②吸收质在相界面上溶解，由气相转入液相；③吸收质由液相界面传递到液相主体，即液相内的物质传递，也属于单相中的传质。通常，界面上的溶解过程很容易进行，阻力很小，可以认为在相界面上气、液组成满足相平衡关系。因此，吸收速率由气相和液相内的传质速率决定。气相和液相中的单相传质是靠扩散作用完成的，常见的扩散方式主要包括分子扩散和涡流扩散两种。通常认为分子扩散传质是指由于流体分子的无规则热运动，由单个分子随时间变化的随机速度引起的质量传递；而涡流扩散传质是指由于流体质点的旋涡或湍动，由所有分子的平均速度引起的质量传递。

4.3.1 单相中的传质

1. 菲克定律

当流体内部某组分存在浓度差时，由于分子的无规则热运动，该组分将从高浓度处向低浓度处转移，直至流体内部各处浓度相等，这种物质传递现象称为分子扩散。在静止流体或层流流体中垂直于流动方向上的传质均为分子扩散。分子扩散与传热中的热传导类似，是分子微观运动的宏观统计结果。

扩散进行的快慢用扩散通量来衡量。单位时间内通过垂直于扩散方向的单位截面积扩散的物质的量称为扩散通量(又称扩散速率)，以符号 J 表示，单位为 $mol·m^{-2}·s^{-1}$。

在恒温恒压下，当物质 A 在介质 B 中发生扩散时，任一点处物质 A 的扩散通量与该处 A 的浓度梯度成正比，此定律称为菲克定律，其数学表达式为

$$J_A = -D_{AB}\frac{dc_A}{dz} \tag{4-12}$$

式中，J_A 为物质 A 的分子扩散通量，$mol·m^{-2}·s^{-1}$；D_{AB} 为组分 A 在组分 B 中的扩散系数，$m^2·s^{-1}$；$\frac{dc_A}{dz}$ 为浓度梯度，$mol·m^{-4}$；负号表示扩散方向与浓度梯度方向相反，扩散沿着浓度降低的方向进行。式(4-12)表明，只要流体内部存在浓度梯度，就会发生分子扩散。

对静止的 A、B 两组分混合气体，若将气体视为理想气体，且各处的温度和压强相同，则混合物的总浓度在各处是相等的，即 $c_M = c_A + c_B =$ 常数。因此，任一时刻，体系内总有

$$\frac{dc_A}{dz} = -\frac{dc_B}{dz} \tag{4-13}$$

而且，组分 A 沿 z 方向的扩散通量必等于组分 B 沿 $-z$ 方向的扩散通量，即

$$J_A = -J_B \tag{4-14}$$

将式(4-13)和式(4-14)代入式(4-12)，可得

$$D_{AB} = D_{BA} = D$$

上式表明，在 A、B 两种气体所构成的双组分混合气体中，组分 A 在组分 B 中的扩散系数等于组分 B 在组分 A 中的扩散系数。

扩散系数是物质的一种传递特性，反映了某组分在一定介质(气相或液相)中的扩散能力，是物质的物性参数之一。其值随物系种类、温度、浓度或总压的不同而变化。一种物质的扩散总是相对其他物质而言的，同一组分在不同混合物中的扩散系数不同。扩散系数一般由实验测定，或者根据半经验公式估算得到。表 4-2 列出了不同物质在 293 K、101.3 kPa 下的扩

散系数,可见气体的扩散系数约为 10^{-5} m^2·s^{-1}。因为液体的密度比气体大,液体中分子比气体中密集,所以液体的扩散系数比气体的扩散系数小得多,扩散系数仅为 10^{-9} m^2·s^{-1} 数量级。

表 4-2 不同物质的扩散系数(293 K,101.3 kPa)

气体间的扩散系数 $D/(10^{-4}$ m^2·s$^{-1})$		物质在水中的扩散系数 $D/(10^{-9}$ m^2·s$^{-1})$	
空气-二氧化碳	0.153	氢	5.0
空气-氨	0.644	空气	2.5
空气-水	0.257	一氧化碳	2.03
空气-乙醇	0.129	氧	1.84
空气-正戊烷	0.071	二氧化碳	1.68
二氧化碳-水	0.183	乙酸	1.19
二氧化碳-氮	0.160	草酸	1.53
二氧化碳-氧	0.153	苯甲酸	0.87
氧-苯	0.091	水杨酸	0.93
氧-四氯化碳	0.074	乙二醇	1.01
氢-水	0.919	丙二醇	0.88
氢-氮	0.761	丙酮	1.00
氢-氨	0.760	丁醇	0.89
氢-甲烷	0.715	戊醇	0.80
氢-丙酮	0.417	苯甲醇	0.82
氢-苯	0.364	甘油	0.82
氢-环己烷	0.328	丙酮	1.16
氮-氨	0.223	糠醛	1.04
氮-水	0.236	尿素	1.20
氮-二氧化硫	0.126	乙醇	1.13

分子扩散可分为等分子反向扩散和通过停滞组分的扩散两种情况。

2. 等分子反向扩散

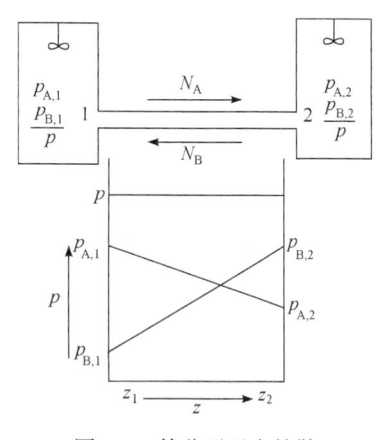

假设以细管相连的容器 1 和容器 2 内分别充满浓度不同的 A 和 B 两种组分的混合气体(图 4-8),充分搅拌使各容器内浓度均一,设体系中各处总浓度 c_M(或总压 p)和温度相等,并且 $c_{A,1} > c_{A,2}$,$c_{B,1} < c_{B,2}$。由于两端存在浓度差异,连通管中将发生分子扩散现象,组分 A 向右扩散,而组分 B 向左扩散。因为两容器内气体总压相同,所以连通管内任一截面上,单位时间、单位面积向右传递的 A 分子数与向左传递的 B 分子数必定相等,这种情况就是稳态的等分子反向扩散。在单纯的等分子反向扩散中,物质 A 的传质速率 N_A(指在任意固定的空间位置上,单位时间通过单位面积的 A 物质的量,以 N_A 表示)应等于 A 的扩散通量,即

图 4-8 等分子反向扩散

$$N_A = J_A = -D\frac{dc_A}{dz} \tag{4-15}$$

式中，z 为连通管长度。同理，B 从右向左的传质速率为

$$N_B = J_B = -D\frac{dc_B}{dz} \tag{4-16}$$

由式(4-14)可知 $J_A = -J_B$，所以 $N_A = -N_B$，即 A 和 B 两组分的传质速率大小相等，但方向相反，故称为等分子反向定态扩散。例如，在双组分液相混合物的精馏中，如果两个组分的物质的量汽化热相近，则每有 1 mol 难挥发组分从气相向气、液界面扩散，必有 1 mol 易挥发组分从气、液界面向气相主体扩散。

在定态下，N_A 为定值，根据图 4-8 所示条件对式(4-15)积分可得

$$N_A \int_{z_1}^{z_2} dz = -D\int_{c_{A,1}}^{c_{A,2}} dc_A$$

$$N_A = \frac{D}{z}(c_{A,1} - c_{A,2}) \tag{4-17}$$

式(4-17)表明，等分子反向扩散时，A 组分的浓度分布为一条直线。当气相为理想气体时

$$c_A = \frac{n_A}{V} = \frac{p_A}{RT}$$

则式(4-17)可写为

$$N_A = \frac{D}{RTz}(p_{A,1} - p_{A,2}) \tag{4-18}$$

式(4-18)即为理想气体等分子反向扩散的速率方程。

3. 通过停滞组分的扩散

在吸收过程中，假设吸收质 A 在气相主体中的分压为 p_A，A 在气、液界面处不断溶解吸收，使其在界面处的分压 $p_{A,i}$ 降低，则 $p_A > p_{A,i}$，因此 A 将由气相主体向界面扩散(图 4-9)；惰性组分 B 不溶于液相，液相中也不存在 B，不能向界面提供 B 组分。在相界面气相一侧因 A 的不断溶解而留下相应的空缺，导致界面处气体总压降低，气相主体与界面之间产生微小总压差，使混合气体 A、B 由气相主体向界面流动，这种流动称为主体流动。主体流动不同于扩散，属于宏观运动，其特点是 A 和 B 同时向界面流动，使界面处 B 组分浓度 $c_{B,i}$ 增加，导致 B 组分由界面向气相主体扩散。在定态下，主体流动带入相界面的 B 的量恰好补偿了组分 B 由界面向主体反向扩散的量，使得相界面处 B 的浓度(或分压)恒定，净传递速率 $N_B = 0$，即 B 可视为处于静止状态，故将这种扩散称为通过停滞组分的扩散。

因总体流动而产生的传递速率分别为

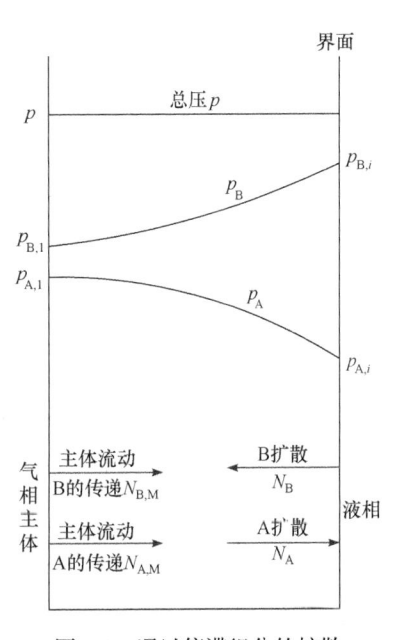

图 4-9 通过停滞组分的扩散

$$N_{A,M} = N_M \frac{c_A}{c_M} \quad \text{和} \quad N_{B,M} = N_M \frac{c_B}{c_M}$$

式中，$N_{A,M}$ 和 $N_{B,M}$ 分别为主体流动中 A 和 B 的传质速率，mol·m^{-2}·s^{-1}；N_M 为总体流动的通量，mol·m^{-2}·s^{-1}。

A 从气相主体向界面的传质速率 N_A 为分子扩散速率 J_A 与主体流动中 A 的传质速率 $N_{A,M}$ 之和，即

$$N_A = J_A + N_M \frac{c_A}{c_M} \tag{4-19}$$

同理

$$N_B = J_B + N_M \frac{c_B}{c_M} \tag{4-20}$$

由气相主体与界面间的微小总压差造成的主体流动使气相各处的总压(或 c_M)保持恒定，所以 A 的分子扩散速率 J_A 和 B 的分子扩散速率 J_B 仍然大小相等、方向相反，即 $J_A = -J_B$。

在主体流动的流体中，A 和 B 的量之比等于混合气体中 A 和 B 的分压之比，即

$$\frac{N_{A,M}}{N_{B,M}} = \frac{p_A}{p_B} \tag{4-21}$$

式中，$N_{A,M}$ 和 $N_{B,M}$ 分别为主体流动中 A 和 B 的传质速率，mol·m^{-2}·s^{-1}；p_A 和 p_B 分别为气相主体中 A 和 B 的分压，Pa。式(4-21)还可表示为

$$N_{A,M} = N_{B,M} \frac{p_A}{p_B}$$

将其代入式(4-19)，得

$$N_A = J_A + N_{A,M} = J_A + N_{B,M} \frac{p_A}{p_B} \tag{4-22}$$

由于 B 的净传质速率 N_B 为 0，即

$$N_B = J_B + N_{B,M} = 0 \tag{4-23}$$

由式(4-12)可得

$$J_A = -D \frac{dc_A}{dz} = -\frac{D}{RT} \frac{dp_A}{dz} \tag{4-24}$$

将式(4-24)和 $J_A = -J_B$ 代入式(4-22)，得

$$N_A = -\frac{D}{RT}\left(1 + \frac{p_A}{p_B}\right)\frac{dp_A}{dz} = -\frac{D}{RT} \cdot \frac{p}{p - p_A} \cdot \frac{dp_A}{dz} \tag{4-25}$$

在定态下 N_A 为定值，分离变量，在 $z = 0$、$p_A = p_{A,1}$ 和 $z = z$、$p_A = p_{A,i}$ 之间积分，得

$$N_A \int_0^z dz = -\int_{p_{A,1}}^{p_{A,i}} \frac{Dp}{RT} \cdot \frac{dp_A}{p - p_A}$$

在一定操作条件下，D、p 和 T 均为常数，所以

$$N_A = \frac{Dp}{RTz} \ln \frac{p - p_{A,i}}{p - p_{A,1}}$$

因为 $p_{A,1} - p_{A,i} = p_{B,i} - p_{B,1}$，且 $p - p_{A,i} = p_{B,i}$，$p - p_{A,1} = p_{B,1}$，所以

$$N_A = \frac{Dp}{RTz} \cdot \frac{p_{A,1} - p_{A,i}}{p_{B,i} - p_{B,1}} \ln \frac{p_{B,i}}{p_{B,1}}$$

设 $p_{B,m}$ 为 B 组分在界面和气相主体间的对数平均分压，即

$$p_{B,m} = \frac{p_{B,i} - p_{B,1}}{\ln \dfrac{p_{B,i}}{p_{B,1}}} \tag{4-26}$$

则

$$N_A = \frac{D}{RTz} \cdot \frac{p}{p_{B,m}} (p_{A,1} - p_{A,i}) \tag{4-27}$$

若用 A 的浓度代替分压，则

$$N_A = \frac{D}{z} \cdot \frac{c_M}{c_{B,m}} (c_{A,1} - c_{A,i}) \tag{4-28}$$

与等分子反向扩散速率方程相比，通过停滞组分的扩散速率多了一个因子 $\dfrac{p}{p_{B,m}}$（或 $\dfrac{c_M}{c_{B,m}}$）。因为混合体系中总压总是大于分压，所以 $\dfrac{p}{p_{B,m}}$ 和 $\dfrac{c_M}{c_{B,m}}$ 大于1，表明气相主体流动将使 A 的传质速率增大。$\dfrac{p}{p_{B,m}}$ 和 $\dfrac{c_M}{c_{B,m}}$ 称为漂流因子，反映了主体流动对传质速率的影响。当 A 的浓度较低时，$p \approx p_{B,m}$，主体流动的影响可忽略。

4. 涡流扩散

流体做湍流运动时，由于质点无规则运动，相互碰撞引起不同部位流体间剧烈混合，在存在浓度梯度的情况下，组分从高浓度向低浓度方向传递，这种凭借流体质点的湍动和旋涡传递物质的现象称为涡流扩散传质。在湍流流体中，分子扩散和涡流扩散同时发挥传递作用，但涡流扩散的效果占主要地位。

因为流体湍流运动时质点运动无规则，所以涡流扩散速率很难从理论上确定，通常采用描述分子扩散的菲克定律形式表示，即

$$J_E = -D_E \frac{dc_A}{dz} \tag{4-29}$$

式中，J_E 为涡流扩散速率，$kmol \cdot m^{-2} \cdot s^{-1}$；$D_E$ 为涡流扩散系数，$m^2 \cdot s^{-1}$。

涡流扩散系数 D_E 与分子扩散系数 D 不同，D_E 不是物性常数，其值与流体流动状态和所处的位置有关。

4.3.2 对流传质

流动流体与壁面之间或两个有限互溶的运动流体之间(相界面)发生的传质过程通常称为对流传质。与扩散传质的动力是浓度、化学势梯度不同，对流传质的动力是流体整体流动。对流传质过程如空气流动输送空气中的分子；水流过可溶性固体壁面，溶质自固体壁面向水

中传输；用水吸收混在空气中的氨气时，氨气向水中的传输等。

湍流流动情况下，发生的对流传质是分子扩散和涡流扩散两种传质作用的总和。由于涡流扩散系数难以测定和计算，因此常将分子扩散和涡流扩散两种传质作用结合考虑。对流传质与流体和壁面之间的对流传热很相似，在流体主体和相界面之间也存在三个区域，即湍流主体、过渡层和层流内层，如图 4-10 所示。在湍流主体中存在大量旋涡，传质主要靠涡流扩散进行，分压(或浓度)梯度很小，可认为分压基本均匀，其分布曲线为一水平线($p_A N$)；层流内层的传质主要通过分子扩散进行，分压梯度较大，分压分布为一条斜率较大的直线($p_{A,i} Q$)；在过渡层，涡流扩散和分子扩散都存在，分压分布为一条曲线(QN)。

对上述对流传质过程可做如下简化处理：将整个过渡层内的传质折合为通过一定厚度的静止流体层的分子扩散，将层流底层的分压梯度线 $p_{A,i} Q$ 延长与气相主体分压线 $p_A N$ 相交于 G 点，G 点到相界面的垂直距离 z_G 称为气相的有效膜厚；可以认为由气相主体到相界面的对流传质相当于通过有效膜 z_G 的分子扩散，全部传质阻力集中在有效膜内，对流传质的推动力为($p_A - p_{A,i}$)。这样就可以利用分子扩散速率方程描述对流传质速率。由式(4-27)得到通过气膜的传质速率为

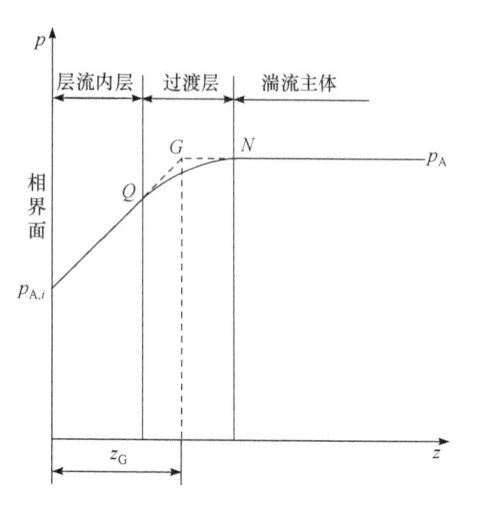

$$N_A = \frac{D_G}{RTz_G} \cdot \frac{p}{p_{B,m}} (p_A - p_{A,i}) \tag{4-30}$$

图 4-10 对流传质过程示意图

式中，D_G 为气膜内的分子扩散系数；z_G 称为气相的有效膜厚。同理，通过液膜的传质速率为

$$N_A = \frac{D_L}{z_L} \cdot \frac{c_M}{c_{B,m}} (c_{A,i} - c_A) \tag{4-31}$$

式中，D_L 为液膜内的分子扩散系数；z_L 称为液相的有效膜厚。

思考：流体流动过程中流动状态如何影响传质速率？

4.3.3 吸收速率方程

1. 双膜理论

吸收过程属于气相和液相之间的相际传质，由气相和界面间的对流传质、界面上吸收质的溶解、界面与液相间的对流传质三个过程串联而成。针对两相间的传质机理，科学家先后提出了双膜理论、溶质渗透理论、表面更新理论等理论模型来描述传质过程。其中，由惠特曼(W. G. Whitman)和路易斯(L. K. Lewis)在 20 世纪 20 年代提出的双膜理论一直占有重要的地位。双膜理论认为：

(1) 气、液界面上紧邻界面两侧各存在一滞流的有效膜，如图 4-11 所示，其厚度分别为 z_G 和 z_L，吸收质以分子扩散的方式通过气、液两个有效膜层，有效膜层厚度随流体流动状态而变化。

图 4-11 双膜理论示意图

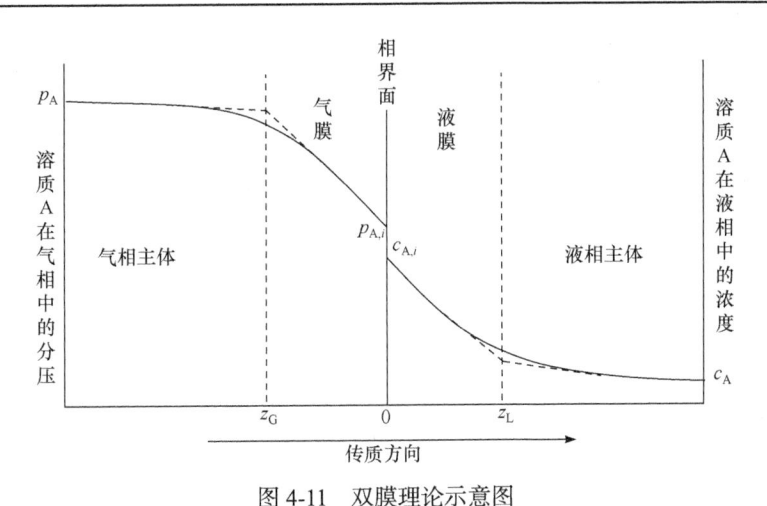

(2) 气膜和液膜内集中了所有的浓度梯度和传质阻力,膜层以外的气相和液相主体内由于流体高度湍动而混合均匀,浓度梯度为零。

(3) 吸收质在相界面上不存在传质阻力,并且气、液两相处于平衡状态。

双膜理论将复杂的相际传质过程简化为两个膜层,简化了过程和阻力,使整个相际传质过程的阻力全部体现在两个膜层中。但这也正是其局限性所在,当流速较高、湍动程度较大时,两流体的相界面不稳定,双膜理论的假设不成立,不能反映传质过程的实际机理。

2. 分吸收速率方程

为了应用方便,可以仿照对流传热问题,将对流传质速率方程写成类似于牛顿冷却定律的形式,即令

$$k_g = \frac{D_G}{RTz_G} \cdot \frac{p}{p_{B,m}} \tag{4-32}$$

$$k_l = \frac{D_L}{z_L} \cdot \frac{c_M}{c_{B,m}} \tag{4-33}$$

则式(4-30)和式(4-31)分别变为

$$N_A = k_g(p_A - p_{A,i}) \tag{4-34}$$

$$N_A = k_l(c_{A,i} - c_A) \tag{4-35}$$

式中,k_g 为气相传质分系数,$mol \cdot m^{-2} \cdot s^{-1} \cdot Pa^{-1}$;$k_l$ 为液相传质分系数,$m \cdot s^{-1}$。式(4-34)和式(4-35)表明 N_A 正比于流体主体浓度与界面浓度之差,而影响对流传质的其他众多因素则包含在传质分系数中。

在定态下,气相与界面间的传质速率等于界面与液相间的传质速率,即

$$N_A = k_g(p_A - p_{A,i}) = k_l(c_{A,i} - c_A) \tag{4-36}$$

由式(4-36)可得

$$-\frac{k_1}{k_g} = \frac{p_A - p_{A,i}}{c_A - c_{A,i}} \tag{4-37}$$

式(4-37)表明,在如图 4-12 所示的浓度-分压关系图上,式(4-37)是一条斜率为 $-\dfrac{k_1}{k_g}$ 并通过点 $A(c_A, p_A)$ 和点 $I(c_{A,i}, p_{A,i})$ 的直线。A 点表示浓度为 c_A 的溶液与分压为 p_A 的气体接触。与 p_A 平衡的溶液浓度为 c_A^*,因为 $c_A < c_A^*$,所以将发生吸收过程。由于界面上气、液两相达到平衡,所以 I 点应落在平衡线上。从 A 点作斜率为 $-\dfrac{k_1}{k_g}$ 的直线,与平衡线的交点即为 I 点。图中 $p_A - p_{A,i}$ 表示气膜中气相主体向界面扩散的传质推动力,$c_{A,i} - c_A$ 表示液膜中界面向液相主体扩散的传质推动力。

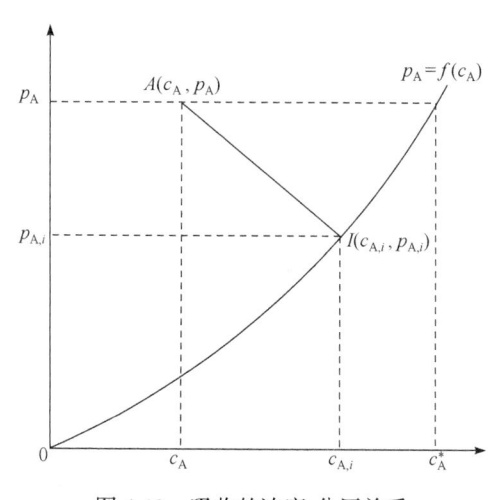

图 4-12 吸收的浓度-分压关系

3. 总吸收速率方程

气、液界面上的 $p_{A,i}$ 和 $c_{A,i}$ 难以测定,通常只能测得两相主体中的分压 p_A 和浓度 c_A。因此,在具体计算时,可以仿照间壁传热中类似问题的处理方法,采用气、液相的主体浓度差表示吸收的总推动力,从而写出总吸收速率方程。为了消去界面浓度,根据亨利定律

$$c_A = Hp_A^*, \quad c_{A,i} = Hp_{A,i}$$

将以上两式代入式(4-35)中,得

$$N_A = Hk_1(p_{A,i} - p_A^*) \tag{4-38}$$

即

$$\frac{N_A}{Hk_1} = p_{A,i} - p_A^* \tag{4-39}$$

式(4-34)可转化为

$$\frac{N_A}{k_g} = p_A - p_{A,i} \tag{4-40}$$

将式(4-39)和式(4-40)相加,整理得

$$N_A = \frac{p_A - p_A^*}{\frac{1}{Hk_l} + \frac{1}{k_g}} = \frac{p_A - p_A^*}{\frac{1}{K_G}} = K_G(p_A - p_A^*) \tag{4-41}$$

式中，K_G 为以气相分压差表示的气相总传质系数，$mol·m^{-2}·s^{-1}·Pa^{-1}$；$\frac{1}{K_G}$ 为总传质阻力，等于气膜阻力 $\frac{1}{k_g}$ 和液膜阻力 $\frac{1}{Hk_l}$ 之和；p_A^* 为与液相浓度 c_A 平衡的气相分压，Pa。

同理，可以得到以液相浓度差和液相总传质系数表示的总吸收速率方程

$$N_A = \frac{c_A^* - c_A}{\frac{H}{k_g} + \frac{1}{k_l}} = \frac{c_A^* - c_A}{\frac{1}{K_L}} = K_L(c_A^* - c_A) \tag{4-42}$$

式中，K_L 为以液相浓度差表示的液相总传质系数，$m·s^{-1}$；$\frac{1}{K_L}$ 为总传质阻力，等于气膜阻力 $\frac{H}{k_g}$ 和液膜阻力 $\frac{1}{k_l}$ 之和；c_A^* 为与气相分压 p_A 平衡的液相浓度，$mol·m^{-3}$。

由式(4-41)和式(4-42)可知

$$\frac{1}{K_G} = \frac{1}{k_g} + \frac{1}{Hk_l} \tag{4-43}$$

$$\frac{1}{K_L} = \frac{1}{k_l} + \frac{H}{k_g} \tag{4-44}$$

式(4-43)和式(4-44)表明，吸收过程总传质阻力为气膜传质阻力与液膜传质阻力之和。

对于溶解度大的易溶气体，如用水吸收 NH_3、HCl 等，溶解度系数 H 很大，当 k_g 和 k_l 数量级相同或相近时，$\frac{1}{k_g} \gg \frac{1}{Hk_l}$，表明过程传质阻力集中在气膜，吸收速率为气膜阻力控制。此时，$K_G \approx k_g$，在选择设备形式和操作条件时需设法提高 k_g，如采用较高的气体流速以降低气膜厚度和气膜阻力，提高传质速率。

对于难溶气体，如用水吸收 O_2、H_2、CO_2 和 Cl_2 等，溶解度系数 H 很小，当 k_g 和 k_l 数量级相同或相近时，$\frac{1}{k_l} \gg \frac{H}{k_g}$，表明过程传质阻力集中在液膜，吸收速率为液膜阻力控制。此时，$K_L \approx k_l$，实际操作中需设法提高 k_l，如提高液体流速和湍动程度，降低液膜厚度，以减小液膜阻力。

用水吸收 SO_2 等气体时，气膜阻力和液膜阻力各占一定比例且都不能忽略，称为双膜控制。此时，只有同时降低气膜阻力和液膜阻力，传质速率才会明显提高。

总吸收速率方程也可用吸收质的物质的量比表示，由于

$$p_A = py = \frac{pY}{1+Y} \tag{4-45}$$

$$p_A^* = py^* = \frac{pY^*}{1+Y^*} \tag{4-46}$$

则式(4-41)可写为

$$N_A = \frac{K_G p}{(1+Y)(1+Y^*)}(Y-Y^*) = K_Y(Y-Y^*) \tag{4-47}$$

式中，Y^* 为与液相物质的量比 X 平衡的气相物质的量比；K_Y 为以气相物质的量比表示的总传质系数，$mol \cdot m^{-2} \cdot s^{-1}$；$p$ 为气相总压，Pa。同理可得

$$N_A = \frac{K_L c_M}{(1+X)(1+X^*)}(X^*-X) = K_X(X^*-X) \tag{4-48}$$

式中，X^* 为与气相物质的量比 Y 平衡的液相物质的量比；K_X 为以液相物质的量比表示的总传质系数，$mol \cdot m^{-2} \cdot s^{-1}$；$c_M$ 为液相总物质的量浓度，$mol \cdot m^{-3}$。

由于相平衡方程中气、液两相的浓度可以用不同的形式表示，因此吸收速率方程也有多种表达式，使用时应注意不同的推动力须对应不同的传质系数。

思考：总吸收速率方程为什么有不同的表达形式？

4.4 填料吸收塔的计算

在工业生产中，吸收塔大多采用气、液逆流连续定态操作，塔内参数不随时间变化。通常气相中吸收质浓度较低(物质的量分数小于 10%)，因吸收质的溶解热而引起的塔内液相温度变化不显著，可视为等温吸收过程；同时，流经全塔的液体量和气体量变化不大，全塔的气、液流动状态变化也不大，因此在全塔范围内，传质分系数 k_g 和 k_l 可视为常数；在操作条件下，若平衡线斜率变化不大，则总传质系数 K_G 和 K_L 也可视为常数。本节以气、液相逆流连续接触操作的填料塔为例，介绍低浓度气体吸收过程填料塔的设计型计算。计算内容包括：吸收剂用量、吸收液出塔浓度、塔高和塔径等。计算的依据为气液平衡关系、物料衡算方程和吸收速率方程。

4.4.1 物料衡算与操作线方程

1. 全塔物料衡算

如图 4-13 所示，定态操作条件下逆流接触的吸收塔，吸收剂从塔顶加入，自上而下流动，与自塔底送入的从下向上运动的混合气体接触传质，吸收液从塔底排出，吸收尾气从塔顶排出。设 V 和 L 分别为通过吸收塔任一截面的惰性组分气体和吸收剂的物质的量流量，$mol \cdot s^{-1}$；X_1 和 Y_1 分别为吸收塔塔底液相和气相中吸收质与溶剂(或惰性气体)的物质的量比，X_2 和 Y_2 分别为塔顶液相和气相中吸收质与溶剂(或惰性气体)的物质的量比，X 和 Y 为塔内任一截面 mn 上液相和气相中吸收质与溶剂的物质的量比。

定态下，假设溶剂不挥发，惰性气体也不溶于溶剂，在单位时间内对溶质 A 做全塔物料衡算得

$$VY_1 + LX_2 = VY_2 + LX_1$$

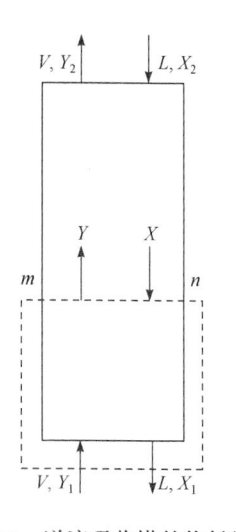

图 4-13 逆流吸收塔的物料衡算

或

$$V(Y_1 - Y_2) = L(X_1 - X_2) \tag{4-49}$$

据此可求得塔底排出的液相浓度 X_1，即

$$X_1 = X_2 + \frac{V(Y_1 - Y_2)}{L} \tag{4-50}$$

一般情况下，进塔气体的流量 V 和组成 Y_1 由生产任务给定，吸收剂的流量 L 及入塔组成 X_2 由工艺条件决定。若已知吸收率 η，则出塔气体浓度 Y_2 可由式(4-51)确定

$$Y_2 = Y_1(1 - \eta) \tag{4-51}$$

式中，η 为溶质的吸收率或回收率，是混合气中溶质 A 被吸收的百分数。

因此，确定了吸收剂用量 L 后，便可求得塔底吸收液浓度 X_1；反之亦然。

2. 操作线方程

如图 4-13 所示，在单位时间内对塔内任一截面 mn 和塔底之间做溶质 A 的物料衡算

$$VY + LX_1 = VY_1 + LX$$

即

$$Y = \frac{L}{V}X + \left(Y_1 - \frac{L}{V}X_1\right) \tag{4-52}$$

式(4-52)反映了吸收过程中塔内任一截面上气相组成 Y 与液相组成 X 之间的关系，称为逆流吸收塔的操作线方程。该吸收操作线在 X-Y 直角坐标图上为一条直线，其斜率 $\frac{L}{V}$ 称为吸收操作的液气比，表示处理单位流量的气体所需要的吸收剂的量。如图 4-14 所示，在直角坐标系中，操作线方程为通过塔顶组成 $A(X_2, Y_2)$ 和塔底组成 $B(X_1, Y_1)$、斜率为 $\frac{L}{V}$ 的直线。线上任一点 $M(X, Y)$ 代表塔内相应截面上的气、液两相组成。点 M 与平衡线之间的垂直距离 MN 代表气相总推动力 $Y-Y^*$，M 与平衡线之间的水平距离 MC 代表液相总推动力 X^*-X，故吸收塔内推动力的变化由操作线与平衡线共同决定。当进行吸收操作时，填料层内任一横截面上气相中吸收质与惰性气体组分的物质的量比 Y(或分压)总是高于与其接触的液相的平衡物质的量比 Y^*(或分压)，因此吸收操作线总是位于平衡线上方。当进行解吸操作时，填料塔内任一横截面上气相中吸收质与惰性气体组分的物质的量比 Y(或分压)总是低于与其接触的液相的平衡物质的量比 Y^*(或分压)，因此解吸操作线必然位于平衡线下方。

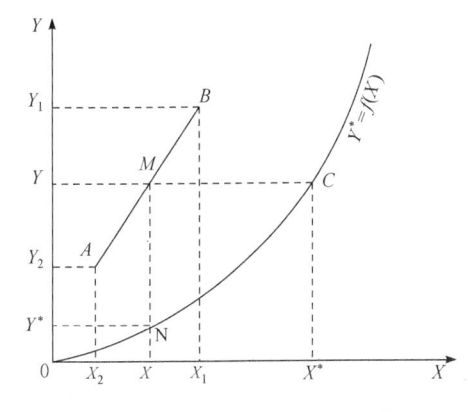

图 4-14 逆流吸收塔的操作线

在吸收操作中，气体处理量 V、气体进出塔组成 Y_1 和 Y_2，以及吸收剂进塔组成 X_2 都是由生产任务和工艺要求规定的。此时，操作线的 A 点(X_2, Y_2) 已定，吸收剂 L 用量越大，吸收液的出塔浓度 X_1 就越小，操作线斜率 $\frac{L}{V}$ 越大，操作线的 B 点(X_1, Y_1) 沿水平线 $Y = Y_1$ 逐渐远离平衡线，吸收推动力增大，操作费用(如吸收剂费用、吸收剂再生费等)增大。反之，吸收剂用

量减少，吸收液的出塔浓度 X_1 增大，操作线斜率 $\dfrac{L}{V}$ 变小，操作线 B 点沿水平线 $Y=Y_1$ 逐渐接近平衡线，吸收推动力减少，操作费用下降。但由于操作线向平衡线靠近，传质推动力减小，吸收速率降低，达到分离要求所需塔高增加，设备费用增加。当吸收剂用量减少到操作线与平衡线相交，如图 4-15(a)所示，塔底的气、液两相达到平衡，塔底推动力$(Y-Y^*)$为零，出塔气体中吸收质达到分离要求 Y_2 所需塔高将为无限高，此时的液气比称为最小液气比，用 $(L/V)_{\min}$ 表示，相应的吸收剂用量称为最小吸收剂用量 $L_{\min}$。

$$\left(\dfrac{L}{V}\right)_{\min} = \dfrac{Y_1 - Y_2}{X_1^* - X_2} \tag{4-53}$$

若平衡线如图 4-15(b)所示，当 $\dfrac{L}{V}$ 降至某一值时，操作线将与平衡线相切，切点处吸收推动力为零，达到分离要求需要无限高的塔，则该切线的斜率即为最小液气比。实际生产中的液气比应大于最小液气比，而且随着 $\dfrac{L}{V}$ 增加，操作费用提高而设备费用降低。因此，吸收过程存在最优 $\dfrac{L}{V}$，在该液气比下操作总费用(操作费用和设备费用之和)最小。根据生产实践经验，通常采用的液气比为最小液气比的 1.1～2.0 倍。

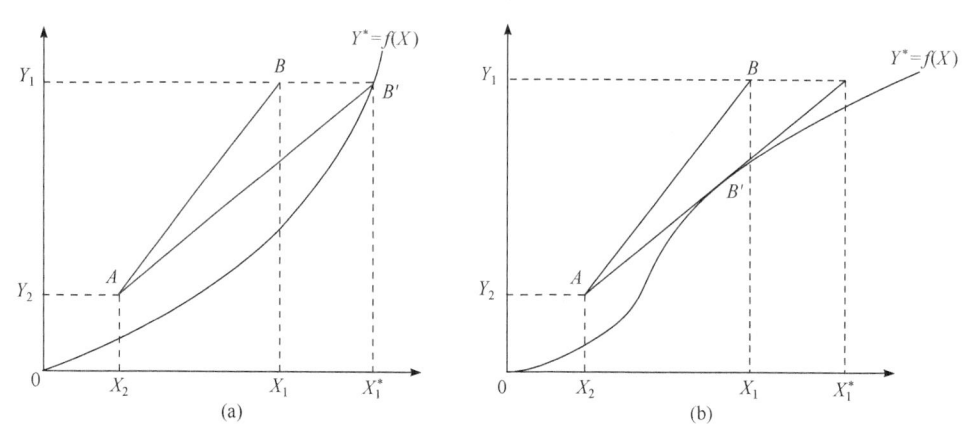

图 4-15 最小液气比的确定

【例 4-3】 某硫铁矿焙烧炉所得炉气组成(物质的量分数)为 SO_2 0.08、O_2 0.09 和 N_2 0.83。在 25℃和常压下用清水逆流吸收，处理气量为 1 $m^3 \cdot s^{-1}$，二氧化硫吸收率 η 为 95%，液气比为最小液气比的 150%，相平衡关系近似为 $Y^* = 18.1X$。试求吸收液浓度和吸收用水量。

解 计算塔底和塔顶两相的组成

$$Y_1 = \dfrac{0.08}{1-0.08} = 0.087$$

$$Y_2 = 0.087 \times (1-0.95) = 0.0043$$

$$X_2 = 0$$

$$X_1^* = \dfrac{Y_1}{18.1} = 0.0048$$

最小液气比

$$\left(\frac{L}{V}\right)_{\min} = \frac{Y_1 - Y_2}{X_1^* - X_2} = 17.23$$

实际液气比 L/V 为最小液气比的 150%

$$\frac{L}{V} = 1.5\left(\frac{L}{V}\right)_{\min} = 25.84 = \frac{Y_1 - Y_2}{X_1 - X_2}$$

解得吸收液浓度

$$X_1 = 0.0032$$

惰性组分气体(O_2 和 N_2)的物质的量流量

$$V = \frac{1 \times 273}{298 \times 22.4 \times 10^{-3}} \times (1 - 0.08) = 0.0376 \; (\text{kmol} \cdot \text{s}^{-1})$$

实际用水量

$$L = 25.84V = 0.972 \; (\text{kmol} \cdot \text{s}^{-1})$$

4.4.2 填料层高度的计算

填料塔的高度主要取决于填料层高度。对于连续操作的填料吸收塔，气、液两相中吸收质浓度沿填料层高度连续变化，每个截面的传质推动力和吸收速率各不相同。因此，应在填料层内任取一微元段，列出微元段的物料衡算方程和吸收速率方程，然后积分导出填料层高度的计算公式。

如图 4-16 所示的填料层内，高度为 dH 的微元段的传质面积为 dA，定态吸收时，由物料衡算可知，气、液两相流过高为 dH 的微元段填料层后，气相中吸收质减少的量 VdY 与液相中吸收质增加的量 LdX 相等，并且等于微元段内被吸收的吸收质的量。由于微元段内气、液两相中吸收质的浓度变化均很小，单位传质面积上的吸收速率 N_A 可视为定值，则

$$VdY = LdX = N_A dA \tag{4-54}$$

将式(4-47)、式(4-48)分别代入式(4-54)，得

$$VdY = K_Y(Y - Y^*)dA \tag{4-55}$$

$$LdX = K_X(X^* - X)dA \tag{4-56}$$

式(4-55)、式(4-56)中 dA 可表示为

$$dA = \alpha S dH \tag{4-57}$$

式中，α 为单位体积填料层的有效传质面积，$\text{m}^2 \cdot \text{m}^{-3}$；$S$ 为塔的横截面积，m^2。将式(4-57)代入式(4-55)得

$$VdY = K_Y(Y - Y^*)\alpha S dH$$

即

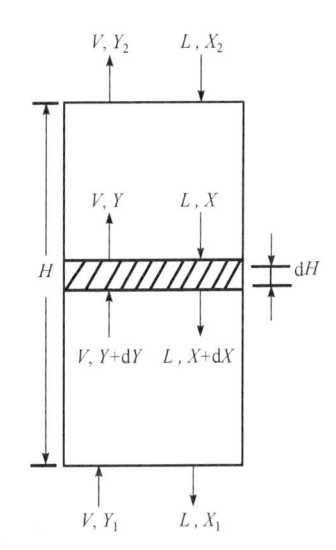

图 4-16 填料层微元段的物料衡算

$$dH = \frac{V}{K_Y \alpha S} \cdot \frac{dY}{Y - Y^*} \tag{4-58}$$

对于低浓度吸收质的定态吸收,全塔内 V、α、S 和 K_Y 可视为常数,对式(4-58)沿塔高积分得

$$H = \frac{V}{K_Y \alpha S} \int_{Y_2}^{Y_1} \frac{\mathrm{d}Y}{Y - Y^*} \tag{4-59}$$

同理可得

$$L \mathrm{d}X = K_X (X^* - X) \alpha S \mathrm{d}H$$

$$H = \frac{L}{K_X \alpha S} \int_{X_2}^{X_1} \frac{\mathrm{d}X}{X^* - X} \tag{4-60}$$

通常 α 小于填料层的比表面积,且与填料的类型、形状、尺寸、表面润湿性能及流体流动状况有关,直接测定比较困难。工程上常将 α 与传质系数的乘积 $K_Y\alpha$ 或 $K_X\alpha$ 看成一个物理量,称为体积传质系数,以避开 α 值的测定。$K_Y\alpha$ 或 $K_X\alpha$ 的单位是 mol·m^{-3}·s^{-1}。

令

$$H_G = \frac{V}{K_Y \alpha S} \tag{4-61}$$

$$H_L = \frac{L}{K_X \alpha S} \tag{4-62}$$

式中,H_G 和 H_L 分别称为气相传质单元高度和液相传质单元高度,单位为 m。

令

$$N_G = \int_{Y_2}^{Y_1} \frac{\mathrm{d}Y}{Y - Y^*} \tag{4-63}$$

$$N_L = \int_{X_2}^{X_1} \frac{\mathrm{d}X}{X^* - X} \tag{4-64}$$

式中,N_G 和 N_L 为无因次量,分别称为气相总传质单元数和液相总传质单元数。据此,吸收塔填料层高度 H 为

$$H = H_G N_G \tag{4-65}$$

或

$$H = H_L N_L \tag{4-66}$$

当吸收塔内两截面间的浓度变化等于该段内的推动力时,该段填料层称为传质单元,其高度为传质单元高度。整个填料层可以看成由若干传质单元构成,传质单元的数目乘以传质单元高度即为填料层高度。

传质单元数 N_G 中的 Y_1、Y_2 为气体进、出塔的浓度,反映了吸收过程的分离要求,$Y - Y^*$ 为传质推动力,所以传质单元数反映了吸收过程的难易程度,与吸收塔的结构、气液流动状况等因素无关。当分离要求提高或推动力减小时,N_G 和塔高将增大。增加吸收剂用量,减小吸收剂入口浓度,可以提高吸收过程的推动力,使 N_G 减小。

传质单元高度 H_G 中,V 代表气体处理量;体积传质系数 $K_Y\alpha$ 反映了传质阻力、填料性能和润湿状况。可见,H_G 与设备结构、气液流动状况等因素有关,反映了吸收设备的效能。通常 $K_Y\alpha$(或 $K_X\alpha$)随流量 V(或 L)增加而增大,而 $\frac{V}{K_Y\alpha}$(或 $\frac{L}{K_X\alpha}$)随流量变化较小,填料的传质单元高度一般为 0.5~1.5 m,具体数值由实验测定。在填料塔设计时,若计算发现传质单

元数较大，则应选用传质单元高度较小的高效填料，以降低填料层高度，进而降低填料塔的高度，节省设备费用。

4.4.3 传质单元数的计算

为了积分求出 N_G 或 N_L，必须找到推动力 $Y - Y^*$ 或 $X^* - X$ 随气、液组成 Y 或 X 的变化规律。在吸收塔内，推动力的变化规律由操作线与平衡线共同决定。根据操作线与平衡线的不同特点，可以采用对数平均推动力法、图解积分法等求取传质单元数。

1. 对数平均推动力法

在低浓度吸收质的逆流吸收中，操作线 AB 为直线，若平衡线也为直线(如图 4-17 所示)，则塔内任一截面上操作线与平衡线的垂直距离 $\Delta Y = Y - Y^*$(或水平距离 $\Delta X = X^* - X$)随 Y(或 X)呈线性变化，可用塔底和塔顶的差值表示，即

$$\frac{d(\Delta Y)}{dY} = \frac{\Delta Y_1 - \Delta Y_2}{Y_1 - Y_2} \tag{4-67}$$

则

$$dY = \frac{Y_1 - Y_2}{\Delta Y_1 - \Delta Y_2} d(\Delta Y) \tag{4-68}$$

式中，$\Delta Y_1 = Y_1 - Y_1^*$，为塔底的气相推动力；$\Delta Y_2 = Y_2 - Y_2^*$，为塔顶的气相推动力。将式(4-68)代入式(4-63)得

$$N_G = \int_{Y_2}^{Y_1} \frac{dY}{Y - Y^*} = \int_{\Delta Y_2}^{\Delta Y_1} \frac{Y_1 - Y_2}{\Delta Y_1 - \Delta Y_2} \frac{d(\Delta Y)}{\Delta Y}$$

$$= \frac{Y_1 - Y_2}{\Delta Y_1 - \Delta Y_2} \int_{\Delta Y_2}^{\Delta Y_1} \frac{d(\Delta Y)}{\Delta Y} = \frac{Y_1 - Y_2}{\Delta Y_1 - \Delta Y_2} \ln \frac{\Delta Y_1}{\Delta Y_2}$$

令

$$\Delta Y_m = \frac{\Delta Y_1 - \Delta Y_2}{\ln \dfrac{\Delta Y_1}{\Delta Y_2}} \tag{4-69}$$

则

$$N_G = \frac{Y_1 - Y_2}{\Delta Y_m} \tag{4-70}$$

式中，ΔY_m 为吸收过程的气相平均推动力，等于吸收塔两端气相推动力的对数平均值。

同理可得

$$N_L = \int_{X_2}^{X_1} \frac{dX}{X^* - X} = \frac{X_1 - X_2}{\Delta X_m} \tag{4-71}$$

其中

$$\Delta X_m = \frac{\Delta X_1 - \Delta X_2}{\ln \dfrac{\Delta X_1}{\Delta X_2}} \tag{4-72}$$

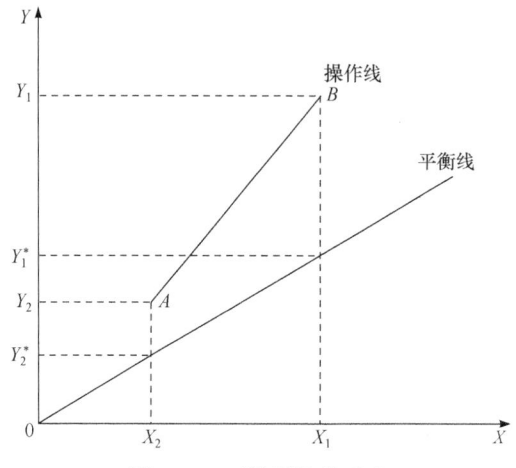

图 4-17 对数平均推动力

式中，$\Delta X_1 = X_1^* - X_1$，为塔底的液相推动力；$\Delta X_2 = X_2^* - X_2$，为塔顶的液相推动力；ΔX_m 为过程的液相平均推动力，等于吸收塔两端液相推动力的对数平均值。

当 $\dfrac{\Delta Y_1}{\Delta Y_2} \leqslant 2$ 或 $\dfrac{\Delta X_1}{\Delta X_2} \leqslant 2$ 时，可用吸收塔两端推动力的算数平均值代替对数平均值进行计算，即

$$\Delta Y_m = \frac{\Delta Y_1 + \Delta Y_2}{2}$$

$$\Delta X_m = \frac{\Delta X_1 + \Delta X_2}{2}$$

2. 图解积分法

根据式(4-63)和定积分的几何意义，可以采用图解法求传质单元数。该方法适用于各种气液平衡关系，尤其是如图 4-18(a)所示的平衡线为曲线时。图解积分法的步骤为：根据操作条件在 X-Y 图上作出平衡线和操作线；在 $Y_2 \sim Y_1$ 范围内任选若干 Y 值，求出相应的 $Y - Y^*$ 值，并计算出 $\dfrac{1}{Y - Y^*}$ 值；以 Y 为横坐标、$\dfrac{1}{Y - Y^*}$ 为纵坐标，标绘 Y 和相应的 $\dfrac{1}{Y - Y^*}$ 值并连成平滑曲线，在 $Y_2 \sim Y_1$ 之间的曲线下面的面积即为所求传质单元数，如图 4-18(b)阴影部分所示。

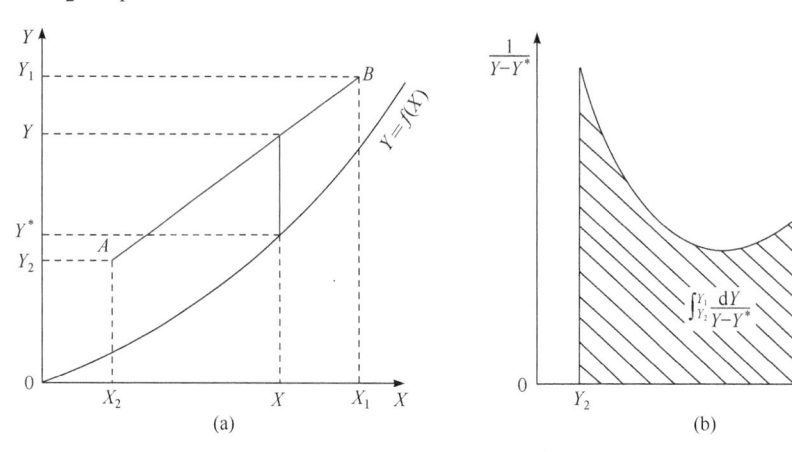

图 4-18 图解积分法

思考：传质单元高度和传质单元数的物理意义分别是什么？

【例 4-4】 空气和氨的混合气体，在直径为 0.8 m 的填料塔中用清水吸收其中的氨。已知送入的空气量为 1390 kg·h⁻¹，混合气体中氨的分压为 1.33 kPa，经过吸收后混合气体中有 99.5%的氨被吸收。操作温度为 20℃，压强为 101.325 kPa。在操作条件下，平衡关系为 $Y^* = 0.75X$。若吸收剂(水)用量为 52 kmol·h⁻¹。已知氨的气相体积吸收总系数 $K_Y\alpha = 314$ kmol·m⁻³·h⁻¹。试求所需填料层高度。

解 用对数平均推动力法求填料层高度。依题意

$$y_1 = \frac{1.33}{101.325} = 0.0131$$

物质的量比组成

$$Y_1 = \frac{y_1}{1-y_1} = \frac{0.0131}{1-0.0131} = 0.0133$$

$$Y_2 = 0.0133 \times (1-0.995) = 6.7 \times 10^{-5}$$

$$X_2 = 0$$

$$V = \frac{1390}{29} = 47.93 \text{ (kmol·h}^{-1}\text{)}$$

$$X_1 = \frac{V(Y_1-Y_2)}{L} = \frac{47.93 \times (0.0133 - 6.7 \times 10^{-5})}{52} = 0.0122$$

$$Y_1^* = mX_1 = 0.75 \times 0.0122 = 0.0092$$

$$Y_2^* = mX_2 = 0$$

$$\Delta Y_1 = Y_1 - Y_1^* = 0.0133 - 0.0092 = 0.0041$$

$$\Delta Y_2 = Y_2 - Y_2^* = 6.7 \times 10^{-5}$$

$$\Delta Y_m = \frac{\Delta Y_1 - \Delta Y_2}{\ln\left(\frac{\Delta Y_1}{\Delta Y_2}\right)} = \frac{0.0041 - 6.7 \times 10^{-5}}{\ln\frac{0.0041}{6.7 \times 10^{-5}}} = 0.000\,98$$

$$N_G = \frac{Y_1 - Y_2}{\Delta Y_m} = \frac{0.0133 - 6.7 \times 10^{-5}}{0.000\,98} = 13.5$$

$$H_G = \frac{V}{K_Y\alpha S} = \frac{47.93}{314 \times 0.785 \times 0.8^2} = 0.304 \text{ (m)}$$

$$H = H_G N_G = 0.304 \times 13.5 = 4.10 \text{ (m)}$$

4.5 填料塔

4.5.1 填料塔的结构

填料塔是连续式气、液两相接触的传质设备。图 4-19 为填料塔的结构示意图。

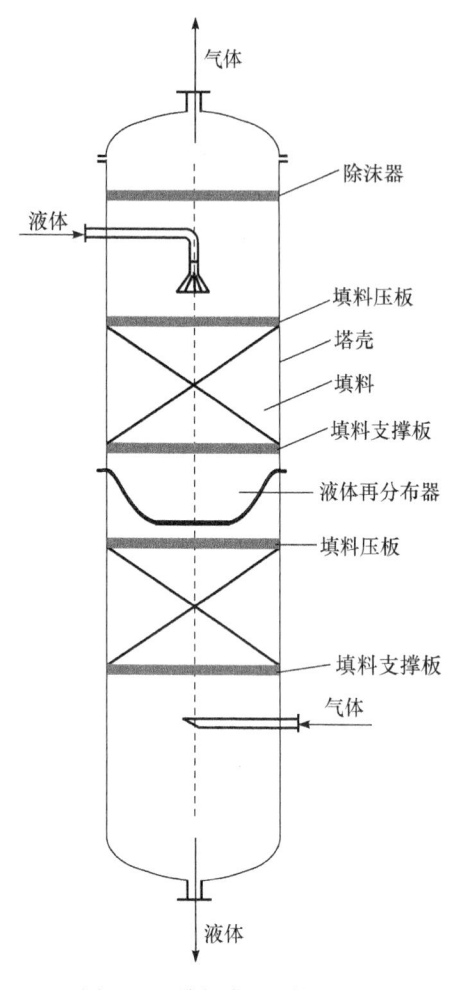

图4-19 填料塔的结构示意图

填料塔主要由塔体、填料、填料支撑板、液体再分布器以及气、液进出管组成。填料塔底部装有填料支撑板，用以支撑塔内填料。支撑板的自由截面积应大于填料层的自由截面积，以便气、液两相顺利通过。填料的上方安装填料压板，以防止填料被上升气流吹动。液体从塔顶流经液体分布器喷淋到填料上，并沿填料表面流下。液体分布器对填料塔的性能影响很大，如果液体预分布不均，将造成填料层偏流和沟流现象增加，使得填料的有效传质面积减少。常用的液体分布器有莲蓬头式、多孔环管式、槽式等。莲蓬头式分布器适用于小型填料塔。多孔环管式分布器对安装水平度要求不高，对气体的阻力较小，但管壁上的小孔容易堵塞。槽式分布器不易堵塞，对气体的阻力小，多用于直径较大的填料塔。液体分布器上方安装除沫器，用来去除填料层顶部逸出气体中的液滴。常见的除沫器有折板式、丝网式和旋流板式等。当塔内气速不大时，可不设除沫器。

气体从塔底进入，经气体分布装置后通过填料层的空隙。在填料表面上，气、液两相进行逆流接触和传质，两相组成沿塔高连续变化。在正常操作下，气相为连续相，液相为分散相。

液体沿填料层向下流动时，有逐渐向塔壁集中的趋势，使塔壁附近液流量逐渐增大，称为壁流效应。这主要是因为液体接触塔壁后，其流动不再具有随机性，而是沿壁流下。壁流效应造成气、液两相在填料层中分布不均，传质效率下降。因此，当填料层较高时常需要分段，段间设置液体再分布器。常用的液体再分布器为截锥形，如考虑分段卸出填料，在分布器之上可另设支撑板。

填料塔持液量小，压降小；但当液体负荷较小时，填料表面不能有效润湿，传质效率降低。填料塔不适合含有悬浮物或容易聚合的物料体系。

4.5.2 填料的特性和种类

填料塔内单位体积填料层具有的表面积称为比表面积，$m^2 \cdot m^{-3}$。在实际操作中，有些填料表面不能被润湿；有的填料表面虽被润湿，但液体流动不畅甚至停滞，导致停滞液体与气体之间趋于平衡，不能构成有效传质区。因此，应区分比表面积与有效的传质比表面积。塔内单位体积填料层具有的空隙体积称为空隙率 ε，$m^3 \cdot m^{-3}$。ε 值大时，气体通过填料层的阻力小，塔中的压降小。填料尺寸很重要，一般要求塔径 D 与填料尺寸 d 之比大于8，以 8~15 为宜，以使气、液分布均匀；若 $\dfrac{D}{d} < 8$，则靠近塔壁处的填料层空隙率比填料层中心区明显偏

高，造成气、液分布不均；若$\frac{D}{d}$值过大，则气流阻力增大，传质速率降低。

填料分为实体填料和网体填料两大类。实体填料主要有环形填料(如拉西环、鲍尔环、阶梯环)、鞍形填料(如弧鞍、矩鞍)等。

拉西环由德国人 Raschig 于 1907 年发明，是高度与外径之比为 1 的短管，如图 4-20(a)所示。拉西环易于制造，强度较好。拉西环在塔内直立时，内、外表面都可进行气、液传质，且气流阻力小，但当其横卧或倾斜时，填料的部分内表面不能成为气、液有效传质区，且气流阻力增大。在拉西环基础上还衍生出 θ 环、十字环等，以增大填料的比表面积。

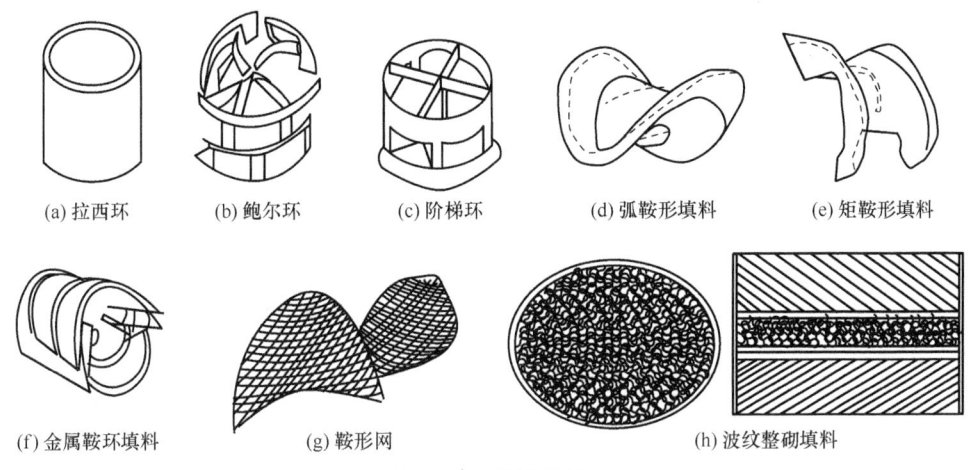

(a) 拉西环　　(b) 鲍尔环　　(c) 阶梯环　　(d) 弧鞍形填料　　(e) 矩鞍形填料

(f) 金属鞍环填料　　(g) 鞍形网　　(h) 波纹整砌填料

图 4-20　常用填料

鲍尔环是在拉西环的壁上开两层矩形孔，只切开三条边，留下一边仍与填料壁相连，并将切开的部分向内弯向环的中心，且诸叶片的侧边在环中心相搭，如图 4-20(b)所示。鲍尔环的优点是无论填料处于何种取向，流体均可通过填料，填料内、外壁面均为有效传质区；缺点是鲍尔环容易形成线接触，造成沟流等不利于传质的现象。

阶梯环如图 4-20(c)所示，其结构与鲍尔环相近，但高度通常只有直径的一半，环的一端做成喇叭口状，以增加填料间的点接触。与鲍尔环相比，阶梯环的生产能力可提高 10%，气体阻力可降低 25%左右。

弧鞍形填料又称伯尔鞍填料，如图 4-20(d)所示。与拉西环相比，弧鞍形填料表面利用率高，气体流动阻力小。但由于弧鞍形填料的两面是对称的，相邻填料有重叠倾向，填料层的均匀性较差，容易产生沟流。矩鞍形填料如图 4-20(e)所示，是在弧鞍形填料的基础上发展起来的，填料结构不对称，堆积时不会重叠，填料层的均匀性提高，气体流动阻力小，处理能力大，制造也方便。

金属鞍环填料如图 4-20(f)所示，它综合了环形填料和鞍形填料的结构特点，压降小，液体分布性能好，传质速率高，操作弹性大，在减压蒸馏中优势更为显著。

网体填料由金属网或多孔金属片为基本材料制成，如压延环、θ 网环、鞍形网[图 4-20(g)]等。网体填料尺寸小，比表面积和空隙率大，填料表面润湿性能好，因此气体阻力小，传质效率高，但价格也较高，多用于实验室中难分离物系的分离。

波纹整砌填料如图 4-20(h)所示，它由若干波纹板组合而成，波纹形成的通道与水平方向成 45°，相邻的两个波纹板通道互相垂直，如此叠合组成圆盘，圆盘直径略小于塔内径，高度通常为 40~60 mm，上下两个圆盘的波纹板排列方向成 90°。波纹整砌填料排列规整，气流阻力小，允许操作气速较大，使塔的传质性能和生产能力得到大幅度提升。

4.5.3 填料塔的流体力学性能

填料塔的流体力学性能主要包括填料层的持液量、填料层压降、液泛等。填料层的持液量是指在一定操作条件下，单位体积填料层内所积存的液体体积，一般以 m³(液体)·m⁻³(填料)表示。持液量过大时，填料层的空隙和气相流通截面减小，压降增大，处理能力下降。

当气体以一定流量流过填料层时，按塔横截面积计算的气速称为空塔气速，简称空速。填料层压降 Δp 与液体喷淋量和空塔气速有关。图 4-21 为双对数坐标下填料层压降 Δp 与空塔气速 u 的关系。直线 L_0 表示无液体喷淋时干填料的 u-Δp 关系，称为干填料压降线。曲线 L_1、L_2 和 L_3 为不同液体喷淋量时填料层的 Δp 与 u 的关系。当气速一定时，液体喷淋量越大，压降越大；在一定的液体喷淋量下，气速越大，压降越大。填料层压降随空塔气速的变化可分为三个区域。

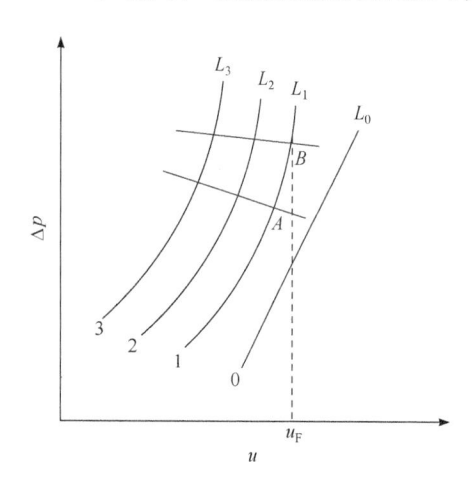

图 4-21 填料层压降与空塔气速的关系

(1) 以图 4-21 中曲线 L_1 为例，当气速低于 A 点时，气体流动对液膜的曳力很小，液体流动不受气流的影响，填料表面上的液膜厚度基本不变，因此填料层的持液量不变，u-Δp 为一条直线，且基本上与干填料压降线平行，该区域称为恒持液量区。

(2) 当气速超过 A 点时，气体对液膜的曳力增大，液体流动受到阻滞，液膜增厚，填料层的持液量随气速的增加而增大，该现象称为拦液。开始发生拦液时的空塔气速称为载点气速，A 点称为载点。

(3) 当气速继续增大至图中 B 点时，液体不能顺利流下，填料层内几乎充满液体，气速增加很少便会引起压降剧增，该现象称为液泛。开始发生液泛时的气速称为泛点气速，以 u_F 表示，B 点称为泛点。从载点到泛点之间的区域称为载液区。空塔气速介于载点气速和泛点气速之间时，气体和液体湍动剧烈，气、液接触较好，传质效率较高。泛点以上的区域称为液泛区，在泛点气速下，液相由分散相变为连续相，气相则由连续相变为分散相，气体以气泡形式通过液层，液体被大量带出塔顶，塔的操作极不稳定，甚至会被破坏。

影响液泛的因素很多，如填料特性、流体物性及操作液气比等。埃克特(Eckert)在舍伍德(Sherwood)工作的基础上提出了泛点和压降的通用经验关联图，如图 4-22 所示。

图 4-22 中最上面的三条曲线分别为弦栅填料、整砌拉西环和乱堆填料的泛点线，其余为乱堆填料的等压降线。图 4-22 中，u 为空塔气速，m·s⁻¹；φ 为填料因子，m⁻¹，在液泛条件下测得，也可从表 4-3 的填料特性中查出；ρ_V/ρ_L 为气体和液体的密度之比；W_L/W_V 为液体和气体的质量流量之比；ψ 为水和液体的密度之比；μ_L 为液体黏度；$\Delta p/z$ 为每米填料层高度的压降。与泛点线对应的空塔气速为液泛气速，从图中可以看出，液体与气体质量流量之比增加，液泛气速减小；液体黏度增加，液泛气速减小；填料因子越小，越不易发生液泛。利用该图

可以根据选定的空塔气速求压降，或者根据规定的压降求相应的空塔气速。

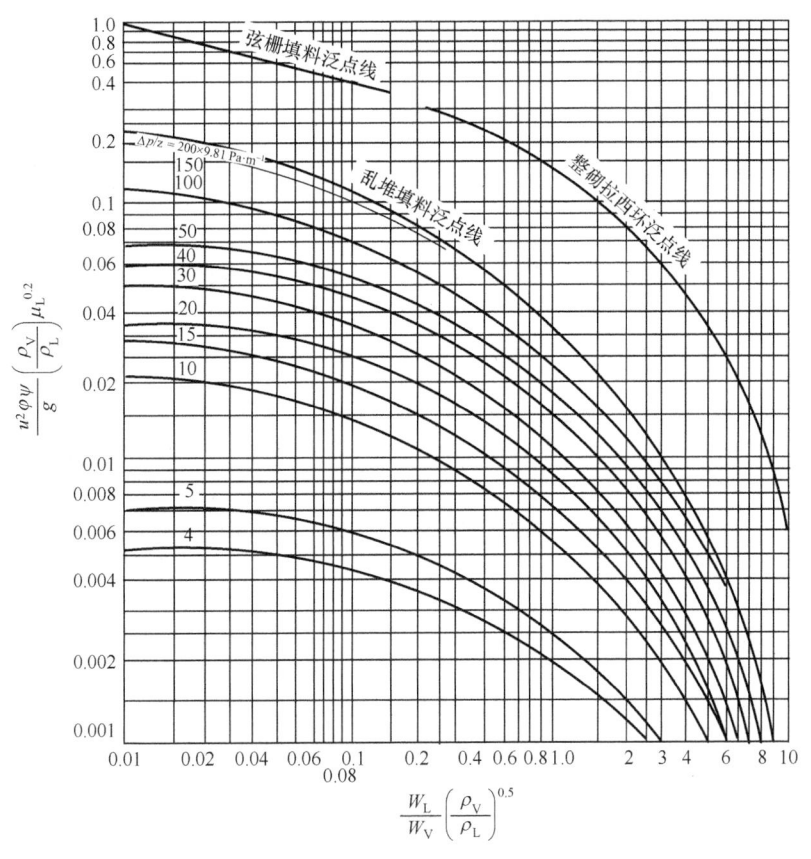

图 4-22　填料塔泛点和压降的通用经验关联图

表 4-3　乱堆瓷质拉西环的特性

外径/mm	高×厚 /(mm×mm)	比表面积 σ/(m²·m⁻³)	空隙率 ε /(m³·m⁻³)	堆积个数 /(个·m⁻³)	堆积密度 /(kg·m⁻³)	干填料因子 /m⁻¹	填料因子 φ/m⁻¹
6.4	6.4×0.8	789	0.73	3 110 000	737	2 030	3 200
8	8×1.5	570	0.64	1 465 000	600	2 170	2 500
10	10×1.5	440	0.70	720 000	700	1 280	1 500
15	15×2	330	0.70	250 000	690	960	1 020
16	16×2	305	0.73	192 500	730	784	900
25	25×2.5	190	0.78	49 000	505	400	450
40	40×4.5	126	0.75	12 700	577	305	350
50	50×4.5	93	0.81	6 000	457	177	205

填料塔中气、液传质主要在填料表面流动的液膜上进行。填料表面的润湿状况取决于液

体喷淋密度和填料表面的润湿性能。液体喷淋密度是指填料塔单位截面积上单位时间喷淋液体的体积,单位为 $m^3 \cdot m^{-2} \cdot h^{-1}$。为保证填料层的充分润湿,液体喷淋密度必须大于某一极限值,该值称为最小喷淋密度。

思考:什么是填料塔的液泛?如何避免液泛?

习 题

1. 在常压 1 atm、25℃下,溶质组成为 0.05(物质的量分数)的 CO_2-空气混合物分别与以下几种溶液接触,试判断传质过程的方向,并计算两相传质推动力的大小。已知在常压及 25℃下 CO_2 在水中的亨利系数为 1640 atm。

(1) 浓度为 $1.1×10^{-3}$ $kmol \cdot m^{-3}$ 的 CO_2 水溶液。
(2) 浓度为 $1.69×10^{-3}$ $kmol \cdot m^{-3}$ 的 CO_2 水溶液。
(3) 浓度为 $3.1×10^{-3}$ $kmol \cdot m^{-3}$ 的 CO_2 水溶液。   (吸收过程;气液相平衡;解吸过程)

2. 某逆流吸收塔塔底排出液中含溶质 $2×10^{-4}$(物质的量分数),进塔气体中含溶质 2.5%(体积分数),操作压力为 1 atm,此时气液平衡关系为 $y^*=50x$。现将操作压力由 1 atm 增至 2 atm,则塔底气相推动力 $y-y^*$ 和液相推动力 x^*-x 各增加为原来的多少倍?   ($y-y^*$增加 1.33 倍;x^*-x 增加 2.67 倍)

3. 用纯水吸收空气中的 SO_2,混合气中 SO_2 的初始组成为 5%(体积分数),液气比为 3,在操作条件下,相平衡关系为 $Y^*=5X$,通过计算说明逆流和并流吸收操作出塔气体的极限浓度哪个低。
   (逆流时 $Y_2 = 0.0211$,并流时 $Y_2 = 0.0329$,逆流时出塔气体的极限浓度低)

4. 在逆流操作的填料吸收塔中,用清水吸收某低浓气体混合物中的可溶组分。操作条件下,该系统的平衡线与操作线为互相平行的两条直线。已知气体混合物的物质的量流速为 90 $kmol \cdot m^{-2} \cdot h^{-1}$,要求吸收率达到 90%,气相体积总传质系数 $K_Y\alpha$ 为 0.02 $kmol \cdot m^{-3} \cdot s^{-1}$,求填料层高度。   (11.25 m)

5. 在一塔径为 1 m 的常压逆流填料塔中,用清水吸收含溶质 5%(体积分数)混合气中的溶质,已知混合气的处理量为 125 $kmol \cdot h^{-1}$,操作条件下的平衡关系为 $y^*=1.2x$,气相体积传质总系数为 180 $kmol \cdot m^{-3} \cdot h^{-1}$,吸收剂用量为最小用量的 1.5 倍,要求吸收率达到 95%。

(1) 试求吸收剂出塔浓度。
(2) 计算完成上述任务所需的填料层的高度。
(3) 若在以上填料层基础上加高 2 m,其他条件不变,则吸收率可达到多少?   (0.0278;5.64 m;97.6%)

6. 直径为 800 mm 的填料塔内装 6 m 高的填料,每小时处理 2000 m^3(25℃,1 atm)的混合气,混合气含丙酮 5%,塔顶出口气体中含丙酮 0.263%(均为物质的量分数)。以清水为吸收剂,每千克塔底出口溶液中含丙酮 61.2 g。在操作条件下的平衡关系为 $Y^*=2.0X$,试根据以上测得的数据计算气相体积总传质系数 $K_Y\alpha$。
    (206 $kmol \cdot m^{-3} \cdot h^{-1}$)

7. 混合气中含 10%(物质的量分数,下同)CO_2,其余为空气,在 20℃及 20 atm 下用清水吸收,使 CO_2 的浓度降到 0.5%。已知混合气的处理量为 2240 $m^3 \cdot h^{-1}$(标准状况),溶液出口浓度为 0.0006,亨利系数 E 为 200 MPa,液相体积总传质系数 $K_L\alpha$ 为 50 $kmol \cdot m^{-3} \cdot h^{-1}$,塔径为 1.5 m。试求每小时的用水量($kg \cdot h^{-1}$)及填料层的高度。   (286 $t \cdot h^{-1}$;9.66 m)

8. 有一常压逆流吸收塔,塔截面积为 0.5 m^2,填料层高为 3 m。用清水吸收混合气体中的丙酮,丙酮含量为 5%(体积分数),混合气流量为 1120 $m^3 \cdot h^{-1}$(标准状况),要求吸收率达到 90%。已知操作液气比为 3,操作条件下的平衡关系为 $y^*=2x$。

(1) 试求出塔液体中丙酮的质量分数。
(2) 计算气体体积总传质系数 $K_Y\alpha$($kmol \cdot m^{-3} \cdot s^{-1}$)。
(3) 若将吸收率提高到 98%,拟采用增加填料层高度的方法,则此时填料层高度应为多少?
    (0.0469;0.0386 $kmol \cdot m^{-3} \cdot s^{-1}$;6.17 m)

9. 在逆流操作的填料塔中,用清水吸收氨-空气混合物中的氨。已知混合气处理量为 2000 $m^3 \cdot h^{-1}$(标准状况)，其中含氨体积分数为 5%，气体空塔气速为 1 m·s^{-1}(标准状况)，氨的吸收率为 98%。吸收剂用量为最小用量的 1.5 倍。操作条件下的相平衡关系为 $y^* = 1.2x$。气相体积传质总系数 $K_Y\alpha = 180$ kmol·m^{-3}·h^{-1}，且 $K_Y\alpha \propto V^{0.7}$。

(1) 试求用水量(kg·h^{-1})。
(2) 计算完成上述任务所需填料层高度(m)。
(3) 若混合气体处理量增加 25%，则此时氨的吸收率为多少？ (2835 kg·h^{-1}; 7.876 m; 94.2%)

第5章 精　　馏

本章重点：

(1) 两组分连续精馏过程的计算和优化。
(2) 气液平衡关系的应用。

本章难点：

(1) 进料热状况的影响。
(2) 理论板层数的计算。

5.1 概　　述

在化工、石油、轻工等工业生产过程中，人们常要将原料、中间产物或粗产品中的各组分进行分离。互溶液体混合物的分离提纯是许多工艺涉及的问题，如石油炼制品的炼制、有机合成产品的提纯、溶剂回收和废液排放前的达标处理等。

在工业生产中，分离均相液体混合物的方法有多种，最常用的是蒸馏或精馏。常用的蒸馏或精馏方法有简单蒸馏、平衡蒸馏、精馏和特殊精馏等。其中，简单蒸馏适用于较易分离的液体混合物或对分离要求不高的场合；若液体混合物较难分离或分离要求较高，则应采用精馏方法；用普通精馏方法还无法分离或难以分离的混合物可以采用特殊精馏。按照操作方式的不同，精馏可分为间歇精馏和连续精馏。间歇精馏又称分批精馏，适用于多品种和小规模的生产；连续精馏主要用于大规模连续生产中。按照混合物组分的数目，有双组分精馏和多组分精馏；按照操作压强，有常压精馏、减压精馏和加压精馏；按照混合液中物系的特性，还有共沸精馏、萃取精馏、溶盐精馏和反应精馏等。

尽管现在已经发展了柱色谱层析法、吸附分离法、结晶法、萃取法及膜分离法等分离手段，但精馏分离由于具有处理量大、操作费用低等许多技术和经济上的优势，在现代工业分离过程中仍然占有非常重要的地位。本章主要讨论常压双组分连续精馏，然后以双组分溶液的精馏原理和计算方法为基础，推广到多组分精馏的计算。

在分析和解决精馏操作中所涉及的问题时，常以溶液的气液相平衡为基础。

5.2 相律与气液相平衡

蒸馏过程是气、液两相间进行传热、传质的过程，过程的极限状态是气、液两相达到平衡。物系组分间挥发性的差异是蒸馏和精馏的依据，常用气液相平衡关系来表达。物系的相平衡关系是蒸馏过程的热力学基础，是精馏过程分析和计算的重要依据。气液相平衡关系最直观清晰的表达方式是气液平衡相图。本节介绍恒压下不同组成的混合液加热汽化达到气、液两相平衡时的平衡温度与液相组成、气相组成之间的关系及相平衡表示方法。

5.2.1 相律

气液相平衡体系中的自由度数 f、相数 ϕ 及独立组分数 C 遵循相律所示的基本关系，即

$$f = C - \phi + 2 \tag{5-1}$$

对于双组分的气液相平衡体系，$\phi=2$，$C=2$，则 $f=2$。在气液平衡体系中，可变化的参数有4个：压强 p、温度 t、一组分在液相中的组成 x 和气相中的组成 y(另一组分的组成由归一方程求得)，任意规定其中两个变量，此平衡体系的状态即被唯一确定了。若再固定另一个变量(如压强 p)，该物系只有一个变量，其他变量都是其函数。例如，在一定压强下，指定液相溶液组成 x，其泡点温度 t 和气相组成 y 均可被确定。因此，两组分的气液平衡常用一定压强下的 t-x-y 及 x-y 函数关系或相图来表示。

5.2.2 两组分理想体系的气液相平衡

1. 溶液的蒸气压及拉乌尔定律

在密闭容器内，一定温度下，纯组分液体的气、液两相达到平衡状态时，称为饱和状态。其蒸气称为饱和蒸气，其压强就是饱和蒸气压，简称蒸气压。

一般来说，某一纯组分液体的饱和蒸气压只是温度的函数，随着温度升高而增大。在相同温度下，不同液体的饱和蒸气压不同。液体的挥发能力越大，其饱和蒸气压越大。因此，液体的饱和蒸气压是表示液体挥发能力的一个指标。

当溶液是由两个完全互溶的挥发性组分所组成的理想溶液时，在一定温度下气、液两相达到平衡时，溶剂 A 在气相中的蒸气分压 p_A 与其在液相中的组成 x_A(物质的量分数)服从拉乌尔定律(Raoult law)。该定律指出：在一定的温度下，理想溶液上方气相中任意组分的分压等于纯组分在该温度下的饱和蒸气压与它在溶液中的物质的量分数的乘积。对于二元组分，拉乌尔定律的数学表达式为

$$p_A = p_A^* x_A \tag{5-2}$$

$$p_B = p_B^* x_B = p_B^* (1 - x_A) \tag{5-3}$$

式中，p_A、p_B 分别为溶液上方组分 A、B 的平衡分压，即 A、B 的蒸气压，Pa；p_A^*、p_B^* 分别为同温度下纯组分 A、B 的饱和蒸气压，Pa；x_A、x_B 分别为组分 A、B 在液相中的物质的量分数。

当各组分的分压之和等于外压时，就达到混合液体的沸腾条件，即

$$p_总 = p_A + p_B \tag{5-4}$$

或

$$p_总 = p_A^* x_A + p_B^* (1 - x_A) \tag{5-5}$$

整理式(5-5)，得

$$x_A = \frac{p_总 - p_B^*}{p_A^* - p_B^*} \tag{5-6}$$

式(5-6)称为泡点方程(bubble-point equation)，表示一定总压下气液平衡时液相组成与溶液泡点之间的关系。若已知溶液的泡点，则可知两组分的饱和蒸气压 p_A^*、p_B^*，即可由式(5-6)计算液相组成；反之，已知溶液组成，也可通过试差法算出溶液泡点。

对理想物系，气体应服从道尔顿(Dalton)分压定律，则组分 A 在气相中的分压为

$$p_A = p_{总} y_A \tag{5-7}$$

或

$$y_A = \frac{p_A}{p_{总}} = \frac{p_A^*}{p_{总}} x_A = \frac{p_A^*}{p_{总}} \cdot \frac{p_{总} - p_B^*}{p_A^* - p_B^*} \tag{5-8}$$

式(5-8)称为露点方程(dew-point equation)，表示气、液两相平衡时气相组成与平衡温度之间的关系。

为了简便起见，常略去表示相组成的下标，习惯上以 x 和 y 分别表示易挥发组分在液相和气相中的物质的量分数，以 $1-x$ 和 $1-y$ 分别表示难挥发组分在液相和气相中的物质的量分数。

小资料 道尔顿

2. 理想溶液气液相平衡

研究精馏过程必须掌握气液相平衡关系。气液相平衡关系是在一定温度和压强的条件下气、液两相达到平衡状态时，其组成在气、液两相间的分配关系。因为精馏过程是气、液两相间的传质过程，常用组分在两相中偏离平衡的程度来衡量传质推动力的大小，故气液相平衡关系是阐明精馏原理和进行精馏计算的理论依据。

表达气液相平衡关系最直观清晰的方式是气液平衡相图，在两组分精馏时，用气液平衡相图进行计算比较方便。

两组分溶液的气液平衡相图既可用恒温下表示压强与组成的 p-x-y 图表示，也可用恒压下表示沸点与组成的 t-x-y 图表示，还可用平衡时表示气相组成和液相组成的 x-y 图表示。以上相图中，最常用的是恒压下的 t-x-y 相图和 x-y 相图。

图 5-1 是在一定压强下两组分相平衡时温度-组成的 t-x-y 关系图。图中纵坐标为温度，横坐标为气相浓度 y 或液相浓度 x。上方曲线 a 为 t-y 线，表示平衡温度与气相浓度 y 之间的关系，称为饱和蒸气线或露点线；下方曲线 b 为 t-x 线，表示平衡温度与液相浓度 x 之间的关系，称为饱和液体线或泡点线。曲线 a 和曲线 b 将 t-x-y 图分成三个区域，饱和液体线下方区域称为液相区，表示未沸腾的液体；饱和蒸气线上方区域称为过热蒸气区，表示过热蒸气；两曲线之间的区域称为气、液共存区或两相区，在此区域内气、液两相共存。

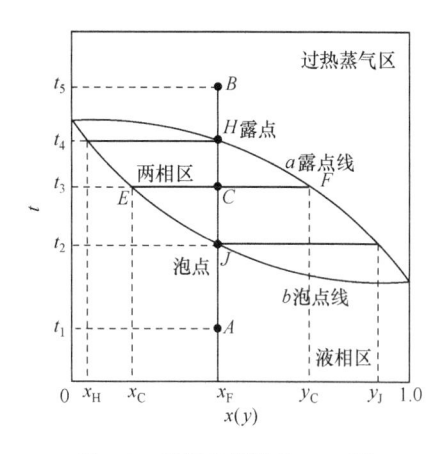

图 5-1 两组分溶液的 t-x-y 图

由图 5-1 可以看出，将温度为 t_1、浓度为 x_F(A 点)的混合液加热升温到泡点 $J(x_F, t_2)$ 时，液体沸腾并产生第一个气泡，其气相组成为 y_J；继续加热至 C 点时，物系变为互成平衡的气、液两相，两相温度相同，气相和液相浓度分别为 F 点和 E 点对应的浓度 y_C 和 x_C。显然，气相浓度大于液相浓度。继续加热

升温至露点 t_4(H 点)时，溶液全部汽化成气相，组成为 $y_H=x_F$，最后一滴液相的组成为 x_H，再继续加热，则气相成为过热蒸气(B 点)。t-x-y 图清晰地表示了混合物中组分浓度随温度的变化。若将过热蒸气冷却，其过程与升温时相反，气相将逐渐冷凝成液相。

图 5-2 为总压一定时两组分混合液的气液平衡相图，即 x-y 图，是以 y 为纵坐标、x 为横坐标作图。图中曲线表示气相浓度 y 和与之平衡的液相浓度 x 之间的关系，称为相平衡曲线。曲线上任意一点都表示气相浓度 y 与液相浓度 x 互成平衡。图中的对角线 $y=x$ 是用图解法进行精馏计算时的参考线。对于理想物系，当两相达到平衡时，气相组成 y 总是大于液相组成 x，所以平衡曲线总是位于对角线上方，且距离对角线越远，说明该溶液越易分离。

气液平衡相图 x-y 图可依据 t-x-y 图作出。许多常见的两组分溶液的气液平衡数据 y-x 都是在常压下由实验测定的，需要时可从化工手册中查取。x-y 平衡曲线虽然是在恒压下测定的，但实验表明，总压对平衡曲线的影响不大；而 t-x-y 图却随压强的变化而变化较大，这也是在精馏计算中用 x-y 图比用 t-x-y 图方便的原因。

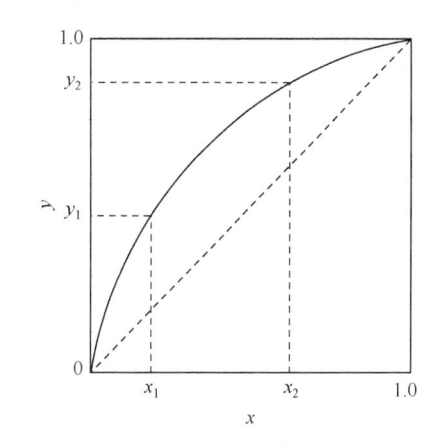

图 5-2 两组分溶液的 x-y 图

3. 挥发度与相对挥发度

气液平衡关系除用相图表示外，还可用相对挥发度表示。组分的挥发度是组分挥发性大小的标志。纯液体的挥发度是指该液体在一定温度下的饱和蒸气压。由于溶液中各组分之间相互影响，各组分的蒸气压比纯组分的低，溶液中的挥发度 v_i 可用它在蒸气中的平衡分压 p_i 和与其成平衡的液相中的物质的量分数 x_i 之比来表示。对于两组分溶液，则有

$$v_A = \frac{p_A}{x_A} \tag{5-9}$$

$$v_B = \frac{p_B}{x_B} \tag{5-10}$$

式中，v_A、v_B 分别为组分 A、B 的挥发度。通常将溶液中两组分挥发度之比称为相对挥发度，以 α 表示。

$$\alpha = \frac{v_A}{v_B} = \frac{p_A / x_A}{p_B / x_B} \tag{5-11}$$

当操作压强不高时，气相仍遵循道尔顿分压定律，式(5-11)可写为

$$\alpha = \frac{p_{总} y_A / x_A}{p_{总} y_B / x_B} = \frac{y_A x_B}{y_B x_A} \tag{5-12}$$

由式(5-12)可得

$$\frac{y_A}{y_B} = \alpha \frac{x_A}{x_B} \tag{5-13}$$

式(5-13)表明气、液两相平衡时,气相中两组分组成之比是液相中两组分组成之比的α倍。对于两组分溶液,将$x_B = 1-x_A$,$y_B = 1-y_A$代入式(5-13),整理后略去下标得

$$y = \frac{\alpha x}{1+(\alpha-1)x} \tag{5-14}$$

式(5-14)是 x-y 相图中气液平衡曲线的数学表达式,反映了相对应的气液平衡关系,故式(5-14)称为气液平衡方程。

根据式(5-14),当$\alpha = 1$时$y = x$,气、液两相组成相同,二元体系不能用普通的精馏方法分离。当$\alpha > 1$时,$y > x$,表示 A 较 B 容易挥发,即组分在平衡气相中的浓度大于平衡液相中的浓度。α越大,在 x-y 图上平衡线离对角线越远,分离越容易。因此,由相对挥发度的大小可判断混合液能否用普通精馏方法加以分离及分离的难易程度。

根据拉乌尔定律,对于理想溶液有$v_A = p_A^*$、$v_B = p_B^*$,故

$$\alpha = \frac{v_A}{v_B} = \frac{p_A^*}{p_B^*} \tag{5-15}$$

式(5-15)说明理想溶液的相对挥发度等于同温度下纯组分 A 和纯组分 B 的饱和蒸气压之比。尽管p_A^*、p_B^*随温度而变化,但$\frac{p_A^*}{p_B^*}$随温度变化不大,故一般可将α视为常数,计算时取其平均值。

思考: α的大小对精馏的结果有何影响?

5.3 精馏原理

5.3.1 部分汽化和部分冷凝

简单蒸馏和平衡蒸馏只能使混合液获得部分分离,精馏则是对混合液同时进行多次部分汽化和部分冷凝,实现组分高纯度分离的多级蒸馏操作,它可使溶液中的组分几乎完全分离。

如图 5-3 所示,若在一定压强下将液相组成为x_F的混合液加热至泡点以上的温度t_1,使混合液发生部分汽化并将气、液两相分开,则所得气相组成为y_1,液相组成为x_1,由相图可知$y_1 > x_F > x_1$,但是分离不彻底。若继续将组成为y_1的气相部分冷凝到温度t_2,则可得到组成为y_2的气相和组成为x_2的液相,$y_2 > y_1$;若继续将组成为y_2的气相部分冷凝到温度t_3,则$y_3 > y_2$。由此可见,气相混合物经多次部分冷凝后,在气相中可获得高浓度的易挥发组分。若将组成为x_1的液相加热到温度t_2',使其部分汽化,可得到组成为x_2'的液相,再将组成为x_2'的液相加热升温至t_3'使其部分汽化,又可得到组成为x_3'的液相,气、液分离后得到的液相组成为$x_3' < x_2' < x_1$。可见,液体混合物经过多次

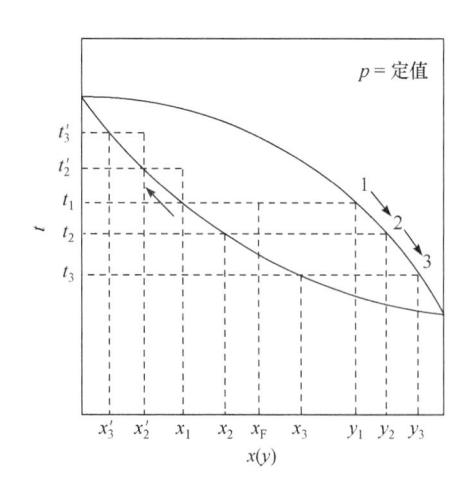

图 5-3 精馏原理示意图

部分汽化和部分冷凝后，从气相得到较纯的易挥发组分，从液相得到较纯的难挥发组分。因此，精馏过程是多次部分汽化和多次部分冷凝相结合的操作。在实际生产中，上述精馏操作是不能采用的，因为每次部分汽化和部分冷凝都需要用相应的加热器和冷凝器来完成，这必然会产生许多中间馏分，使得纯产品的收率很低。工业上的精馏过程都是采用精馏塔完成的。

5.3.2 精馏过程

现以板式塔为例，讨论塔内进行的精馏过程。板式塔内安装了若干层塔板，每层塔板上保持有一定的液层高度，气、液两相通过塔板进行部分汽化和部分冷凝。

图5-4为板式塔内任意第 n 块塔板上的操作情况。塔板上均匀分布着许多小孔，气体由下而上通过小孔，液体则通过上一层溢流管由上而下，在该层塔板上横向流过，再由本层溢流管进入下一层塔板。气、液两相在塔板上进行充分接触，完成液体的部分汽化和气体的部分冷凝操作。

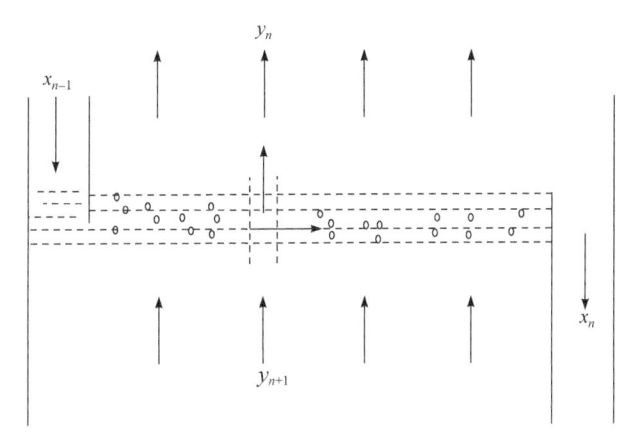

图 5-4 板式塔的操作情况

与第 n 块塔板相邻的上、下两块板分别为第 $n-1$ 块、第 $n+1$ 块塔板。假设由第 $n+1$ 层塔板进入第 n 层塔板的气相组成和温度分别为 y_{n+1} 和 t_{n+1}，而由上一层第 $n-1$ 块塔板进入第 n 层塔板的液相组成和温度分别为 x_{n-1} 和 t_{n-1}，显然 $t_{n+1} > t_{n-1}$，$x_{n-1} > x_{n+1}$。当组成为 y_{n+1} 的气相和组成为 x_{n-1} 的液相在第 n 层塔板上充分接触时，则上升蒸气与下降液体必然发生热量交换，蒸气放出热量发生部分冷凝，其中部分难挥发组分冷凝进入液相；同时，液体吸收热量发生部分汽化，其中部分易挥发组分汽化进入气相。结果使离开第 n 层塔板的气体中易挥发组分的含量高于进入该层塔板的气体的含量，即 $y_n > y_{n+1}$；而离开第 n 层塔板的液相中易挥发组分的含量低于进入该层塔板的液体的含量，即 $x_n < x_{n-1}$。若上升蒸气与下降液体在第 n 块板上接触时间足够长，气、液两相将达到平衡，温度都等于 t_n，其组成 y_n 和 x_n 相互平衡。这种气、液达到平衡的塔板称为理论塔板，简称理论板。实际上，塔板上的气、液两相接触时间有限，气、液两相组成只能趋于平衡。

由此可见，气、液两相通过精馏塔的每一层塔板时，就会在该塔板上完成一次部分汽化和部分冷凝，实现对物料的一次提纯。只要塔内有足够多的塔板，使气、液两相经过多次部分汽化和多次部分冷凝，就可在塔顶气相中得到较纯的易挥发组分，在塔底液相中获得较纯的难挥发组分，从而达到分离均相混合物的目的。

从以上分析可知，上一层塔板下降的液体和下一层塔板上升的蒸气充分接触是保证气、液两相进行部分汽化和部分冷凝的必要条件。在精馏塔顶部装有冷凝器，使最后到达塔顶的气体全部冷凝，冷凝后的液体部分作为产品部分返回塔内，称为回流。在精馏塔底部装有再沸器，使到达塔底的液体部分作为产物，另一部分则被加热汽化，上升进入塔中。这样从塔顶引入回流液和从塔底产生上升蒸气流，就为精馏过程创造了进行多次部分汽化和部分冷凝操作的必要条件。

当某块塔板上的浓度与原料的浓度相近或相等时，料液就由此板引入，该板称为加料板。加料板以上的部分称为精馏段，加料板及以下的部分称为提馏段。精馏段起着使原料中易挥发组分增浓的作用，提馏段则起回收原料液中易挥发组分的作用。一个完整的精馏塔应包括精馏段和提馏段，在这样的塔内可将一个两组分混合液连续地、高纯度地分离为两组分。

5.3.3 理论板及恒摩尔流假设

在精馏分析及设计计算中，广泛采用理论板的概念，并以此作为衡量达到一定要求分离效率的标准及依据，同时为工艺设计提供依据，如塔板数的计算、塔高及塔板效率等。

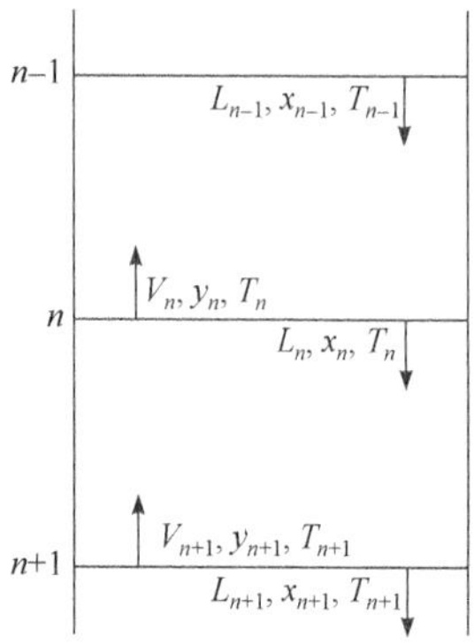

已知某体系的气液相平衡关系或平均相对挥发度，则如图 5-5 所示的第 n 块板上气相组成 y_n 与液相组成 x_n 的关系即可确定；如果再知道任意一块板上升蒸气组成与上一层板下降液体组成之间关系，如图 5-5 中 y_{n+1} 与 x_n(或 y_n 与 x_{n-1}) 的关系，则由任意一块板(如塔顶)的组成可逐板求得全塔各板上气、液相组成，也可求得该体系达到一定分离要求所需要的理论塔板数。

精馏是一个复杂的热量和质量传递过程，相互影响的因素很多。为便于导出表示操作关系的方程，简化计算过程，在精馏计算中通常采用恒摩尔流假设。

图 5-5 塔板上的气液平衡关系

1. 恒摩尔气流

恒摩尔气流是指在精馏塔的精馏段或提馏段内，每段内上升蒸气的摩尔流量相等。但精馏段和提馏段的上升蒸气摩尔流量不一定相等，其关系受进料热状况的影响，即

精馏段 $\qquad V_1 = V_2 = \cdots = V_n = V$

提馏段 $\qquad V_1' = V_2' = \cdots = V_n' = V'$

式中，下标 1、2、3、⋯表示塔板序号。

2. 恒摩尔液流

恒摩尔液流是指在精馏塔的精馏段或提馏段内，每层塔板下降液体的摩尔流量都相等。但精馏段和提馏段的液体摩尔流量不一定相等，即

精馏段 $\qquad L_1 = L_2 = \cdots = L_n = L$

提馏段 $\qquad L_1' = L_2' = \cdots = L_n' = L'$

根据恒摩尔流假设，气、液两相在塔板上接触时，每有 1 kmol 蒸气被冷凝，相应地就有 1 kmol 液体被汽化，该假设才能成立。这一假设成立的前提条件有如下三点：

(1) 混合物中各组分的摩尔汽化热相等。
(2) 气、液接触时因温度不同，交换的显热可忽略。
(3) 精馏塔保温良好，热损失可忽略。

实际操作中，由于相邻板间的温度与组成一般比较接近，因此只要两组分的汽化热差别不是很大，都可以采用恒摩尔流假设进行计算，而且与实际情况吻合较好。

思考： 什么是恒摩尔流假设？

5.4 两组分连续精馏

5.4.1 物料衡算及操作线方程

1. 全塔物料衡算

通过全塔的物料衡算，可求得精馏塔各流股(包括原料液、馏出液和釜残液)之间流量、组成的定量关系。

对如图 5-6 所示的连续精馏塔做物料衡算，并以单位时间为基准，可得

总物料衡算

$$F = D + W \tag{5-16}$$

易挥发组分物料衡算

$$Fx_F = Dx_D + Wx_W \tag{5-17}$$

由以上两式[式(5-16)、式(5-17)]可求出

塔顶采出率

$$\frac{D}{F} = \frac{x_F - x_W}{x_D - x_W} \tag{5-18}$$

塔底采出率

$$\frac{W}{F} = \frac{x_D - x_F}{x_D - x_W} \tag{5-19}$$

式中，F、D、W 分别为原料液、馏出液、釜残液的流量，$kmol \cdot h^{-1}$；x_F、x_D、x_W 分别为原料液、馏出液、釜残液中易挥发组分物质的量分数。

从式(5-18)、式(5-19)可知，在原料液流量 F、其组成 x_F 已知的情况下，①若 x_D、x_W 已知，则可求出 D、W；②流量 D、W 及组成 x_D、x_W 中，若已知其中一个流股的流量和组成，则可求出另一流股的流量和组成。

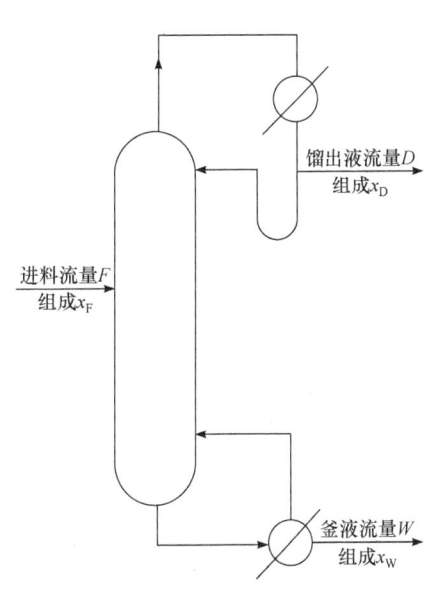

图 5-6 全塔物料衡算

在精馏计算中，分离程度除用塔顶、塔底产品的组成表示外，还可用回收率表示。
塔顶馏出液易挥发组分的回收率

$$\eta = \frac{Dx_D}{Fx_F} \times 100\% \tag{5-20}$$

塔底釜残液难挥发组分的回收率

$$\eta' = \frac{W(1-x_W)}{F(1-x_F)} \times 100\% \tag{5-21}$$

【例 5-1】 用一连续精馏塔分离环己烷-甲苯的混合液,原料处理量为 10 000 kg·h^{-1}。进料中含环己烷 0.40(质量分数,下同),经分离后要求塔顶产品含环己烷 0.985,塔底釜残液含环己烷小于 0.020。试求:(1) 塔顶、塔底的产品量(kmol·h^{-1});(2) 塔顶易挥发组分的回收率。

解 将质量分数换算成物质的量分数

$$x_F = \frac{0.40/84}{0.40/84 + 0.60/92} = 0.422$$

$$x_W = \frac{0.020/84}{0.020/84 + 0.98/92} = 0.0219$$

$$x_D = \frac{0.985/84}{0.985/84 + 0.015/92} = 0.986$$

原料液的平均化学式量

$$\bar{M} = M_1 x_1 + M_2 x_2 = 84 \times 0.422 + 92 \times 0.578 = 88.62 \text{ (kg·kmol}^{-1}\text{)}$$

则

$$F = \frac{10\ 000}{88.62} = 112.8 \text{ (kmol·h}^{-1}\text{)}$$

(1) 根据 $Fx_F = Dx_D + Wx_W$ 代入数据

$$112.8 \times 0.422 = D \times 0.986 + (112.8 - D) \times 0.0219$$

塔顶产品量: $D = 46.8 \text{ kmol·h}^{-1}$

塔底产品量: $W = 112.8 - 46.8 = 66.0 \text{ (kmol·h}^{-1}\text{)}$

(2) 塔顶易挥发组分回收率

$$\eta = \frac{Dx_D}{Fx_F} \times 100\% = \frac{46.8 \times 0.986}{112.8 \times 0.422} = 96.9\%$$

2. 精馏段操作线方程

在精馏塔中,任意第 n 层塔板上组成为 x_n 的下降液相与相邻下一层即第 $n+1$ 层塔板上组成为 y_{n+1} 的上升气相之间的关系称为操作关系,表述它们之间关系的方程称为操作线方程。原料液从精馏塔的中部加入,致使精馏段和提馏段有不同的操作关系。操作线方程可通过各段的物料衡算求得。

对图 5-7 中虚线范围,即精馏段的第 $n+1$ 层塔板以上塔段及冷凝器做物料衡算,以单位时间为基准,可得

总物料衡算

$$V = L + D \tag{5-22}$$

易挥发组分的物料衡算

$$Vy_{n+1} = Lx_n + Dx_D$$

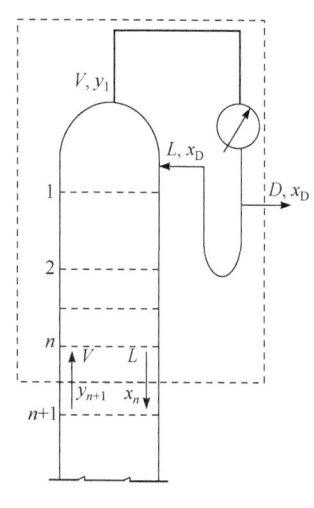

图 5-7 精馏段的物料衡算

则

$$y_{n+1} = \frac{L}{V}x_n + \frac{D}{V}x_D = \frac{L}{L+D}x_n + \frac{D}{L+D}x_D \tag{5-23}$$

式中，V、L、D 分别为精馏段上升蒸气量、回流液量、馏出液量，$kmol \cdot h^{-1}$；x_n 为精馏段中第 n 层板下降液相，即回流液中易挥发组分物质的量分数；y_{n+1} 为精馏段中第 $n+1$ 层板上升气相中易挥发组分物质的量分数；x_D 为馏出液中易挥发组分物质的量分数。

通常，将回流液量 L 与馏出液量 D 之比称为回流比，定义为 $R = \frac{L}{D}$，代入式(5-23)，得

$$y_{n+1} = \frac{R}{R+1}x_n + \frac{x_D}{R+1} \tag{5-24}$$

式(5-24)称为精馏段操作线方程，表示精馏段中相邻两层塔板之间的上升蒸气组成 y_{n+1} 与下降液体组成 x_n 之间的关系。

根据恒摩尔流假设，L 为定值；对于稳态操作，D 和 x_D 也为定值。故 R 为常量，其值一般由设计者选定。

式(5-24)在 x-y 相图上为一条直线，其斜率为 $\frac{R}{R+1}$，截距为 $\frac{x_D}{R+1}$。在 x-y 图上绘制精馏段操作线，可将式(5-24)与对角线方程 $y = x$ 联立，解得 $x_n = x_D$，$y_{n+1} = x_D$。如图 5-8 所示，首先在对角线上作出点 $A(x_D, x_D)$，再根据截距 $\frac{x_D}{R+1}$ 在 y 轴上作出点 $B(0, \frac{x_D}{R+1})$，连接 A、B 两点即得精馏段操作线。

3. 提馏段操作线方程

对图 5-9 中虚线范围，即提馏段第 m 层板以下塔段及再沸器做物料衡算，以单位时间为基准，可得

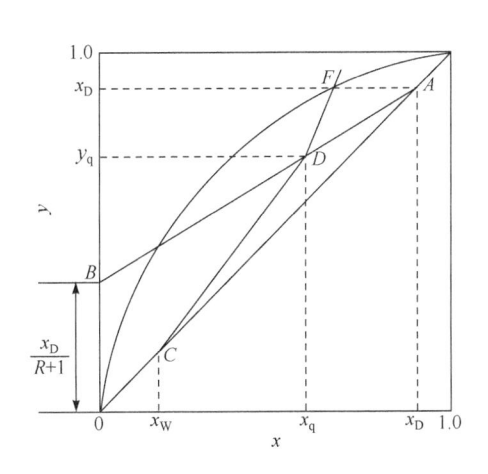

图 5-8 精馏段的操作线示意图

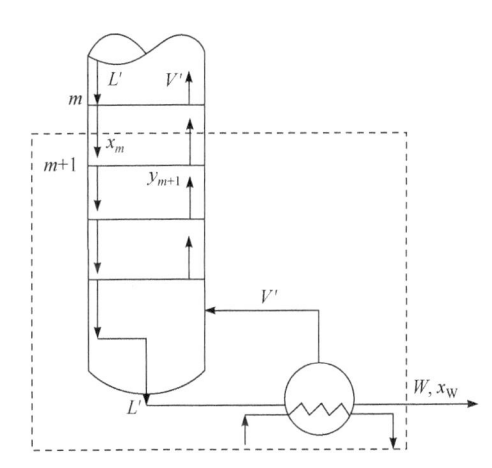

图 5-9 提馏段的物料衡算

总物料衡算

$$L' = V' + W \tag{5-25}$$

易挥发组分物料衡算

$$L'x_m = V'y_{m+1} + Wx_W \tag{5-26}$$

则
$$y_{m+1} = \frac{L'}{V'}x_m - \frac{W}{V'}x_W \tag{5-27}$$

将式(5-25)代入式(5-27)，整理得

$$y_{m+1} = \frac{L'}{L'-W}x_m - \frac{W}{L'-W}x_W \tag{5-28}$$

式中，L'、V'、W 分别为提馏段回流液量、上升蒸气量、釜残液量，$kmol·h^{-1}$；x_m 为提馏段中第 m 层板回流液中易挥发组分物质的量分数；y_{m+1} 为提馏段中第 $m+1$ 层板上升蒸气中易挥发组分物质的量分数；x_W 为釜残液中易挥发组分物质的量分数。

式(5-28)称为提馏段的操作线方程，表示提馏段内第 m 层塔板上下降液体即回流液组成 x_m 与相邻下一层即第 $m+1$ 层塔板上升蒸气组成 y_{m+1} 之间的关系。根据恒摩尔流假设，在稳态操作时 L'、W、x_W 均为定值，故该操作线方程在 x-y 图上为一条直线。当 $x_m = x_W$ 时，代入式(5-28)，得 $y_{m+1} = x_W$，所以提馏段操作线过对角线 $y = x$ 上的点 (x_W, x_W)。

需要指出的是，受进料热状况的影响，提馏段的回流液量 L' 与精馏段的回流液量 L 并不一定相等，而且两段的上升蒸气量 V 与 V' 也不一定相等，它们之间的关系将由进料热状况决定。

5.4.2 进料热状况对精馏操作的影响

在连续操作的精馏塔中，由于物料的连续加入，加料处的物料衡算与热量衡算除应考虑塔内上升蒸气量和回流液量外，还应考虑进料热状况的影响。

1. 进料热状况

对如图 5-10 所示的加料板 F 进行物料衡算和热量衡算，以单位时间为基准，则

总物料衡算

$$F + V'_{F+1} + L_{F-1} = V_F + L'_F$$

依据恒摩尔流假设，上式可写为

$$V - V' = F - (L' - L) \tag{5-29}$$

式中，F 为进料量，$kmol·h^{-1}$；V'、V 分别为提馏段、精馏段上升蒸气量，$kmol·h^{-1}$；L'、L 分别为提馏段、精馏段回流液量，$kmol·h^{-1}$。式(5-29)关联了精馏段、提馏段的上升蒸气量、回流液量和进料量之间的关系。

热量衡算

$$Fh'_F + V'H_{F+1} + Lh_{F-1} = VH_F + L'h_F \tag{5-30}$$

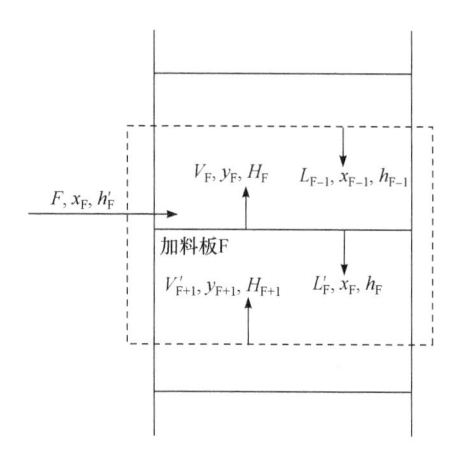

图 5-10 加料板上的物料衡算和热量衡算

式中，h'_F 为原料液的焓，$J·mol^{-1}$；h_{F-1} 为加料板上一层塔板，即第 $F-1$ 层塔板上下降的饱和液体的焓，$J·mol^{-1}$；h_F 为加料板下降的饱和液体的焓，$J·mol^{-1}$；H_F 为加料板上升饱和蒸气的

焓，J·mol⁻¹；H_{F+1} 为加料板下一层塔板，即第 F+1 层塔板上升饱和蒸气的焓，J·mol⁻¹。

由于塔中液体和蒸气都呈饱和状态，而且进料板上、下处的温度及气、液浓度都比较接近，因此

$$h_F \approx h_{F-1} \approx h ; \quad H_{F+1} \approx H_F \approx H \tag{5-31}$$

式中，h 为加料板上下降的饱和液体的焓，J·mol⁻¹；H 为塔内上升饱和蒸气的焓，J·mol⁻¹。

将式(5-29)、式(5-31)代入式(5-30)，得

$$[F-(L'-L)]H = Fh'_F - (L'-L)h$$

$$F(H-h'_F) = (L'-L)(H-h)$$

即

$$\frac{H-h'_F}{H-h} = \frac{L'-L}{F}$$

令

$$q = \frac{H-h'_F}{H-h} = \frac{饱和蒸气的焓-原料液的焓}{饱和蒸气的焓-饱和液体的焓} = \frac{将1\,kmol\,料液变为饱和蒸气所需热量}{原料液的千摩尔汽化潜热} \tag{5-32}$$

可见，q 值是进料热状况的参数。对各种进料状况，均可用式(5-32)求算 q 值。

由 $q = \dfrac{L'-L}{F}$ 得

$$L' = L + qF \tag{5-33}$$

将式(5-33)代入式(5-29)，化简得

$$V' = V - (1-q)F \tag{5-34}$$

由式(5-33)及式(5-34)可求得不同进料状况下的提馏段回流液量 L' 与上升蒸气量 V'。

将式(5-33)代入式(5-28)，得

$$y_{m+1} = \frac{L+qF}{L+qF-W}x_m - \frac{W}{L+qF-W}x_W \tag{5-35}$$

式(5-35)即为包含了不同进料热状况的提馏段操作线方程，对各种进料热状况均可适用。实际进料过程中的五种可能热状况及其对进料板上、下各流股的影响如图 5-11 所示。

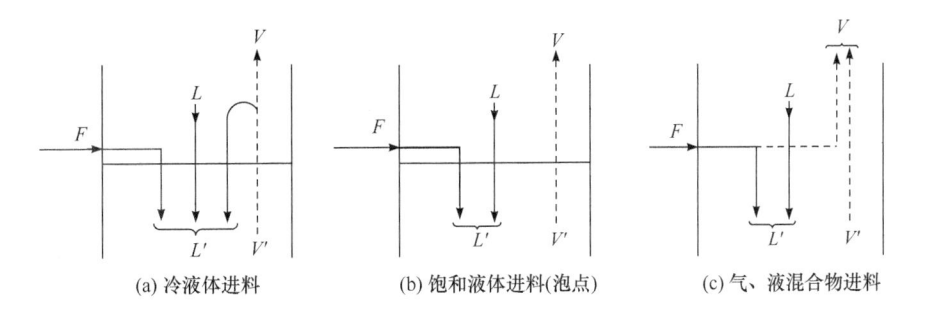

(a) 冷液体进料　　　　(b) 饱和液体进料(泡点)　　　　(c) 气、液混合物进料

(d) 饱和蒸气进料　　　　　(e) 过热蒸气进料

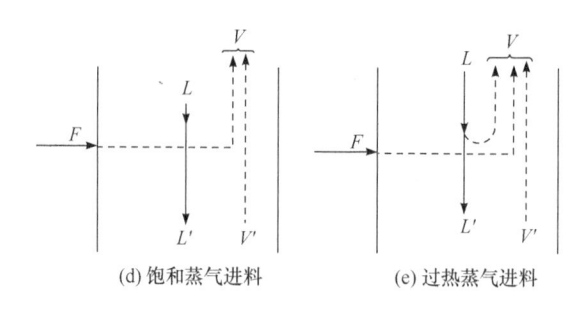

图 5-11　进料热状况及其对各流股的影响

不同进料热状况下上升蒸气量和回流液量之间的关系列于表 5-1 中。

表 5-1　进料热状况对各流股的影响

进料热状况	进料的焓 h'_F	两段上升蒸气与回流液量之间关系
冷液体	$h'_F < h$	$L' > L + F,\ V < V'$
饱和液体	$h'_F = h$	$L' = L + F,\ V = V'$
气、液混合物	$h < h'_F < H$	$L' = L + qF,\ V' = V - (1-q)F$
饱和蒸气	$h'_F = H$	$L' = L,\ V' = V - F$
过热蒸气	$h'_F > H$	$L' < L,\ V > V' + F$

2. 进料板操作线

进料板是精馏段与提馏段的交会之处,所以进料操作线应通过精馏段操作线与提馏段操作线的交点。进料热状况的不同会影响精馏段操作线与提馏段操作线的交点,从而影响达到一定分离要求所需要的理论塔板数。两操作线的交点由 q 值确定,该交点的方程称为 q 线方程,也称为进料板操作线方程,可由精馏段操作线与提馏段操作线方程合并得出。因在交点处两式的变量相同,故可略去下标,对易挥发组分进行物料衡算得

$$Vy = Lx + Dx_D$$
$$V'y = L'x - Wx_W$$

两式相减得

$$(V' - V)y = (L' - L)x - (Dx_D + Wx_W)$$

将式(5-17)、式(5-33)及式(5-34)代入上式,得

$$[V - (1-q)F - V]y = (L + qF - L)x - Fx_F$$

整理得

$$y = \frac{q}{q-1}x - \frac{x_F}{q-1} \tag{5-36}$$

式(5-36)称为进料板操作线方程,也称为 q 线方程,它表示两操作线交点的轨迹方程,即 q 线与两操作线交于一点。由式(5-36)可看出,在一定的进料热状况和进料组成下 q、x_F 为定值,故 q 线方程是直线方程,其斜率为 $\dfrac{q}{q-1}$,y 轴上的截距为 $-\dfrac{x_F}{q-1}$。进料热状况不同,q 值及 q 线的斜率也不相同,从而使精馏段操作线与提馏段操作线的交点发生变化,即 q 线变

化。当进料组成、回流比及分离要求一定时，进料热状况对操作线及 q 线的影响如图 5-12 和表 5-2 所示。

图 5-12 中表示了五种可能的进料热状况对进料板操作线和提馏段操作线的影响。显然，q 值不同，q 线斜率也不同，q 线与精馏段操作线的交点随之改变，从而对提馏段操作线产生影响。当进料组成、回流比及分离要求一定时，q 值越大，全塔操作线离平衡线越远，达到相同的分离要求相对越容易；随着 q 值减小，操作线逐渐向平衡线接近，分离比较困难。

前已述及，在图 5-8 的 x-y 图上作出精馏段操作线非常容易，而提馏段操作线因受进料热状况变化的影响，其与精馏段操作线交点的位置会发生变化。同样在图 5-8 中，由式(5-35)已知 q 值与提馏段操作线的关系，将式(5-35)与对角线方程 $y=x$ 联立，可得提馏段操作线与对角线的交点 $C(x=x_W)$，再将式(5-35)与式(5-24)或式(5-36)联立，即可得提馏段操作线与精馏段操作线或 q 线交点 D，该点横坐标 $x=x_q$，即为加料板上的液相组成；连接 C、D 两点，即可得提馏段操作线。

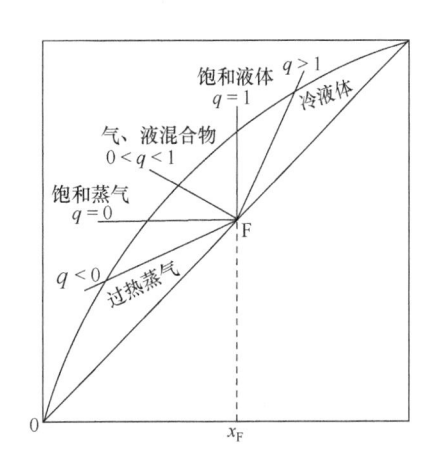

图 5-12 进料热状况对 q 线及操作线的影响

表 5-2 进料热状况对 q 值、q 线斜率的影响

进料热状况	q 值	q 线斜率 $\dfrac{q}{q-1}$
冷液体	$q>1$	+
饱和液体	$q=1$	无穷大
气、液混合物	$0<q<1$	−
饱和蒸气	$q=0$	0
过热蒸气	$q<0$	+

图 5-13 为冷液体进料的精馏段操作线、提馏段操作线、q 线及其与加料板液相组成的关系。图中，直线 AB 为精馏段操作线，直线 CD 为提馏段操作线，直线 DF 为冷液体进料的进料板操作线，即 q 线。

5.4.3 回流比及其对精馏操作的影响

回流是保证精馏塔连续稳定操作的必要条件之一，也是影响精馏操作费用和设备投资费用的重要因素。当分离任务(x_F、x_D、x_W)一定，选择适宜的回流比对于精馏操作尤为重要。

1. 全回流与最小理论塔板数

上升至塔顶的气相经冷凝后全部回流入塔内称

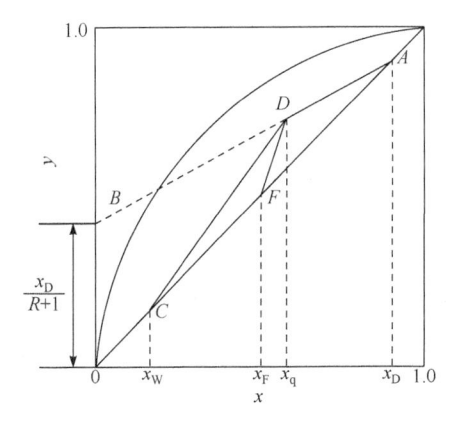

图 5-13 冷液体进料的操作线

为全回流。全回流是回流比的上限。

全回流时，$D=0$，$W=0$，通常情况下 F 也等于 0，即既不向塔内加料，也不从塔底排放釜液。此时，回流比 $R=\dfrac{L}{D}\to\infty$，精馏段操作线斜率 $\dfrac{R}{R+1}=1$，截距 $\dfrac{x_D}{R+1}=0$。精馏段操作线与提馏段操作线合二为一，全塔没有精馏段与提馏段之分。在 x-y 图上，操作线与对角线重合，操作线方程为 $y_{n+1}=x_n$，即相邻两板中上层塔板下降液体组成 x_n 与下层塔板上升蒸气组成 y_{n+1} 相等。此时，操作线与平衡线的距离最远，传质推动力最大，因此达到一定分离要求所需的理论塔板数最小，用 $N_{\min}$ 表示。

全回流时的理论塔板数 $N_{\min}$ 通常可用图解法确定，也可由平衡线方程与操作方程导出的芬斯克(Fenske)方程求得。

图解法如图 5-14 所示，即在规定的塔顶组成 x_D 和塔底组成 x_W 范围内，从 A 点($x=x_D$)开始在对角线与平衡线之间画直角阶梯，每个阶梯代表一块理论塔板，直到第 n 个阶梯与操作线的交点所对应的横坐标 $x\leqslant x_W$，则 n 即为包括塔釜在内的最小理论塔板数 $N_{\min}$。

全回流时，若塔顶采用全凝器，则气液平衡关系可表示为

$$\left(\frac{y_A}{y_B}\right)_1=\left(\frac{x_A}{x_B}\right)_D \tag{5-37a}$$

离开第一块理论板时气液平衡关系为

$$\left(\frac{y_A}{y_B}\right)_1=\alpha_1\left(\frac{x_A}{x_B}\right)_1=\left(\frac{x_A}{x_B}\right)_D \tag{5-37b}$$

离开第二块理论板时气液平衡关系为

$$\left(\frac{y_A}{y_B}\right)_2=\alpha_2\left(\frac{x_A}{x_B}\right)_2 \tag{5-37c}$$

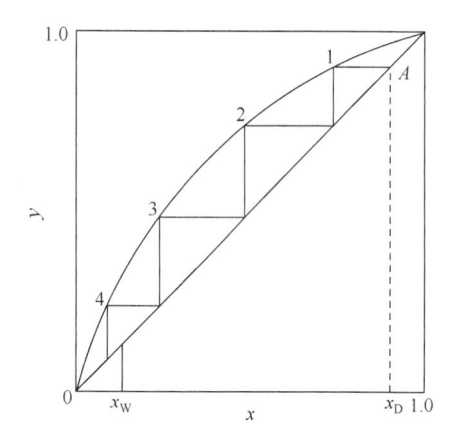

图 5-14 全回流下的理论塔板图解

第二块理论板上升蒸气组成与第一块理论板下降液体组成之间为操作线关系，当全回流时，$y_{n+1}=x_n$，故

$$\left(\frac{y_A}{y_B}\right)_2=\left(\frac{x_A}{x_B}\right)_1 \tag{5-37d}$$

可见

$$\left(\frac{x_A}{x_B}\right)_1=\alpha_2\left(\frac{x_A}{x_B}\right)_2 \tag{5-37e}$$

将式(5-37e)代入式(5-37b)，得

$$\left(\frac{y_A}{y_B}\right)_1=\alpha_1\alpha_2\left(\frac{x_A}{x_B}\right)_2 \tag{5-37f}$$

依此类推，离开第一块理论板的气相组成与离开第 $n+1$ 块塔板的液相组成之间的关系为

$$\left(\frac{y_A}{y_B}\right)_1 = \alpha_1\alpha_2\alpha_3\cdots\alpha_{n+1}\left(\frac{x_A}{x_B}\right)_{n+1} \tag{5-37g}$$

若将塔釜视为第 $n+1$ 块板,当 $x_{A,n+1}=x_W$ 时,则塔板数 n 即为全回流时所需的最小理论塔板数 $N_{\min}$。

若将全塔平均相对挥发度 $\alpha = \sqrt[n+1]{\alpha_1\alpha_2\alpha_3\cdots\alpha_{n+1}}$ 代入式(5-37g),得

$$\left(\frac{y_A}{y_B}\right)_1 = \alpha^{n+1}\left(\frac{x_A}{x_B}\right)_{n+1} \tag{5-37h}$$

即

$$\left(\frac{x_A}{x_B}\right)_D = \alpha^{n+1}\left(\frac{x_A}{x_B}\right)_{n+1} \tag{5-37i}$$

将式(5-37i)两边取常用对数,并将 n 以 $N_{\min}$ 表示,整理得

$$N_{\min} = \frac{\lg\left[\left(\frac{x_A}{x_B}\right)_D \Big/ \left(\frac{x_A}{x_B}\right)_W\right]}{\lg\alpha} - 1 \tag{5-38}$$

当塔顶、塔底组分相对挥发度相差不大时,式(5-38)中的 α 可近似用塔顶、塔底相对挥发度的几何平均值代替,即

$$\alpha = \sqrt{\alpha_D \cdot \alpha_W}$$

式中,α_D、α_W 分别为塔顶、塔底的相对挥发度。

对于两组分溶液,由于 $y_{A,1}=x_D$,$y_{B,1}=1-x_D$,$x_{A,n+1}=x_W$,$x_{B,n+1}=1-x_W$,代入式(5-38),得

$$N_{\min} = \frac{\lg\left(\frac{x_D}{1-x_D}\frac{1-x_W}{x_W}\right)}{\lg\alpha} - 1 \tag{5-39}$$

式(5-38)和式(5-39)称为芬斯克方程。它给出了采用全凝器、全回流条件下分离程度与总理论塔板数之间的关系,用于计算全回流条件下的最小理论塔板数 $N_{\min}$(不包括塔釜)。

若塔顶采用分凝器,则

$$N_{\min} = \frac{\lg\left(\frac{x_D}{1-x_D}\frac{1-x_W}{x_W}\right)}{\lg\alpha} - 2 \tag{5-40}$$

式中,减 2 表示在所求算的 $N_{\min}$ 中不包括分凝器及塔釜。

若将式(5-39)中的 x_W 换成进料组成 x_F,α 取塔顶及进料处的几何平均值,则可根据式(5-41)确定全凝器、全回流下精馏段的理论塔板数(含进料板)及加料板位置。

$$N_{F,\min} = \frac{\lg\left(\frac{x_D}{x_F}\frac{1-x_F}{1-x_D}\right)}{\lg\alpha} \tag{5-41}$$

全回流是回流比的上限,在这种情况下操作得不到产品,在正常生产中不会采用。但在精馏的开工、调试阶段及实验研究中经常采用此操作,以便于过程的稳定及控制。

2. 最小回流比 R_{min}

在精馏操作中,当回流比减小时,在 x-y 相图上精馏段操作线方程的斜率变小,截距增大,两操作线的位置将向平衡线方向移动,气、液两相间的传质推动力减小,因此达到相同分离程度所需要的理论塔板数逐渐增多。如图 5-15 所示,当回流比小到使两操作线交点相交于平衡线上 D 点时,所需理论塔板数为无限多。这是由于在 D 点处气、液两相组成基本不发生变化,即无增浓作用。D 点前后(进料板上、下区域)称为恒浓区或夹紧区,D 点称为夹紧点。该情况下对应的回流比称为最小回流比 R_{min},最小回流比是回流比的下限。最小回流比 R_{min} 可由作图法或解析法求得。

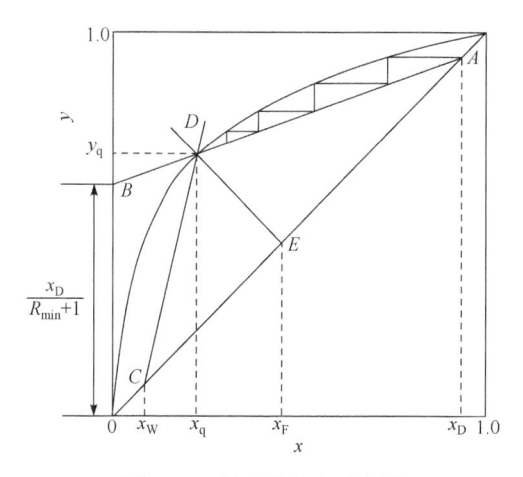

图 5-15 最小回流比示意图

1) 作图法

对于有正常平衡曲线(图 5-15)物系的精馏,可由精馏段操作线的斜率求得 R_{min}。由图 5-15 可知,最小回流比下精馏段操作线的斜率为

$$\frac{R_{min}}{R_{min}+1}=\frac{x_D-y_q}{x_D-x_q}$$

整理得

$$R_{min}=\frac{x_D-y_q}{y_q-x_q} \tag{5-42}$$

式中,x_q、y_q 分别为 q 线与平衡线交点 D 的横、纵坐标值,可从 x-y 相图中得出。

当为饱和液体,即泡点进料时

$$R_{min}=\frac{x_D-y_F}{y_F-x_F} \tag{5-43}$$

某些物系具有不正常的平衡曲线,如图 5-16 所示的乙醇-水体系的平衡曲线,当两操作线交点尚未落在平衡线上时,精馏段操作线已经与平衡线下凹部分相切于 G 点,此时恒浓区出现在 G 点附近,相对应的回流比即为最小回流比 R_{min}。对于这一类具有不正常平衡曲线的体系，也可采用作图法求最小回流比，即将精馏段操作线与其平衡曲线相切，由该切线的截距 $\dfrac{x_D}{R_{\min}+1}$ 求出 $R_{\min}$。

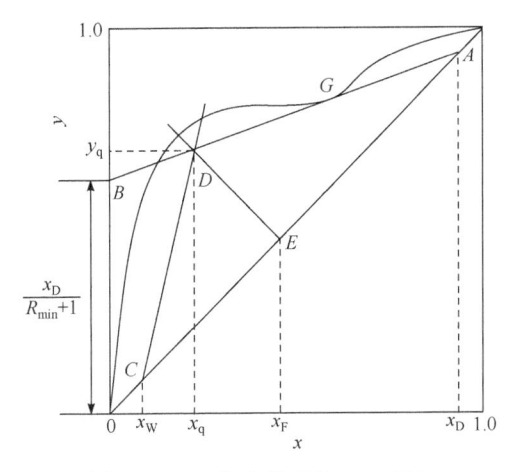

图 5-16　乙醇-水体系的 $R_{\min}$ 求法

2) 解析法

对于相对挥发度可取平均值的理想溶液或接近于理想溶液的体系，有

$$y_q = \frac{\alpha x_q}{1+(\alpha-1)x_q}$$

代入式(5-42)，整理得

$$R_{\min} = \frac{1}{\alpha-1}\left[\frac{x_D}{x_q} - \frac{\alpha(1-x_D)}{1-x_q}\right] \tag{5-44}$$

式(5-44)表明，已知 x_D、x_q 和 α，就可以直接计算出最小回流比 $R_{\min}$。

3. 实际操作回流比的选择

由以上讨论可看出，对于实际的精馏操作过程，实际回流比(或适宜回流比)应介于全回流和最小回流比这两种极限情况之间。通常实际回流比是指完成给定的分离任务所需的操作费用和设备费用之和为最少时的回流比，需要通过技术经济衡算确定。

精馏的操作费用主要包括塔釜(再沸器)中加热蒸气(或其他加热介质)消耗量、冷凝器中冷却水(或其他冷却介质)消耗量以及动力消耗等费用，当 F、q、D 一定时，这些消耗随回流比而变，即

$$V = (R+1)D$$
$$V' = V - (1-q)F = (R+1)D - (1-q)F$$

当 R 增大时，加热和冷却介质的消耗量也随之增加，即操作费用增加。

精馏的设备费用是指精馏塔、塔釜、冷凝器以及附属设备所需的投资费用。当设备类型及材料已定，此项费用主要取决于设备的尺寸。

图 5-17 为精馏过程回流比与总费用(操作费用与设备费用之和)的关系以及最适宜回流比的确定。当 $R = R_{\min}$，$n = \infty$，故设备费用为无限大；当 R 稍大于 $R_{\min}$ 时，设备费用显著下降；

当 R 继续增大时，设备费用因塔板数减少仍继续减小，但减小比较缓慢。同时由于 R 增大，塔顶冷凝器、塔径、塔板面积及塔底再沸器的尺寸相应增大，所以当 R 增加到一定值后，设备费用又会上升。因此，从技术经济的角度权衡，总费用最低时的回流比即为操作的最适宜回流比。

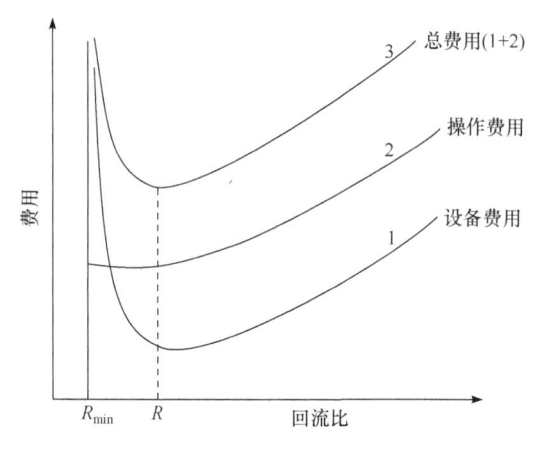

图 5-17 适宜回流比的确定

这是选取回流比的一般原则。实际上，当被分离的物系相对挥发度较大或分离要求不高时，选用回流比为最小回流比的较小倍数；反之，若物系的相对挥发度较小或分离要求较高，则可采用较大倍数。

通常，在精馏设计中最适宜回流比的确定并不进行详细核算，而是依据经验值进行选取，即
$$R = (1.1 \sim 2.0)R_{min}$$

【例 5-2】 分离正庚烷与正辛烷的混合液(正庚烷为易挥发组分)。要求馏出液组成为 0.95(物质的量分数，下同)，釜液组成不高于 0.02。原料液组成为 0.45，泡点进料。气液平衡数据列于附表中。求：(1) 全回流时最小理论塔板数；(2) 最小回流比及操作回流比(取为 $1.5R_{min}$)。

附表　气液平衡数据

x	y	x	y
1.0	1.0	0.311	0.491
0.656	0.81	0.157	0.280
0.487	0.673	0.000	0.000

解 (1) 根据气液平衡数据表列出的数据作精馏平衡线，如【例 5-2】图所示。
全回流时操作线方程为
$$y_{n+1} = x_n$$
在 x-y 图上为对角线。

自 A 点(x_D, x_D)开始在平衡线与对角线间作直角阶梯，直至 $x \leq x_W = 0.02$，得最小理论塔板数为 9 块。不包括再沸器时 $N_{min} = 9-1 = 8$。

(2) 进料为泡点下的饱和液体，故 q 线为过 E 点的垂直线 EF。由 $x_F = 0.45$ 作垂直线交对角线于 E 点，过 E 点作 q 线。

由 x-y 图读得 $x_q = x_F = 0.45$ 时 $y_q = 0.64$，则最小回流比

$$R_{\min} = \frac{x_D - y_q}{y_q - x_q} = \frac{0.95 - 0.64}{0.64 - 0.45} = 1.63$$

$$R = 1.5 R_{\min} = 1.5 \times 1.63 = 2.45$$

5.4.4 理论塔板数的计算

精馏理论塔板数的计算是精馏设计计算中的一项重要内容。由计算得出理论塔板数，再结合塔板效率，可以估算出达到一定分离要求所需的实际塔板数，进而估算出塔的有效高度，为设计提供依据。理论塔板数的计算主要利用气液平衡关系和操作关系进行，具体方法有逐板计算法、图解法和简捷计算法等。

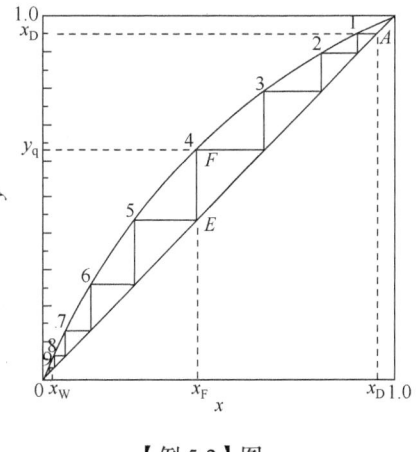

【例 5-2】图

1. 逐板计算法

逐板计算法又称 L-M 法。根据理论板的定义，即离开同一块塔板的气、液两相互成平衡，因此利用气液平衡关系可求算每一块塔板上的气、液相组成；再利用操作线关系求算相邻两块塔板上的气、液相组成；逐板计算，从而求算出达到一定分离程度(x_q, x_W)所需的理论塔板数。计算中主要利用下列方程：

气液相平衡方程

$$y_n = \frac{\alpha x_n}{1 + (\alpha - 1) x_n}$$

精馏段操作线方程

$$y_{n+1} = \frac{R}{R+1} x_n + \frac{x_D}{R+1}$$

提馏段操作线方程

$$y_{m+1} = \frac{L + qF}{L + qF - W} x_m - \frac{W}{L + qF - W} x_W$$

一般计算从塔顶开始，若塔顶采用全凝器，则第一块板上升蒸气组成等于塔顶产品组成，即 $y_1 = x_D$。由于第一块板下降液体组成 x_1 与 y_1 互成平衡，可由气液相平衡方程求得 x_1。由于第二块板上升蒸气组成 y_2 与 x_1 遵循操作线关系，可由精馏段操作线方程求得 y_2。y_2 又与 x_2 互为平衡，可再次利用气液相平衡方程求得 x_2，如此反复联立气液相平衡方程和精馏段操作线方程，可以计算出各塔板气、液相组成。在计算过程中，每使用一次气液平衡关系，就表示需要一块理论板。

当计算到 $x_n \leqslant x_F'$，即小于加料板上液相的组成时，可由精馏段操作线方程与提馏段操作线方程联立解出，或由精馏段操作线(或提馏段操作线)与加料板操作线联立求得。当泡点进料时，$x_F' = x_F$(料液组成)，第 n 块板即为加料板(加料板属于提馏段)，故精馏段理论塔板数为 $n-1$ 块。

从进料板开始，改用气液相平衡方程与提馏段操作线方程进行以上运算，直至 $x \leqslant x_W$ 为止，得提馏段理论塔板数为 m，将提馏段理论塔板数 $m-1$ (塔釜)，再加上精馏段塔板数 $n-1$，即得全凝器、泡点进料下全塔理论塔板数(不含塔釜和进料板)N_T。

$$N_T = n + m - 2$$

逐板计算法是求算理论塔板数的基本方法,其优点是在求得理论塔板数的同时,可得到各板上的气、液相组成。该方法对于相对挥发度较小的体系计算结果也很准确。逐板计算法不仅适用于两组分体系,更适用于多组分体系。随着计算机的不断普及,计算工作量显著减少,该方法的使用也越来越普遍。

2. 图解法

图解法(McCabe-Thiele 法)是由 McCabe 与 Thiele 提出的,故又称 M-T 法,是逐板计算法的图解表示。对于一个气液平衡数据已知的两组分体系,采用该方法求算达到一定分离任务所需的理论塔板数十分方便。其应用的基本方程与逐板计算法完全一样,只不过将这些方程以线段的形式在 x-y 图上表示出来。

用图解法求算理论塔板数的步骤如下:

(1) 依据已知气液平衡数据作出 x-y 相图,并作出对角线。
(2) 用前已述及的方法在 x-y 图上绘制出精馏段操作线与提馏段操作线。
(3) 当塔顶采用全凝器时,$y_1 = x_D$,因此图 5-18 中点 $A(x_D, x_D)$ 是精馏段操作线的开始点。自点 A 开始画一水平线交平衡线于点 1,点 1 坐标 x_1、y_1 互成平衡,即等于 L-M 法中用平衡线方程求出的 x_n、y_n 值。自点 1 作垂线交精馏段操作线于点 $1'$,其坐标为 (x_1, y_2),相当于精馏段内离开第一块板的液体组成 x_1 与离开第二块板的气体组成 y_2。由点 $1'$ 再作水平线交平衡线于点 2,该点坐标即为平衡组成 (x_2, y_2);自点 2 作垂线交精馏段操作线于点 $2'$,其坐标为 (x_2, y_3),而 x_2 与 y_3 之间服从操作线关系。如此交替地在平衡线和操作线之间作阶梯,相当于交替使用平衡线方程和操作线方程。

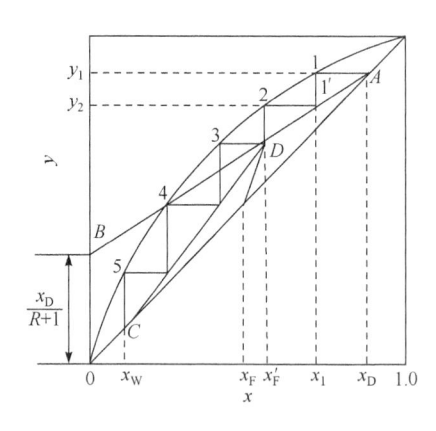

图 5-18 图解法求理论塔板数示意图

当阶梯的垂直线跨过加料板的组成 x_F 时,该塔已进入提馏段,需要在平衡线与提馏段操作线之间绘阶梯,直到最后一个阶梯的垂直线达到或刚跨过塔釜组成 x_W 为止。此时,总的阶梯数即为达到该分离程度所需要的理论塔板数(包括塔釜)。

3. 简捷计算法

精馏塔的理论塔板数除用逐板计算法和图解法求算外,还可使用简捷计算法求算。下面介绍一种广泛使用的采用经验关联图的简捷计算法。

由前面讨论已知,精馏操作是在全回流及最小回流比之间进行的。采用最小回流比所需理论塔板数为无限多;全回流时,所需塔板数最少;在实际回流比下操作,则需一定的理论塔板。因此,人们对最小回流比 R_{min}、回流比 R、理论塔板数 N_T、最小理论塔板数 N_{min} 四个变量间的关系进行了深入的研究,得到了有关上述四个变量的关联图,称为吉利兰(Gillland)图,如图 5-19 所示。该图是用八个物系采用逐板计算的结果绘制的,原始精馏条件见表 5-3。吉利兰图可用于两组分及多组分精馏的计算,计算时的工艺条件应尽可能与原始条件相近。

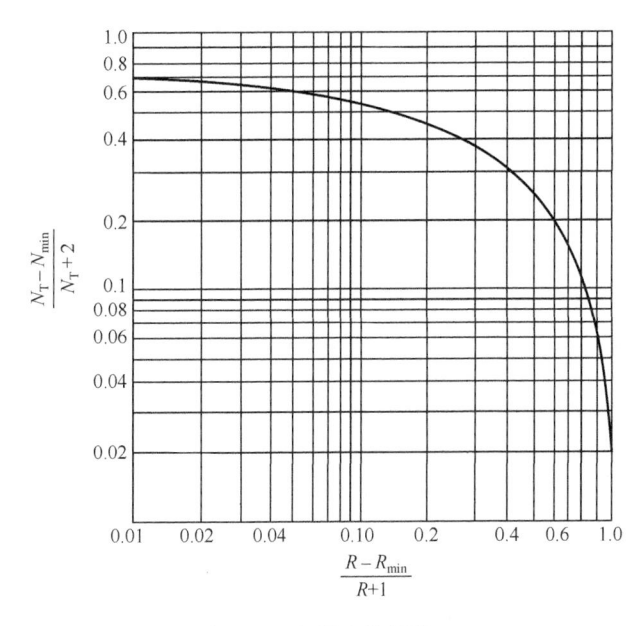

图 5-19 吉利兰关联图

表 5-3 绘制吉利兰图采用的精馏条件

组分数	进料热状况	R_{min}	组分间相对挥发度	理论塔板数
2～11	5 种	0.53～7.0	1.26～4.05	2.4～43.1

采用简捷计算法求算理论塔板数步骤如下：

(1) 用式(5-39)的芬斯克方程求算全回流下最小理论塔板数 N_{min}。

(2) 求出最小回流比 R_{min}，并求出 R。

(3) 计算 $\dfrac{R-R_{min}}{R+1}$ 的数值，在图 5-19 中找出该点，由该点作垂直线与图中曲线相交，由交点的纵坐标得出 $\dfrac{N_T-N_{min}}{N_T+2}$ 的值，代入 N_{min} 即可求出理论塔板数 N_T(不包括塔釜)。

多年来，科学家通过对吉利兰图研究改进，提出了一些相应的关联式以代替原图进行计算，其结果可与该图在一定范围内的结果有较好的吻合。

例如，1972 年 Molokanov 提出的

$$y = 1 - \exp\left(\frac{1+54.4x}{11+117.2x} \cdot \frac{x-1}{\sqrt{x}}\right) \tag{5-45}$$

1975 年 Eduljee 提出的

$$y = 0.75(1-x^{0.5688}) \tag{5-46}$$

它们均具有较高的精确度，可在大多数情况下与吉利兰图较好吻合。

以上两式[式(5-45)、式(5-46)]中

$$x = \frac{R-R_{min}}{R+1}, \quad y = \frac{N_T-N_{min}}{N_T+2}$$

【例 5-3】 用简捷计算法求解【例 5-2】题中全回流时的最小理论塔板数、精馏段理论塔板数,并与图解法相比较。已知塔顶、塔底条件下纯组分的饱和蒸气压如下所示:

物质	塔顶	塔釜	进料
正庚烷	101.325 kPa	205.3 kPa	145.7 kPa
正辛烷	44.4 kPa	101.325 kPa	66.18 kPa

解 已知 $x_D=0.95$,$x_F=0.45$,$x_W=0.02$,$R_{min}=1.63$,$R=2.45$。

塔顶相对挥发度

$$\alpha_D = \frac{p_A}{p_B} = \frac{101.325}{44.4} = 2.28$$

塔釜相对挥发度

$$\alpha_W = \frac{205.3}{101.325} = 2.03$$

全塔平均相对挥发度

$$\bar{\alpha} = \sqrt{2.28 \times 2.03} = 2.15$$

最小理论板数

$$N_{min} = \frac{\lg\left(\frac{x_D}{1-x_D} \frac{1-x_W}{x_W}\right)}{\lg \bar{\alpha}} - 1 = \frac{\lg\left(\frac{0.95}{1-0.95} \times \frac{1-0.02}{0.02}\right)}{\lg 2.15} - 1 = 7.8$$

此值与【例 5-2】中求得的 N_{min}(不包括塔釜)为 8 非常接近。

由

$$\frac{R - R_{min}}{R+1} = \frac{2.45 - 1.63}{2.45 + 1} = 0.24$$

查图 5-19 得

$$\frac{N - N_{min}}{N + 2} = 0.4$$

代入 N_{min} 解得理论塔板数

$$N = 14.3 \text{ (不包括塔釜)}$$

将最小理论塔板数计算式中的釜液组成 x_W 换成进料组成 x_F,则为

$$N'_{min} = \frac{\lg\left(\frac{x_D}{1-x_D} \frac{1-x_F}{x_F}\right)}{\lg \bar{\alpha}'} - 1$$

进料的相对挥发度

$$\alpha'_F = \frac{145.7}{66.18} = 2.20$$

塔顶与进料的平均相对挥发度

$$\overline{\alpha}' = \sqrt{\alpha_D \cdot \alpha_F'} = \sqrt{2.28 \times 2.20} = 2.24$$

则

$$N'_{\min} = \frac{\lg\left(\frac{0.95}{1-0.95} \times \frac{1-0.45}{0.45}\right)}{\lg 2.24} - 1 = 2.9$$

将 $N'_{\min}$ 代入

$$\frac{N' - N'_{\min}}{N' + 2} = 0.4$$

解得

$$N' = 6.17$$

取整数得精馏段理论塔板数为 6 块，加料板位置为从塔顶数的第 7 层理论板。这与用图解法求算结果十分接近。

思考： 进料热状况对精馏有何影响？

5.5 实际塔板数与塔板效率

理论板是塔板上气、液两相充分接触后，离开塔板时达到相互平衡的理想传质情况。但在实际精馏过程中，由于气、液两相接触时间及接触面积有限，离开塔板的气、液两相不可能达到平衡。这样，实际板的分离能力与理论板就有一定差距，也就是说一块实际板往往起不到一块理论板的分离作用。故实际需要的塔板数必然高于理论塔板数，由此引出塔板效率的概念。

5.5.1 塔板效率

塔板效率有几种不同的表示方法，如单板效率、总板效率以及点效率等，下面仅介绍单板效率和总板效率。

1. 单板效率

单板效率又称默弗里(Murphree)板效率，是指气相或液相经过一块实际塔板前后的组成变化与经过一层理论塔板前后的组成变化之比。

气相组成变化表示的单板效率 $\quad E_{m,V} = \dfrac{y_n - y_{n+1}}{y_n^* - y_{n+1}}$ (5-47)

液相组成变化表示的单板效率 $\quad E_{m,L} = \dfrac{x_{n-1} - x_n}{x_{n-1} - x_n^*}$ (5-48)

式中，y_n、y_{n+1} 分别为离开、进入第 n 块板的气相中易挥发组分物质的量分数；y_n^* 为与 x_n 成平衡的气相中易挥发组分物质的量分数；x_{n-1}、x_n 分别为进入、离开第 n 块板时液相中易挥发组分物质的量分数；x_n^* 为与 y_n 成平衡的液相中易挥发组分物质的量分数。

默弗里板效率一般在全回流操作下通过实验测定。

2. 总板效率与实际塔板数

总板效率又称全塔效率,是指达到相同分离效果所需理论塔板数与实际塔板数的比值,用 η 表示,即

$$\eta = \frac{N_\mathrm{T}}{N} \times 100\% \tag{5-49}$$

式中,N_T 为达到一定分离效果所需的理论塔板数;N 为达到相同分离效果所需的实际塔板数。

全塔效率是板式塔分离性能的综合度量,它不仅与影响点效率、单板效率的各种因素有关,而且包含了板效率随组成等因素的变化。因此,迄今还不能给出可以准确预测全塔效率的满意方法。获得全塔效率比较可靠的途径是从条件相近的生产装置和实验设备中收集全塔效率的经验数据,以此作为设计的依据。生产实践表明,全塔效率的数值一般为 0.20~0.80,对于两组分混合液大多为 0.50~0.70。

根据分离任务求出所需的理论塔板数 N_T 后,再用由经验得出的全塔效率 η 代入式(5-49),即可得到所需的实际塔板数 N。

5.5.2 塔高、塔径及塔板压降的计算

1. 塔高的计算

对于板式塔,塔高 H 指的是不包括塔顶空间和塔釜的部分,又称为有效段。求算有效段的高度,应该先利用全塔效率将理论塔板数换算成实际塔板数,再由实际塔板数 N 和板间距 H_T 来确定。

对于填料塔,塔高需要通过等板高度(height equivalent to a theoretical plate,即相当于一块理论板的填料层高度)h_e 来计算。理论塔板数 N_T 和等板高度 h_e 相乘就得到所需填料塔理论高度 H。

板式塔 $\qquad\qquad\qquad H = N \times H_\mathrm{T}$ (5-50a)

填料塔 $\qquad\qquad\qquad H = N_\mathrm{T} \times h_\mathrm{e}$ (5-50b)

由式(5-50a)可知,当精馏所需要的理论塔板数一定时,板式塔塔高主要取决于板间距。板间距是板式塔的一个重要参数,除决定塔的高度外,还对塔的生产能力、操作弹性及塔板效率有很大影响。因此,选择合理的板间距对精馏操作、精馏塔的检修和安装至关重要。板间距的选择主要与以下因素有关:

(1) 雾沫夹带。精馏过程中,上升气体在离开塔板上的液面时,都会在气体中夹带一些液滴,这种现象称为雾沫夹带。这些被夹带的液滴中易挥发组分浓度较上一层塔板中液相易挥发组分浓度低,当被夹带至上一层塔板后会降低上一层塔板上液相中易挥发组分浓度,从而导致塔板效率降低。这时如果采用较大的板间距,或者允许较高的空塔气速,就可以避免产生严重的雾沫夹带现象。

(2) 物料的起泡性。易起泡的物质会严重影响塔的操作。因此,对于起泡性大的物料,应采用较大的板间距。

(3) 液泛现象。在板式塔中,上升气体需要通过塔板后才能到达上一层塔板,而液体需要沿降液管流下才能到达下一层塔板,气、液两相在塔板上接触后进行传质传热。为保证上升气体全部从塔板中通过而不从降液管中通过,在降液管中要保持一定的液面高度 h(起液封作用)。h 的大小与上升气体经过塔板的压降有关。若板间距过小,则上一层塔板的液体不能及

时流走而积存在塔板上,这种现象称为液泛。严重的液泛会导致淹塔和冲塔的发生,这两种现象都是非正常操作,意味着设备操作出现了故障,必须避免。为避免产生液泛,板间距 H_T 取值要大于液面高度 h,一般为 h 的 $1.7\sim2.5$ 倍。

(4) 操作弹性。如果对塔的操作弹性要求较大,则应该取较大的板间距,以避免过多的雾沫夹带;反之,则可取较小的板间距。

板间距与塔径相互关联,因此需要结合技术经济评价权衡,反复调整才能确定。另外,板间距的确定还要考虑安装、维修的需要,一般在塔体人孔处应留有足够的工作空间,两层板之间距离应大于等于 600 mm。工程实践中,板间距的数值都采用经验值;对浮阀塔和筛板塔的板间距,初选时可参考表 5-4 和表 5-5 中的数值。

表 5-4 浮阀塔板间距随塔径的变化

塔径 D/m	$0.30\sim0.50$	$0.50\sim0.80$	$0.80\sim1.60$	$1.60\sim2.0$	$2.0\sim2.40$	>2.40
板间距 H_T/mm	$200\sim300$	$300\sim350$	$350\sim450$	$450\sim600$	$500\sim800$	$\geqslant 600$

表 5-5 筛板塔板间距随塔径的变化

塔径 D/m	$0.80\sim1.20$	$1.40\sim2.40$	$2.60\sim6.60$
板间距 H_T/mm	$300\sim500$	$400\sim700$	$450\sim800$

2. 塔径的计算

塔径大小的确定与空塔气速、流体物性、塔内气液相流量及板间距等很多因素有关。根据圆管内流量公式,可由式(5-51)计算塔径:

$$d = \sqrt{\frac{4q_V}{\pi u}} \tag{5-51}$$

式中,d 为塔径,m;q_V 为塔内气相体积流量,$m^3 \cdot s^{-1}$;u 为操作条件下的空塔气速,$m \cdot s^{-1}$。

按式(5-51)计算得到的塔径一般应按化工机械标准进行圆整。由式(5-51)可知,计算塔径的关键在于确定适宜的空塔气速 u。

空塔气速 u 是指蒸气通过整个塔截面时的速度。空塔气速选得过小,为保证正常操作,塔径将增大,塔设备投资增加;反之,则投资降低。

空塔气速应大于气速下限,即漏液气速,而小于气速上限,即发生液泛或严重雾沫夹带时的气速。正常操作时的空塔气速还要求雾沫夹带量小于 10%。工程实践中,一般取空塔气速为液泛气速的 $60\%\sim80\%$。液泛气速的大小随塔板形式、处理量及物料性质不同而改变,通常由实验确定。

上述计算出的塔径只是初步值,还需根据流体力学原理进行验算。当精馏段和提馏段的上升蒸气量相差不大时,为使结构简化,两段可采用相同的塔径;当两段上升蒸气量差别较大时,两段可采用不同的塔径并分别计算,这种塔称为变径塔。

3. 塔板压降

气体通过塔板的阻力损失通常称为塔板压降。塔板压降由以下两部分组成:

(1) 通过干板的阻力损失,即干板压降 h_d。
(2) 穿过板上液层的阻力损失 h_l。

气体通过一块塔板的压降 h_f 为干板压降 h_d 与液层压降 h_l 之和,即

$$h_f = h_d + h_l \tag{5-52}$$

塔板压降可通过实验确定,也可用半经验公式计算。塔板的结构形式不同,所用公式也不同,但均需遵循流体力学原理。

对于筛板塔,干板压降主要是由气体经过筛孔时流动截面突然缩小和突然扩大的局部阻力引起的,与通过孔板的流动情况类似,即

$$h_d = \zeta \frac{u_0^2}{2g} \cdot \frac{\rho_g}{\rho_l} \tag{5-53}$$

式中,ζ 为阻力系数;u_0 为气体通过筛孔的速度,$m \cdot s^{-1}$;ρ_g、ρ_l 分别为气体、液体的密度,$kg \cdot m^{-3}$。

在实际操作气速下,气体经过筛孔的流动往往为高速湍流,孔流系数是与孔速无关的常数,因此干板压降与气速的平方成正比。

液层压降主要是气体通过板上液层时克服液体层静压所造成的阻力损失。液层压降与塔板上液层的厚度有关,一般情况下有

$$h_l = 0.5 h_W \tag{5-54}$$

式中,h_W 为塔板上液层的厚度。

塔板压降的大小是影响精馏操作特性因素之一,也是设计任务规定的一个重要指标。

对于一般精馏过程,塔板压降影响不大。但对于沸点高、易分解、易聚合的料液,为降低操作温度常需减压操作,塔板压降则成为主要指标。如果塔板压降高,会导致塔釜的真空度下降,这时必须升高温度才能使釜液沸腾,这样不仅增加了能耗,还会使料液分解、聚合。

此外,塔板压降的变化可以反映精馏塔的操作状况。由于压降直接与气速及塔板上的液层厚度有关,塔釜汽化量增加和塔板液层厚度增加,都会导致压降增加;反之,压降则减少。因此,设计或操作精馏塔时,在确保具有较高效率的前提下,应尽量减小塔板压降,以降低能耗和保证塔的正常操作。

思考: 塔板效率有几种表示方法?其影响因素有哪些?

5.6 其他精馏方式

5.6.1 间歇精馏

间歇精馏又称分批精馏。当精馏处理量较小或被分离的物料为分批得到时,常采用此类操作。间歇精馏操作流程如图 5-20 所示。物料一次性加入塔釜中,采用间接加热使釜液部分汽化,产生的蒸气进入精馏塔。蒸气经冷凝后,一部分作为塔顶产品,另一部分作为回流液送回塔内。当精馏操作结束时,釜液全部从塔内排出,然后加入下一批物料进行操作。

间歇精馏与连续精馏操作的不同在于以下两点:

(1) 塔釜中料液浓度随着精馏的进行不断降低,塔内操作参数(温度、浓度)都随时间而变化,因此间歇精馏属于不稳定操作过程。

(2) 间歇精馏只有精馏段。因间歇精馏的原料加入塔釜，故不存在提馏段，只有精馏段。

间歇精馏的操作方式主要有两种：一种是在操作过程中保持回流比恒定，则相应的馏出液组成不断降低；另一种是保持馏出液组成恒定，则随着精馏过程进行需不断增大回流比。

1. 回流比恒定的间歇精馏操作

在塔板数一定的情况下，进行回流比恒定的间歇精馏，则操作线的斜率将保持不变，如图 5-21 所示，各操作线互为平衡线。由于釜中液体的组成随精馏进行不断降低，因此馏出液的组成也将不断减小。一般当釜液组成或馏出液组成达到规定值时，即可停止操作。

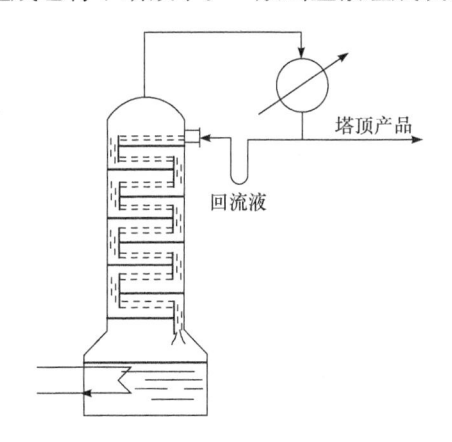

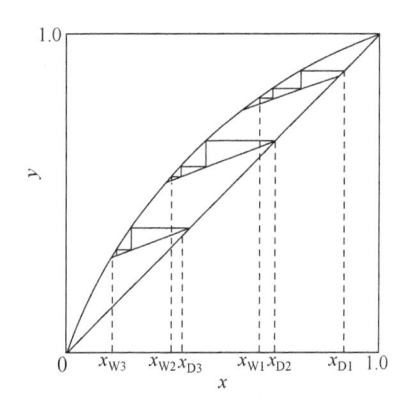

图 5-20 间歇精馏塔示意图　　图 5-21 回流比恒定间歇精馏 x_D 与 x_W 的关系

在恒定回流比条件下进行操作，得到的馏出液组成为各瞬间馏出液组成的平均值 $\bar{x}_D$，在此条件下，精馏所需理论塔板数可按以下步骤用图解法求得：

(1) 根据工艺要求的平均馏出液组成 $\bar{x}_D$，使精馏初始阶段馏出液组成 $x_{D1} > \bar{x}_D$，才能保证平均馏出液组成等于或大于工艺要求值。由于间歇精馏无提馏段，塔釜组成即为料液组成 x_F。

(2) 如图 5-22 所示，根据 x_F 可以在 x-y 图中平衡线上找到与之平衡的气相组成 y_F，则可由式(5-55)计算最小回流比 R_{min}：

$$R_{min} = \frac{x_{D1} - y_F}{y_F - x_F} \quad (5-55)$$

式中，x_F 为原料液中易挥发组分物质的量分数；y_F 为与 x_F 成平衡的气相中易挥发组分物质的量分数。

将 R_{min} 扩大适当倍数，就可以确定实际操作回流比。

(3) 由操作线截距 $\dfrac{x_D}{R+1}$ 在 y 坐标轴上定出点 B，在对角线上定出点 $A(x_{D1}, x_{D1})$，连接 A、B 两点，即得精馏段操作线。

从点 A 开始在平衡线与操作线之间绘直角阶梯，当某板阶梯的垂直线对应的横坐标 $x \leqslant x_F$ 时，所得阶梯数就是所需的理论塔板数。

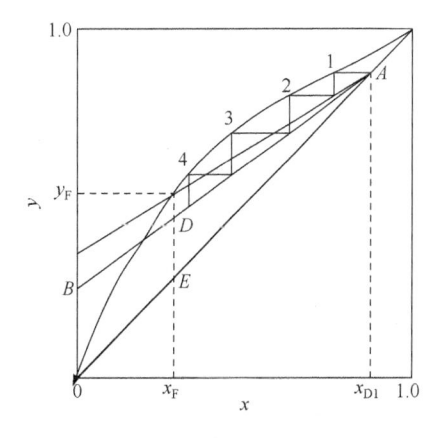

图 5-22 回流比恒定间歇精馏理论塔板数的确定

2. 馏出液组成恒定的间歇精馏操作

在塔板数一定的条件下，若维持塔内馏出液组成不变，间歇精馏操作产品流量的确定原则与连续精馏一样，但是在进行物料衡算时，需要以一段操作时间为基准，且忽略塔内液体滞流量。

$$D = \frac{F(x_F - x_W)}{x_D - x_W} \tag{5-56}$$

$$W = F - D \tag{5-57}$$

因为要保持塔顶馏出液组成不变，所以随着精馏的进行，需要不断增大回流比。当釜液的浓度降低到规定的釜液组成 $x_{W,e}$ 时，操作即可停止。以这种方式操作的最后阶段，釜液中易挥发组分浓度很低，相对应的分离要求最高。因此，按该分离要求确定所需的理论塔板数时，应以最后阶段釜液的组成为基准求算，具体步骤如下：

(1) 由馏出液组成 x_D 及最终的釜液组成 $x_{W,e}$，计算该操作状态下的最小回流比 R_{min}，并将 R_{min} 扩大适当倍数，得出实际操作回流比。

$$R_{min} = \frac{x_D - y_{W,e}}{y_{W,e} - x_{W,e}} \tag{5-58}$$

式中，$x_{W,e}$ 为最终阶段的釜液中易挥发组分物质的量分数；$y_{W,e}$ 为与 $x_{W,e}$ 成平衡的气相中易挥发组分物质的量分数。

(2) 如图 5-23 所示，由操作线截距 $\frac{x_D}{R+1}$ 在 y 轴上定出点 B，在对角线上定出点 $A(x_D, x_D)$，连接 A、B 两点，即得精馏段操作线。在操作线与平衡线之间画直角阶梯，当阶梯垂直线对应的横坐标 $x \le x_{W,e}$ 时，所得阶梯数即为精馏所需理论塔板数。

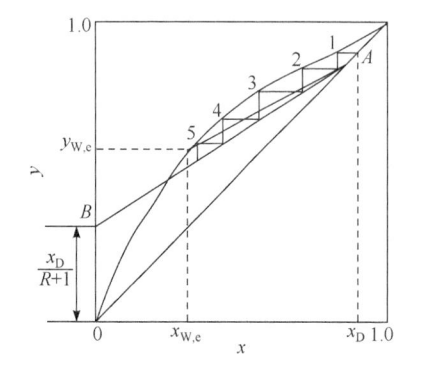

图 5-23 馏出液组成恒定间歇精馏理论塔板数的确定

5.6.2 特殊精馏

一般情况下混合液体的精馏分离是以混合物中各组分的挥发度不同作为依据的。但是，有些特殊的体系用普通精馏操作难以分离，这时就要采用特殊精馏方法进行分离。下列情况下往往需要考虑采用特殊精馏进行分离：

(1) 组分相对挥发度接近于 1，用普通精馏操作所需理论塔板数太多。
(2) 待分离的组分间沸点差小于 3 K。
(3) 形成恒沸混合物。
(4) 精馏过程中易发生聚合或分解。
(5) 随着精馏过程的进行，需要对部分产物进行分离。

工业上经常采用的特殊精馏方法有恒沸精馏和萃取精馏。这两种方法都是采取在被分离的溶液中加入第三组分，以改变原溶液中各组分间的相对挥发度，从而使分离变得容易或彻底。如果加入第三组分与原混合液中一个以上组分形成最低恒沸物并以新的恒沸物形式由塔顶蒸出，称为恒沸(共沸)精馏；加入的第三组分称为共沸剂或夹带剂。如果加入的第三组分不与原混合液中的组分形成恒沸物，而只是改变了原组分间的相对挥发度，则称为萃取精馏；加入的第三组分称为萃取剂。

1. 恒沸精馏

图 5-24 为乙醇-水二元恒沸混合液制取无水乙醇的流程示意图。该过程以苯作为夹带剂。由于乙醇和水会形成恒沸液(恒沸点为 351.3 K，恒沸液中乙醇的物质的量分数为 0.894)，用普通精馏方法分离乙醇-水混合液只能得到乙醇含量与恒沸液组成接近的工业乙醇。如果在上述恒沸液中加入苯，则苯、乙醇和水形成三元非均相恒沸物，常压下该恒沸液的沸点为 337.8 K，恒沸液中含苯 0.542、乙醇 0.236、水 0.222(均为物质的量分数)。在该三元恒沸液中，水与乙醇的物质的量比为 0.94，远大于二元恒沸液中的比值 0.12。当夹带剂使用量足够时，精馏过程中水将全部进入三元恒沸液并且从塔顶蒸出。

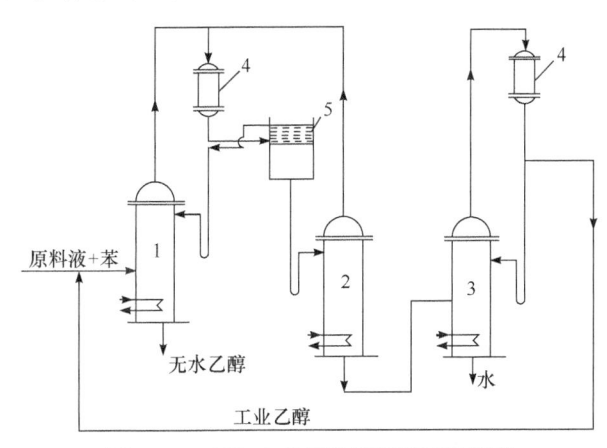

图 5-24 乙醇-水的恒沸精馏流程示意图
1. 恒沸精馏塔；2. 苯回收塔；3. 乙醇回收塔；4. 冷凝器；5. 分层器

在实际操作中，将与乙醇-水二元恒沸液组成相近的工业乙醇加入恒沸精馏塔 1。精馏时，无水乙醇从塔 1 底排出，塔 1 顶馏出液(三元恒沸液)在分水器中静置后分层。上层富苯相送回塔 1 用于回流，下层富水相送入苯回收塔 2。塔 2 顶仍为三元恒沸混合物，送回分水器中分层；塔底排出的为稀乙醇-水混合液，将其送入乙醇回收塔 3 中。塔 3 顶得到的是乙醇-水二元恒沸物，送回塔 1 作为原料；塔 3 底引出的几乎为纯水。操作中苯是循环使用的，但因有损耗，故隔一段时间后需补充一定量的苯。

在恒沸精馏操作中，恒沸剂的选择是关键，通常考虑以下几点：
(1) 加入恒沸剂后形成的最低恒沸物，其沸点要低于任意一纯组分沸点 10 K 以上。
(2) 新恒沸物最好为非均相恒沸物，以便于分层分离。
(3) 恒沸剂的效率要高，即较少量恒沸剂能带走较多的原组分，操作较为经济。
(4) 实际应用中，还应满足无毒、无腐蚀、热稳定性好、不易燃、不易爆、容易获得、价格低廉等要求。

2. 萃取精馏

在萃取精馏中，由于所加入的第三组分与原来的二组分混合液中的组分 A、B 的分子作用力不同，所以能有选择地改变原组分中 A、B 的蒸气压，从而增大原混合液中两组分间的相对挥发度，使分离变得容易。萃取精馏多用于分离相对挥发度小的溶液。加入的萃取剂一般为高沸点的溶剂。

例如，苯-环己烷体系的分离，常压下苯的沸点为 353.3 K，环己烷的沸点为 353.9 K，当加入糠醛(沸点为 434.9 K)后，溶液的相对挥发度明显增大，使分离较以前容易，如图 5-25 所示。再如，异辛烷-甲苯体系，常压下其沸点分别为 372.5 K 和 383.8 K，分离较为困难。当加入苯酚后，其相对挥发度大为增加。异辛烷-甲苯的萃取精馏流程如图 5-26 所示。原料加入萃取塔的中部，萃取剂苯酚在靠近塔顶处加入，使塔内各塔板液相中均保持一定量的苯酚。沸点最低的异辛烷从塔顶蒸出，在苯酚加入口以上位置设置 1～2 块塔板以捕获少量被汽化的苯酚，以免由塔顶逸出。精馏塔的釜液为甲苯与苯酚的混合液，将其送入塔 2 以回收萃取剂苯酚。由于甲苯与苯酚的沸点差较大，故在塔 2 中很容易分开，而塔 2 底部的苯酚可送回塔 1 循环使用。

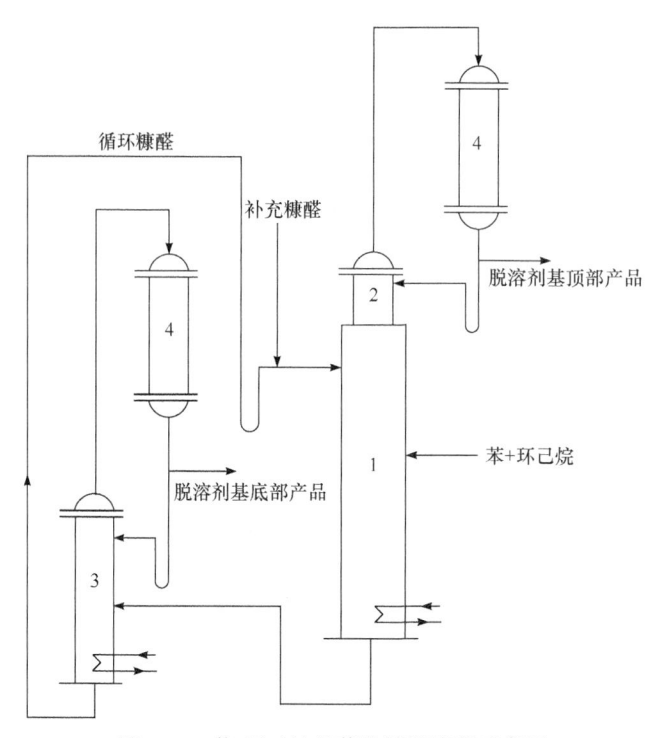

图 5-25 苯-环己烷的萃取精馏流程示意图
1. 萃取精馏塔；2. 萃取剂回收段；3. 苯回收塔；4. 冷凝器

在萃取精馏塔中，加料板以下是提馏段，加料板至萃取剂入口处是精馏段，萃取剂入口至塔顶称为吸收段(或称回收段)，其作用是减少由塔顶带出的萃取剂蒸气，板数的多少主要取决于萃取剂的沸点。沸点越高，吸收段的板数越少。

萃取剂的选择主要考虑以下条件：
(1) 选择性高，即加入萃取剂能显著改变原组分间的相对挥发度。
(2) 互溶度高，能与原混合液良好地混合，充分发挥萃取剂的作用。
(3) 挥发性小，即与被分离组分的沸点差大，而且不与原混合液中各组分形成恒沸物，便于回收利用。

恒沸精馏与萃取精馏的共同点是都需要加入某种添加剂以增加被分离组分的相对挥发度。二者的区别在于：

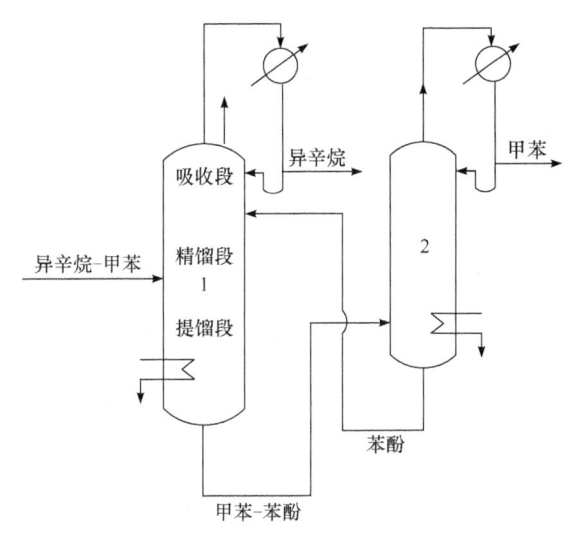

图 5-26 异辛烷-甲苯的萃取精馏流程示意图
1. 萃取精馏塔；2. 萃取剂回收塔

(1) 恒沸精馏夹带剂必须与被分离组分形成恒沸物，而萃取剂没有这个限制，因而萃取剂比夹带剂易于选择。

(2) 恒沸精馏夹带剂被汽化后由塔顶蒸出，这样潜热消耗比较大(尤其当馏出液比例较高时)，所以恒沸精馏耗能比萃取精馏大，其经济性不如萃取精馏。

(3) 萃取精馏中萃取剂需要不断加入，因此不适合采用间歇操作；而恒沸精馏既可用于大规模的连续生产，也可用于实验室小型间歇精馏过程。

(4) 恒沸精馏操作温度较萃取精馏低，所以恒沸精馏可用于分离热敏性体系。

萃取精馏实例见表 5-6。

表 5-6 萃取精馏实例

待分离体系	萃取剂
乙醇-水	苯、乙二醇、甘油
异辛烷-甲苯	苯酚
甲醇-异辛烷	苯酚
甲醇-乙酸甲酯	水
甲醇-丙酮	水
正丁烷-丁二烯	糠醛、乙腈、N-甲基吡咯烷酮

5.7 板 式 塔

精馏操作可以在板式塔中进行，也可以在填料塔中进行。填料塔的结构及气、液两相流动特性已经在第 4 章中做了介绍，本节重点介绍板式塔。

板式塔由一个圆筒形壳体及其中装置的若干块水平塔板所构成。相邻塔板间有一定距离，称为板间距。液相在重力作用下自上而下经过塔板后由塔底排出，气相在压差推动下由下而上经过塔板上的开孔并穿过塔板上的液层最后由塔顶排出。流动的气、液两相在塔板上进行传质过程，气相和液相组分的浓度均沿塔高呈阶梯式变化。塔板的功能应使气、液两相保持密切且充分的接触，为传质过程提供足够大且不断更新的相际接触表面，减少传质阻力。

5.7.1 塔板的类型

按照塔内气、液流动的方式，可将塔板分为错流式和逆流式。错流式塔板上带有降液管，在每层塔板上保持一定的液层厚度，气体垂直穿过液层，但对整个塔来说，两相为逆流流动。错流式塔板广泛应用于精馏、吸收等传质操作中。

逆流塔板也称穿流板，板上不设降液管，气、液两相同时由板上孔道逆向穿流而过。栅板、淋降筛板等都属于逆流塔板。这种塔板虽然结构简单，板面利用率也高，但需要较高的气速才能维持板上液层，操作范围较小，分离效率也较低，工业上应用较少。

1. 泡罩塔板

泡罩塔是应用最早的气液传质设备之一。长期以来，人们对泡罩塔板的性能进行了较充分的研究，在工业生产实践中也积累了丰富的经验。

泡罩塔板结构如图 5-27 所示。每层塔板上开有若干个孔，孔上焊有短管作为上升气体的通道，称为升气管。升气管上覆以泡罩，泡罩下部周边开有许多齿缝。泡罩分为圆形和条形两种，以圆形应用居多。圆形泡罩尺寸分为 $\varphi 80\ mm$、$\varphi 100\ mm$、$\varphi 150\ mm$ 三种，其主要结构参数已系列化。

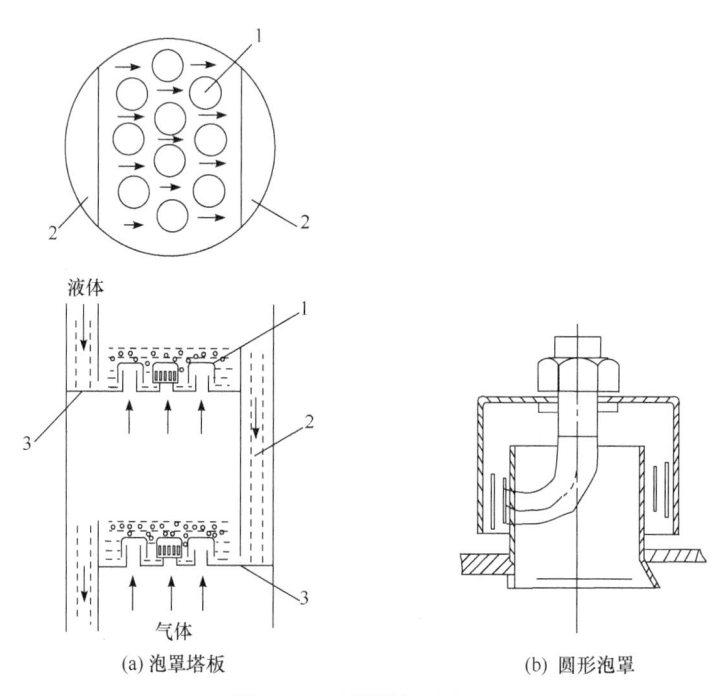

(a) 泡罩塔板　　(b) 圆形泡罩

图 5-27　泡罩塔板示意图

1. 泡罩；2. 降液管；3. 塔板

泡罩塔板的优点是：因升气管高出液层，不易发生漏液现象，液气比范围大；有较大的操作弹性，即当气、液流量有较大的波动时仍能维持几乎恒定的塔板效率；塔板不易堵塞，适合处理各种物料，尤其是含有悬浮物的物料。泡罩塔板的缺点是：塔板结构复杂，金属耗量大，造价高；塔板压降大，气体流道曲折，限制了气速的提高，使得生产能力和板效率均较低。

2. 筛孔塔板

筛板塔也是工业生产中应用较多的一种传质设备。筛孔塔板简称筛板，塔板上开有许多均匀分布的小孔，称为筛孔。根据孔径大小，分为小孔径(孔径为 3～8 mm)筛板和大孔径(孔径为 10～25 mm)筛板两类。筛孔在塔板上通常按正三角形排列。在正常的操作气速下，通过筛孔上升的气流应能阻止液体经筛孔向下泄漏。

筛孔塔板的优点是：结构简单，造价低廉，气体压降小，板上液面落差也较小，生产能力和板效率均较泡罩塔高。其主要缺点是：操作弹性小，筛孔小时容易堵塞，要求处理物料必须干净。

采用大孔径筛板可避免堵塞，而且因气速的提高，生产能力有所增大。

3. 浮阀塔板

浮阀塔是 20 世纪 50 年代初发展起来并迅速在工业上得到推广应用的一种新型气液传质设备。由于它兼有泡罩塔和筛板塔的优点，已成为国内应用最广泛的塔型，特别是在石油、化学工业中使用最普遍，对其性能研究也较充分。浮阀塔板的结构特点是在安装了溢流堰的塔板上开有若干孔径为 39 mm 的大孔，每个孔上装有一个可以上、下浮动的阀片，称为浮阀。浮阀的类型很多，目前国内已采用的浮阀有 5 种，但最常用的浮阀类型为 F1 型、V-4 型和 T 型，如图 5-28 所示。

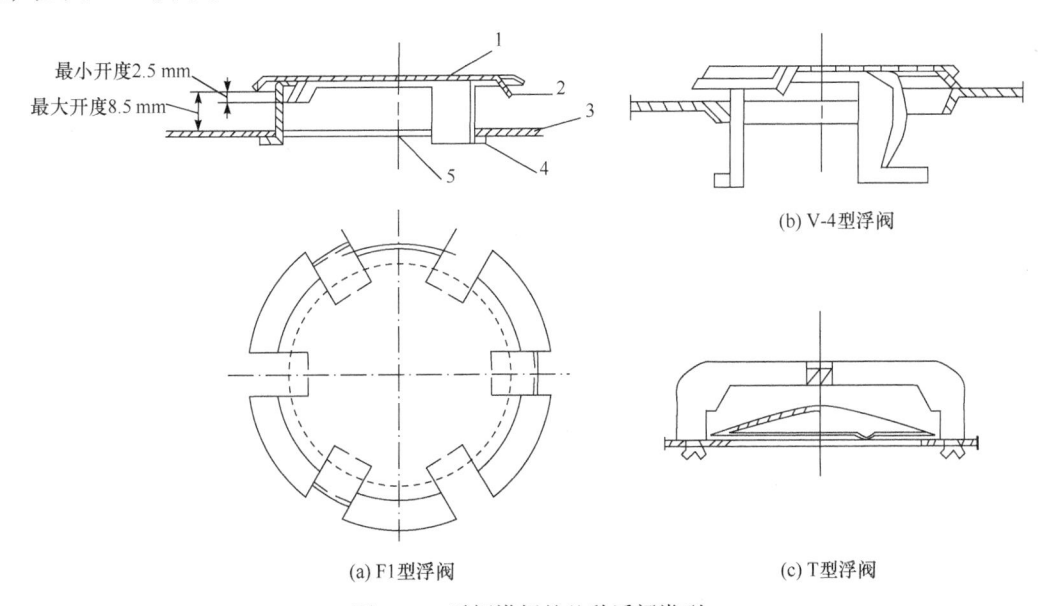

图 5-28 浮阀塔板的几种浮阀类型
1. 阀片；2. 定距片；3. 塔板；4. 底脚；5. 阀孔

与泡罩塔板和筛板相比，浮阀塔板的综合性能优越，其具有以下特点：生产能力大(比泡罩塔大20%，与筛板塔相当)，操作弹性大，塔板效率高，气体压降及液面落差小，构造简单，易于制造，造价低(比泡罩塔造价低20%~40%)，并且安装方便。

浮阀塔不宜处理易结焦或黏度大的体系，但对于黏度稍大及有一定聚合现象的体系，浮阀塔也能正常操作。

4. 喷射型及其他塔板

上述几种塔板都不同程度地存在雾沫夹带现象。为了克服这一不利因素的影响，人们在长期的实践中又设计出了一些新型塔板，如斜向喷射的舌形塔板、斜孔塔板、浮舌塔板、浮动喷射塔板、垂直筛板等不同的结构型式，有些塔板结构还能减少因水力梯度造成的气体不均匀分布现象。近年来，新型垂直筛孔塔板和立体传质塔板因具有高效、大通量、低压降等优点，得到了快速推广和应用。

5.7.2 塔板的性能评价

提高传质速率是对传质设备性能的根本要求。为此，应保证分散相的良好分散，两相的适当湍动和最大可能地接近逆流流动，以期获得大的传质面积和传质系数，提高传质推动力。塔板的性能受诸多因素的影响，包括塔板类型、塔板的结构尺寸、被处理物料的性质及操作状况等。塔板的性能评价指标有以下几方面：单位塔界面上气、液两相通量，塔板效率，压降，对生产负荷和物料的适应性(弹性)，制造难易和成本等。工业上常用的几种塔板性能比较列于表5-7。

表5-7 常用塔板性能比较

塔板类型	相对生产力	相对塔板效率	操作弹性	压降	结构	成本
泡罩塔板	1.0	1.0	中	低	复杂	1.0
筛孔塔板	1.2~1.4	1.1	低	高	简单	0.4~0.5
浮阀塔板	1.2~1.3	1.1~1.2	大	低	一般	0.7~0.8
舌形塔板	1.3~1.5	1.1	小	中	简单	0.5~0.6
斜孔塔板	1.5~1.8	1.1	中	低	简单	0.5~0.6

从表5-7可以看出，现有的任何一种塔板均不可能达到上述评价指标的全面优化，它们各具特色。正是人们对于大通量、高效率、大弹性、低压降的追求，推动着新型塔板结构类型的不断开发和创新。

5.7.3 塔板的结构

随着科学技术的发展，有多种类型的塔板已在工业上得到广泛应用。这里主要以图5-29所示的筛孔塔板为例，介绍塔板的结构。

塔板上主要分为气、液鼓泡区和降液管区。

1. 气、液鼓泡区

气、液鼓泡区是筛板上气、液接触传质的主要场所，因气体穿过液层会鼓泡而得名。在气、液鼓泡区开有许多筛孔，筛孔直径通常为 3~8 mm，也有用 12~25 mm 的大孔径筛孔。筛孔按正三角形排列，孔中心的距离一般为孔径的 3~4 倍。筛板的开孔率(等于开孔面积除以开孔区面积)由孔径与孔间距决定，对塔板性能影响很大。

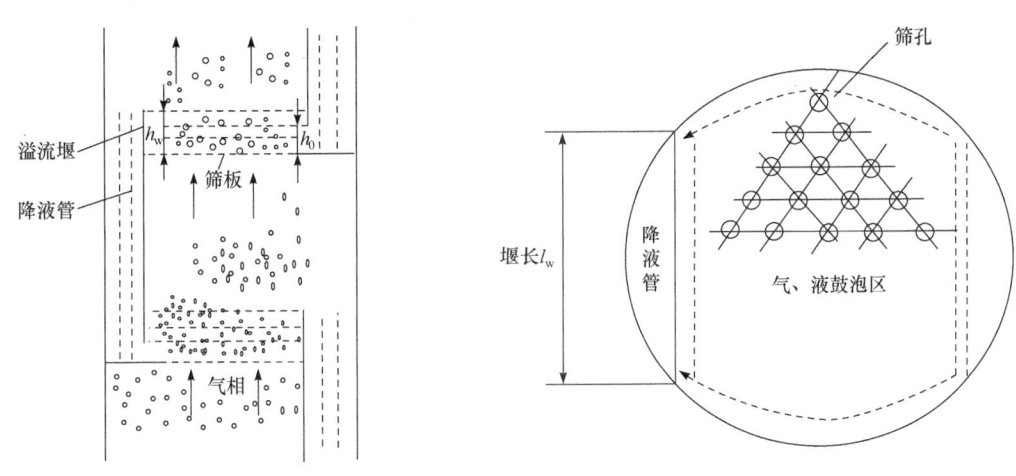

图 5-29　筛孔塔板示意图

2. 溢流堰

为了使气、液两相在塔板上接触，塔板上需要有一定的液层高度。因此，在塔板的液体出口处安装溢流堰(overflow weir)。堰长 l_w 一般为塔径的 0.6~0.8 倍。

3. 降液管

降液管(downcomer)是液体从上层塔板溢流到下层塔板的管道。从降液管流下来的液体横向流过筛孔塔板，经溢流堰和降液管流到下层塔板。

降液管一般为弓形。降液管下端离下层塔板有一定高度(图 5-29 中的 h_0)的缝隙，使液体流出。为防止下层塔板上方的气相窜入降液管中，h_0 应小于溢流堰的高度 h_w。

4. 塔板上液体流动的安排

根据液体流量和塔径大小的不同，塔板上液体流动有不同的安排，常用的有单流型和双流型。双流型塔板的结构较复杂，其优点是液体流动路程短，可减少液面落差，适用于液气比和塔径较大的塔。

5.7.4　塔板的流体力学状况

尽管塔板的形式很多，但它们之间有许多共性，如在塔内气液流动方式、气流对液沫的夹带、降液管内的液流流动、漏液、液泛等都遵循相同的流体力学规律。通过对塔板流体力学共性的分析，可以全面了解塔板设计原理，以及塔设备在操作中可能出现的一些现象。

1. 气、液接触状态

塔板上气、液两相的接触状态是决定两相流体力学、传热和传质特性的主要因素。研究发现，当液相流量一定时，随着气速的不断提高，塔板上依次出现鼓泡接触状态、泡沫接触状态和喷射接触状态。在工业上实际使用的筛板中，两相接触不是泡沫接触状态就是喷射接触状态，很少采用鼓泡接触状态。

2. 漏液

气相通过筛孔的气速较小时，板上部分液体就会从孔口直接落下，这种现象称为漏液。上层板上的液体未与气相进行传质就落到浓度较低的下层板上，降低了传质效果。严重的漏液将使塔板上不能积液而无法操作，故正常操作时漏液量一般不允许超过某一规定值。

3. 液沫夹带

气相穿过板上液层时，无论是喷射型还是泡沫型操作，都会产生数量甚多、大小不一的液滴，这些液滴中的一部分被上升气流夹带至上层塔板，这种现象称为液沫夹带。浓度较低的下层板上的液体被气流带到上层塔板，使塔板的提浓作用变差，对传质是不利因素。

4. 气相通过塔板的阻力损失

上升的气流通过塔板时需要克服以下几种阻力：塔板本身的干板阻力(板上各部件所造成的局部阻力)、板上充气液层的静压力和液体的表面张力。气体通过塔板时克服这三部分阻力，就形成了该板的总压降。

气体通过塔板时的压降是影响板式塔操作特性的重要因素，因气体通过各层塔板的压降直接影响塔底的操作压强。特别是对真空精馏，塔板压降成为主要性能指标，塔板压降增大，导致釜压升高，失去了真空操作的特点。

然而，从另一方面分析，对于精馏过程，若使干板压降增大，一般可使塔板效率提高；若使板上液层适当增厚，则气、液传质时间增长，显然效率也会提高。因此，进行塔板设计时，应全面考虑各种影响塔板效率的因素，在保证较高塔板效率的前提下，力求减小塔板压降，以降低能耗及改善塔的操作性能。

5. 液泛

气相通过塔板的压降一方面随气速的增加而增大，因而降液管内的液面也随气速的增加而升高；另一方面，当液体流经降液管时，降液管对液流有各种局部阻力，流量大则阻力增大，降液管内液面随之升高。气、液流量增加都使降液管内液面升高，严重时可将泡沫层升举到降液管的顶部，使板上液体无法顺利流下，导致液流阻塞，造成液泛。

液泛是气、液两相逆向流动时的操作极限，因此在板式塔操作中要避免发生液泛现象。

6. 塔板上的液面落差

液体在板上从入口端流向出口端时必须克服阻力，故板上液面将出现坡度，塔板进、出口侧的液面高度差称为液面落差，或称为水力梯度。在液体入口侧因液层厚，故气速小。出口处液层薄、气速大，导致气流分布不均匀。在液体进口侧气相增浓程度大，而在液体出口侧气相增浓程度小，所以实际上气相的浓度分布并不是均匀一致的。液面落差也是影响板式塔操作性能的重要因素，液面落差导致气流分布不均，从而造成漏液现象，使塔板效率下降。因此，在塔板设计中应尽量减小液面落差。

习 题

1. 若苯-甲苯混合液中含苯 0.4(物质的量分数)，试根据本题中的 T-x-y 关系：
(1) 求溶液的泡点温度及其平衡蒸气的瞬间组成。
(2) 溶液加热到 100℃，此时溶液处于什么状态？各相的量和组成为多少？
(3) 该溶液加热到什么温度时才能全部汽化为饱和蒸气？此时蒸气的瞬间组成如何？

T/℃	80.1	85	90	95	100	105	110.6
x	1.000	0.780	0.581	0.411	0.258	0.130	0
y	1.000	0.900	0.777	0.632	0.456	0.262	0

(95.5℃，0.615；气、液共存区，$x = 0.26$，$y = 0.47$；102℃，$y = 0.4$)

2. 每小时将 15 000 kg 含苯 40%(质量分数，下同)和甲苯 60%的溶液在连续精馏塔中进行分离，要求釜残液中含苯不高于 2%，塔顶馏出液中苯的回收率为 97.1%。试求馏出液和釜残液的流量及组成，以物质的量流量和物质的量分数表示。
($D = 80.0$ kmol·h^{-1}；$W = 95.0$ kmol·h^{-1}；$x_D = 0.935$；$x_W = 0.0235$)

3. 精馏塔采用全凝器，用以分离苯和甲苯组成的理想溶液，进料热状况为气、液共存，两相组成如下：$x_F = 0.5077$，$y_F = 0.7201$。
(1) 若塔顶产品组成 $x_D = 0.99$，塔底产品的组成为 $x_W = 0.02$，则最小回流比为多少？塔底产品的纯度如何保证？
(2) 进料室的压强和温度如何确定？
(3) 该进料两组分的相对挥发度为多少？ (1.271，通过选择合适的回流比来保证；2.49)

4. 常压连续操作的精馏塔分离苯和甲苯混合液，已知进料中含苯 0.6(物质的量分数)，进料热状况是气、液各占一半(物质的量)，从塔顶全凝器取出馏出液的组成为含苯 0.98(物质的量分数)，已知苯-甲苯系统在常压下的相对挥发度为 2.5。试求：
(1) 进料的气、液相组成。
(2) 最小回流比。 (液相 0.49，气相 0.71；1.227)

5. 1 kmol·s^{-1} 饱和气态的氨-水混合物进入一个精馏段和提馏段各有 1 块理论塔板的精馏塔分离，进料中氨的组成为 0.001(物质的量分数)。塔顶回流为饱和液体，回流量为 1.3 kmol·s^{-1}，塔底再沸器产生的气相量为 0.6 kmol·s^{-1}。若操作范围内氨-水溶液的气液平衡关系可表示为 $y = 1.26x$，求塔顶、塔底的产品组成。
($x_D = 1.402 \times 10^{-3}$；$x_W = 8.267 \times 10^{-4}$)

6. 一连续精馏塔分离二元理想混合溶液，已知精馏段某层塔板的气、液相组成分别为 0.83、0.70，相邻上层塔板的液相组成为 0.77，而相邻下层塔板的气相组成为 0.78(以上均为轻组分 A 的物质的量分数，下同)。塔顶为泡点回流。进料为饱和液体，其组成为 0.46。若已知塔顶与塔底产量比为 2/3，试求：
(1) 精馏段操作线方程。
(2) 提馏段操作线方程。 ($3y = 2x+0.95$；$3y = 4.5x-0.195$)

7. 某连续精馏操作中，已知操作线方程如下：

精馏段 $\qquad\qquad\qquad\qquad y = 0.723x+0.263$

提馏段 $\qquad\qquad\qquad\qquad y = 1.25x-0.0187$

若原料液于露点温度下进入塔中，试求原料液、馏出液和釜残液的组成及回流比。
($x_F = 0.65$；$x_D = 0.95$；$x_W = 0.0748$；$R = 2.61$)

8. 一连续精馏塔分离由组分 A、B 所组成的理想混合液，原料液中含 A 0.44，馏出液中含 A 0.957(以上均为物质的量分数)。已知溶液的平均相对挥发度为 2.5，最小回流比为 1.63，试说明原料液的热状况，并求出 q 值。
(0.667)

9. 连续精馏塔在常压下将 16% CS_2 和 84% CCl_4 的混合液进行分离，要求塔顶产品含 CS_2 91%，釜液含 CCl_4 97%(以上均为质量分数)。塔顶采用全凝器，液体在泡点下回流，操作回流比为 3。求进料为 290 K 液体时所需理论塔板数。 [$n=9$(不包括塔釜)；其中精馏段为 5，提馏段为 4]

10. 连续精馏塔有 8 块塔板，分离甲醇-水混合液，泡点进料。今测得原料液、馏出液、釜液分别含甲醇 0.4、0.95、0.05(物质的量分数，下同)。塔顶采用全凝器，泡点回流，操作回流比为最小回流比的 3 倍。

(1) 试求全塔效率。

(2) 若测得塔顶第一块实际板下降液体组成为 0.92,该板的单板效率为多少？ (50%；60%)

第 6 章　均相反应动力学与理想反应器

本章重点：

(1) 熟悉均相反应动力学基本概念。
(2) 掌握简单反应动力学及复杂反应动力学类型、特点及计算。
(3) 熟悉均相反应器分类，熟悉理想反应器、理想流动模型基本概念及特征。
(4) 掌握间歇反应器、活塞流反应器、全混流反应器的特点及计算。

本章难点：

(1) 简单及复杂反应动力学计算。
(2) 理想反应器模型及其计算。

6.1　概　　述

工业化学过程是利用各种不同的生产原料，通过连续的生产过程，生产符合一定经济目标的产品的过程。通常，通过各种物理手段处理过的原料被送入反应器进行反应，得到的反应产物经过分离、纯化等各个工序，最终得到符合规格的产品。关于原料的处理以及产品的分离在前面章节中已经进行了比较详细的介绍。化学反应在通常说的"三传一反"中处于核心地位，但是与实验室中的化学反应过程不同，在工业反应器中进行的化学反应，除化学反应过程外，还伴随着各种物理过程，如热量的传递、质量的传递、物料的流动与混合等，这些物理过程与化学反应过程之间的交互作用不但使工业反应器中的化学反应过程更为复杂，而且会影响反应的最终结果。

化学反应工程简称反应工程，是化学工程学的一个分支学科。它以典型的工业反应器为研究对象，从化学反应动力学和传递过程原理出发，研究反应器内物料的流动、混合、传热及传质等物理过程对化学反应过程的影响，旨在发现工业反应器内宏观反应体系的反应过程规律并建立数学模型对其进行描述，进而为工业反应器的设计、放大和优化提供可靠的方法。

从本章开始，在学习热量传递、质量传递和物料流动的基础上，结合化学反应动力学和物料混合现象，对工业规模的化学反应规律及工业反应器特征进行分析和讨论，最终实现对工业反应器的设计与优化。

在"物理化学"课程中已经学习过有关化学反应动力学方面的知识，这里在回顾有关基本概念的基础上，继续学习工业生产中常用的一些术语和概念。需要强调的是，化学反应动力学的主要任务是研究化学反应速率与影响化学反应速率因素之间的定量关系，它是确定反应条件和生产规模的基础，也是确定反应操作方式和反应器选型的基础，化学反应动力学与传递过程是化学反应工程研究的两个重要内容。

6.1.1 化学反应器的分类

化学反应器是化学反应工程的主要研究对象，其类型繁多，为了学习和理解方便，可以从不同角度对其进行分类。

1. 按反应物料的相态分

从反应工程学的角度，根据反应物料的相态可将化学反应器分为均相反应器和非均相反应器。均相反应器又可分为液相反应器和气相反应器；非均相反应器又可分为气-液、气-固、液-液、液-固、气-液-固反应器等。

2. 按反应器的形状分

根据反应器的形状可将化学反应器分为釜式反应器、管式反应器和塔式反应器。这三种反应器的主要区别在于其长(高)径比不同。釜式反应器的长径比较小，接近 2，釜内一般设有搅拌装置和挡板，并根据不同的情况在釜内安装换热器以维持所需的反应温度，也可将换热器装在釜外，以夹套的形式通过流体的强制循环进行换热。管式反应器的长径比较大，一般内部中空，不设置任何构件。塔式反应器的长径比最大，内部有增加两相接触的构件，如填料、筛板等，参与反应的流体可以采取逆流或并流接触方式。

3. 按反应器操作方式分

根据反应物料加入方式及反应产物流出方式可以将反应器分为间歇反应器、连续反应器和半间歇(连续)反应器。间歇反应器的反应原料是一次装入反应器内，然后进行反应，反应进行一定时间并达到规定的反应程度后便停止反应，卸出全部反应产物以及未被转化的原料，继而进行下一批原料的装入、反应和卸料。连续反应器则是连续地将原料输入反应器，反应产物也连续地从反应器流出。半间歇(连续)反应器中采用半连续操作，即原料或产物中的一种为连续输入或输出，而其余为分批加入或卸出。

4. 按反应器内固体颗粒状态分

根据反应器内固体颗粒(一般为催化剂，也可以是固态反应物)所处的状态(不动或运动)可以将反应器分为固定床反应器和流化床反应器。固定床反应器应用广泛，是化工生产中常见的多相催化反应器，如氨合成、甲醇合成等都使用固定床反应器。与固定床反应器不同，流化床反应器中的颗粒处于运动状态。根据颗粒的运动方向不同，流化床反应器又可分为两类：一类是固体(如催化剂)被流体带出，经分离后固体循环使用，称为循环流化床反应器；另一类是固体在流化床反应器内运动，不被流体带出(或带出很少)，流体与固体颗粒所构成的床层犹如沸腾的液体，称为沸腾床反应器。与固定床反应器相比，流化床反应器内换热比较充分，但是返混较大，催化剂磨损比较严重。

对反应器进行分类只是为了方便认识反应器和学习其相关知识。任何一种分类都不能概括反应器的所有特点，事实上这些分类之间往往是相互交叉的。另外，工业反应器所进行的反应多种多样，反应器结构形式各异，难以完全分类。

6.1.2 化学动力学基本概念

将化学反应用于生产实践主要有两个方面的问题：一是要了解反应进行的方向和最大限度，以及外界条件对平衡的影响；二是要知道反应进行的速率和反应机理。人们将前者归属于化学热力学的研究范围，而将后者归属为化学动力学的研究范围。热力学只能判断在给定条件下反应发生的可能性，即给定的条件下反应能不能发生，发生到什么程度。当反应的可能性变为现实性时，反应速率多大？机理是什么？这些问题热力学不能回答，必须由化学动力学来回答。而反应速率是衡量该反应能否进行大规模工业化生产的决定因素。

化学动力学的基本任务之一就是研究反应的速率，了解各种因素如分子结构、温度、压强、浓度、介质及催化剂等对反应速率的影响，从而通过优化反应条件，寻找合适的催化剂来提高反应速率、增加产品产量，抑制或减慢副反应，减少原料消耗，减轻分离负担，提高产品质量等。

1. 化学计量方程式

在化学反应中，反应组分之间存在一定的定量关系，这个定量关系是确定化学动力学的基础，也是物料衡算的依据。为了便于工程计算，需要将传统的反应方程式写成类似于代数形式的化学计量方程式，其通式如下：

$$\sum_{i=1}^{n} \nu_i A_i = 0 \tag{6-1}$$

式中，ν_i 为组分 A_i 的化学计量数，并且规定反应物的化学计量数为负，产物的化学计量数为正。式(6-1)只表示了初始反应物和最终产物间的计量关系，计量式中一般不出现反应中间物。

2. 反应速率

物理学概念的"速度"是矢量，有方向性，而"速率"是标量，这里用标量"速率"表示浓度随时间的变化率。

在均相体系中进行的反应过程，其反应速率可以反应体系的容积为基准来计量。由于非均相反应是在相界面(如固体颗粒、气泡或液滴的表面)上进行的反应过程，其反应速率需采用其他基准来计量。因此，在定义反应速率时，首先选取一个组分 i，随着反应的进行，组分 i 的物质的量 n_i 随时间的变化定义为 $\dfrac{\mathrm{d}n_i}{\mathrm{d}t}$，此时反应速率 r_i 就可以根据反应体系的不同进行定义。

均相液相体系基于单位反应物料体积 V，则

$$r_i = \frac{1}{V}\frac{\mathrm{d}n_i}{\mathrm{d}t} \tag{6-2}$$

均相液相体系基于单位反应器体积 V_R，则

$$r_i = \frac{1}{V_R}\frac{\mathrm{d}n_i}{\mathrm{d}t} \tag{6-3}$$

非均相液-固体系基于单位质量 W，则

$$r_i = \frac{1}{W} \frac{dn_i}{dt} \tag{6-4}$$

非均相液-液或气-固体系基于单位反应界面 S，则

$$r_i = \frac{1}{S} \frac{dn_i}{dt} \tag{6-5}$$

非均相气-固体系基于单位固体体积 V_s，则

$$r_i = \frac{1}{V_s} \frac{dn_i}{dt} \tag{6-6}$$

在均相反应体系中，反应物料的体积与反应器的有效体积相同，因此式(6-2)与式(6-3)可以互换。在非均相反应体系中，上述定义的反应速率都可能用到，具体使用哪种反应速率定义形式，需要根据使用的便利性进行选择。

在化学反应工程学的讨论中，当涉及化学反应速率时，还需注意区分本征反应速率和表观反应速率的区别。本征反应速率是指在排除一切物理过程影响的条件下测得的真实的反应速率；表观反应速率是指物理过程影响下测得的表观的反应速率。

在下面的学习和讨论中，如果没有特别说明，反应速率都是指均相反应体系的速率。

3. 间歇反应体系的反应速率

反应速率定义为反应体系中参与反应的组分在单位时间、单位反应体积内的变化量。在描述间歇反应体系进行的化学反应时，反应速率可以用反应物浓度随时间的不断降低来表示，也可以用产物浓度随时间的不断升高来表示。由于在反应式中产物和反应物的化学计量数不一致，因此用反应物或产物的浓度变化率表示反应速率时，其数值未必一致。例如：

$$aA + bB \longrightarrow pP \tag{6-7}$$

此时，反应物 A 的消耗速率 r_A 和产物 P 的生成速率 r_P 可以分别表示为

$$r_A = -\frac{1}{V} \frac{dn_A}{dt}, \quad r_P = \frac{1}{V} \frac{dn_P}{dt} \tag{6-8}$$

式中，V 为反应体积，速率 r_i 的单位为 $mol \cdot m^{-3} \cdot s^{-1}$。可以看出，以不同组分表示的反应速率因各组分的化学计量数不同而不同，它们之间存在固定的比例关系，即

$$\frac{1}{a} r_A = \frac{1}{b} r_B = \frac{1}{p} r_P \tag{6-9}$$

可见，当化学计量数不相等时，同一反应以不同组分表示的反应速率是不相等的。为了解决这一问题，提出了反应进度的概念，反应进度 ξ 定义为

$$d\xi = \frac{dn_A}{a} = \frac{dn_B}{b} = \frac{dn_P}{p} \tag{6-10}$$

因反应进度 ξ 的单位仍然是 mol，用反应进度表示的反应速率为

$$r = \frac{\nu}{V} \frac{d\xi}{dt} \tag{6-11}$$

式中，ν 为反应物或产物的化学计量数。从式(6-11)可以看出，以反应进度 ξ 定义的反应速率与关键组分的选择无关，即对于某一反应过程，无论选择其中何种反应物或产物为关键组分，都应得到相同的反应速率数值。

4. 连续反应体系的反应速率

前面讨论反应速率时并没有考虑反应体系的不同，特别是在工业生产过程中存在间歇反应体系和连续反应体系。间歇反应体系内反应进行时，反应物浓度不断降低，产物浓度不断增加，因此反应速率与上述一致。但事实上，工业生产过程大多数都在连续操作的反应器中进行。当连续反应体系处于稳态时，各反应物的组分不随时间变化，但随着物料流向位置而变化。如果第 i 个反应组分的物质的量流量为 n_i，流过微元体积 dV_R 后，i 组分的物质的量流量升高或降低了 dn_i，则 i 组分的速率就可以定义为

$$r_i = \pm \frac{dn_i}{dV_R} \tag{6-12}$$

5. 转化率

转化率是指某时刻反应物已经消耗的量占反应物初始量的百分数，即

$$转化率 = \frac{组分\ i\ 在反应中消耗掉的物质的量}{组分\ i\ 在反应起始时的物质的量}$$

对于反应物 A，若其初始量为 n_{A0}，在某反应时刻剩余 A 的量为 n_A，则反应物 A 的转化率定义为

$$x_A = \frac{n_{A0} - n_A}{n_{A0}} \tag{6-13}$$

则 n_A 与 x_A 之间的关系为

$$n_A = n_{A0}(1 - x_A) \tag{6-14}$$

用转化率表示反应物 A 的反应速率为

$$r_A = \frac{n_{A0}}{V} \frac{dx_A}{dt} \tag{6-15}$$

对于反应前后分子总数不变的反应(反应体积 V 不变)或液相反应(认为近似恒容)，则式(6-13)可以用浓度表示为

$$x_A = \frac{c_{A0} - c_A}{c_{A0}} \tag{6-16}$$

即

$$c_A = c_{A0}(1 - x_A) \tag{6-17}$$

于是，反应速率可以写为

$$r_A = -\frac{dc_A}{dt} \tag{6-18}$$

或

$$r_A = c_{A0} \frac{dx_A}{dt} \tag{6-19}$$

6. 产率

对于简单反应，反应进行的程度可以通过转化率表示，因为转化率一定，产物的量就随之确定了。但是对于复杂反应，由于存在不同形式的副反应，必然消耗部分原料或目标产物，用转化率难以明确描述反应物的有效利用程度，这时需要用产率(也称为收率或得率)表示。产率(收率)定义为已转化为目标产物的组分的物质的量与组分起始物质的量之比，即

$$产率(收率) = \frac{已转化为目标产物的组分 i 的物质的量}{组分 i 起始物质的量}$$

对于反应物 A，若初始量为 n_{A0}，某时刻剩余 A 的量为 n_A，在某时刻反应物 A 转化为目标产物 P 的量为 n_{AP}，以 ν_A、ν_P 分别表示反应物 A、目标产物 P 的化学计量数，则反应物 A 的产率(收率)定义为

$$Y_A = \frac{\nu_A}{\nu_P} \cdot \frac{n_{AP}}{n_{A0}} \tag{6-20}$$

7. 选择性

复杂反应中主、副反应进行程度之间的相对关系常采用选择性的概念来表达。选择性表示关键组分 i 因化学反应转化为目标产物的物质的量与其在反应中消耗的总物质的量之比，其定义式可表示为

$$选择性 = \frac{转化为目标产物所消耗的组分 i 的物质的量}{组分 i 在反应中消耗的总物质的量}$$

对于关键组分 A，若初始量为 n_{A0}，某时刻剩余 A 的量为 n_A，在某时刻反应物 A 转化为目标产物 P 的量为 n_{AP}，ν_A、ν_P 分别表示反应物 A、目标产物 P 的化学计量数，则反应物 A 的选择性定义为

$$S_A = \frac{\nu_A}{\nu_P} \frac{n_{AP}}{n_{A0} - n_A} \tag{6-21}$$

8. 转化率、产率及选择性的关系

根据转化率、产率及选择性的定义，不难得到它们之间的关系

$$产率(Y) = 转化率(x) \times 选择性(S)$$

即

$$Y_A = x_A S_A = \left(\frac{n_{A0} - n_A}{n_{A0}}\right)\left(\frac{\nu_A}{\nu_P} \cdot \frac{n_{AP}}{n_{A0} - n_A}\right) = \frac{\nu_A}{\nu_P} \frac{n_{AP}}{n_{A0}} \tag{6-22}$$

由此可见，对于复杂反应，根据转化率和产率或选择性，即可评价反应进行的程度。在实际应用中，产率和选择性的侧重面不同，前者侧重于产物分布，后者侧重于复杂反应中主、副反应的相对差异性。

9. 动力学方程

影响化学反应速率的因素很多，包括温度、浓度、压强和催化剂等。其中，对任何化学反应的速率都会产生影响的是温度和浓度这两个因素，溶剂和催化剂并不是任何化学反应都必须采用的，反应压强也不是普遍对化学反应产生影响。对于特定的反应体系(溶剂、催化剂和压强一定的情况)，关联化学反应速率与温度和浓度的方程称为化学反应速率方程，也称为动力学方程，即将化学反应速率表示为温度和浓度的函数

$$r = f(T, c) \tag{6-23}$$

式中，c 为浓度项，包括影响反应速率的各种组分的浓度；T 为反应的温度。

由于大部分化学反应的机理十分复杂，目前主要还是利用实验的方法确定动力学方程。对于均相反应，通常将动力学方程中的浓度表示为幂函数的形式。在幂函数型动力学方程中，温度和浓度被认为是独立影响反应速率的两个变量，因此可以将式(6-23)改写为

$$r = f_1(T) f_2(c) \tag{6-24}$$

式中，$f_1(T)$ 为温度对反应速率的影响。对于一定的温度，$f_1(T)$ 为定值，以反应速率常数 k 表示，所以 $f_1(T)$ 也就是 k 与温度的关系。$f_2(c)$ 为浓度对反应速率的影响，具有幂函数的形式。注意：这种变量分离表示形式并没有理论上的必然性，只是在不影响准确度的前提下，为便于测定、处理和分析动力学数据而采用的一种方法。

10. 反应速率常数与活化能

式(6-24)中 $f_1(T)$ 体现温度对反应速率的影响。根据物理化学的相关基础知识，可以应用阿伦尼乌斯(Arrhenius)方程定量表达温度的影响，即

$$k = A\exp\left(-\frac{E_a}{RT}\right) \tag{6-25}$$

式中，A 为指前因子，其因次与 k 相同；E_a 为活化能；R 为摩尔气体常量。将式(6-25)两边取对数得

$$\ln k = \ln A - \frac{E_a}{RT} \tag{6-26}$$

对于均相反应体系，在反应温度不太高的情况下，$\ln k$ 与 $\frac{1}{T}$ 呈线性关系；当反应温度较高时，由于受扩散传质的影响，二者不再呈线性关系，且表观 $\ln k$ 值降低，如图 6-1 所示。

需要指出的是，阿伦尼乌斯方程只能在一定的温度范围内适用，所以不能任意外推。虽然在大多数情况下，用阿伦尼乌斯方程能满意地表示反应速率常数与温度的关系，但在某些情况下 $\ln k$ 与 $\frac{1}{T}$ 并不呈线性关系，这主要可能是由于采用的速率方程不合适，或者在所研究的温度范围内反应机理发生了变化。外来的影响(如传质的影响)使实际测得的反应速率不是真

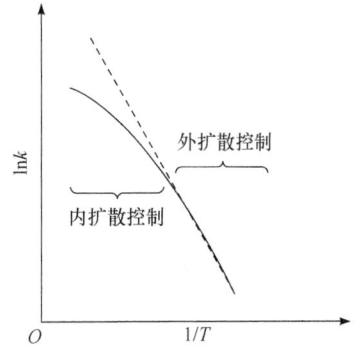

图 6-1 $\ln k$ 与 $1/T$ 的关系

正的化学反应速率，$\ln k$ 与 $\frac{1}{T}$ 自然就不呈线性关系。另外，有些反应的指前因子 A 与温度有关，$\ln k$ 与 $\frac{1}{T}$ 自然也就不呈线性关系。

阿伦尼乌斯方程表明，化学反应速率总是随温度的升高而增大(极少数例外)，而且呈明显的非线性关系，即温度稍有改变，反应速率的改变极为剧烈。因此，温度是影响化学反应速率最敏感的因素，在反应器设计和分析中必须予以重视。在实际反应器的操作中，温度的调节优化也是一个关键环节。

将式(6-26)对温度求导得

$$\frac{\mathrm{d}\ln k}{\mathrm{d}T} = \frac{E_\mathrm{a}}{RT^2} \tag{6-27}$$

对于绝大多数反应体系，式(6-27)有三个重要的含义：一是因为等式右边恒为正值，所以速率常数 k 随温度同号升降；二是当活化能一定时，温度对速率常数 k 影响的敏感度随温度的升高而降低；三是对于同一反应体系中不同活化能的反应，活化能越高，温度对其速率常数 k 的影响越敏感。

总之，温度是通过活化能的高低对反应速率施加影响的，从某种意义上说，活化能是温度对反应速率影响敏感程度的一个标度。

> 小资料　阿伦尼乌斯

思考：阿伦尼乌斯方程反映了温度对反应速率的影响，在具体应用中要注意哪些问题？

6.2　简单反应动力学

通常所写的化学反应方程式，绝大多数并不代表反应的真正历程，而仅仅代表反应的总结果，所以它们只是代表反应的化学计量式。实际上，绝大多数计量反应并非是由反应物的原子进行重排一步转化为产物的，而是经过一系列原子或分子水平上的反应和相互作用。反应中可能产生活泼组分并最终完全被消耗，从而不出现在反应计量式中。这种分子水平上的反应作用称为基元反应。

基元反应是组成一切化学反应的基本单元，按反应分子数可以将其分为三类：单分子反应、双分子反应和三分子反应，绝大多数基元反应为双分子反应。根据分子运动论，基元反应的速率与反应物浓度的幂乘积成正比，各浓度的幂指数为反应方程式中相应组分化学计量数的绝对值，这称为质量作用定律。质量作用定律只适用于基元反应。

非基元反应的计量反应的速率方程不能由质量作用定律给出，而必须是符合实验数据的经验表达式，该表达式可以采取各种形式，就是说也可以写成幂乘积的形式。

6.2.1　反应速率方程及反应级数

根据 6.1.2 小节的内容可知，在幂函数型动力学方程中，温度和浓度被认为是独立地影响反应速率，$f_1(T)$ 为温度对反应速率的影响，也就是 k 与温度的关系，可以用阿伦尼乌斯方程定量表达；$f_2(c)$ 为浓度对反应速率的影响，可以根据实验数据写成幂函数形式的表达式。

一般来说，当反应温度一定时，对于化学计量反应

$$a\text{A} + b\text{B} + \cdots \longrightarrow \cdots + y\text{Y} + z\text{Z} \tag{6-28}$$

由于非基元反应的速率方程不能由质量作用定律给出，而必须由符合实验数据的经验表达式表示，这个经验速率方程可以写成幂乘积的形式，即

$$r = kc_\text{A}^{n_\text{A}} c_\text{B}^{n_\text{B}} \cdots \tag{6-29}$$

式中，各浓度的幂指数 n_A、n_B、$\cdots$（一般不等于各组分的化学计量数的绝对值）分别称为反应组分 A、B、$\cdots$ 的反应分级数，其量纲为一。反应总级数（简称反应级数）为各组分反应分级数的代数和，即

$$n = n_\text{A} + n_\text{B} + \cdots \tag{6-30}$$

对于式(6-29)，需要注意以下几点：

(1) 若反应的速率方程不能表示为幂乘积的形式，则反应级数没有意义。

(2) 反应级数的大小表示浓度对反应速率影响的程度，反应级数越大，则反应速率受浓度的影响越大。

(3) 反应速率常数 k 的因次与反应速率的表示方式、速率方程的形式和反应物系组成的表示方式有关。由式(6-29)可知，反应速率常数 k 的单位可以表示为 $(\text{mol}\cdot\text{m}^{-3})^{1-n}\cdot\text{s}^{-1}$，显然与反应级数有关。

(4) 反应级数可以是整数、分数、零或负数等各种不同的形式，有时甚至无法用简单的数字表示，但是反应总级数一般不超过 3。

为了研究复杂反应的动力学，首先讨论具有简单级数的反应，了解其速率方程的微分式、积分式及速率常数的单位等动力学特征，这是非常必要的。需要注意的是，具有简单级数的反应并不一定就是基元反应，但只要该反应具有简单的级数，它就具有该级数的所有特征。

6.2.2 单一反应的速率方程

不可逆的一级和二级反应的动力学方程都比较简单，其内容在物理化学中已经学过，下面从反应工程的角度进行概述。

1. 一级反应

不可逆的一级反应是工业上常见的反应。对于类似 A$\longrightarrow$P 的一级反应，其动力学方程表示为

$$r_\text{A} = kc_\text{A} \tag{6-31}$$

或

$$r_\text{A} = kc_{\text{A}0}(1 - x_\text{A}) \tag{6-32}$$

对于反应前后体积不变的反应体系，根据反应速率的定义，有

$$r_\text{A} = -\frac{\text{d}c_\text{A}}{\text{d}t} \tag{6-33}$$

或

$$r_A = c_{A0} \frac{dx_A}{dt} \tag{6-34}$$

分别将式(6-31)代入式(6-33)、将式(6-32)代入式(6-34)中，得

$$r_A = -\frac{dc_A}{dt} = kc_A \tag{6-35}$$

$$r_A = c_{A0} \frac{dx_A}{dt} = kc_{A0}(1-x_A) \tag{6-36}$$

利用初始条件 $t=0$ 时 $c_A = c_{A0}$、$x_A = 0$ 对式(6-35)、式(6-36)积分，得

$$\ln \frac{c_{A0}}{c_A} = kt \quad 或 \quad c_A = c_{A0}\exp(-kt) \tag{6-37}$$

$$\ln \frac{1}{1-x_A} = kt \quad 或 \quad x_A = 1 - \exp(-kt) \tag{6-38}$$

式(6-37)和式(6-38)分别表示一级反应的反应物残余浓度和转化率随反应时间的变化。可以看出，反应物 A 的转化率的大小仅与反应时间 t 有关，而与初始浓度 c_{A0} 的大小无关。以上两个表达式可以适应生产中的两种不同要求，即如果生产中要关注反应停止时反应物 A 的残余浓度，应选择浓度式[式(6-37)]；如果关注反应物 A 的转化率，选择转化率式[式(6-38)]计算更方便。

对于有两个反应物参与的化学反应，如果其中一个反应物远远过量，其反应消耗量相对初始量来说变化很小，就可以近似认为是常数，这时所观察到的反应级数是另一反应物的反应级数。例如，常温下乙酸酐的水解反应

$$\underset{A}{(CH_3CO)_2O} + \underset{B}{H_2O} \longrightarrow \underset{P}{2CH_3COOH}$$

该反应为二级反应，其反应速率可以表示为

$$r_A = kc_A c_B \tag{6-39}$$

在反应中，因为水大大过量，反应过程中水的浓度仅有很小的变化，所以近似为常数，于是这个二级反应的动力学方程可以写为

$$r_A = k'c_A \tag{6-40}$$

式中，$k' = kc_B$。

上述反应对乙酸酐来说，表现为一级反应，这样的一级反应称为拟一级反应。在实际生产过程中，因生产工艺的要求或考虑原料成本，很多化学反应都不是按化学反应计量方程式比例进料的，醇与有机酸的酯化反应就是常见的例子，反应中醇比酸过量很多。

2. 二级反应

简单的二级反应是工业上常见的反应之一，如乙烯、丙烯、异丁烯及环戊二烯的二聚反应，烯烃的加成反应等。对于两种反应物 A 和 B 参与的二级反应，其速率方程可以表示为式(6-39)。在反应计量方程式中，如果 A 和 B 的化学计量数相同，且 $c_{A0} = c_{B0}$ 时，在任何时刻都有 $c_A = c_B$，此时其动力学方程可以改写为

$$r_A = -\frac{dc_A}{dt} = kc_A^2 \tag{6-41}$$

或

$$r_A = -\frac{dc_A}{dt} = kc_{A0}^2(1-x_A)^2 \tag{6-42}$$

若是间歇操作，利用初始条件 $t=0$、$c_A = c_{A0}$ 对式(6-41)、式(6-42)积分得

$$kt = \frac{1}{c_A} - \frac{1}{c_{A0}} \tag{6-43}$$

或

$$kt = \frac{x_A}{c_{A0}(1-x_A)} \tag{6-44}$$

可见，在二级反应中，反应组分 A 的转化率与其初始浓度有关。

如果 A 和 B 的化学计量数相同，但是 $c_{A0} \neq c_{B0}$，在任何时刻都有 $c_A \neq c_B$，当然二者的转化率也不相同。此时，要将另一反应物 B 的浓度或转化率用反应物 A 表示出来，令 $m = \frac{c_{B0}}{c_{A0}}$，用反应物 A 转化率表示的动力学方程为

$$r_A = c_{A0}\frac{dx_A}{dt} = kc_{A0}^2(1-x_A)(m-x_A) \tag{6-45}$$

分离变量后积分得

$$\ln\frac{1-x_B}{1-x_A} = c_{A0}(m-1)kt = (c_{B0} - c_{A0})kt \tag{6-46}$$

式(6-46)在应用中更为方便。

3. 可逆反应

可逆反应是指正方向和逆方向同时以显著速率进行的化学反应。工业上的合成氨、水煤气变换及酯化反应等都是常见的可逆反应。

对于一级可逆反应

$$A \rightleftharpoons P$$

反应物 A 的净反应速率是正、逆方向反应速率的代数和，即

$$r_A = k_f c_A - k_r c_P \tag{6-47}$$

当反应达到平衡时，正、逆方向反应速率相等，净速率为零，即

$$K = \frac{k_f}{k_r} = \frac{c_{P,e}}{c_{A,e}} \quad 或 \quad K = \frac{x_{A,e}}{1-x_{A,e}} \tag{6-48}$$

式中，$c_{A,e}$ 为平衡状态时反应物 A 的浓度；$c_{P,e}$ 为平衡状态时产物 P 的浓度；$x_{A,e}$ 为反应物 A 的平衡转化率；K 为总反应的平衡常数。

处于非平衡状态时，净反应速率不为零。式(6-47)与平衡时反应速率 $0 = k_f c_{A,e} - k_r c_{P,e}$ 相减即得到用转化率表示的动力学方程

$$r_A = k_f(c_A - c_{A,e}) + k_r(c_{P,e} - c_P)$$

$$r_A = k_f c_{A0}(x_{A,e} - x_A) + k_r c_{A0}(x_{A,e} - x_A)$$

即

$$r_A = (k_f + k_r)c_{A0}(x_{A,e} - x_A) \tag{6-49}$$

与单一反应一样,可逆反应的优化目的是提高反应物的转化率和加快反应速率。

思考:简单反应动力学是研究复杂反应动力学的基础,反应速率方程的幂乘积形式反映了各组分对反应速率的影响,反应级数的大小则表示浓度对反应速率影响的程度。如何才能得到某一反应的速率方程并正确反映影响反应速率的因素呢?

6.3 复杂反应动力学

前面讨论的都是比较简单的反应,如果一个化学反应是由两个以上基元反应以各种方式联系起来的,这种反应就是复杂反应。在实际化工生产过程中,工业反应器内的化学反应体系常常是几个反应同时发生,某些反应组分往往会参与若干个化学反应,而各个化学反应之间也会通过反应组分耦合在一起,形成较为复杂的反应体系。这时,复杂反应的反应速率往往就需要用两个或两个以上的动力学方程表示。复杂反应按其特征可分为平行反应和连串反应两个基本单元。其他的任何复杂反应都是平行反应、连串反应和可逆反应的组合。

6.3.1 平行反应

平行反应是指反应物相同,具有两个或两个以上同时进行的、产物不完全相同的反应。平行反应在有机化学反应中比较多,通常将生成期望产物的反应称为主反应,其余为副反应。组成平行反应的几个单一反应的反应级数可以相同,也可以不同。例如:

$$A + B \xrightarrow{k_1} P \,(主)$$

$$A + B \xrightarrow{k_2} S \,(副)$$

若用幂函数形式表示目标产物 P 的生成速率

$$r_P = k_1 c_A^{a_1} c_B^{b_1} \tag{6-50}$$

副产物 S 的生成速率

$$r_S = k_2 c_A^{a_2} c_B^{b_2} \tag{6-51}$$

则反应物 A 总消耗速率为

$$r_A = -\frac{dc_A}{dt} = k_1 c_A^{a_1} c_B^{b_1} + k_2 c_A^{a_2} c_B^{b_2} \tag{6-52}$$

平行反应的对比速率 α 为

$$\alpha = \frac{r_P}{r_S} = \frac{dc_P}{dc_S} = \frac{k_1}{k_2} c_A^{a_1-a_2} c_B^{b_1-b_2} \tag{6-53}$$

在平行反应中,两个反应速率常数的相对大小对产物浓度分布有较大的影响。各组分浓度随时间变化的趋势如图 6-2 所示。

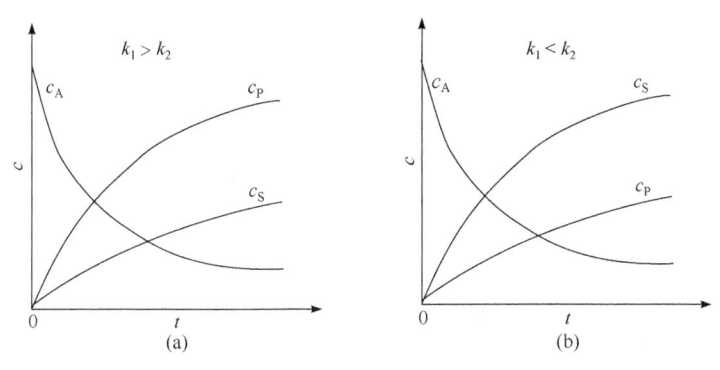

图 6-2 平行反应的浓度与反应时间的关系

对于非稳态反应，反应物浓度 c_A 和 c_B 随时间变化，dt 时间内反应物 A 消耗量为 dc_A，目标产物 P 的生成量为 dc_P，则目标产物 P 的瞬时选择性 S_P 定义为

$$S_P = \frac{dc_P}{-dc_A} = \frac{r_P}{r_A} = \frac{r_P}{r_P + r_S} = \frac{1}{1 + \frac{r_S}{r_P}} \tag{6-54}$$

将式(6-25)、式(6-50)及式(6-51)代入式(6-54)，整理得

$$S_P = \frac{1}{1 + \frac{A_2}{A_1} \exp\left(\frac{E_{a1} - E_{a2}}{RT}\right) c_A^{a_2 - a_1} c_B^{b_2 - b_1}} \tag{6-55}$$

在实际生产中，总是希望对比速率 α 越大，选择性 S_P 越高越好。根据式(6-55)和反应温度对选择性的影响，就可以对如何提高目标产物的选择性进行分析。

(1) 从浓度因素来说，如果主反应级数大于副反应级数，则提高反应物浓度有利于目标产物选择性的提高；反之，如果副反应级数大于主反应级数，则降低反应物浓度有利于目标产物选择性的提高。

(2) 从温度因素来说，如果主反应的活化能高于副反应的活化能，则升高反应温度有利于目标产物选择性的提高；如果主反应的活化能低于副反应的活化能，虽然降低反应温度，两个反应的速率都会降低，但副反应速率降低更快，目标产物的选择性相对较高。

6.3.2 连串反应

很多化学反应是经过连续几步才能完成的，前一步反应的产物是下一步反应的反应物，如此顺序进行，称为连串反应。许多水解反应、氧化反应、卤化反应等都是连串反应。连串反应过程往往比较复杂，下面考虑最简单的情况，即由两个单向一级反应构成的连串反应。

$$A \xrightarrow{k_1} B \xrightarrow{k_2} S$$

该连串反应的速率方程可按以下三种方式表示。

反应物 A 的消耗速率

$$r_A = -\frac{dc_A}{dt} = k_1 c_A \tag{6-56}$$

中间产物 B 的净生成速率

$$r_B = \frac{dc_B}{dt} = k_1 c_A - k_2 c_B \tag{6-57}$$

产物 S 的生成速率

$$r_S = \frac{dc_S}{dt} = k_2 c_B \tag{6-58}$$

根据反应初始条件 $t=0$ 时，$c_A = c_{A0}$、$c_B = 0$、$c_S = 0$，对式(6-56)积分得

$$c_A = c_{A0} \exp(-k_1 t) \tag{6-59}$$

将式(6-59)代入式(6-57)，整理得

$$\frac{dc_B}{dt} + k_2 c_B = k_1 c_{A0} \exp(-k_1 t) \tag{6-60}$$

式(6-60)为一阶线性常系数微分方程，其解为

$$c_B = \frac{k_1}{k_2 - k_1} c_{A0} [\exp(-k_1 t) - \exp(-k_2 t)] \tag{6-61}$$

该解适用于 $k_1 \neq k_2$ 的情况。若 $k_1 = k_2$，则式(6-60)的解为

$$c_B = k_1 c_{A0} \exp(-k_1 t) t \tag{6-62}$$

根据质量衡算关系有 $c_S = c_{A0} - c_A - c_B$。将式(6-59)、式(6-61)代入该质量衡算式，整理得

$$c_S = c_{A0} - \frac{c_{A0}}{k_2 - k_1}[k_2 \exp(-k_1 t) - k_1 \exp(-k_2 t)] \tag{6-63}$$

式(6-59)、式(6-61)及式(6-63)所描述的各组分浓度随时间变化的趋势如图 6-3 所示。由图可见，两步反应的速率常数 k_1 和 k_2 相对值不同，中间产物 B 和最终产物 S 的浓度分布有较大的差异，而且中间产物 B 的浓度有极大值。显然，对于均属于一级的连串反应，影响各产物收率的因素是反应时间和反应温度。

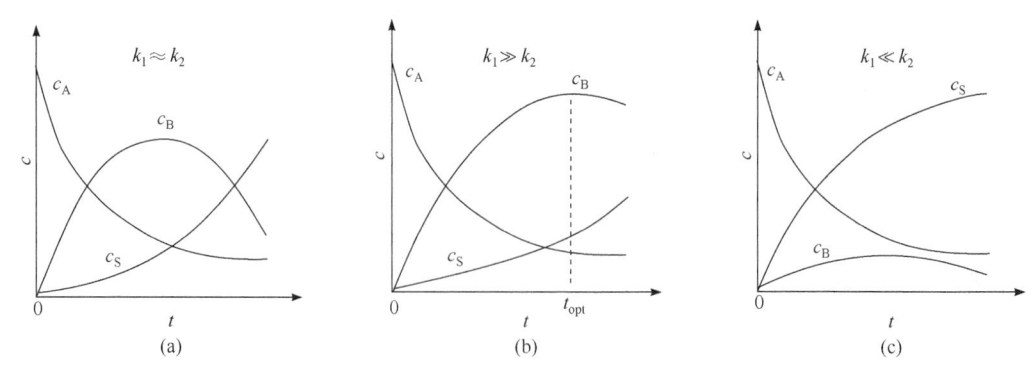

图 6-3 连串反应的浓度与反应时间的关系

对于一般的反应，反应时间越长，得到的最终产物就越多。但对于连串反应，如果中间产物 B 是目标产物，由于它有一个浓度最大的反应时间 t_{opt}，超过这个时间，目标产物 B 的浓度就会降低，同时副产物 S 的浓度增加。因此，生产上往往控制反应时间在最佳反应时间 t_{opt} 附近，得到目标产物 B 浓度最高的反应混合物，这对产品的后处理过程是有利的。

将式(6-61)对时间 t 求导数,并令 $\left(\dfrac{\partial c_B}{\partial t}\right)_T = 0$,得最佳反应时间 t_{opt} 为

$$t_{opt} = \frac{\ln(k_2/k_1)}{k_2 - k_1} \tag{6-64}$$

中间产物 B 最大浓度 $c_{B,max}$ 为

$$c_{B,max} = c_{A0}\left(\frac{k_1}{k_2}\right)^{\frac{k_1}{k_2-k_1}} \tag{6-65}$$

中间产物 B 最大收率 $Y_{B,max}$ 为

$$Y_{B,max} = \frac{c_{B,max}}{c_{A0}} = \left(\frac{k_1}{k_2}\right)^{\frac{k_1}{k_2-k_1}} \tag{6-66}$$

可见,中间产物 B 的最大收率仅与两步反应的速率常数 k_1 和 k_2 有关。

中间产物 B 的瞬时选择性为

$$S_B = \frac{dc_B}{-dc_A} = \frac{r_B}{r_A} = 1 - \frac{k_2 c_B}{k_1 c_A} \tag{6-67}$$

如果不考虑 c_B 和 c_A 对选择性 S_B 的影响,仅考虑温度的影响,式(6-67)可写为

$$S_B = 1 - \frac{A_2}{A_1}\exp\left(\frac{E_{a1} - E_{a2}}{RT}\right)\frac{c_B}{c_A} \tag{6-68}$$

可见,当活化能 $E_{a1} > E_{a2}$ 时,升高温度有利于选择性 S_B 的增大;当 $E_{a1} < E_{a2}$ 时,低温反应有利于选择性 S_B 的增大。

以上讨论的是 k_1 和 k_2 相差不大,即两个反应的速率大致相等的情况。如果第一步反应很快,即 $k_1 \gg k_2$,那么反应物 A 很快就能转化为 B,则生成最终产品 S 的速率主要取决于第二步反应。如果第二步反应很快,即 $k_1 \ll k_2$,那么中间产物 B 一旦生成就会立即转化为 S,此时反应的总速率则取决于第一步反应。因此,连串反应无论分几步进行,通常是最慢的一步控制整个反应的速率,称为速率控制步骤,可以用它的速率近似作为整个反应的速率。

此外,上面讨论的都是两步反应均为一级的连串反应。如果其中一个反应是非一级反应,那么其推导过程和结果极为复杂,但是其浓度的分布趋势是相似的。对于复杂的连串反应,想要从数学上严格求取许多联立微分方程的解,从而求出反应过程中出现的各物质的浓度与时间 t 的关系是十分困难的,所以在动力学中也常采用一些近似的方法,如速率控制步骤近似法和稳态近似法等。

思考: 复杂反应动力学更能反映真实条件下进行的反应,在针对真实工况时,应如何利用平行反应、连串反应和可逆反应的组合来反映真实情况呢?

6.4 理想反应器

化学反应是反应过程的主体,反应本身的特征是第一性的,而反应动力学就是描述这种特征的。因此,化学反应本征动力学代表了反应过程的本质性因素。反应器是化学反应进行

的场所，是实现反应的客观环境，也是化工生产装置的核心。不同结构形式的反应器特性是通过物料的流动、混合、传热和传质等物理因素表现出来的。

化学反应工程的主要任务之一就是研究工业规模反应器中进行的化学反应过程以及与之伴随的物理过程。由于化学反应种类很多，各类反应都有各自的特点，这要求所选的反应器的特性、操作方法和操作条件都要适合和满足所要进行反应的特点。

6.4.1 反应器体积、反应时间与空间速度

反应器的特性主要是指反应器内物料流动的状态、混合状态以及反应器的传热和传质性能等，它们与反应器的几何结构和尺寸大小有关。

在连续流动系统中，参与反应的物料连续不断地进入反应器，同时连续不断地离开反应器。在这种情况下，物料的反应时间并不像间歇操作系统那么确定。在讨论反应器内的反应速率时，必须首先确定流动系统的反应时间。

1. 反应器体积

反应器体积分为实际体积和有效体积。反应器中全部空间所占有的体积称为反应器的实际体积 V，而反应器中进行化学反应所占有的体积称为反应器的有效体积 V_R。反应器的有效体积与反应器的实际体积不一定相同。如图 6-4 所示，在间歇操作的釜式反应器中进行液相反应，反应器的有效体积 V_R 小于反应器的实际体积 V；在间歇操作的釜式反应器中进行气相反应，反应器的有效体积 V_R 等于反应器的实际体积 V[图 6-4(a)]。在连续操作的管式反应器中进行气固相催化反应，管式反应器内填充有一定体积的催化剂，化学反应只在催化剂床层内进行，则催化剂床层的堆积体积 V_B 即为反应器的有效体积 V_R [图 6-4(b)]。

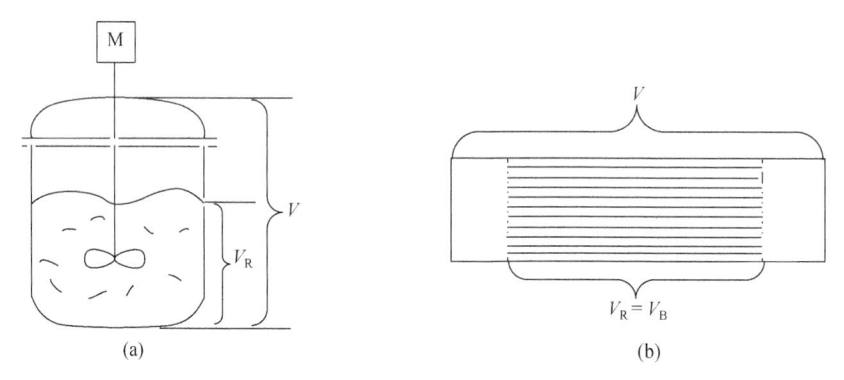

图 6-4　反应器的有效体积 V_R 与实际体积 V

2. 反应时间

对于一定体积的间歇操作反应器，达到规定转化率，可以用物料在反应器内持续进行反应的时间来衡量设备的生产强度。但是在连续流动的反应器中，物料连续流动的同时，化学反应也在连续不断地进行，反应设备的生产强度难以用反应时间来衡量。因此，在化学反应工程中，有以下几种时间定义。

(1) 反应时间 t_R。在间歇操作的反应器中，反应物料从开始反应至达到规定转化率所持续的时间称为反应时间。显然，同一反应在相同操作条件下，当反应器有效体积相同时，处理相同生产任务所需的反应时间越短，该反应设备的生产强度越大。

(2) 停留时间 t 和平均停留时间 $\bar{t}$。物料从反应器入口流至反应器出口所经历的时间称为停留时间。在间歇操作的反应器中,所有物料质点具有相同的停留时间,而且等于反应时间。在连续流动反应器中,当流动状态不是活塞流时,同一时间进入反应器的流体粒子往往不能同时离开,即它们的停留时间不同。物料流中各质点在反应器内停留时间的平均值称为平均停留时间,其定义为

$$\bar{t} = \int_0^{V_R} \frac{dV_R}{q_V} \tag{6-69}$$

式中,$\bar{t}$ 为平均停留时间,s;V_R 为反应器的有效体积,m³;q_V 为反应器中物料的体积流量,m³·s⁻¹。

若物料在反应器内维持无密度变化的恒容过程,即 $q_V = q_{V0}$,则平均停留时间为

$$\bar{t} = \frac{V_R}{q_{V0}} \tag{6-70}$$

(3) 空间时间。在连续流动反应器中,反应器的有效体积与指定状态的流体入口体积流量之比称为空间时间,即

$$\tau = \frac{V_R}{q_{V0}} \tag{6-71}$$

式中,τ 为空间时间,简称空时,s;q_{V0} 为指定进料温度和压强下的流体入口体积流量,m³·s⁻¹。

空间时间的物理意义为:在指定状态下,反应器处理与反应器的有效体积相等量的物料所需要的时间。显然,空时越小,反应设备的生产强度越大。因此,连续流动反应器的生产强度可以用空间时间来衡量。

此外,根据式(6-70)和式(6-71)可以发现,对于连续反应,空间时间和平均停留时间具有相同的表达式,也就是说连续流动的恒容反应过程的平均停留时间等于其空间时间。

3. 空间速度

在连续流动反应器中,指定状态下的流体入口体积流量与反应器的有效体积之比称为空间速度,简称空速,用 S_V 表示,s⁻¹。

$$S_V = \frac{q_{V0}}{V_R} \tag{6-72}$$

空速为空时的倒数,其物理意义为:连续流动反应器在指定状态下单位时间、单位反应器的有效体积范围内所能处理的物料量。空速越大,反应设备的生产强度越大。

空间时间和空间速度是衡量连续流动反应器生产强度的重要参数,是不随反应过程性质和操作条件而变化的指标。对于均相反应的恒容过程,若物料入口处的操作条件与反应器内操作条件相同,由 $q_V = q_{V0}$ 可知,此时空间时间与平均停留时间相同。

6.4.2 理想流动模型与反应器设计方程

对于连续流动反应器,由于反应器内流体流动与混合的复杂性,反应器内不仅存在浓度和温度梯度,还存在流速的分布,这些物理因素的影响造成了反应流体微团具有不同的停留

时间和停留时间分布。将物料质点从进入反应器到离开反应器的时间称为寿命。将不同停留时间或者说经历了不同反应时间的物料质点之间的混合称为返混。返混是时间概念上的混合,是一种自然现象。显然,返混就是不同寿命的质点间的混合。

物料质点的返混严重影响反应的转化率。为了找到这种影响化学反应转化率的紊乱而又随机的质点运动规律,在化学反应工程学中提出了几种流动模型。这些模型从宏观角度对反应系统内物料质点运动现象做了切合实际的简化,从而形成了便于定量描述质点运动结果的数学模型方法。

1. 理想流动及其模型

根据返混程度大小,可以将无返混和返混最大两种极端流动、混合状态作为理想流动模型,相应的反应器则称为理想流动反应器。

(1) 活塞流模型。又称平推流模型,是针对连续操作管式反应器内物料做高速流动情况提出的。该模型假定在反应器的任何横截面上无速度梯度,反应器内所有物料质点的流速相同,齐头并进,犹如活塞向前推进一样,故称为活塞流。如图 6-5 所示,(a)为层流速度分布;(b)为湍流速度分布;(c)为活塞流速度分布。凡能满足活塞流模型条件的反应器都称为活塞流反应器(plug flow reactor,PFR)。

在活塞流反应器内,流体流动处于高度湍流状态,此时的流动边界层很薄,边界层所占有的物料量可以小到忽略不计。因此,可以认为在反应器的横截面上无速度梯度,所有物料质点在反应器内的停留时间都相同,无任何形式的返混。活塞流模型是一种理想的极端流动模型,不是所有连续操作管式反应器内的物料流动状态都符合活塞流模型的条件,即使是在流速很高的湍流流动管式反应器内,其物料流动状态也只能接近活塞流。因为流动边界层总是存在的,在边界层内的流体流速缓慢,甚至可视为静止而产生速度梯度。

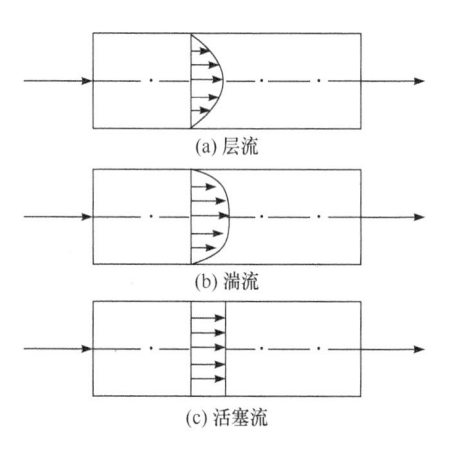

图 6-5 不同流型速度分布

(2) 全混流模型。该模型是对应连续搅拌釜式反应器(continuous stirred tank reactor,CSTR)提出的。当物料在反应器内充分混合时,可以认为进入反应器内的新物料与反应器内原有物料在瞬间混合均匀。由于在连续进料的同时连续出料,物料质点在反应器内的停留时间长短不一,这种流动情况称为全混流或理想混合。具有全混流情况的反应器称为全混流反应器(perfectly mixed flow reactor,PMFR)。应该指出,并不是在连续搅拌釜式反应器内才有全混流,如鼓泡塔和流化床反应器中也可能出现全混流情况;也不是连续搅拌釜式反应器内的物料流动情况都符合全混流条件。全混流是另一种理想流动的极端模型,即使连续搅拌釜式反应器内的物料混合充分,也只能是接近全混流。

在全混流反应器中,物料质点间混合的概念,不仅表现为空间位置上运动所产生的混合,而且表现为具有不同停留时间的物料质点之间的混合,即返混。在全混流反应器内,物料的返混程度最大,这是全混流作为一种理想极端流动模型的原因之一。

活塞流和全混流都属于理想化的流动,所以这两种模型又称为理想流动模型。如上所述,从返混程度看这又属于两种理想状态情况,前者无返混,后者则返混最大。凡是能用活塞流模型描述其流动状况的反应器，无论其结构如何，均称为活塞流反应器；同样，凡是符合全混流模型的反应器则称为全混流反应器。事实上，完全符合这两个模型假定的反应器在实际生产中是不存在的。模型总是近似的，如果与原型完全一样，那就无所谓模型。正是因为原型极其复杂，才提出模型。模型只能反映原型的主要方面，而忽略次要方面，不可能反映全部。

2. 反应器设计的基本方程

反应器设计最基本的内容及解决的问题包括以下三方面：①选择合适的反应器类型；②确定最佳操作条件；③针对所选定的反应器类型，根据所确定的操作条件，计算完成规定的生产任务所需的反应体积。

反应体积的确定是反应器设计的核心内容。在反应器类型和操作条件已确定的前提下，反应体积的大小是由反应组分的转化速率决定的，而反应组分的转化速率又取决于反应物系的组成、压强和温度。但是，对于大多数反应器，反应器内反应物系的组成、温度和压强总是随位置或时间而改变，或随两者同时变化，因此在这些反应器内化学反应是以变速进行的。为了确定反应体积，需要找出这些物理量在反应器内变化的数学关系式，即反应器设计的基本方程。

反应器设计的基本方程共分为三类：①描述浓度变化的物料衡算式，或称连续性方程；②描述温度变化的能量衡算式，或称能量方程；③描述压强变化的动量衡算式。建立这三类方程的依据分别是质量守恒定律、能量守恒定律和动量守恒定律。

在做物料衡算、热量衡算和动量衡算之前，首先要选择正确的衡算范围，也称为衡算控制体，选择的衡算范围要保证其内的物料浓度和温度均匀或近似均匀。例如，对于间歇搅拌反应釜和全混流反应器，其釜内物料浓度和温度均匀，可选择整个反应容器作为衡算范围；对于活塞流反应器，由于在轴向上存在浓度梯度和温度梯度，必须选择体积微元，并假设体积微元内浓度和温度是均匀的，然后以体积微元作为衡算范围，对体积微元内的物理量进行计算。

物料衡算方程是以质量守恒定律为依据的计算反应器体积和生产能力的基本方程。在单位时间内，某一关键组分在衡算范围内的物料衡算方程为

$$\text{流入量} = \text{流出量} + \text{反应消耗量} + \text{积累量} \tag{6-73}$$

当反应器内只进行单个化学反应时，关键组分量的改变反映了化学反应的进程，其他非关键组分的浓度能由此推算出来。若反应器中同时进行多个化学反应，就需要根据具体情况，决定描述反应过程所需的关键组分的数目，然后选定合适的反应组分作为关键组分，分别对它们建立物料衡算式，即对于复杂反应系统，需建立多个物料衡算式。此外，在不同情况下，式(6-73)中的某些项可能不出现，如间歇搅拌反应釜在反应时不进料也不出料，前两项为零。对于稳态反应过程，积累量则为零。

热量衡算方程是以能量守恒与转化定律为基础，计算反应器内反应速率随温度的变化情况，根据反应热确定反应器的换热面积和介质温度。在单位时间内，热量衡算范围内的基本方程为

$$\text{流入热量} = \text{流出热量} + \text{反应热} + \text{积累热} + \text{传向环境热} \tag{6-74}$$

式中，吸热反应的反应热取正值，放热反应取负值。对于稳态过程，积累热项为零。对于等

温反应过程,物料带入热与物料带出热相等。对于绝热反应,传向环境项为零。

与物料衡算式不同的是,热量衡算式是对整个反应混合物列出的,而物料衡算式则是针对反应体系中各关键组分分别列出。因此,一般情况下无论反应器中进行的化学反应数目有多少,热量衡算式只有一个。但是,当反应系统中存在多相而各相温度又不相同时,则需分别对各相做热量衡算,而且要考虑相间热量传递。

与物料、热量衡算式类似,动量衡算式为

$$\text{流入的动量=流出的动量+消耗的动量+积累的动量} \tag{6-75}$$

对于流动反应器的动量衡算,只需考虑压降和摩擦力。压降不大而做恒压反应处理时,动量衡算式可略去。许多常压反应器通常都可以这样处理。

上面概括性地介绍了反应器基本方程建立的思路和依据。但是由于反应过程极其复杂,要全面建立反映整个反应过程的所有基本方程是很困难的。因此,可对过程做部分合理的简化,建立描述反应过程实质的物理模型,然后以此物理模型为依据,建立各类基本方程,也就是反应器计算的数学模型。

6.4.3 间歇反应器

一次性投料和一次性出料的分批反应操作的釜式反应器称为间歇搅拌釜式反应器(batch stirred tank reactor,BSTR)。间歇反应器具有操作灵活、反应时间可调、产品品种和规格灵活等优点,适用于小批量产品的生产,特别是附加值高的精细化工产品和生物化工产品的生产。间歇反应器的缺点是投料、卸料、清洗反应釜等辅助操作要花费一定的时间,且产品的质量不是特别稳定。

间歇搅拌釜式反应器操作的特点是:在搅拌作用下,反应釜内物料在分子尺度上混合均匀,所以不存在浓度梯度,排除了传质对反应的影响;反应釜壁面存在对流传热的薄层,釜内其余各处温度均匀一致,不存在温度梯度,排除了传热对反应的影响;反应釜内物料同时加入、同时放出,所有物料在釜内都经历了相同的反应时间。

根据间歇搅拌釜式反应器的特点(没有物料流入和流出,没有积累),选择反应器的有效体积 V_R 作为衡算范围,以反应物 A 为关键组分做物料衡算

$$r_A V_R = -\frac{dn_A}{dt} = -\frac{d[n_{A0}(1-x_A)]}{dt} = n_{A0}\frac{dx_A}{dt} \tag{6-76}$$

整理并积分,得

$$t = \frac{n_{A0}}{V_R}\int_0^{x_{Af}}\frac{dx_A}{r_A} = -\int_{c_{A0}}^{c_{Af}}\frac{dc_A}{r_A} = c_{A0}\int_0^{x_{Af}}\frac{dx_A}{r_A} \tag{6-77}$$

式(6-77)即为间歇搅拌釜式反应器的物料衡算特征方程。若分别以 c_A、x_A 为横坐标,以 $\frac{1}{r_A}$ 为纵坐标作图,就得到如图 6-6 所示的曲线。其中,图 6-6(a)中曲线下方阴影部分的面积表示当 A 的浓度从 c_{A0} 降低到 c_{Af} 时所需要的反应时间 t;图 6-6(b)中曲线下方阴影部分的面积表示当 A 的转化率从 0 升高到 x_{Af} 时所需要的反应时间 t 与初始浓度的比值。

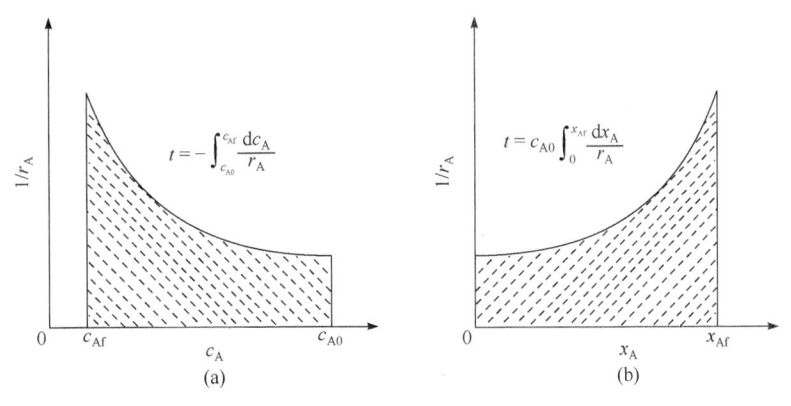

图 6-6　间歇反应器特征方程的图解积分

因为没有对式(6-77)做任何限定，所以它适用于等温、变温和等容等各种情况。同时，可以得出一个极为重要的结论，即反应物达到一定的转化率所需的反应时间只取决于过程的反应速率 r_A，也就是说取决于动力学因素，而与反应器的大小无关。反应器的大小是由反应物料的处理量决定的。因此，由实验室数据设计生产规模的间歇反应器时，只要保证两者的反应条件相同，便可达到同样的反应效果。但是要使两个规模不同的间歇反应器具有完全相同的反应条件并非易事，如让大、小两个反应器达到相同的等温操作条件，或通过搅拌达到相同的浓度都是非常困难的。

间歇反应器的有效体积根据单位时间的反应物料处理量 q_{V0} 和操作时间决定。q_{V0} 一般由生产任务给定或经过简单计算得到。操作时间由反应时间 t 和辅助时间 t_0 两部分组成，前者可按式(6-77)求得，后者只能根据实际经验确定。由此可得，间歇反应器的有效反应体积为

$$V_R = q_{V0}(t + t_0) \tag{6-78}$$

反应器的实际体积 V 比有效体积大，以保证反应物料上面有一定空间，它们的关系为

$$V = \frac{V_R}{\varphi} \tag{6-79}$$

式中，φ 为装料系数，它是反应器有效体积占实际体积的百分数，一般由经验确定。对于沸腾或易起泡沫的液体物料，可取 0.4～0.6；对于不起泡沫或不沸腾的液体，可取 0.7～0.85。

【例 6-1】 以乙酸和正丁醇为原料，在间歇反应器中生产乙酸丁酯，操作温度为 373 K，配料物质的量比为乙酸：正丁醇 = 1：4.96，已知反应速率 $r_A = 1.045 c_A^2$ kmol·m^{-3}·h^{-1}。试求乙酸的转化率分别为 50%、90% 和 95% 时所需要的反应时间。已知乙酸和正丁醇的密度分别为 960 kg·m^{-3} 和 740 kg·m^{-3}。

解　酯化反应方程式为

$$CH_3COOH + C_4H_9OH \longrightarrow CH_3COOC_4H_9 + H_2O$$

根据题意，选择乙酸为组分 A，以 1 kmol 乙酸为计算基准，投料量为

| 乙酸(A) | 1 kmol | 60 kg | 60 kg / 960 kg·m^{-3} = 0.0625 m^3 |
| 正丁醇(B) | 4.96 kmol | 4.96 × 74 = 367 kg | 367 kg / 740 kg·m^{-3} = 0.496 m^3 |

此反应为液相反应，反应容积保持不变。1 kmol 乙酸对应的投料体积为

$$V_R = 0.0625 + 0.496 = 0.559 (\text{m}^3)$$

反应物 A 浓度为

$$c_{A0} = \frac{n_{A0}}{V_R} = \frac{1}{0.559} = 1.79 (\text{kmol} \cdot \text{m}^{-3})$$

由式(6-77)得

$$t = c_{A0} \int_0^{x_{Af}} \frac{dx_A}{kc_A^2} = \frac{1}{kc_{A0}} \frac{x_{Af}}{1 - x_{Af}}$$

要求达到各转化率的反应时间分别为

$$t_{50\%} = \frac{1}{1.79 \times 1.045} \times \frac{0.50}{1 - 0.50} = 0.535 (\text{h})$$

$$t_{90\%} = \frac{1}{1.79 \times 1.045} \times \frac{0.90}{1 - 0.90} = 4.81 (\text{h})$$

$$t_{95\%} = \frac{1}{1.79 \times 1.045} \times \frac{0.95}{1 - 0.95} = 10.2 (\text{h})$$

可见，随着转化率的提高，间歇反应器所需要的反应时间越来越长。这是因为转化率越高，反应物浓度越低，反应速率也就越慢。【例 6-1】结果表明，在实际生产中不能单纯地追求高转化率，必须从技术经济的角度全面考虑，合理地确定最终转化率。

6.4.4 活塞流反应器

通常将长径比较大、流速较高的管式反应器视为活塞流反应器。它可以用于均相反应，也可以用于非均相反应。

1. 活塞流反应器的特点

与圆管内的流体速度分布相似，管式反应器内在径向上存在流体的速度分布，即管中心流速最大，靠近管壁处流速最小。管内流体在反应器内停留时间也不均匀，径向、轴向都存在一定的返混。但是，当管式反应器内流体流速较高，湍动程度较大，或者固定床反应器中的催化剂粒径远小于床层直径，其轴向流速趋于均匀，流动状况就接近活塞流。活塞流反应器在稳态条件下具有以下特点：

(1) 反应器轴向不同位置上物料的浓度、温度、反应速率、转化率等均不相等。
(2) 反应器的径向截面上物料的各种参数(如浓度、温度、反应速率、转化率等)均相等，且不随时间而变化。
(3) 反应物料在反应器内具有相同的停留时间，不存在返混。
(4) 虽然在轴向上存在浓度和温度梯度，但没有轴向上的质量传递和热量传递。

2. 活塞流反应器的体积

反应器的物料衡算方程都是基于以整个反应器的体积作为控制体积推导而来的。对于活塞流反应器，物料在径向的性质、状态完全一致，但是沿轴向存在浓度、温度梯度。因此，活塞流反应器的物料衡算方程不能由整个反应器物料衡算基本方程简化得出，而要取一个微元体积作为控制体积进行物料衡算，再按一定的边界条件积分得出。

如图 6-7 所示，沿反应器轴向，在距进口任意距离处截取一个长度为 dl 的微元，对应的有效体积为 $dV_R = Adl$，微元内物料浓度和温度可视为均匀且反应速率为定值。

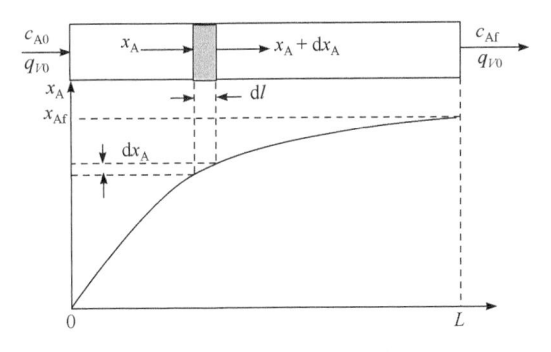

图 6-7 活塞流反应器示意图

在稳态条件下，以反应物 A 为关键组分，对单位时间内微元中流入、流出和反应消耗物料做衡算，根据

$$\text{流入量} = \text{流出量} + \text{反应消耗量}$$

得

$$q_{nA} = (q_{nA} + dq_{nA}) + r_A dV_R \tag{6-80}$$

式中，q_{nA} 为 A 组分的物质的量流量($\text{kmol} \cdot \text{s}^{-1}$)。将 $q_{nA} = q_{V0} c_A$、$q_{nA} = q_{n0}(1 - x_A)$ 代入式(6-80)并化简，得

$$dq_{nA} = -r_A dV_R = q_{V0} dc_A \quad \text{或} \quad dV_R = -\frac{dq_{nA}}{r_A} = -q_{V0} \frac{dc_A}{r_A} \tag{6-81}$$

若以关键组分 A 的物质的量浓度或转化率为自变量，式(6-81)可表示为

$$dV_R = \frac{q_{n0} dx_A}{r_A} = -q_{V0} \frac{dc_A}{r_A} \tag{6-82}$$

当 $V_R = 0$ 时，$c_A = c_{A0}$，$x_A = 0$；当 $V_R = V_R$ 时，$c_A = c_{Af}$，$x_A = x_{Af}$，对式(6-82)积分可得用物质的量浓度或转化率表示的活塞流反应器的物料衡算积分方程

$$V_R = \int_0^{V_R} dV_R = q_{n0} \int_0^{x_{Af}} \frac{dx_A}{r_A} = -q_{V0} \int_{c_{A0}}^{c_{Af}} \frac{dc_A}{r_A} \tag{6-83}$$

将式(6-83)两边同时除以入口物料的体积流量 q_{V0}，得

$$\tau = \frac{V_R}{q_{V0}} = c_{A0} \int_0^{x_{Af}} \frac{dx_A}{r_A} = -\int_{c_{A0}}^{c_{Af}} \frac{dc_A}{r_A} \tag{6-84}$$

式中，τ 为空时。式(6-84)为活塞流反应器物料衡算基本方程的另一种表达式。对式(6-84)进行

图解积分，可得如图 6-8 所示的曲线，曲线下方阴影部分的面积即为空时 τ [图 6-8(a)]或 $\dfrac{\tau}{c_{A0}}$ [图 6-8(b)]。

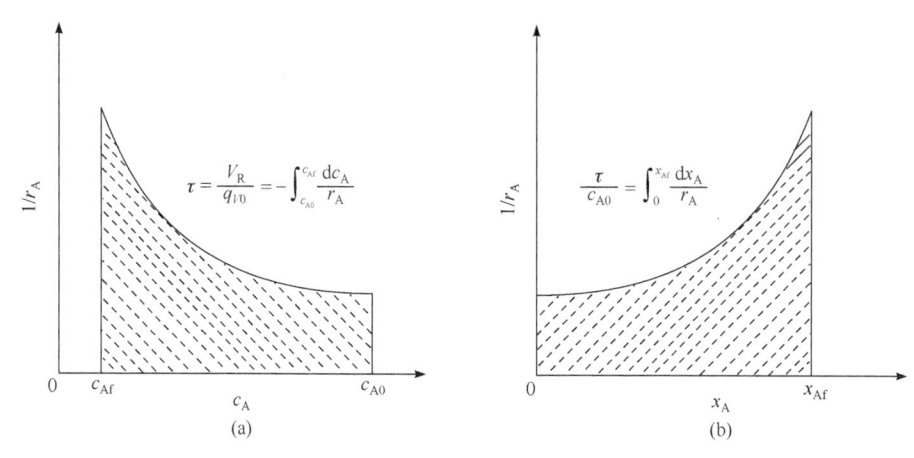

图 6-8 活塞流反应器特征方程的图解积分

对于不同级数的单一反应，只要将其反应速率方程代入式(6-84)，就可得到活塞流反应器中单一反应的浓度积分式和转化率积分式，见表 6-1。

表 6-1 活塞流反应器中单一反应的浓度和转化率表达式

反应级数	反应速率方程	浓度积分式	转化率积分式
零级	$r_A = k$	$k\tau = c_{A0} - c_{Af}$	$k\tau = c_{A0} x_{Af}$
一级	$r_A = k c_A$	$k\tau = \ln \dfrac{c_{A0}}{c_{Af}}$	$k\tau = \ln \dfrac{1}{1-x_{Af}}$
二级	$r_A = k c_A^2$	$k\tau = \dfrac{1}{c_{Af}} - \dfrac{1}{c_{A0}}$	$k\tau = \dfrac{x_{Af}}{c_{A0}(1-x_{Af})}$

将式(6-77)和式(6-84)对比，可以发现活塞流反应器与间歇反应器的物料衡算方程在形式上十分相似。但是，间歇反应器一般是在等容条件下进行的，反应器中的物料浓度和转化率随时间而变，属于非稳态过程；活塞流反应器不一定是等容的，而且物料浓度和转化率随管长而变，属于稳态过程。

活塞流反应器与间歇反应器的物料衡算方程之所以具有相同的积分，是因为在活塞流反应器中，具有相同浓度和转化率的某一反应截面经历了从进口开始沿轴向一边反应一边向出口运动的过程。在运动的同时，该截面上的浓度和转化率也沿着轴向发生变化。因此，该反应截面在反应器中的停留时间就是反应时间。由此可见，就物料的反应经历而言，活塞流反应器中各反应截面上的物料连续沿轴向变化与间歇反应器中的物料随时间变化，二者在本质上是一致的，也就是说，间歇反应器和活塞流反应器中的反应物料都具有相同的反应经历。

【例 6-2】 在 555.15 K 及 0.3 MPa 下，在活塞流管式反应器中进行气相反应 A ⟶ P，已知进料中含 A 30%(物质的量分数)，其余为惰性物料，加料流量为 6.3 mol·s^{-1}，动力学方程为

$$r_A = 0.27 c_A \ \text{mol} \cdot \text{m}^{-3} \cdot \text{s}^{-1}$$

为了达到95%转化率，试求：(1) 所需反应空时；(2) 反应器的有效体积。

解 根据理想气体状态方程，有

$$q_{V0} = \frac{6.3 \times 8.314 \times 555.15}{0.3 \times 10^6} = 0.0969 (\text{m}^3 \cdot \text{s}^{-1})$$

根据式(6-84)得

$$\tau = \frac{V_R}{q_{V0}} = c_{A0} \int_0^{x_A} \frac{dx_A}{r_A} = \int_0^{x_A} \frac{dx_A}{0.27(1-x_{Af})} = \frac{1}{0.27} \ln \frac{1}{1-0.95} = 11.1(\text{s})$$

$$V_R = q_{V0} \times \tau = 0.0969 \times 11.1 = 1.08 (\text{m}^3)$$

6.4.5 全混流反应器

搅拌效果很好的釜式反应器，当连续进料、出料时，反应器内物料达到均匀的浓度和温度，因此可以近似看作全混流反应器。全混流反应器操作时反应物料连续加入和流出反应器，不存在间歇操作中的辅助时间问题，容易实现自动控制，操作简单，产品质量稳定，可用于产品产量较大的生产过程。实际工业生产中使用连续搅拌釜式反应器进行液相反应，只要达到足够的搅拌强度，其流型很接近全混流。

1. 全混流反应器的特点

在稳态条件下全混流反应器操作过程如图6-9所示。新鲜物料连续进入反应器中，在搅拌器的强烈搅拌下瞬间与釜内的物料充分混合，釜内物料的浓度、温度处处相等，不随时间而变化，并且等于反应器出口的浓度和温度，釜内各处的反应速率相同并且恒定不变；反应物料在反应器内的停留时间长短不一，返混达到最大程度。

2. 全混流反应器的体积

如图6-9所示的全混流反应器，对关键反应物组分A做物料衡算，有

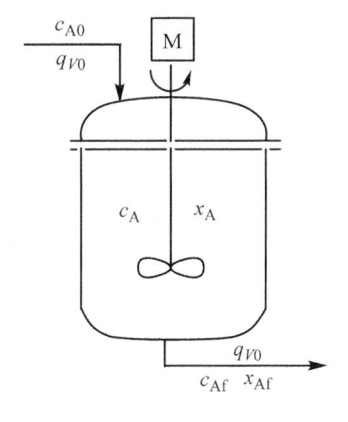

图 6-9 全混流反应器示意图

$$q_{V0} c_{A0} = q_{V0} c_{Af} + r_A V_R$$

式中，q_{V0}为物料进口体积流量；c_{A0}为A组分进口浓度；c_{Af}为A组分出口浓度。整理得

$$V_R = \frac{q_{V0}(c_{A0} - c_{Af})}{r_A} = \frac{q_{V0} c_{A0} x_{Af}}{r_A} \tag{6-85}$$

则空时

$$\tau = \frac{V_R}{q_{V0}} = \frac{c_{A0} - c_{Af}}{r_A} = \frac{c_{A0} x_{Af}}{r_A} \tag{6-86}$$

式(6-85)、式(6-86)即为全混流反应器的物料衡算基本方程。式(6-86)用图解表示如图6-10所示。

稳态下操作的连续搅拌釜式反应器是在等温、等浓度下进行反应，因而也是在等反应速率下反应，等速操作是连续搅拌釜式反应器不同于其他反应器的一个显著特点。若进、出口

物料组成和处理量已知，则无论同时进行多少个反应，只通过一个方程即可求得反应器的有效体积。式(6-86)中的空时具有平均值的含义，对于等容均相反应过程，空时等于物料在反应器内的平均停留时间。

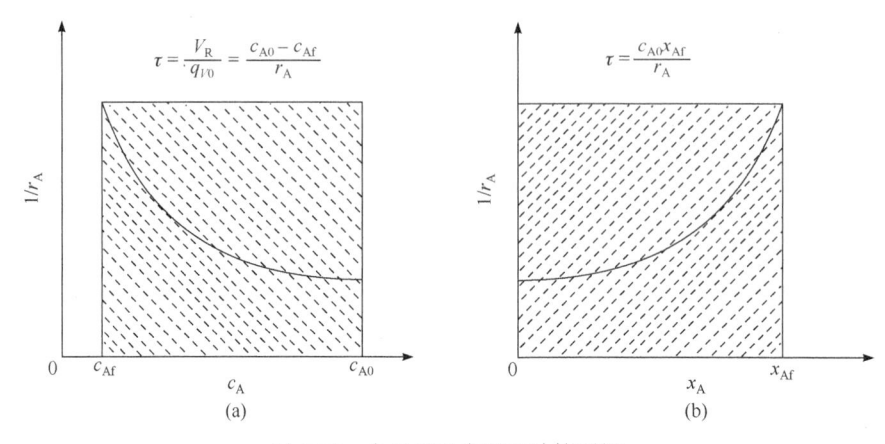

图 6-10　全混流反应器的计算图解

在间歇反应器中反应物料浓度和反应速率随时间而变，活塞流反应器中的反应物料浓度和反应速率随管长而变，它们得到的计算式是积分式。而在全混流反应器中，反应物料浓度和反应速率不但处处相等而且恒定不变，所以得到的计算式必然是代数式。在反应容积不变的情况下，将不同级数的单一反应的速率方程代入式(6-86)，就可得到全混流反应器中单一反应的浓度和转化率表达式，如表 6-2 所示。

表 6-2　全混流反应器中单一反应的浓度和转化率表达式

反应级数	反应速率方程	浓度积分式	转化率积分式
零级	$r_A = k$	$k\tau = c_{A0} - c_{Af}$	$k\tau = c_{A0} x_{Af}$
一级	$r_A = k c_A$	$k\tau = \dfrac{c_{A0} - c_{Af}}{c_{Af}}$	$k\tau = \ln \dfrac{x_{Af}}{1 - x_{Af}}$
二级	$r_A = k c_A^2$	$k\tau = \dfrac{c_{A0} - c_{Af}}{c_{Af}^2}$	$k\tau = \dfrac{x_{Af}}{c_{A0}(1 - x_{Af})^2}$

【例 6-3】　某工厂采用间歇反应器，以硫酸为催化剂，使己二酸(A)与己二醇(B)以等物质的量比在 70℃下进行缩聚反应生产醇酸树脂(P)，即 A + B ——→ P，实验测得该反应的速率方程为

$$r_A = k c_A c_B$$

式中，r_A 为以己二酸为基准的反应速率，$kmol \cdot L^{-1} \cdot min^{-1}$；$k$ 为反应速率常数，$1.97\ L \cdot kmol^{-1} \cdot min^{-1}$；$c_A$、$c_B$ 分别为己二酸、己二醇的物质的量浓度，$kmol \cdot L^{-1}$；c_{A0}、c_{B0} 均为 $0.004\ kmol \cdot L^{-1}$。

(1) 己二酸的转化率分别为 $x_A = 0.5$、0.6、0.8 所需的反应时间为多少？

(2) 若每天处理己二酸 2400 kg，转化率为 80%，每批操作的辅助时间为 1 h，试计算确定反应器的体积大小。

(3) 若在活塞流反应器(PFR)中，转化率为 80%，操作条件和产量与间歇反应器条件相同，试计算活塞流反应器的有效体积。

(4) 若在连续搅拌釜式反应器(CSTR)中，转化率为 80%，操作条件和产量与间歇反应器条件相同，试计算连续搅拌釜式反应器的有效体积。

解 (1) 求达到一定转化率所需的时间。

反应计量方程中，$\dfrac{\nu_A}{\nu_B}=1$，A、B 的初始浓度相同，则反应动力学方程可写为

$$r_A = kc_A^2$$

根据式(6-77)得

$$t = \dfrac{x_{Af}}{kc_{A0}(1-x_{Af})}$$

则可得，当转化率 $x_A = 0.5$ 时，$t = 2.12$ h
$x_A = 0.6$ 时，$t = 3.17$ h
$x_A = 0.8$ 时，$t = 8.46$ h

(2) 计算反应器的有效体积。

$$q_{V0} = \dfrac{q_{n0}}{c_{A0}} = \dfrac{2400/(24\times 146)}{0.004} = 171\,(\text{L}\cdot\text{h}^{-1})$$

生产周期=反应时间+辅助时间 = $t + t_0 = 8.46 + 1 = 9.46$ (h)

间歇反应器的有效体积为

$$V_R = q_{V0}(t+t_0) = 171\times 9.46 = 1.62\times 10^3\,(\text{L}) = 1.62\,(\text{m}^3)$$

(3) 活塞流反应器中，根据式(6-84)得

$$\tau = \dfrac{V_R}{q_{V0}} = c_{A0}\int_0^{x_A}\dfrac{\mathrm{d}x_A}{r_A} = \dfrac{x_{Af}}{kc_{A0}(1-x_{Af})} = \dfrac{0.8}{1.97\times 0.004\times(1-0.8)} = 508\,(\text{min}) = 8.47\,(\text{h})$$

$$V_R = q_{V0}\tau = 171\times 8.47 = 1.45\times 10^3\,(\text{L}) = 1.45\,(\text{m}^3)$$

(4) 全混流反应器，有

$$\tau = \dfrac{V_R}{q_{V0}} = \dfrac{c_{A0}-c_{Af}}{r_A} = \dfrac{c_{A0}x_{Af}}{r_A} = \dfrac{x_{Af}}{kc_{A0}(1-x_{Af})^2} = \dfrac{0.8}{1.97\times 0.004\times(1-0.8)^2} = 2.54\times 10^3\,(\text{min}) = 42.3\,(\text{h})$$

$$V_R = q_{V0}\tau = 171\times 42.3 = 7.23\times 10^3\,(\text{L}) = 7.23\,(\text{m}^3)$$

综上可得

间歇反应器达到 80%的转化率时，$V_R = 1.62$ m³；
活塞流反应器达到 80%的转化率时，$V_R = 1.45$ m³；
全混流反应器达到 80%的转化率时，$V_R = 7.23$ m³。

3. 返混对化学反应的影响

由上所述可知，活塞流反应器中没有物料的返混，而全混流反应器返混最大，它们是分别属于两个返混极限的连续流动反应器。由【例 6-3】可以看出，同一反应在相同反应条件和操作条件下，在不同的连续流动反应器中进行反应，具有截然不同的反应结果。显然，这

种反应结果的差异是由反应器中的物料返混造成的。

因为在相同反应温度下，它们都具有相同的反应速率常数，影响反应结果的因素只有浓度。对于一个可逆反应，如果以反应物平衡浓度作为反应推动力计算基准，在活塞流反应器中，从进口到出口，反应推动力沿着轴向逐渐减小；而在全混流反应器中，新鲜物料一进入反应器，立即与反应器中原有的物料充分混合，使浓度骤然降低到出口处浓度，反应器内反应物高浓度区域消失，使反应器内反应物料一直处于低推动力状态。全混流反应器的强返混作用造成了反应物浓度突然下降，导致反应速率降到最低，因此在反应器内完成的转化率就低。

返混不仅仅是反应器中特有的一种现象，在连续过程中都存在一定程度的返混现象。例如，板式精馏塔的某一塔板上液体自上而下流动，而气体自下而上与液体在塔板接触，如果气速过大，就会产生雾沫夹带，将下层塔板上难挥发组分含量较高的液体带入上层塔板，使得小部分液体逆向流动造成返混。此外，液体在塔板上的停留时间不同，也会造成返混。

返混的结果是降低了过程的推动力，如在全混流反应器中因降低了新鲜反应物的浓度而使反应速率下降。从动力学的角度来看，返混是一种不利因素，它通过降低反应物浓度而降低了反应速率。当转化率越高、反应级数越高时，返混对反应速率的影响更为显著。

6.4.6 多釜串联反应器

虽然全混流反应器达到了最大的返混极限，但是如果将若干个全混流反应器串联在一起，就会使整个组合反应器的返混程度降低。这种多个全混流反应器的串联组合称为多釜串联反应器，又称多级全混流反应器，如图6-11所示。

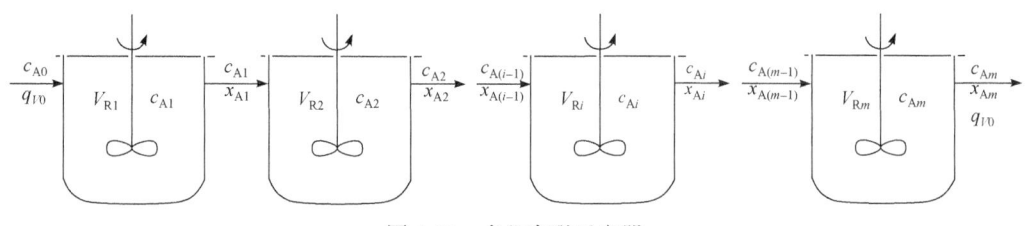

图 6-11 多釜串联反应器

1. 多釜串联反应器的计算

要确定多釜串联反应器中每个全混流反应器的有效体积，就需要利用式(6-85)逐个对每个釜中的关键组分进行物料衡算。计算可从第一釜开始，该釜的进口组成已知，由式(6-85)可求出口组成，这也是第二釜的进口组成，依此类推，直至第 m 釜。这种算法称为逐釜计算。

仔细分析可知，多釜串联反应器中的每一个单元或者说每一个反应釜都具有全混流反应器的流动特征，那么就可以对第 i 个全混流反应器，针对反应物 A 进行物料衡算。在稳态条件下有

$$q_{V0}c_{A(i-1)} = q_{V0}c_{Ai} + r_{Ai}V_{Ri}$$

$$q_{V0}c_{A0}[1-x_{A(i-1)}] = q_{V0}c_{A0}(1-x_{Ai}) + r_{Ai}V_{Ri}$$

整理得

$$\tau_i = \frac{V_{Ri}}{q_{V0}} = \frac{c_{A(i-1)} - c_{Ai}}{r_{Ai}} = \frac{c_{A0}[x_{Ai} - x_{A(i-1)}]}{r_{Ai}} \tag{6-87}$$

式中，$c_{A(i-1)}$ 和 $x_{A(i-1)}$ 分别为进入第 i 釜时反应物组分 A 的物质的量浓度和转化率；c_{Ai} 和 x_{Ai} 分别为离开第 i 釜时反应物组分 A 的物质的量浓度和转化率；r_{Ai} 为第 i 釜内的反应速率。式(6-87)即为多釜串联反应器的计算式。

对于给定的具体反应和要求反应物达到的转化率，工业生产上需要计算所给定的全混流反应器体积以及串联的个数，这时可以利用式(6-87)采用解析法或图解法求解。

1) 解析法

假设多釜串联反应器内进行的是一级反应，则有 $r_A = kc_A$，式(6-87)可变为

$$\tau_i = \frac{V_{Ri}}{q_{V0}} = \frac{c_{A(i-1)} - c_{Ai}}{k_i c_{Ai}}$$

整理得

$$c_{Ai} = \frac{c_{A(i-1)}}{1 + k_i \tau_i}$$

出口残余浓度为

$$c_{Am} = \frac{c_{A0}}{(1 + k_1 \tau_1)(1 + k_2 \tau_2) \cdots (1 + k_m \tau_m)} = \frac{c_{A0}}{\prod_{i=1}^{m}(1 + k_i \tau_i)}$$

当各反应器内反应温度相等时，$k_1 = k_2 = \cdots = k_m = k$；如果各反应器容积也相同，即 $V_{R1} = V_{R2} = \cdots = V_{Rm} = V_R$ 时，则 $\tau_1 = \tau_2 = \cdots = \tau_m = \tau$，上式可化简为

$$c_{Am} = \frac{c_{A0}}{(1 + k\tau)^m} \tag{6-88}$$

相应地，最终转化率为

$$x_{Am} = 1 - \left(\frac{1}{1 + k\tau}\right)^m \tag{6-89}$$

2) 图解法

对于非一级反应，采用上述解析法求解非常烦琐。如果已知反应物初始浓度和各反应器体积，可采用图解法求解。

设反应的本征动力学速率方程为

$$r_A = f(c_A) \tag{6-90}$$

第 i 釜全混流反应器的操作线方程为

$$r_{Ai} = \frac{c_{A(i-1)}}{\tau_i} - \frac{c_{Ai}}{\tau_i} \tag{6-91}$$

或

$$r_{Ai} = \frac{c_{A0}}{\tau_i} x_{Ai} - \frac{c_{A0}}{\tau_i} x_{A(i-1)} \tag{6-92}$$

逐釜计算的图解法实质是对反应速率方程和操作线方程联立求解。首先以 r_A 对 c_A 或 x_A 作图，用图解法求各釜的出口物料组成。因为出口物料组成或转化率既要满足反应速率方程又要符合物料衡算式，所以可由两者的交点决定釜的出口状态。根据式(6-91)、式(6-92)可以看出，在 c_A-r_A 图或 x_A-r_A 图上，物料衡算式为一直线，其斜率为 $1/\tau_i$ 或 c_{A0}/τ_i，如图 6-12 所示。

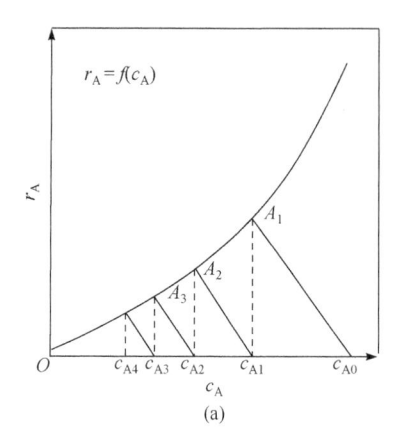

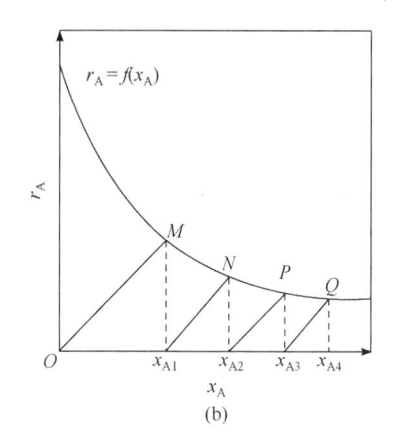

图 6-12 多釜串联反应器图解法

当串联的各釜反应体积相同、操作温度也相同时，若釜的反应体积已知，则物料衡算操作线的斜率已定，不难求出达到最终转化率所需的釜数。如图 6-12(a)所示，在 c_A-r_A 图上先画出动力学曲线 $r_A = f(c_A)$，然后以初始浓度 c_{A0} 为起点，作斜率为 $-1/\tau$ 的直线，交动力学曲线于 A_1，过 A_1 作横轴垂线，其横坐标点 c_{A1} 即为第一釜出口浓度；过点 c_{A1} 作直线与 $c_{A0}A_1$ 平行，……；依此类推，当得到第 n 釜出口浓度 c_{An} 小于等于给定的最终 A 组分的出口浓度时，n 即为所需的串联反应釜的数目。

类似地，在图 6-12(b)的 x_A-r_A 图上，先画出动力学曲线 $r_A = f(x_A)$。由于第一釜的进口转化率为零，所以作图从原点开始。过原点以斜率 c_{A0}/τ 作第一釜的物料衡算线 OM，交动力学曲线于 M，M 点的横坐标即为第一釜的出口转化率 x_{A1}，同时对应于第二釜的进口状态。过 x_{A1} 作直线与 OM 平行，与动力学曲线的交点 N 即为第二釜的出口状态；依此类推，当得到第 n 釜出口转化率 x_{An} 大于等于给定的最终 A 组分的出口转化率时，n 即为所需的串联反应釜的数目。

如果反应釜数目一定，要求各釜的反应体积，则作图程序相同，但必须先假设斜率，按上述方法作图，观察在规定的釜数下是否能达到最终转化率；若不满足，需改变斜率再次尝试，直至符合为止。此时，由物料衡算式的斜率便可求空时 τ，然后由空时计算出反应体积。

图解法的优点是不受反应动力学级数的限制，只要通过实验数据绘制出动力学曲线，就可以较为准确地求出所需要的信息。缺点是这个方法仅适用于单一反应，对于平行、连串等复杂反应，则不能采用这种方法。

2. 多釜串联对反应体积的影响

根据全混流反应器反应体积的计算，进行单一反应的连续搅拌釜式反应器可用式(6-85)

计算。根据反应速率方程，将 x_A 对 $\frac{1}{r_A}$ 作图，一般情况下，反应速率 r_A 总是随着 x_A 的增加而降低，$\frac{1}{r_A}$ 则随 x_A 的增加而升高，即正常动力学，如图 6-13(a)所示；反之，则为反常动力学，如图 6-13(b)所示。反应级数为负数的反应及自催化反应等均属于反常动力学。在釜式反应器中，反应物 A 的转化率从 0 增至 x_{A2} 时，由式(6-85)可知所需的反应体积为 $V_R = \frac{q_{V0} c_{A0} x_{A2}}{r_{A2}}$，而由图 6-13(a)可看出，$\frac{x_{A2}}{r_{A2}}$ 为矩形 $OADK$ 的面积。因此，对于一定的进料条件，反应体积与此矩形面积成正比。

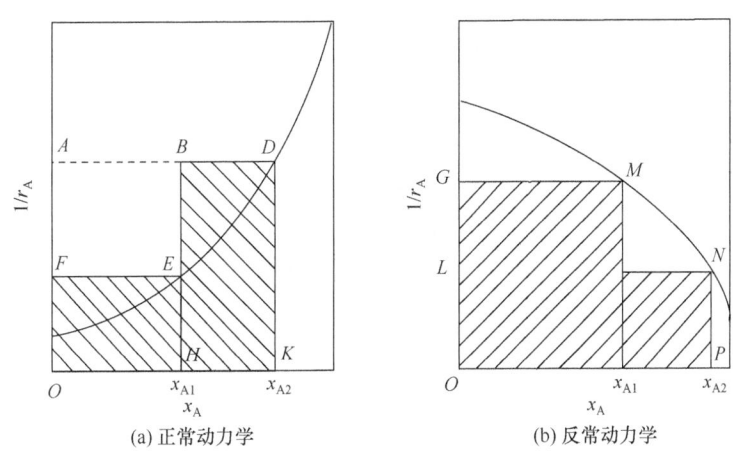

图 6-13 多釜串联反应动力学

如果采用两个釜式反应器串联操作，在第一釜中达到的转化率为 x_{A1}，然后在第二釜中反应，最后达到的转化率为 x_{A2}。由图 6-13(a)知，第一釜的反应体积与矩形 $OFEH$ 的面积成正比，第二釜则与矩形 $HBDK$ 的面积成正比。因为两釜串联，所以两釜的物料处理量相同，都为 q_{V0}，并且转化率 x_{A1} 和 x_{A2} 都是以进入第一釜的原料为基准来定义的，即都是对 c_{A0} 而言的。由于式(6-85)只适用于进料转化率为零的场合，而第二釜进料为第一釜的出料，进口转化率为 x_{A1}，因此将式(6-85)用于第二釜计算时要做相应的修正，将其中的 x_A 改为 $x_{A2} - x_{A1}$。$x_{A2} - x_{A1}$ 可理解为组分 A 在第二釜中的净转化率。

根据以上分析并结合图 6-13(a)可知，单釜的反应体积与矩形 $OADK$ 的面积成正比，而两釜串联时总的反应体积与矩形 $OFEH$ 和 $HBDK$ 的面积之和成正比。显然，矩形面积 $OADK$ > 矩形面积($OFEH + HBDK$)。可见，在此情况下两釜串联所需的总反应体积比单个反应釜小，这一结论可推广到多釜串联，并且串联的釜数越多，所需的总反应体积越小。因此，对于正常动力学，就反应器总体积而言，使用多釜串联总是比单釜有利。

【例6-4】 在理想混合反应器中进行液相等温恒容反应 A+B⟶R，A 和 B 按等物质的量配成，$r_A = k c_A c_B$，$k = 9.92 \text{ m}^3 \cdot \text{kmol}^{-1} \cdot \text{s}^{-1}$，进料速率 $0.278 \text{ m}^3 \cdot \text{s}^{-1}$，A 的初始浓度为 $0.08 \text{ kmol} \cdot \text{m}^{-3}$。要求 A 的转化率为 87.5%，则分别以：(1) 一个反应釜；(2) 两个等体积的反应釜；(3) 三个等体积的反应釜串联操作时，总的反应体积各是多少？

解 $r_A = k c_A c_B = 9.92 c_A^2 = 9.92 c_{A0}^2 (1-x_A)^2$

$$x_{Af} = 0.875; \quad q_{V0} = 0.278 \text{ m}^3 \cdot \text{s}^{-1}$$

(1) 一个反应釜 $x_{A0} = 0$

$$\tau = \frac{c_{A0}(x_{Af} - x_{A0})}{r_A} = \frac{0.08 \times 0.875}{9.92 \times (0.08)^2 \times (1-0.875)^2} = 70.6(\text{s})$$

$$V_R = q_{V0} \times \tau = 0.278 \times 70.6 = 19.6(\text{m}^3)$$

(2) 两个等体积的反应釜串联

$$\tau_1 = \frac{c_{A0}(x_{A1} - x_{A0})}{r_{A1}} = \frac{x_{A1} - x_{A0}}{kc_{A0}(1-x_{A1})^2}$$

$$\tau_2 = \frac{c_{A0}(x_{Af} - x_{A1})}{r_{A2}} = \frac{x_{Af} - x_{A1}}{kc_{A0}(1-x_{Af})^2}$$

根据 $\tau_1 = \tau_2$，得

$$\frac{x_{A1} - x_{A0}}{(1-x_{A1})^2} = \frac{x_{Af} - x_{A1}}{(1-x_{Af})^2}$$

因为 $x_{A0} = 0$，$x_{Af} = 0.875$，所以有

$$(1-0.875)^2 x_{A1} = (0.875 - x_{A1})(1-x_{A1})^2$$

解得 $x_{A1} = 72.5\%$。

$$\tau_1 = \frac{x_{A1} - x_{A0}}{kc_{A0}(1-x_{A1})^2} = \frac{0.725 - 0}{9.92 \times 0.08 \times (1-0.725)^2} = 12.1(\text{s})$$

$$V_R = 2 \times q_{V0} \times \tau = 2 \times 0.278 \times 12.1 = 6.73(\text{m}^3)$$

(3) 三个等体积的反应釜串联

$$\tau_1 = \frac{c_{A0}(x_{A1} - x_{A0})}{r_{A1}} = \frac{x_{A1} - x_{A0}}{kc_{A0}(1-x_{A1})^2}$$

$$\tau_2 = \frac{c_{A0}(x_{A2} - x_{A1})}{r_{A2}} = \frac{x_{A2} - x_{A1}}{kc_{A0}(1-x_{A2})^2}$$

$$\tau_3 = \frac{c_{A0}(x_{Af} - x_{A2})}{r_{A3}} = \frac{x_{Af} - x_{A2}}{kc_{A0}(1-x_{Af})^2}$$

三元方程组，解得

$$x_{A1} = 62.9\%; x_{A2} = 80.4\%; \tau_1 = \tau_2 = \tau_3 = 5.76 \text{ s}$$

$$V_R = 3 \times q_{V0} \times \tau_1 = 3 \times 0.278 \times 5.76 = 4.80 \text{ (m}^3)$$

综上可得：单釜连续 $V_R = 19.6 \text{ m}^3$；双釜连续 $V_R = 6.73 \text{ m}^3$；三釜连续 $V_R = 4.80 \text{ m}^3$。

6.4.7 理想流动反应器容积比较

前面讨论了不同返混程度的理想反应器的特征和计算方法。如果在这些反应器中进行相同的反应，采用相同的进料流量和进料浓度，而且反应温度和最终转化率也相同，由于不同反应器内物料的返混程度不同，达到要求转化率所需的反应器容积相差较大。对于间歇反应

器，反应物料经历了相同的反应时间，不存在时间概念上的返混的问题；对于活塞流反应器，所有物料在反应器中都有相同的停留时间，也不存在返混；所以间歇反应器和活塞流反应器具有相同的反应容积。对于全混流反应器，由于返混程度最大，所以反应容积也大得多。

以 $V_{R(PMFR)}$ 和 $V_{R(PFR)}$ 分别表示全混流和活塞流反应器的反应容积，二者之比为

$$\beta = \frac{V_{R(PMFR)}}{V_{R(PFR)}} = \frac{q_{V0}c_{A0}x_{Af}/r_A}{q_{V0}c_{A0}\int_0^{x_A} \frac{dx_A}{r_A}} \tag{6-93}$$

以 $\frac{1}{r_A}$ 对 x_A 作图得到图 6-14，图中曲线 AM 表示由本征动力学速率方程决定的 $\frac{1}{r_A}$ 与 x_A 的关系。图 6-14 中 D 点表示反应器出口的转化率，矩形面积 $OCBD$ 与不规则面积 $OABD$ 之比就等于 $V_{R(PMFR)}$ 和 $V_{R(PFR)}$ 之比 β。显然，当 q_{V0}、c_{A0} 和 x_{Af} 相同时，$V_{R(PMFR)}$ 恒大于 $V_{R(PFR)}$。

从图 6-14 中还可以看出，当转化率较小时，比值 β 较小；当转化率增大时，比值 β 随之增大。此外，当反应级数较高时，由于浓度对反应速率影响更为敏感，返混造成反应速率降低的现象更为显著。因此，在全混流反应器中进行高反应级数的反应时，应尽量在低转化率下操作，以保持较快的反应速率。但是，这样操作会使原料没有被充分利用，常用的方法是将反应物分离后再返回反应器内进行循环反应。

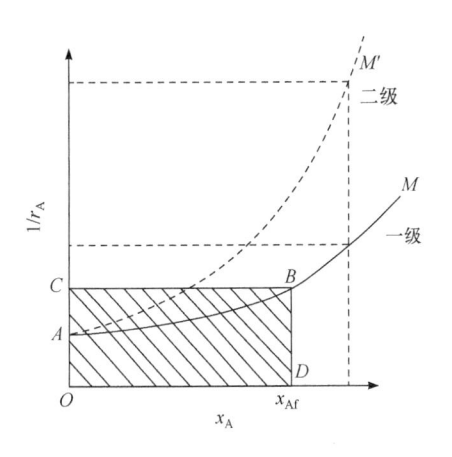

图 6-14 理想流动反应器容积比较

6.4.8 反应器的热稳定性

任何化学反应都有一定的反应热，因此有必要讨论反应器的传热问题，尤其当反应的放热强度较大时，传热过程对化学反应过程的影响往往成为过程的关键因素。化学反应器的热量传递问题与一般的加热、冷却或换热过程中的传热问题有重要的区别，即反应器内的反应过程和传热过程相互之间有关联作用。对于放热反应，当某些外界因素使得反应温度升高时，一般反应速率随之加快，但反应速率增加越大，反应放热速率也越大，这就使反应温度进一步上升，因而就可能出现恶性循环。然而，这种恶性循环是吸热反应所没有的，也是一般换热过程不存在的一类特殊现象。这种现象的存在对传热和反应器的操作及控制都提出了特殊的要求。

如果一个反应器是在某一平衡状态下设计并进行操作的，就传热而言，反应器处于热平衡状态，即反应的放热速率应等于移热速率。只要这个平衡不被破坏，反应器内各处的温度将不随时间变化而处于定态。但是，实际上各有关参数不可能严格保持在给定值，总会有各种偶然的原因而引起扰动，表现为流量、进口温度、冷却介质温度等有关参数的变动。如果某个短暂的扰动使反应器的温度产生微小的上升，将产生两种情况：一种是反应温度自动返回原来的平衡状态，此时称该反应器是热稳定的，或称为具备自衡能力；另一种是该温度继续上升，直到另一个平衡状态为止，则称此反应器是不稳定的，或无自衡能力。

一般来说，热稳定条件比热平衡条件苛刻得多。热平衡条件只要移热速率等于放热速率就行，可通过增大传热温差或传热面积来实现。热稳定条件则是给传热温差以限制，要求传热温差小于某个规定值，因而对传热面积有最小值要求，这往往增加了所需的传热面积，使反应器结构复杂化。

思考：工业反应器中进行的化学反应过程及其伴随的物理过程是非常复杂的，于是化学反应工程学中提出了几种流动模型。这些模型从宏观角度对反应系统内物料质点运动现象做了切合实际的简化，从而形成了便于定量描述质点运动结果的数学模型方法。这些方法各自有什么特点？

6.5 理想反应器的优化

对于理想均相反应器的优化选择，不同优化目标将得到不同的结果，即使优化目标相同，对于不同的反应过程，优化结果也会大相径庭。由于均相反应过程多种多样，不可能对它们的反应器优化问题一一加以研究。现通过举例说明如何对理想反应器进行优化选择，其实质是基于各类反应器的生产能力和产品质量的影响等。

6.5.1 以生产强度为优化目标

反应器的生产强度是指反应器的单位体积所具有的生产能力。在规定的物料处理量 q_{V0} 和最终转化率 x_{Af} 的条件下，反应器所需的反应体积的大小就反映了生产强度的大小。在相同条件下，某种理想反应器所需的反应体积最小，则表明其生产强度最大。下面以此为目标，并以等温条件下进行的均相简单反应过程为例，对几种基本的理想均相反应器进行比较和做出选择。

对于在各种理想反应器中进行的等温均相简单反应(符合正常反应动力学)所需反应体积的计算，前面已做了详细讨论。为了更加直观地表述，现以图解法进行比较，各种理想反应器所需的体积与图中阴影面积成正比，如图 6-15 所示。其中，活塞流反应器最小，全混流反应器最大，多釜串联反应器居于两者之间。如前所述，多釜串联反应器随着串联级数增多，所需反应体积减小，且向活塞流反应器的反应体积靠近。当串联级数为无限多时，多釜串联反应器的反应体积等于活塞流反应器的反应体积。可见，同等条件下以反应器的反应体积作比较，活塞流反应器的生产强度最大，全混流反应器最小，多釜串联反应器居中。

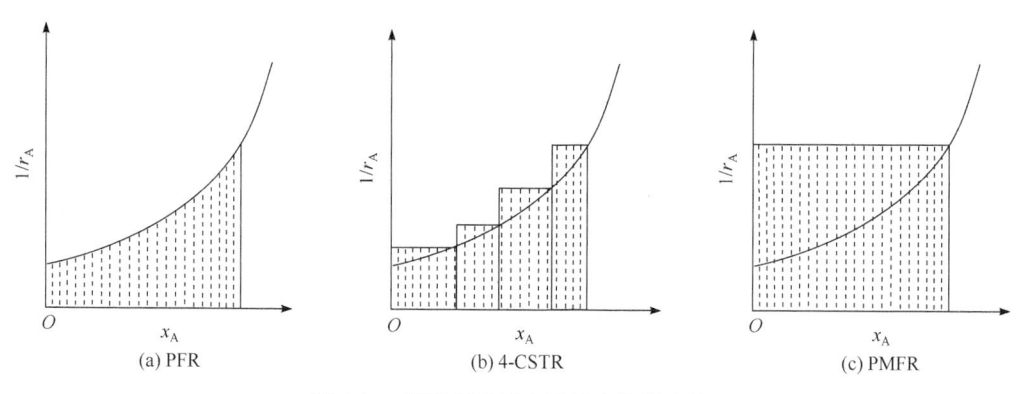

图 6-15 理想流动反应器反应体积比较

上述各类理想流动反应器所需反应体积之所以有差别，其原因可从返混对化学反应过程的影响来分析。活塞流反应器由于完全不返混，物料进入反应器后，反应物浓度沿流动方向逐渐降低，其变化过程如图 6-16 中的 MN 曲线所示。全混流反应器由于完全返混，物料进入反应器后，反应物浓度立即降至与出口处相同的最低浓度，其变化过程如图 6-16(a)中 MPN 折线所示。由此可见，在全混流反应器中，化学反应过程始终在最低浓度条件下进行。在活塞流反应器中，尽管接近出口处的化学反应是在低浓度下进行，但其他区域都是在高于出口浓度的条件下进行。因此，在活塞流反应器中进行的化学反应过程，其平均推动力和反应速率必然高于全混流反应器。这就是活塞流反应器的生产强度大于全混流反应器的主要原因。多釜串联反应器虽然其每一级都是完全返混，但就整体而言，随着串联级数增多，返混程度降低。图 6-16(a)中的梯度(折线 MABCDEN)反映了三级全混流反应器的浓度变化过程。显然，在三级全混流反应器中进行同一化学反应过程，其推动力和反应速率比在单级全混流反应器中更大。对照图 6-16(a)、图 6-16(b)还可以更清楚地看到，随着串联级数增多，浓度变化过程有向活塞流接近的趋势。

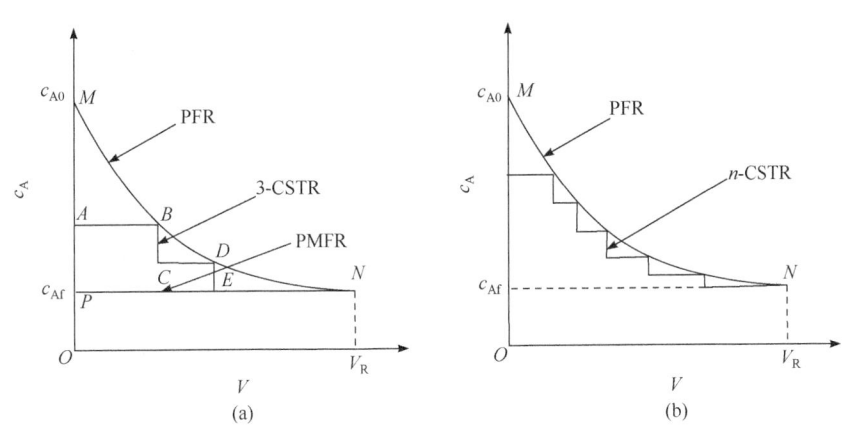

图 6-16 理想反应器物料浓度变化示意图

如前所述，间歇搅拌釜式反应器虽然也通过搅拌使物料达到分子状态的微观混合均匀，但这种混合是相同性质、相同浓度和相同经历的物料之间的混合，而不存在反应器中不同停留时间物料之间的混合，即不存在返混。因此，在间歇反应器中物料的浓度随着持续的反应时间而变化，在活塞流反应器中物料的浓度则是沿着反应器的流动方向而变化。由于间歇反应器需要花费装料、卸料和清洗等所必需的辅助时间，即使间歇反应器所需反应时间 t 与活塞流反应器所需的空间时间 τ 相等，其生产强度仍低于活塞流反应器。

根据以上分析可以认为，当以生产强度最大为优化目标，对于等温条件下进行简单的均相反应，以选用活塞流反应器为最优。但是需注意，各种反应过程性质千差万别，即使上述讨论也只是以简单均相反应为限，并非所有反应都符合上述结论，存在例外的情况。

6.5.2 以产率和选择性为优化目标

复杂反应常生成多种产物，在这些产物中，目标产物和各种副产物以及它们的组成比例常随反应过程条件的不同而不同。因此，在优化、选择和使用这类反应的反应器时，考虑目标产物的产率和选择性往往比考虑反应器的生产强度更为重要。如果忽视了反应器类型及其操作状态对反应过程的影响，将导致目标产物产率降低而副产物增多，出现事与愿违的情况。下面举例说明以产率和选择性为优化目标的优化选择过程，这里优化的核心问题在于返混对复杂反应产物分布的影响。

1. 平行反应

平行反应是指某一已知反应物同时生成目标产物和副产物的反应。设有平行反应

$$A + B \xrightarrow{k_1} L \quad (主反应) \quad r_L = \frac{dc_L}{dt} = k_1 c_A^{a_1} c_B^{b_1}$$

$$A + B \xrightarrow{k_2} M \quad (副反应) \quad r_M = \frac{dc_M}{dt} = k_2 c_A^{a_2} c_B^{b_2}$$

根据瞬时选择性的定义

$$S_L = \frac{r_L}{r_L + r_M} = \frac{1}{1 + \frac{k_2}{k_1} c_A^{a_2-a_1} c_B^{b_2-b_1}} \tag{6-94}$$

可见，在给定温度下，瞬时选择性是反应组分 A、B 浓度的函数。对于间歇反应器和活塞流反应器，反应组分 A、B 浓度随反应时间或管长变化，因此瞬时选择性也随之而变，总选择性实际是对瞬时选择性积分后所得的平均值。但对于全混流反应器，反应釜内反应物料浓度恒定不变且等于出口浓度，因此瞬时选择性为恒定值，总选择性就等于瞬时选择性。

平行反应的目标产物 L 的选择性与组分 A、B 的分级数有关，以式(6-94)为依据进行讨论，结果见表 6-3。

表 6-3 平行反应的反应器和操作方式选择

动力学特点	对浓度的要求	反应器的选择	操作方式的选择
$a_1 > a_2$ $b_1 > b_2$	c_A、c_B 都高	间歇反应器	A、B 同时加入的间歇操作
		活塞流反应器	A、B 同时从进口加入的连续操作
		多釜串联反应器	A、B 同时从第一釜进口加入的连续操作
$a_1 > a_2$ $b_1 < b_2$	c_A 高，c_B 低	间歇反应器	A 一次加入，B 缓慢滴加的间歇操作
		活塞流反应器	A 从进口加入，B 沿管长分段加入的连续操作
		多釜串联反应器	A 从第一釜加入，B 分段加入的连续操作
		全混流反应器	A 从出口处分离返回反应器的连续操作
$a_1 < a_2$ $b_1 < b_2$	c_A、c_B 都低	间歇反应器	A、B 同时缓慢滴加的间歇操作
		全混流反应器	A、B 同时加入的连续操作
$a_1 = a_2$ $b_1 = b_2$	与浓度无关		需考虑温度对主、副反应活化能的影响

(1) 当 $a_1 > a_2$ 且 $b_1 > b_2$ 时，提高 c_A、c_B，选择性 S_L 升高。

(2) 当 $a_1 > a_2$ 且 $b_1 < b_2$ 时，提高 c_A 时降低 c_B，有利于选择性 S_L 升高。

(3) 当 $a_1 < a_2$ 且 $b_1 < b_2$ 时，降低 c_A、c_B，选择性 S_L 升高。

上述三种情况只要知道主、副反应中各组分的反应分级数的相对大小，就可以根据以上

分析确定在反应过程中对各组分浓度高低的要求，再结合各类反应器返混程度大小的特点，选择合适的反应器和操作方式。

(4) 当 $a_1 = a_2$ 且 $b_1 = b_2$ 时，L 的选择性与浓度无关。此时，决策变量已不是反应物浓度，需要从 k_2/k_1 的值另做考虑。若活化能 $E_1 > E_2$，则反应温度升高有利于选择性 S_L 的提高；若活化能 $E_1 < E_2$，则反应温度降低有利于选择性 S_L 的提高。可见这种情况下，需另以操作温度为决策变量进行反应器的选型和操作方式的优化。

2. 连串反应

连串反应是指反应物生成目标产物之后，又能进一步生成副产物的反应。以一级连串反应为例

$$A \xrightarrow{k_1} B(目标产物) \xrightarrow{k_2} S(副产物)$$

由式(6-65)和式(6-66)可知，目标产物 B 的最大浓度和最大收率是由最佳反应时间确定的。对于间歇反应器和活塞流反应器，只要控制最佳反应时间或最佳停留时间 t_{opt}，就可得到目标产物 B 的最大浓度 $c_{B,max}$ 和最大收率 $Y_{B,max}$。

对于全混流反应器，返混作用使反应釜内物料浓度恒定不变。即使将物料维持在平均停留时间 $\bar{t}$ 等于最佳反应时间 t_{opt} 的条件下操作，物料流中各质点的停留时间还是各不相同，有的比最佳反应时间长，有的则短。这样必然会使目标产物的产率偏离最大值，并且总是低于间歇反应器和活塞流反应器所得的最大收率。因此，对于上述连串反应，应优先选用间歇反应器和活塞流反应器。

思考：对理想均相反应器进行优化时，不同优化目标将得到不同的结果。以各类反应器的生产能力和产品质量为优化目标，如何对理想反应器进行优化选择？

习 题

1. 化学反应式与化学计量方程有什么异同？化学反应式中的化学计量数与化学计量方程中的化学计量数有什么关系？ (略)
2. 什么是基元反应？基元反应的动力学方程中活化能与反应级数的含义是什么？什么是非基元反应？非基元反应的动力学方程中活化能与反应级数的含义是什么？ (略)
3. 若将反应速率写成 $-r_A = -\dfrac{dc_A}{dt}$，有什么条件？ (略)
4. 为什么均相液相反应过程的动力学方程实验测定采用间歇反应器？ (略)
5. 现有如下基元反应过程，试写出各组分生成速率与浓度之间的关系。
(1) $A + 2B \longrightarrow C$
   $A + C \longrightarrow D$
(2) $A + 2B \longrightarrow C$
   $B + C \longrightarrow D$
   $C + D \longrightarrow E$
(3) $2A + 2B \longrightarrow C$
   $A + C \longrightarrow D$ (略)
6. 气相基元反应 $A + 2B \longrightarrow 2P$ 在30℃和常压下的反应速率常数 $k = 2.65 \times 10^4 \, m^6 \cdot kmol^{-2} \cdot s^{-1}$。现以气相分压表

示速率方程，即 $-r_A = k_p p_A p_B^2$。假定气体为理想气体，求 k_p。 $(1.66 \times 10^{-6} \text{ kmol} \cdot \text{m}^{-3} \cdot \text{s}^{-1} \cdot \text{kPa}^{-3})$

7. 有一反应在间歇反应器中进行，经过 8 min 后，反应物转化掉 80%，经过 18 min 后，转化掉 90%，求表达此反应的动力学方程。 $(-\dfrac{dc_A}{dt} = kc_A^2)$

8. 丁烷在 700℃、总压为 0.3 MPa 的条件下热分解反应式为

$$C_4H_{10} \longrightarrow 2C_2H_4 + H_2$$
$$\text{A} \quad\quad \text{R} \quad\quad \text{S}$$

起始时丁烷为 116 kg，当转化率为 50%时 $-\dfrac{dp_A}{dt} = 0.24 \text{ MPa} \cdot \text{s}^{-1}$，求此时 $\dfrac{dp_R}{dt}$、$\dfrac{dn_S}{dt}$ 和 $-\dfrac{dy_A}{dt}$ 的值。

$(0.48 \text{ MPa} \cdot \text{s}^{-1}； 0.032 \text{ kmol} \cdot \text{s}^{-1}； 0.8 \text{ s}^{-1})$

9. 一气相分解反应在常压间歇反应器中进行，在 400 K 和 500 K 温度下，其反应速率均可表达为 $-r_A = 23 p_A^2$ mol·m^{-3}·s^{-1}，式中，p_A 的单位为 kPa。求该反应的活化能。 $(7421 \text{ J} \cdot \text{mol}^{-1})$

10. 在 555 K 及 0.3 MPa 下，在活塞流管式反应器中进行气相反应 A $\longrightarrow$ P，已知进料中含 A 30%(物质的量分数)，其余为惰性物料，加料流量为 6.3 mol·s^{-1}，动力学方程为 $-r_A = 0.27 c_A$ mol·m^{-3}·s^{-1}。为了达到 95%转化率，试求：

(1) 所需空速。
(2) 反应器容积大小。 $(0.131 \text{ s}^{-1}； 1.08 \text{ m}^3)$

11. 反应 A+B $\longrightarrow$ R+S，已知 $V_R = 0.001 \text{ m}^3$，物料进料速率 $V_0 = 0.5 \times 10^{-3} \text{ m}^3 \cdot \text{min}^{-1}$，$c_{A0} = c_{B0} = 5 \text{ mol} \cdot \text{m}^{-3}$，动力学方程为 $-r_A = kc_A c_B$，其中 $k = 100 \text{ m}^3 \cdot \text{kmol}^{-1} \cdot \text{min}^{-1}$。

(1) 反应在活塞流反应器中进行时出口转化率为多少？
(2) 欲用全混流反应器得到相同的出口转化率，反应器体积应为多大？
(3) 若全混流反应器体积 $V_R = 0.001 \text{ m}^3$，可达到的转化率为多少？ $(50\%； 0.002 \text{ m}^3； 38.2\%)$

12. 某液相一级不可逆反应在体积为 V_R 的全混釜中进行，如果将出口物料的一半进行循环，新鲜物料相应也减少一半，产品物料的转化率和产物生成速率有什么变化？ (略)

13. 一级不可逆连串反应 A $\xrightarrow{k_1}$ B $\xrightarrow{k_2}$ C，$k_1 = 0.25 \text{ h}^{-1}$，$k_2 = 0.05 \text{ h}^{-1}$，进料流量 q_{V0} 为 1 m$^3 \cdot$h^{-1}，$c_{A0} = 1 \text{ kmol} \cdot \text{m}^{-3}$，$c_{B0} = c_{C0} = 0$。试求采用两个 $V_R = 1 \text{ m}^3$ 的全混流反应器串联时，反应器出口产物 B 的浓度。

$(0.334 \text{ kmol} \cdot \text{m}^{-3})$

14. 有一气相分解反应，其化学反应式为 A $\longrightarrow$ R+S，反应速率方程为 $-r_A = kc_A^2$，反应温度为 500℃。这时测得的反应速率常数为 $k = 0.25 \text{ m}^3 \cdot \text{kmol}^{-1} \cdot \text{s}^{-1}$。反应在内径为 25 mm、长为 1 m 的管式反应器中进行，器内压强维持在 101.3 kPa(绝压)，进料中仅含组分 A。当其转化率为 20%时，空间速度为 45 h^{-1}(反应条件下的计算值)时，试求反应条件下的平均停留时间和空间时间。 $(70.3 \text{ s}； 28.3 \text{ s})$

第 7 章　多相反应动力学与多相反应器

本章重点：

(1) 熟悉工业催化的特点和要求。
(2) 掌握气固相催化反应动力学及其应用。
(3) 熟悉气固相催化反应器。

本章难点：

(1) 气固相催化反应本征动力学。
(2) 气固相催化反应宏观动力学。

7.1　多相催化概述

根据反应相态不同，化学反应可以分为均相反应和非均相反应两类。非均相反应与均相反应的主要区别在于：均相反应的反应物之间没有相界面，反应速率只与温度、浓度有关；非均相反应是在两相的界面上发生的，反应速率与相界面上两相的接触情况和不同物相之间的扩散速率等因素有关。实际化工生产中，大部分化学反应都是非均相反应，而且会涉及两个或两个以上的相态，故又称为多相反应。多相反应可分为多相催化反应和多相非催化反应。

7.1.1　多相催化反应

在工业生产中，大多数化学反应要通过使用催化剂来实现，这些催化反应或者属于均相催化，或者属于多相催化。多相催化使用固体催化剂加速化学反应过程，如在固体催化剂表面上进行的气体反应就是典型的多相催化反应。由于多相催化反应的催化剂一般是多孔的固体颗粒，因此研究多相催化反应时，往往以催化剂颗粒为研究对象，寻找反应过程的宏观动力学规律。在此基础上，以催化剂床层为研究对象，则可以寻找反应器工程放大的规律。需要强调的是，在多相催化反应系统中发生化学反应的同时，还伴随着相间和相内的传递现象。因此，研究多相催化反应过程，还需要考虑传递对化学反应过程的影响。

7.1.2　工业催化的特点和要求

1. 固体催化剂组成

固体催化剂主要由主催化剂、助催化剂和载体三部分构成。主催化剂是起催化作用的活性组分，多数是金属或金属氧化物；助催化剂含量很少，所起的作用是提高催化剂的活性、选择性和稳定性；载体是负载活性组分的骨架，主要作用是为催化剂提供足够大的内表面积。

工业上将催化剂制造成一定粒径的颗粒,主要是为了降低催化床层阻力,粒径大小为几毫米到十几毫米,颗粒形状视反应和反应器的具体情况而定。大多数固体催化剂颗粒为多孔结构,颗粒内部有许多形状不规则并互相连通的孔道,这些孔道进一步形成几何形状复杂的网络结构。这种网络结构的存在使催化剂颗粒内部存在巨大的表面,化学反应便是在这些表面上发生的。

2. 工业生产对催化剂的要求

在化工生产中催化剂的性能决定了反应的转化率和选择性,因而对整个企业的经济效益具有决定性的影响。工业生产使用的催化剂要求具备以下条件。

1) 具有较高的活性和选择性

催化剂的活性高,就可使反应物在较低的温度下进行反应,并实现较高的转化率。对于强放热催化反应,当催化剂活性较高时,会因为反应速率过快而使局部温度升高,如果不能将反应热及时撤出,就会发生"飞温"现象并导致烧坏催化剂或反应器部件,所以一般要求催化剂的活性在可控制的反应温度范围内。

催化剂的选择性是评价催化剂活性的重要指标,是催化剂研制和设计的追求目标。即使是活性不太高、转化率较低的催化剂,如果它对主反应有较高的催化选择性,也不失为较好的催化剂。在工业生产中,并不一定要求催化剂具有高活性,在人为能控制的反应速率和放热速率条件下,催化剂具有较高的目标产物的选择性更加重要。

2) 不易失活,催化寿命长

催化剂都具有一定的使用寿命。在催化反应过程中,由于受到反应物质或热的作用,催化剂的组成和结构会缓慢发生变化,最终导致催化性能下降或丧失,这种现象称为失活。催化剂失活的原因有中毒、结焦和烧结等,其中以中毒对催化剂的影响最大。中毒是指原料气中如果含有少量对催化剂有毒害的物质,如硫、磷和砷等,它们可以与主催化剂发生反应,从而导致催化剂活性成分改变,使其丧失催化作用。结焦是指催化剂在使用过程中,积碳反应使催化剂的孔道因积碳堵塞而失活,导致催化作用下降或丧失。烧结是指高温导致催化剂或载体的微晶长大,减少了催化剂表面积和孔隙率,从而导致催化活性下降。

3) 具有较好的孔结构和良好的机械强度

催化剂颗粒的孔结构对催化剂的性能有显著的影响。催化剂颗粒内微孔的存在为催化剂提供了足够大的内表面积,并以此保证提供大量反应的活性中心。此外,反应器中的催化剂要求具有良好的抗压强度和抗磨损强度,能耐受上层催化剂的质量负荷及操作时气流所产生的冲击力,以及操作过程中由气流流动引起的催化剂颗粒之间的磨损。

3. 催化剂的物理性能指标

催化剂的性能评价指标主要包括活性、选择性和寿命。表示催化剂物理性能的指标主要是比表面积、孔容积、孔隙率和颗粒密度等。

(1) 比表面积(S_g)。催化剂的比表面积是指单位质量(或单位体积)的催化剂所具有的总表面积。由于催化剂颗粒的内部分布着孔径大小不一、形状不规则的孔道,这些孔道为催化剂提供了巨大的内表面积,即使是很小的催化剂颗粒,其外表面积与内表面积相比也是微乎其微的,因此催化剂的表面积主要是指其内表面积。一般来说,催化剂的内表面积越大,所能提供的活性中心越多。要使催化剂具有较强的催化作用,单位质量或单位体积催化剂就必须具有较大的内表面积，因此比表面积成为评价催化剂孔结构的重要参数之一。

(2) 孔隙率(ε)。催化剂的孔隙率是指单位质量的催化剂颗粒，其孔容积V_g与颗粒体积V_p之比，又称为比孔体积。单位质量的催化剂的颗粒体积是其颗粒密度ρ_p的倒数。较大的孔隙率是保证催化剂具有较大的内表面积的基本条件。

$$\varepsilon = \frac{V_g}{V_p} = V_g \rho_p \tag{7-1}$$

(3) 空隙率(φ)。空隙率是对催化剂床层来讲的，催化剂床层空隙率是指催化剂颗粒之间空隙体积V_i与床层填装体积V_b之比。

$$\varphi = \frac{V_i}{V_b} \tag{7-2}$$

(4) 平均孔半径($\bar{r}$)和孔径分布。平均孔半径是指催化剂颗粒内部各种孔的半径的平均值。孔径分布是不同孔径的孔所占分数的分布情况。催化剂颗粒内表面积的大小与平均孔半径及孔径分布有直接关系。多孔催化剂的有效反应表面主要集中在内表面上，对于孔隙率相同的颗粒，孔径越小，催化剂颗粒的内表面积越大。但孔径过小，不利于反应物向孔内扩散，因而孔径分布也是催化剂特性的一项重要指标。大部分催化剂的孔径大小和孔的长度都是不均匀的，根据国际纯粹与应用化学联合会(IUPAC)的定义，孔径小于 2 nm 的称为微孔；孔径大于 50 nm 的称为大孔；孔径为 2~50 nm 的称为介孔(或称中孔)。催化剂的平均孔半径可通过测定催化剂的比表面积S_g和孔容V_g计算得到。

$$\bar{r} = \frac{2V_g}{S_g} \quad 或 \quad d = \frac{4V_g}{S_g} \tag{7-3}$$

7.2 气固相催化反应动力学

在多相催化反应中，气固相催化反应是最常见的，其反应发生的场所主要是在固体催化剂的内表面，但是气固相催化反应经历的过程比均相反应复杂得多。

7.2.1 气固相催化反应步骤

常见的气固相催化反应器有固定床和流化床两类。固定床反应器中的催化剂颗粒是静止不动的，反应物气流连续流经床层，在催化剂的内、外表面发生化学反应。流化床反应器中的催化剂受反应气流的作用上下翻滚做剧烈的运动，使固体催化剂颗粒呈流态化。但是，无论是在固定床反应器还是在流化床反应器中，反应物气流与催化剂颗粒之间的相对运动并不会使催化剂颗粒外表面滞流层消失。因此，气相主体中的反应物分子到达催化剂颗粒外表面，必须以扩散的形式穿过滞流层，再经孔道内的扩散到达颗粒内部进行反应。对于典型的气固相催化反应 A——→P，需要经历以下几个步骤：

(1) 气体反应组分 A 从气相主体以扩散形式穿过气膜到达颗粒外表面。
(2) 组分 A 从颗粒外表面经孔道中的扩散，从颗粒外表面到达颗粒内部。
(3) 组分 A 在颗粒内表面上吸附。
(4) 组分 A 在内表面上发生化学反应，生成吸附态的产物 P。

(5) 产物 P 在内表面脱附。

(6) 产物 P 从催化剂颗粒孔道内通过扩散到达颗粒外表面。

(7) 产物 P 从颗粒外表面扩散穿过气膜到达气相主体。

其中，步骤(1)、(7)称为外扩散过程；步骤(2)、(6)称为内扩散过程，步骤(3)、(4)、(5)称为表面反应动力学过程。内扩散过程和催化剂内表面上进行的化学动力学过程是同时进行的，因此又称为扩散-反应过程。也就是说，气固相催化反应同时存在气、固两相之间质量传递过程和化学反应过程。此外，由反应热效应导致气、固两相以及固相内存在温度差，从而产生了气、固两相之间和固相内的热量传递过程。因此，气固相催化反应过程速率不但受催化剂表面上的化学反应及催化剂的孔结构影响，而且受到反应气体的流动状况、传质和传热等物理过程的影响。

7.2.2 气固相催化反应本征动力学

考虑了物理过程对催化反应速率影响的催化反应动力学称为宏观动力学。而只涉及催化剂表面上吸附、反应和脱附的表面反应动力学称为本征动力学。气固相催化反应本征动力学过程包括气体反应物的吸附、吸附态反应物表面反应和吸附态产物脱附三个连续步骤。这三个步骤相互联系，彼此制约，形成一个体现气固相催化反应表面行为特征的过程。为使问题简化和研究方便，先将它们分开讨论，然后合并为整体进行研究。

设气固相催化反应为

$$A + B \underset{k_2}{\overset{k_1}{\rightleftharpoons}} L + M$$

其本征动力学过程的三个步骤如下：

(1) 气体反应物 A、B 在固体催化剂表面活性中心 σ 上吸附

$$A + \sigma \rightleftharpoons A\sigma$$

$$B + \sigma \rightleftharpoons B\sigma$$

(2) 吸附态反应物 Aσ 与 Bσ 在固体催化剂表面上反应

$$A\sigma + B\sigma \rightleftharpoons L\sigma + M\sigma$$

(3) 吸附态产物 Lσ 与 Mσ 在固体催化剂表面上脱附

$$L\sigma \rightleftharpoons L + \sigma \qquad M\sigma \rightleftharpoons M + \sigma$$

在气固相催化反应中，以活化态的反应物或产物的覆盖度 θ_i 作为表面浓度，将固体催化剂活性中心 σ 当作一个反应物或产物组分浓度处理。活性中心 σ 参与整个反应过程，本身在反应前后并不发生变化。这正是催化剂在反应过程中所起催化作用的本质所在。

在描述气固相催化反应本征动力学的整体速率时，其中最慢的过程速率对整体速率起决定性作用，因此称其为速率控制步骤。

1. 表面反应控制

若气固相催化反应本征动力学的整体速率为表面反应控制，即反应速率相对最慢，则整个过程的速率近似等于表面反应动力学过程的速率。由于吸附和脱附的速率均较快，可以认为它们总是处于平衡状态，在催化剂表面反应物和产物的浓度接近一定值。当反应物 A 和 B 的吸附达到平衡时，其表面浓度可以用催化剂表面的活性中心被 A 和 B 所覆盖的百分数——

覆盖度 θ_i 来表示。

根据朗缪尔(Langmuir)理想等温吸附模型的三个假设：①吸附剂表面是均匀的；②吸附分子之间无相互作用；③每个吸附分子占据一个吸附位，吸附是单分子层的。其吸附等温式为

$$\theta_i = \frac{K_i p_i}{1 + K_i p_i} \tag{7-4}$$

式中，θ_i 为催化剂表面的活性中心被 i 组分所覆盖的百分数，即覆盖度；K_i 为吸附平衡常数(吸附速率常数与脱附速率常数之比)；p_i 为 i 组分的分压。

对于有 n 个被吸附组分的反应体系，i 组分覆盖度的表达通式为

$$\theta_i = \frac{K_i p_i}{1 + \sum K_i p_i} \tag{7-5}$$

定义未被组分覆盖的活性中心所占的百分数为空位度 θ_V，则

$$\theta_V = 1 - \sum \theta_i = \frac{1}{1 + \sum K_i p_i} \tag{7-6}$$

当过程为表面反应控制，反应速率应与组分 i 在催化剂表面的浓度成正比，即与 θ_i 成正比

$$r_i = k_s \theta_i = \frac{k_s K_i p_i}{1 + K_i p_i} \tag{7-7}$$

式中，k_s 为表面反应速率常数。这种形式的动力学方程为双曲型方程。双曲型方程是根据朗缪尔和欣谢尔伍德(Hinshelwood)的假设导出的，因此也称为朗缪尔-欣谢尔伍德方程，简称L-H方程。

对于上述双分子反应，如果产物 L 和 M 的吸附不能忽略，由式(7-5)可得

$$\theta_A = \frac{K_A p_A}{1 + K_A p_A + K_B p_B + K_L p_L + K_M p_M} \tag{7-8a}$$

$$\theta_B = \frac{K_B p_B}{1 + K_A p_A + K_B p_B + K_L p_L + K_M p_M} \tag{7-8b}$$

$$\theta_L = \frac{K_L p_L}{1 + K_A p_A + K_B p_B + K_L p_L + K_M p_M} \tag{7-8c}$$

$$\theta_M = \frac{K_M p_M}{1 + K_A p_A + K_B p_B + K_L p_L + K_M p_M} \tag{7-8d}$$

根据基元反应的质量作用定律，其反应速率为

$$r_A = k_1 \theta_A \theta_B = \frac{k_1 K_A p_A K_B p_B}{(1 + K_A p_A + K_B p_B + K_L p_L + K_M p_M)^2} \tag{7-9}$$

对于可逆反应

$$r_A = k_1 \theta_A \theta_B - k_2 \theta_L \theta_M = \frac{k_1 K_A p_A K_B p_B - k_2 K_L p_L K_M p_M}{(1 + K_A p_A + K_B p_B + K_L p_L + K_M p_M)^2} \tag{7-10}$$

式(7-9)、式(7-10)中分母各项之和的平方表示控制步骤涉及两个活性点之间的反应，即

当吸附了 A 的活性点和吸附了 B 的活性点相邻时才有反应的机会。特殊情况下，若存在被吸附的惰性分子 I，则反应速率为

$$r_A = k_1\theta_A\theta_B - k_2\theta_L\theta_M = \frac{k_1 K_A p_A K_B p_B - k_2 K_L p_L K_M p_M}{(1 + K_A p_A + K_B p_B + K_L p_L + K_M p_M + K_I p_I)^2} \quad (7\text{-}11)$$

令 $k = k_1 K_A K_B$ 为表观速率常数，$K = k_1 K_A K_B / k_2 K_L K_M$ 为表观平衡常数，代入式(7-10)、式(7-11)中，整理得

$$r_A = k_1\theta_A\theta_B - k_2\theta_L\theta_M = \frac{k\left(p_A p_B - \dfrac{p_L p_M}{K}\right)}{(1 + K_A p_A + K_B p_B + K_L p_L + K_M p_M)^2} \quad (7\text{-}12)$$

$$r_A = k_1\theta_A\theta_B - k_2\theta_L\theta_M = \frac{k\left(p_A p_B - \dfrac{p_L p_M}{K}\right)}{(1 + K_A p_A + K_B p_B + K_L p_L + K_M p_M + K_I p_I)^2} \quad (7\text{-}13)$$

式(7-12)、式(7-13)即为双组分可逆气固相催化反应分别在无、有惰性组分吸附的情况下表面反应控制的反应速率方程。

> 小资料　朗缪尔

2. 单组分反应物的化学吸附控制

当表面反应速率相对很快时，可以认为整个催化反应过程处于化学平衡状态。反应体系中只存在某一个组分不处于吸附平衡而成为速率控制步骤，其余组分均达到吸附平衡状态。这就是单组分反应物的化学吸附控制。对于 A 组分的吸附为速率控制步骤，因表面反应处于平衡状态，所以 $r_A = k_1\theta_A\theta_B - k_2\theta_L\theta_M = 0$，即

$$\frac{\theta_L \theta_M}{\theta_A \theta_B} = \frac{k_1}{k_2} = K \quad (7\text{-}14)$$

式中，k_1、k_2 为表面反应速率常数；K 为表观平衡常数。

因为 A 的吸附是速率控制步骤，所以除 A 以外的组分均达到平衡状态，它们的平衡分压就等于它们的气体分压。由于 A 的吸附速率比表面反应速率慢，因此在催化剂表面上，A 的吸附分压不等于其气相主体中的分压，只相当于化学平衡时界面上的分压 p_A^*，故 A 的覆盖度为

$$\theta_A = \frac{K_A p_A^*}{1 + K_A p_A^* + K_B p_B + K_L p_L + K_M p_M} \quad (7\text{-}15)$$

同理，可得 θ_B、θ_L、θ_M 各值

$$\theta_B = \frac{K_B p_B}{1 + K_A p_A^* + K_B p_B + K_L p_L + K_M p_M}$$

$$\theta_L = \frac{K_L p_L}{1 + K_A p_A^* + K_B p_B + K_L p_L + K_M p_M}$$

$$\theta_M = \frac{K_M p_M}{1 + K_A p_A^* + K_B p_B + K_L p_L + K_M p_M}$$

由式(7-14)得

$$p_A^* = \frac{p_L p_M}{p_B K} \tag{7-16}$$

则 A 的覆盖度可表示为

$$\theta_A = \frac{K_A(p_L p_M / p_B K)}{1 + K_A(p_L p_M / p_B K) + K_B p_B + K_L p_L + K_M p_M} \tag{7-17}$$

根据式(7-6)，空位度

$$\theta_V = \frac{1}{1 + K_A(p_L p_M / p_B K) + K_B p_B + K_L p_L + K_M p_M} \tag{7-18}$$

A 的吸附速率为

$$r_{A(\text{吸附})} = k_{A(\text{吸附})} p_A \theta_V \tag{7-19}$$

A 的脱附速率为

$$r_{A(\text{脱附})} = k_{A(\text{脱附})} \theta_A \tag{7-20}$$

因为 A 的吸附是速率控制步骤，所以反应速率等于 A 的净吸附速率，即

$$r_A = r_{A(\text{吸附})} - r_{A(\text{脱附})} = k_{A(\text{吸附})} p_A \theta_V - k_{A(\text{脱附})} \theta_A \tag{7-21}$$

令 $K_A = k_{A(\text{吸附})} / k_{A(\text{脱附})}$，即吸附平衡常数，并将式(7-17)、式(7-18)代入式(7-21)，化简得

$$r_A = \frac{k_{A(\text{吸附})}\left(p_A - \dfrac{p_L p_M}{p_B K}\right)}{1 + K_A\left(\dfrac{p_L p_M}{p_B K}\right) + K_B p_B + K_L p_L + K_M p_M} \tag{7-22}$$

式中，各吸附平衡常数 K_i、表观平衡常数 K 及吸附速率常数 $k_{A(\text{吸附})}$ 都是由实验测定的常数。式(7-22)即为单组分反应物 A 化学吸附控制的反应速率方程。

3. 单组分产物的化学脱附控制

如果整个反应过程为产物 L 的脱附控制，采用与吸附类似的方法，可推导出脱附控制的速率方程为

$$r_L = r_{L(\text{脱附})} - r_{L(\text{吸附})} = k_{L(\text{脱附})} \theta_L - k_{L(\text{吸附})} p_L (1 - \sum \theta_i) \tag{7-23}$$

$$r_L = \frac{k_{L(\text{吸附})}\left(\dfrac{K p_A p_B}{p_M} - p_L\right)}{1 + K_A p_A + K_B p_B + K_L\left(\dfrac{K p_A p_B}{p_M}\right) + K_M p_M} \tag{7-24}$$

从上述方法得到气固多相催化反应动力学方程的一般形式为

$$r = \frac{k(\text{推动力项})}{(\text{吸附项})^n} \tag{7-25}$$

若某一组分的吸附相对小得多，则在吸附项中可以忽略不计。若所有组分均为弱吸附，

则吸附项近似等于1，反应速率方程与一般均相反应速率方程相同。

上面介绍的催化反应动力学方程仅是一般形式。由于实验测定困难及催化剂的性能存在差别等，最终这些方程必须通过实验测定。

【例7-1】 丁烯在某催化剂上制丁二烯的总反应为

$$C_4H_8 \xrightarrow{k} C_4H_6 + H_2$$
$$\quad A \qquad\quad R \quad\;\; S$$

若反应按下列步骤进行：

$$\begin{cases} a & A+\sigma \underset{k_2}{\overset{k_1}{\rightleftharpoons}} A\sigma \\ b & A\sigma \underset{k_4}{\overset{k_3}{\rightleftharpoons}} R\sigma + S \\ c & R\sigma \underset{k_6}{\overset{k_5}{\rightleftharpoons}} R + \sigma \end{cases}$$

(1) 分别写出 a、c 为控制步骤的均匀吸附动力学方程。

(2) 写出 b 为控制步骤的均匀吸附动力学方程，若反应物和产物的吸附都很弱，则此时对丁烯是几级反应？

解 (1) 当 a 为控制步骤时。

方法一：

$$r = k_1 p_A \theta_V - k_2 \theta_A \tag{1}$$

对 b 有

$$k_3 \theta_A = k_4 \theta_R p_S$$

令 $K_2 = \dfrac{k_3}{k_4}$，则

$$\theta_A = \dfrac{1}{K_2} p_S \theta_R \tag{2}$$

对 c 有

$$k_5 \theta_R = k_6 \theta_V p_R$$

令 $K_3 = \dfrac{k_6}{k_5}$，则

$$\theta_R = K_3 p_R \theta_V \tag{3}$$

将式(3)代入式(2)得

$$\theta_A = \dfrac{K_3}{K_2} p_S p_R \theta_V$$

由 $\theta_A + \theta_R + \theta_V = 1$ 可得

$$\dfrac{K_3}{K_2} p_S p_R \theta_V + K_3 p_R \theta_V + \theta_V = 1$$

$$\theta_V = \frac{1}{\dfrac{K_3}{K_2}p_S p_R + K_3 p_R + 1}$$

$$\theta_A = \frac{\dfrac{K_3}{K_2}p_S p_R}{\dfrac{K_3}{K_2}p_S p_R + K_3 p_R + 1}$$

故

$$r = \frac{k_1 p_A - \dfrac{k_2 K_3}{K_2}p_S p_R}{\dfrac{K_3}{K_2}p_S p_R + K_3 p_R + 1}$$

方法二：

$$r = k_1 p_A \theta_V - k_2 \theta_A$$

$$\theta_V = \frac{1}{K_1 p_A^* + K_3 p_R + 1}$$

$$\theta_A = \frac{K p_A^*}{K_1 p_A^* + K_3 p_R + 1}$$

$$K = \frac{p_R p_S}{p_A^*} \qquad p_A^* = \frac{p_R p_S}{K}$$

故

$$r = \frac{k_1 p_A - \dfrac{k_2 K_3}{K_2}p_S p_R}{\dfrac{K_3}{K_2}p_S p_R + K_3 p_R + 1}$$

(2) 当 c 为控制步骤时。

方法一：

$$r = k_5 \theta_R - k_6 p_R \theta_V = \frac{k_5 K_3 p_R^* - k_6 p_R}{1 + K_1 p_A + K_3 p_R^*}$$

$$p_R^* = \frac{K p_A}{p_S}$$

故

$$r = \frac{k_5 K_3 K \dfrac{p_A}{p_S} - k_6 p_R}{1 + K_1 p_A + K_3 K \dfrac{p_A}{p_S}} = \frac{k_5 K_1 K_2 \dfrac{p_A}{p_S} - k_6 p_R}{1 + K_1 p_A + K_3 K_1 K_2 \dfrac{p_A}{p_S}}$$

方法二：

$$r = k_5 \theta_R - k_6 p_R \theta_V$$

由 a 知
$$k_1 p_A \theta_V = k_2 \theta_A$$

令 $\dfrac{k_1}{k_2} = K_1$，则

$$\theta_A = K_1 p_A \theta_V$$

由 b 知

$$\theta_R = K_2 \frac{\theta_A}{p_S} = K_1 K_2 \frac{p_A \theta_V}{p_S}$$

因 $\theta_A + \theta_R + \theta_V = 1$，即

$$K_1 p_A \theta_V + K_1 K_2 \frac{p_A \theta_V}{p_S} + \theta_V = 1$$

$$\theta_V = \frac{1}{K_1 K_2 \dfrac{p_A}{p_S} + K_1 p_A + 1}$$

$$\theta_R = \frac{K_1 K_2 \dfrac{p_A}{p_S}}{K_1 K_2 \dfrac{p_A}{p_S} + K_1 p_A + 1}$$

故

$$r = \frac{k_5 K_1 K_2 \dfrac{p_A}{p_S} - k_6 p_R}{1 + K_1 p_A + K_1 K_2 \dfrac{p_A}{p_S}}$$

(3) 当 b 为控制步骤时

$$r = k_3 \theta_A - k_4 p_S \theta_R = \frac{k_3 K_1 p_A - k_4 K_3 p_S p_R}{1 + K_1 p_A + K_3 p_R}$$

当吸附很弱时，$K_1 \ll 1$，$K_3 \ll 1$，则

$$r = k_3 K_1 p_A - k_4 K_3 p_S p_R$$

这说明此时对丁二烯是一级反应。

7.2.3 气固相催化反应宏观动力学

催化剂颗粒内进行的气固相催化反应主要集中在催化剂颗粒内表面上，整体反应速率客观上受到反应物和产物分子内扩散和外扩散速率的限制。因此，在研究催化剂颗粒内的反应速率大小时，必须考虑气体分子的内、外扩散对催化反应速率的影响。

1. 外扩散过程

如图 7-1 所示，气固相催化反应中，流体与催化剂颗粒外表面间存在一层流动边界层，使催化剂颗粒外表面上反应物 A 的浓度 c_{As} 小于气相主体的浓度 c_{Ag}。气相主体中的反应物主要以扩散形式穿越气相滞流层到达催化剂外表面。当气固相催化反应的反应热很小时，可

以认为催化剂表面温度与气相主体的温度基本相等。在等温条件下，假设内扩散影响不大，整个过程只涉及传质和反应这两个相互串联的过程，则传质过程的速率应等于反应速率，即

$$r_A = k_s c_{As}^n = k_g A_{out}(c_{Ag} - c_{As}) \tag{7-26}$$

式中，k_s 为表面反应速率常数；k_g 为气相传质膜系数，$m \cdot s^{-1}$；A_{out} 为催化剂的外表面积，$m^2 \cdot g^{-1}$；c_{Ag} 为气相主体中反应组分 A 的物质的量浓度，$kmol \cdot m^{-3}$；c_{As} 为催化剂颗粒外表面反应组分 A 的物质的量浓度，$kmol \cdot m^{-3}$。需注意，如果 A_{out} 以催化剂堆体积(床层体积 V_b)为基准，则式(7-26)中 A_{out} 应为 $A_{out}(1-\varphi)$，φ 为催化剂床层的空隙率。

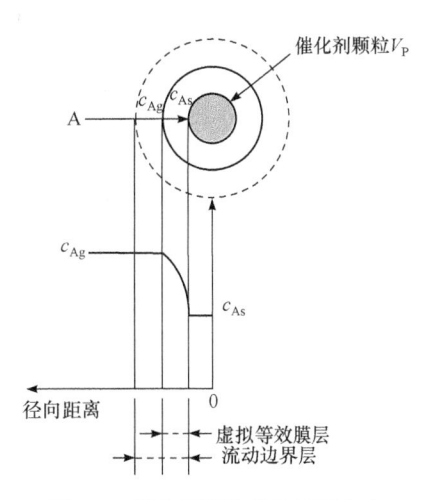

图 7-1 催化剂颗粒外的浓度分布

将式(7-26)两边同时除以 $k_s c_{Ag}^n$，移项后得

$$\left(\frac{c_{As}}{c_{Ag}}\right)^n + \frac{k_g A_{out} c_{Ag}}{k_s c_{Ag}^n} \frac{c_{As}}{c_{Ag}} - \frac{k_g A_{out} c_{Ag}}{k_s c_{Ag}^n} = 0 \tag{7-27}$$

引入达姆科勒(Damköhler)数，也称 Da 特征数，为无因次量，即

$$Da = \frac{k_s c_{Ag}^n}{k_g A_{out} c_{Ag}} = \frac{k_s c_{Ag}^n}{k_g A_{out}(c_{Ag} - 0)} \tag{7-28}$$

式中，$k_s c_{Ag}^n$ 表示外表面浓度等于主体浓度时的反应速率，即体系可能的最大反应速率；$k_g A_{out}(c_{Ag} - 0)$ 表示外表面浓度为零时的传质速率(外扩散速率)，即体系可能的最大传质速率。达姆科勒数 Da 的物理意义即为：可能的最大反应速率与最大传质速率之比。Da 越大，表示外扩散对催化反应过程的影响越显著。

将式(7-28)代入式(7-27)得

$$\left(\frac{c_{As}}{c_{Ag}}\right)^n + \frac{1}{Da}\frac{c_{As}}{c_{Ag}} - \frac{1}{Da} = 0 \tag{7-29}$$

可见，催化剂外表面浓度 c_{As} 可看作 Da 的函数，即

$$\frac{c_{As}}{c_{Ag}} = f(Da) \tag{7-30}$$

由于催化剂颗粒表面上反应物 A 的浓度 c_{As} 小于气相主体的浓度 c_{Ag}，因而要使上述推导过程合理，需要引入外扩散效率因子 η_e 定量描述外扩散对多相催化反应速率的影响，即

$$r_A = \eta_e k_b c_{Ag}^n \tag{7-31}$$

$$\eta_e = \frac{\text{有外扩散影响时按催化剂外表面组成计算的反应速率}}{\text{无外扩散影响时按催化剂外表面组成计算的反应速率}} = \frac{k_s c_{As}^n}{k_b c_{Ag}^n} \quad (7\text{-}32)$$

式中，k_s 和 k_b 分别为考虑和不考虑外扩散影响的反应速率常数。在等温条件下，采用幂函数型动力学方程，假设 $k_s = k_b$，则有

$$\eta_e = \frac{k_s c_{As}^n}{k_b c_{Ag}^n} = \left(\frac{c_{As}}{c_{Ag}}\right)^n = f(Da) \quad (7\text{-}33)$$

当 $c_{As} \approx 0$ 时，$\eta_e = 0$，表面反应速率较快，扩散速率较慢，多相催化反应过程为外扩散控制。当 $c_{As} \approx c_{Ag}$ 时，$\eta_e = 1$，扩散速率较快，表面反应速率较慢，整个过程为动力学控制。

将式(7-26)两边同时除以 c_{Ag}，得

$$\frac{r_A}{c_{Ag}} = k_g A_{out} \left(1 - \frac{c_{As}}{c_{Ag}}\right) \quad (7\text{-}34)$$

令 $r_{Ab} = k_b c_{As}^n$，并根据外扩散效率因子定义，整理得

$$1 - \frac{c_{As}}{c_{Ag}} = \frac{r_A}{k_g A_{out} c_{Ag}} = \frac{r_A}{r_{Ab}} \frac{r_{Ab}}{k_g A_{out} c_{Ag}} = \eta_e Da \quad (7\text{-}35)$$

$$\frac{c_{As}}{c_{Ag}} = 1 - \eta_e Da \quad (7\text{-}36)$$

式(7-36)即为外扩散效率因子 η_e 与达姆科勒数 Da 的关系式。

对于一级反应，$n = 1$，根据式(7-33)及式(7-36)可知

$$\eta_{e,1} = \frac{c_{As}}{c_{Ag}} = \frac{1}{1 + Da} \quad (7\text{-}37)$$

类似地，对于二级反应，$n = 2$，有

$$\eta_{e,2} = \left(\frac{c_{As}}{c_{Ag}}\right)^2 = (1 - \eta_{e,2} Da)^2 = 1 - 2(\eta_{e,2} Da) + (\eta_{e,2} Da)^2 \quad (7\text{-}38)$$

对式(7-38)求解，得

$$\eta_{e,2} = \frac{2Da + 1 - \sqrt{(2Da+1)^2 - 4Da^2}}{2Da^2} = \left(\frac{\sqrt{1+4Da} - 1}{2Da}\right)^2 \quad (7\text{-}39)$$

类似地，可得

$n = 1/2$
$$\eta_{e,1/2} = \frac{\sqrt{4 + Da^2} - Da}{2}$$

$n = -1$
$$\eta_{e,-1} = \frac{2}{1 + \sqrt{1 - 4Da}}$$

针对级数 n 的不同取值，作 η_e-Da 曲线，即为外扩散效率因子曲线，如图 7-2 所示。

根据上述公式,可以得出以下结论:

(1) 除负级数外,η_e 总是随 Da 的增加而减小,Da 接近 0 时,η_e 接近 1。

(2) Da 越小,表明最大传质速率远大于最大反应速率,整个过程为表面反应控制;Da 越大,表明最大反应速率远大于最大传质速率,过程为外扩散控制。

(3) Da 越小,催化剂表面浓度 c_{As} 越接近主体浓度 c_{Ag},η_e 越接近 1;反之,Da 越大,催化剂表面浓度 c_{As} 越接近 0,因此 η_e 也越接近 0。

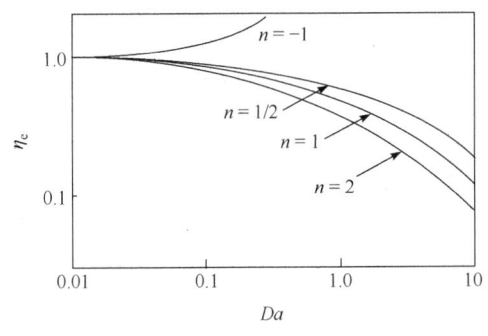

图 7-2 外扩散效率因子曲线

(4) 当反应级数 $n \neq 1$ 时,Da 依赖于气相主体的浓度 c_{Ag},而 c_{Ag} 在反应器各处并不相等,因而反应器各处的 Da 也不相等,此时 η_e 不是一个常数。反应级数越高,Da 的影响越大;对于高级数反应,应采取措施减小外扩散阻力,以提高外扩散效率因子 η_e。

(5) 当过程为反应控制时,其表观动力学接近本征动力学;当过程为外扩散控制时,其表观动力学接近扩散动力学,此时表观反应级数趋向于一级,表观活化能明显降低。扩散过程对温度不敏感,其表观活化能比化学反应活化能约小一个数量级,传质系数随温度的变化很小。

2. 内扩散过程

气固相催化反应过程中,化学反应主要是在催化剂颗粒的内表面上进行的,整体反应速率客观上受到反应物和产物分子内扩散和外扩散速率的限制。已经从气相主体扩散至催化剂颗粒外表面的反应组分需要通过颗粒内部的孔道继续向催化剂内部扩散至不同深度的表面上。因此,内扩散过程不是一个串联过程,微孔壁上的化学反应与反应组分在孔内的扩散是同时进行的。由于反应消耗了反应组分,越深入微孔内部,反应物浓度越小,这就造成内扩散的影响比外扩散大。

1) 单一孔道中的扩散

气体分子在催化剂孔道中的扩散与在气体中的自由扩散有所不同,要受到孔径大小的影响。气体分子在孔道中的扩散有自由扩散和克努森(Knudsen)扩散两种。

当孔径 d 远大于气体分子运动平均自由程 λ($\frac{d}{\lambda} \geq 100$)时,气体分子相互间的碰撞机会远大于与孔壁之间的碰撞机会,其扩散速率主要受分子间的碰撞影响,与孔径的大小无关,这种扩散属于自由扩散。这种情况下,两组分气体的分子扩散系数 D_{AB} 尽可能采用有关手册上的实验数据或利用有关经验式估算。

当孔径远小于气体分子运动平均自由程($\frac{\lambda}{d} \geq 10$)时,气体分子与孔壁之间的碰撞机会远大于与分子之间,孔内的扩散属于克努森扩散。克努森扩散系数 D_K 可用式(7-40)估算

$$D_K = 9.7 \times 10^3 r \sqrt{\frac{T}{M}} = 4850 d_0 \sqrt{\frac{T}{M}} \tag{7-40}$$

式中,M 为扩散物质的相对分子质量;T 为系统温度;r 为微孔的孔半径,cm;d_0 为微孔的

平均孔直径，cm。克努森扩散系数 D_K 的单位为 $cm^2 \cdot s^{-1}$。

不同压强下，气体的分子平均自由程 λ 按式(7-41)估算

$$\lambda = 1.013/p \tag{7-41}$$

式中，λ 为分子平均自由程，cm，p 为系统压强，Pa。

因催化剂颗粒内的孔道直径大小不一，当 $10 < \dfrac{d}{\lambda} < 100$ 时，分子在孔道中的扩散既有自由扩散也有克努森扩散。如果在催化剂孔道中进行的是等分子反向扩散，则扩散系数 D_{Ae} 可用式(7-42)估算

$$\frac{1}{D_{Ae}} = \frac{1}{D_K} + \frac{1}{D_{AB}} \tag{7-42}$$

2) 多孔颗粒中的扩散

上面讨论的扩散系数只适用于反应物分子在单一孔道中的扩散。实际工业中所用的催化剂，孔与孔交叉贯通、曲折无常、收缩扩张、孔径大小不一，扩散距离 X_L 比直圆孔长。因此，引入曲折因子(也称迷宫因子)δ 修正扩散距离，即 $X_L = \delta l$，从而得到催化剂颗粒的有效扩散系数修正式

$$D_{eff} = \frac{\varepsilon}{\delta} D \tag{7-43}$$

式中，ε 为孔隙率；曲折因子 δ 值因催化剂颗粒的孔结构而变化，一般需由实验测定，通常为 3～5。

气体在催化剂颗粒中的扩散，除克努森扩散外，还可能有表面扩散，即被吸附在孔壁上的气体分子沿着孔壁移动，其移动方向也是顺着表面吸附层浓度梯度的方向，而这个浓度梯度与孔内气相中该组分的浓度梯度相一致。

【例 7-2】 异丙苯在催化剂上脱烷基生成苯，如催化剂为球形，密度 $\rho_p = 1.06 \, kg \cdot m^{-3}$，孔隙率 $\varepsilon = 0.52$，比表面积 $S_g = 350 \, m^2 \cdot g^{-1}$，求在 500℃ 和 101.33 kPa 下异丙苯在微孔中的有效扩散系数。设催化剂的曲折因子 $\delta = 3$，异丙苯-苯的分子扩散系数 $D_{AB} = 0.155 \, cm^2 \cdot s^{-1}$。

解 异丙苯的相对分子质量 M 为 120

$$d = 4\frac{V_g}{S_g} = \frac{4\varepsilon V_p}{S_g} = \frac{4\varepsilon}{S_g \rho_p} = \frac{4 \times 0.52}{350 \times 1.06 \times 10^3} = 5.61 \times 10^{-6} (m)$$

$$D_K = 4850 d_0 \sqrt{\frac{T}{M}} = 4850 \times 5.61 \times 10^{-6} \times \sqrt{\frac{500 + 273.15}{120}} = 6.91 \times 10^{-2} (cm^2 \cdot s^{-1})$$

$$D = \frac{1}{\dfrac{1}{D_{AB}} + \dfrac{1}{D_K}} = \frac{1}{\dfrac{1}{0.155} + \dfrac{1}{6.91 \times 10^{-2}}} = 4.78 \times 10^{-2} \, (cm^2 \cdot s^{-1})$$

$$D_{eff} = \frac{\varepsilon D}{\delta} = \frac{0.52 \times 4.78 \times 10^{-2}}{3} = 8.29 \times 10^{-3} (cm^2 \cdot s^{-1})$$

3) 球形催化剂颗粒内的浓度分布

多孔催化剂内反应组分的浓度分布是不均匀的。对于反应物，催化剂外表面处浓度最高，而中心处最低，形成由外向内逐渐降低的浓度分布。对于产物，情况正好相反。换句话

说，越靠近颗粒外表面，反应物浓度越高，反应速率越大；越靠近中心，反应物浓度越低，反应速率越小。颗粒内各反应组分浓度分布不均匀，催化剂内各部分的反应速率也不一致，使得催化剂内表面不能被充分利用。

由此可见，在等温的催化剂中，单位时间内颗粒内实际反应量恒小于按外表面反应物浓度及内表面计算的反应量，即不计入内扩散影响的反应量。

由于温度一定时，浓度的高低直接影响反应速率的大小，因此确定催化剂颗粒内反应组分的浓度分布十分必要。

如图 7-3 所示，一球形催化剂颗粒的半径为 R，反应物 A 从颗粒表面向颗粒内部扩散并发生化学反应，颗粒表面 A 的浓度为 c_{As}，距圆心 r 处 A 的浓度为 c_{Ai}，在距圆心 r 处取一厚度为 dr 的薄壳层，有效扩散系数为 D_{eff}，现对组分 A 做物料衡算。

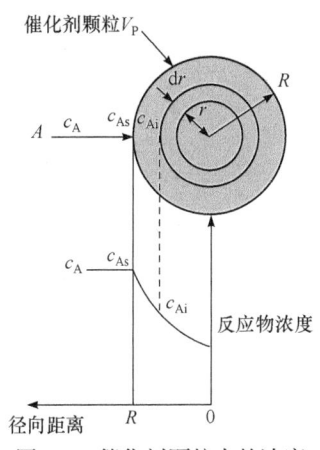

图 7-3 催化剂颗粒内的浓度分布

对于连续稳态过程，单位时间内扩散输入 A 的量为

$$4\pi(r+dr)^2 D_{eff} \frac{d}{dr}\left(c_A + \frac{dc_A}{dr}dr\right)$$

扩散输出 A 的量为

$$4\pi r^2 D_{eff} \frac{dc_A}{dr}$$

反应消耗 A 的量为

$$(4\pi r^2 dr)(-r_A)$$

在薄壳层中物料平衡时，输入该微元体的量等于输出微元体的量加上反应消耗量，即

输入微元体的量 = 输出微元体的量 + 反应消耗量

于是

$$4\pi(r+dr)^2 D_{eff} \frac{d}{dr}\left(c_A + \frac{dc_A}{dr}dr\right) = 4\pi r^2 D_{eff} \frac{dc_A}{dr} + (4\pi r^2 dr)(-r_A) \tag{7-44}$$

略去 $(dr)^2$ 项后整理得

$$\frac{d^2 c_A}{dr^2} + \frac{2}{r}\frac{dc_A}{dr} = \frac{R^2}{D_{eff}}(-r_A) \tag{7-45}$$

式(7-45)即为球形催化剂的稳态扩散-反应方程。该方程的边界条件为

$$r = 0 \text{ 时}, \frac{dc_A}{dr} = 0 \ ; \quad r = R \text{ 时}, \ c_A = c_{As}$$

设在球形催化剂上发生等温一级不可逆反应 $-r_A = -kc_A$，式(7-45)就成为二阶线性变系数常微分方程。引入无因次内扩散蒂勒(Thiele)模数

$$\psi_s = \frac{R}{3}\sqrt{\frac{k_V}{D_{eff}}} \tag{7-46}$$

式中，k_V为以催化剂颗粒体积为基准的本征动力学常数；R为球形催化剂颗粒的半径；D_{eff}为有效扩散系数。将式(7-46)代入式(7-45)求解得

$$c_A = \frac{c_{As} R \sinh\left(3\psi_s \frac{r}{R}\right)}{r \sinh(3\psi_s)} \tag{7-47}$$

$$\frac{c_A}{c_{As}} = \frac{\sinh\left(3\psi_s \frac{r}{R}\right)}{\sinh(3\psi_s)\left(\frac{r}{R}\right)} \tag{7-48}$$

式(7-47)为球形催化剂内组分 A 的浓度分布关系式；式(7-48)表示了催化剂内反应物 A 的对比浓度 c_A/c_{As} 随对比半径 r/R 的变化关系，蒂勒模数 ψ_s 作为参数出现在此关系式中。

图 7-4 表示了球形催化剂内不同蒂勒模数下的浓度分布。由图可见，蒂勒模数 ψ_s 的大小反映了径向浓度分布的均匀程度。蒂勒模数越大，催化剂内浓度分布越不均匀；当蒂勒模数为 3 时，催化剂内出现了死区，即催化剂内部出现了反应速率接近零的区域。

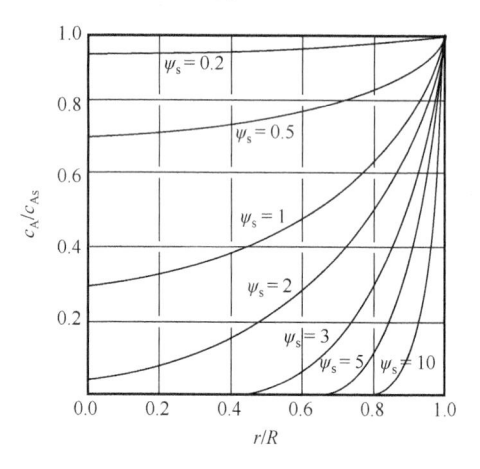

图 7-4 球形催化剂内不同蒂勒模数下的浓度分布

4) 内扩散效率因子

从式(7-47)可知，受内扩散的影响，颗粒内各处的浓度不同，因而在颗粒内各处的实际反应速率也不相同。以颗粒体积为基准的平均反应速率 r_{AV} 可按式(7-49)计算

$$-r_{AV} = \frac{\int_0^{V_s} -r_A dV_s}{\int_0^{V_s} dV_s} = \frac{1}{V_s}\int_0^{V_s} -r_A dV_s \tag{7-49}$$

球形体积为 $V_s = \frac{4}{3}\pi r^3$，所以 $dV_s = 4\pi r^2 dr$，则

$$\begin{aligned}
-r_{AV} &= \frac{1}{\frac{4}{3}\pi R^3}\int_0^R kc_A 4\pi r^2 dr \\
&= \frac{1}{\frac{4}{3}\pi R^3}\int_0^R \frac{kc_{As} R \sinh\left(3\psi_s \frac{r}{R}\right)}{r \sinh(3\psi_s)} 4\pi r^2 dr \\
&= \frac{1}{\psi_s}\left[\frac{1}{\tanh(3\psi_s)} - \frac{1}{3\psi_s}\right] kc_{As}
\end{aligned} \tag{7-50}$$

式(7-50)为一级反应的宏观动力学方程，与一级反应的本征动力学方程 $-r_{As} = kc_{As}$ 比较得

$$\eta_i = \frac{-r_{AV}}{-r_{As}} = \frac{1}{\psi_s}\left[\frac{1}{\tanh(3\psi_s)} - \frac{1}{3\psi_s}\right] \tag{7-51}$$

式中，η_i 为内扩散效率因子，其物理意义为

$$\eta_i = \frac{\text{有内扩散影响时的反应速率}}{\text{无内扩散影响时的反应速率}}$$

由于内扩散的存在，催化剂颗粒内任一处的浓度都小于颗粒表面处的浓度，这使得宏观动力学反应速率小于本征动力学反应速率，即有扩散影响时的反应速率小于无扩散影响时的反应速率，$-r_{AV} < -r_{As}$，所以 $\eta_i < 1$。内扩散阻力越大，内扩散效率因子越小。利用式(7-51)可以计算内扩散效率因子，并且从该式可知，内扩散效率因子是蒂勒模数的函数。

5) 影响内扩散效率因子的因素

蒂勒模数 ψ_s 是影响内扩散效率因子的唯一参数，而且内扩散效率因子与蒂勒模数成反比。因此，可从蒂勒模数定义[式(7-46)]及内扩散效率因子[式(7-51)]分析影响内扩散效率因子的因素。

(1) 催化剂颗粒度。将式(7-46)变形得

$$\psi_s^2 = \frac{R^2}{9}\frac{k_V}{D_{\text{eff}}} = \frac{1}{3} \times \frac{\frac{4}{3}\pi R^3}{4\pi R^2} \frac{k_V c_{As}}{D_{\text{eff}}\left(\frac{c_{As}}{R} - 0\right)} = \frac{1}{3} \times \frac{\text{表面反应速率}}{\text{内扩散速率}} \tag{7-52}$$

可见，蒂勒模数是以催化剂颗粒体积为基准时，表示表面反应速率与内扩散速率的相对大小。催化剂颗粒半径 R 越大，蒂勒模数 ψ_s 越大，则内扩散效率因子 η_i 越小，内扩散影响越明显，说明大颗粒催化剂的内表面利用率较低。因此，在气固相催化反应的实验研究中，减小催化剂粒度是降低或消除内扩散影响的有效措施。但是在工业规模的固定床反应器中填装的催化剂粒径不能过小，以免因床层空隙率 φ 过小而增大气流阻力。

(2) 催化剂的孔径和孔隙率。对于大部分催化剂颗粒，其内扩散主要是克努森扩散，内孔的孔径大小和曲折程度都会影响颗粒的有效扩散系数 D_{eff}，并最终影响蒂勒模数 ψ_s 和内扩散效率因子 η_i。

(3) 反应速率与扩散速率比。反应速率与扩散速率比 k_V/D_{eff} 越大，蒂勒模数 ψ_s 越大，则内扩散效率因子 η_i 越小。其原因是快速的反应使反应物在靠近催化剂表面的区域基本消耗完全，而扩散到催化剂内区的反应物所剩无几，使得内表面利用率降低。

(4) 反应温度。反应温度升高，反应速率和扩散速率同时增大，但是由于温度对反应速率的影响较扩散速率更为敏感，蒂勒模数 ψ_s 随温度的升高而增大，则内扩散效率因子 η_i 随温度的升高而减小。

(5) 反应物浓度和反应级数。最大表面反应速率与 c_{As}^n 成正比，而内扩散速率也与 c_{As} 成正比，所以当反应级数 $n=1$ 时，反应物的浓度对反应速率的影响与对扩散速率的影响是相同的；当 $n>1$ 时，反应物浓度越高，ψ_s 越大，η_i 越小，但是总过程速率 ($r_A = \eta_i k_V c_{As}^n$) 增加；反之，当 $n<1$ 时，反应物浓度越高，η_i 越大。

【例 7-3】 在硅铝催化剂球上，粗柴油催化裂解反应可认为是一级反应，在 630℃时，该反应的速率常数为 $k = 6.01 \text{ s}^{-1}$，有效扩散系数为 $D_{\text{eff}} = 7.82 \times 10^{-4} \text{ cm}^2 \cdot \text{s}^{-1}$。试求颗粒直径为 3 mm 和 1 mm 时催化剂的效率因子。

解 根据式(7-46)有

$$\psi_{s3} = \frac{R_3}{3}\sqrt{\frac{k_V}{D_{\text{eff}}}} = \frac{0.15}{3}\sqrt{\frac{6.01}{7.82\times 10^{-4}}} = 4.38$$

$$\psi_{s1} = \frac{R_1}{3}\sqrt{\frac{k_V}{D_{\text{eff}}}} = \frac{0.05}{3}\sqrt{\frac{6.01}{7.82\times 10^{-4}}} = 1.46$$

$$\eta_3 = \frac{1}{\psi_{s3}}\left[\frac{1}{\tanh(3\psi_{s3})} - \frac{1}{3\psi_{s3}}\right]$$

$$= \frac{1}{4.38} \times \left(\frac{e^{3\times 4.38} + e^{-3\times 4.38}}{e^{3\times 4.38} - e^{-3\times 4.38}} - \frac{1}{3\times 4.38}\right)$$

$$= 0.211$$

$$\eta_1 = \frac{1}{\psi_{s1}}\left[\frac{1}{\tanh(3\psi_{s1})} - \frac{1}{3\psi_{s1}}\right]$$

$$= \frac{1}{1.46} \times \left(\frac{e^{3\times 1.46} + e^{-3\times 1.46}}{e^{3\times 1.46} - e^{-3\times 1.46}} - \frac{1}{3\times 1.46}\right)$$

$$= 0.529$$

3. 气固相催化反应宏观动力学过程的控制阶段

气固相催化反应宏观动力学过程是由外扩散、内扩散和表面反应三个过程组成的，总反应速率大小由其中速率最小的过程决定，最小速率过程称为控制阶段。

1) 本征动力学控制

如果表面反应速率很慢，内、外扩散过程的影响可以忽略不计，η_e 趋近于 1，η_i 趋近于 1，催化剂内、外浓度近似相等，即 $c_{Ag} \approx c_{As} \approx c_{Ac} \gg c_A^*$，其中 c_{Ac} 为催化剂中心 A 的浓度。此时，反应物 A 的浓度分布如图 7-5(a)所示。这种情况下，用实验测得的宏观动力学接近化学反应的本征动力学，宏观动力学测得的反应级数和活化能的值也接近本征动力学相对应的值。

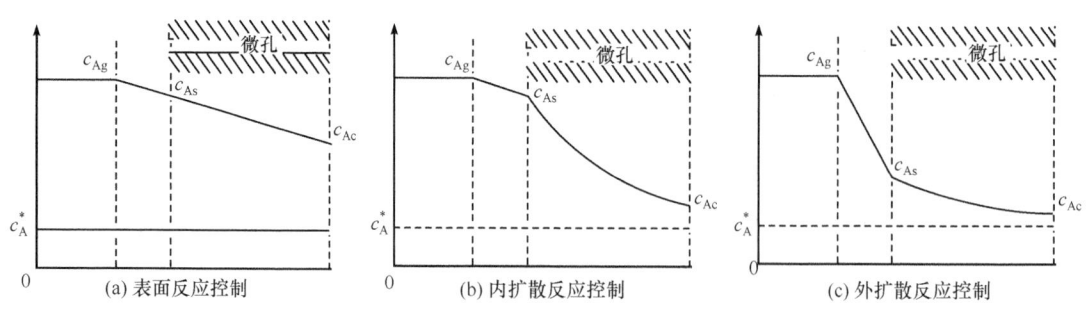

图 7-5 气-固相催化反应宏观动力学过程的控制阶段

2) 内扩散强烈影响

当内扩散强烈影响反应过程时，外扩散的阻滞作用可忽略不计，此时 η_e 趋近于 1，$\eta_i \ll 1$，而且由于表面反应速率很大，催化剂中心反应物浓度 c_{Ac} 近似等于平衡浓度 c_A^*，即 $c_{Ag} \approx c_{As} \gg c_{Ac} \approx c_A^*$，反应物 A 的浓度分布如图 7-5(b)所示。这种情况下，如果在相同的实验条件(温度、浓度、空速)下,仅改变固体颗粒的大小,测得的宏观反应速率将随粒度的减小而显著增加。

3) 外扩散过程控制

当过程的总阻力集中在气膜上的外扩散过程时,内扩散过程阻力可忽略不计,化学反应速率也很快。此时,$\eta_e \neq 1$,η_i 趋近于 1,浓度分布如图 7-5(c)所示,催化剂表面反应物的浓度 c_{As} 远低于主体中的浓度 c_{Ag},即 $c_{Ag} \gg c_{As} \approx c_{Ac} \approx c_A^*$。用实验方法测得的宏观动力学方程实际上反映的是扩散动力学,因而宏观动力学的反应级数总是一级,实测得到的表观活化能的值也较低。

7.2.4 温度对气固相催化反应的影响

在实际的工业催化固定床反应器中,不但在床层的轴向和径向上存在温度梯度,而且在催化剂颗粒内温度也存在不均匀分布。因为温度极为敏感地影响化学反应速率,所以在催化剂床层的不同位置表现出不同的控制因素。例如,在催化剂床层温度较高的区域,由于化学反应速率随温度变化十分显著,因而孔道中内扩散速率相对降低,此时处于内扩散控制阶段。在催化剂床层出口处,因反应物浓度和反应温度较低,反应速率小于扩散速率,此时处于反应动力学控制阶段。由于工业生产过程中通常采用较高的气速操作,因而在大部分情况下外扩散阻力不是主要问题。

在催化反应中,用反应速率常数的对数值 $\ln k$ 对 $1/T$ 作图,得到图 7-6。可以看出,催化剂颗粒内的表面反应和内扩散过程之间的相互耦合作用使得宏观反应速率常数的对数值 $\ln k$ 与温度的倒数 $1/T$ 之间偏离线性关系。

在低温时,反应速率较小,过程处于反应动力学控制阶段,$\ln k$ 与 $1/T$ 表现出很好的线性关系,实验测得的表观活化能即为本征动力学的活化能。

在高温时,由于温度对反应速率的促进作用远远高于内扩散速率,过程逐渐过渡到内扩散控制,宏观反应速率受到内扩散速率的限制而降低,实验测得的活化能是本征动力学的活化能和扩散速率温度效应值的算术平均值。

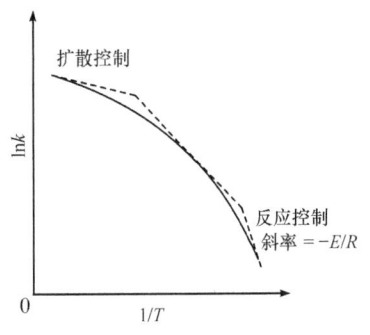

图 7-6 气固相催化反应温度与反应速率的关系

温度进一步上升时,反应速率变得非常快,反应物到达催化剂表面即迅速反应变成产物,催化剂颗粒外表面的反应物浓度趋于零。此时,整个反应过程处于外扩散控制。在这一区域内,所有反应都表现为一级反应。所测得的表观活化能就是扩散速率的温度效应值。但是,并非每一种催化剂的 $1/T$-$\ln k$ 的实验值均能得到如图 7-6 所示的曲线。由于上述过程的温度跨度很大,因此并非每一种催化剂都能在如此大的温度范围内显示其活性。

7.3 气固相催化反应器

多相反应器中应用最多的是气固相催化反应器。根据固体催化剂在反应器中的运动状况,气固相催化反应器分为固定床反应器、流化床反应器和移动床反应器。其中,固定床反应器在工业上应用较为普遍。

7.3.1 固定床反应器

反应物流体通过催化剂组成的床层,在催化剂表面进行化学反应,而催化剂的固体颗粒静止不动,称为固定床反应器。它的优点是床层内流体的流动接近活塞流,可用较少量的催化剂和较小的反应器容积获得较大的生产能力,当伴有串联副反应时可获得较高的选择性。此外,该类反应器结构简单,操作方便,催化剂机械磨损小。

固定床反应器的缺点表现在以下三个方面:

(1) 传热能力差。这是因为催化剂的载体往往是导热性能较差的材料,而化学反应多伴有热效应,温度对反应结果的影响又十分灵敏,因此对热效应大的反应过程,传热与控温问题就成为固定床技术中的难点。

(2) 催化剂再生困难。固定床反应器在操作过程中不能更换催化剂,因此对催化剂需频繁再生的反应过程不宜使用。

(3) 催化剂粒度不宜太小。由于床层压降的限制,固定床反应器中催化剂粒度一般不小于 1.5 mm,这对高温下进行的快速反应可能导致较严重的内扩散影响。

固定床反应器有三种基本形式:绝热式、换热式和自热式反应器。

1. 绝热式反应器

绝热式反应器不与外界进行任何热量交换,反应器中无换热装置。绝热式反应器仅仅是理想化的概念。对于放热反应,反应过程中所放出的热量全部用来加热体系内的物料,物料温度升高,称为绝热升温;如果是吸热反应,体系温度降低,相应地称为绝热降温。

简单绝热固定床反应器的结构如图 7-7 所示。绝热式反应器的催化剂床层内不设冷却管或加热管,催化剂均匀地堆放在反应器内。为了防止催化剂在反应器内松动,产生气流短路,反应气体总是由上而下流过床层。由于绝热式反应器结构简单、价格低廉、装卸方便且容易控制,因此凡是能够使用绝热式反应器的,总是优先考虑使用绝热式反应器。绝热式反应器的缺点是反应器轴向温度分布很不均匀,不适用于热效应大的反应。绝热式反应器根据催化剂填装情况可分为一段式和多段式绝热式反应器。

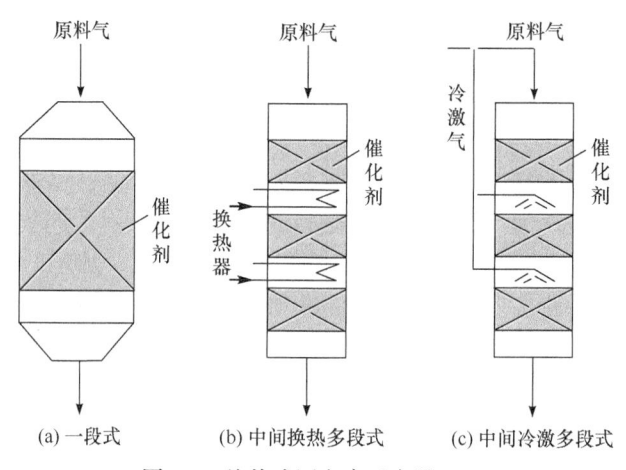

图 7-7 绝热式固定床反应器
(a) 一段式 (b) 中间换热多段式 (c) 中间冷激多段式

绝热式反应器工作时,通过床层或壁面传递的热量相对反应热而言其数值很小,反应所产生或需要的热量主要用来使床层温度升高或降低。如果温度的升高或降低没有超过允许的反应温度范围，可以采用一段式绝热式反应器，即催化剂填装成连续的一段[图 7-7(a)]。如果绝热式反应器温度的变化超过允许的反应温度范围，对于浅床层应通过降低反应物的浓度，如加入稀释剂(常用水蒸气)来减少升温，使其在允许范围内。

如果绝热式反应器温度的变化超过允许的反应温度范围，加入稀释剂也无法控制温度，那么对于较厚的床层，则可将床层分为若干段，在段间采用降温或升温措施，使反应器温度尽量接近最佳反应温度，即为多段式绝热式反应器[图 7-7(b)]。若在段间进行冷却，除采用换热器换热的方式外，还可以采用原料气冷激的方式[图 7-7(c)]。冷激式反应器是将冷的原料气从段间喷入，与反应气体混合而达到降温的目的。这类反应器适用于具有中等热效应的反应。多段式绝热式反应器的优点是每一段温度可按最佳温度的需要进行调节；缺点是与一段式绝热式反应器相比，其构造较为复杂。

2. 换热式反应器

有些反应放热非常强烈或对温度十分敏感，可以选用换热式反应器，又称非绝热变温反应器。这类反应器的特点是反应物在催化剂层中进行反应的同时，又通过反应器间壁进行换热，实现在反应过程中连续地输入或输出热量，达到对外换热的目的。

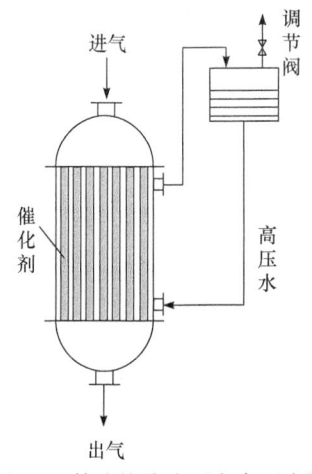

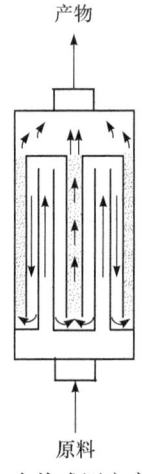

换热式固定床反应器比绝热式固定床反应器在工业上应用更为普遍，其中应用最多的是管式固定床反应器，如图 7-8 所示。管内填充催化剂，载热体在管间由下向上流动，管径的大小根据反应热、催化剂传热性能及允许的温度等因素而定，常用的管径为 20~35 mm，管数可多达数千根。为了避免趋壁效应，催化剂粒径应小于管径的 1/8，一般采用直径为 2~6 mm 的颗粒。根据管内催化剂的温度高低，热载体可以是冷水、沸腾水(加压水)、高沸点有机溶剂、熔盐或熔融金属等。

管式换热式固定床反应器的优点是换热效果好、易于保证床层温度均匀一致，特别适用于以中间产物为目标产物的强放热反应。这种反应器放大时，只要增加管数即可，简单易行。其缺点是结构比较复杂，不适合在高压下操作。

3. 自热式反应器

自热式反应器是指在反应区用原料气体加热或冷却催化剂层的一类反应器。如图 7-9 所

图 7-8 管式换热式固定床反应器

图 7-9 自热式固定床反应器

示，原料先进入双套管的内管，再从外管折回，经过两次换热后进入催化剂层反应，最后从顶部排出，催化剂层也得到了有效的加热或冷却。

7.3.2 流化床反应器

流化床反应器是利用气体自下而上通过固体颗粒层而使固体颗粒处于悬浮运动状态，并进行气固相反应的装置。

使反应器中的固体催化剂处于悬浮运动状态称为固体的流态化。流态化具有一些与液体相似的性质，如床层倾斜，其表面能自动趋于水平；将两个流化床反应器连通，也类似于液体连通器，两床层表面能自动趋于水平；若从床层的侧壁开口，床层内的固体颗粒会自动从侧口流出等。因此，流化床反应器容易实现连续加料和卸料。由于床层内固体颗粒处于不断搅动的悬浮状态，物料温度和浓度容易混合均匀，也使得工艺条件便于操作和控制。

与固定床反应器相比，流化床反应器具有以下优点：

(1) 可以使用粒度很小的固体催化剂颗粒。流化床反应器有利于消除催化剂颗粒的内扩散阻力，充分发挥催化剂表面利用率。

(2) 传热性能优异。催化剂颗粒在流体中处于运动状态，颗粒与流体不断搅动使界面不断更新，颗粒湍动程度增加，因而其传热系数比固定床反应器大得多，当大量反应热放出时，能够很快传出。

(3) 催化剂再生容易。对于催化剂活性消失速度快而需频繁进行再生的气固相催化反应，流化床反应器具有很大的优越性。因为流化床反应器催化剂具有流动性，易于填装和卸出，便于生产的连续性和自动化。

然而，流化床反应器也存在一些缺点：

(1) 气固流化床反应器中，少量气体以气泡形式通过床层，气、固接触严重不均，还会造成气体的返混，导致气体反应很不完全，其转化率往往比全混流反应器还低，因此流化床反应器不适用于要求单程转化率很高的反应。

(2) 由于固体颗粒和气泡在连续流动过程中的剧烈循环和搅动，物料停留时间相差大、停留时间分布广，当存在串联副反应时，会降低目标产物的选择性。

(3) 固体颗粒间以及颗粒和器壁间的磨损会产生大量细粉，被气体夹带而出，造成催化剂的损失和环境污染，必须设置旋风分离器等颗粒回收装置。

(4) 流化床反应器的放大远较固定床反应器困难。

总之，热效应是影响气固相催化反应的反应器选型的重要因素。在确定反应器选型时，首先要了解反应热的大小及体系允许的温度范围，而体系允许的温度范围不能超过催化剂最高允许温度，这样才能保证催化剂处于良好的状态，提高反应的选择性，保持生产的稳定性。催化剂性状变化的快慢是影响气固相反应器选型的另一个重要因素，有时还会成为决定因素。只要不是催化剂失活很快的反应过程，一般都选用固定床反应器；当催化剂失活很快时，如在几小时或更短时间内催化剂将失去大部分活性，则应选择流化床反应器。另外，反应器选型还应考虑反应器返混对转化率、选择性的影响，设备投资大小，操作控制是否简便等诸多因素。在选择反应器时，从上述不同角度的考虑可能会导致不同的结论，因此对同一反应采用不同型式的反应器在工业上并不罕见，如合成氨既有利用多段式绝热式反应器的，也有用列管式换热反应器的。

习 题

1. 乙炔与氯化氢在 $HgCl_2$ 活性炭催化剂上合成氯乙烯

$$C_2H_2 + HCl \longrightarrow C_2H_3Cl$$
$$\quad A \qquad B \qquad\qquad C$$

其动力学方程可有如下几种形式：

(1) $r = \dfrac{k\left(p_A p_B - \dfrac{p_C}{K}\right)}{(1 + K_A p_A + K_B p_B + K_C p_C)^2}$

(2) $r = \dfrac{k K_A K_B p_A p_B}{(1 + K_A p_A)(1 + K_B p_B + K_C p_C)}$

(3) $r = \dfrac{k K_A p_A p_B}{1 + K_A p_A + K_B p_B}$

(4) $r = \dfrac{k K_B p_A p_B}{1 + K_B p_B + K_C p_C}$

试说明各式所代表的反应机理和控制步骤。 (略)

2. 在 510℃ 进行异丙苯的催化分解反应

$$C_6H_5CH(CH_3)_2 \rightleftharpoons C_6H_6 + C_3H_6$$
$$\qquad A \qquad\qquad R \qquad S$$

测得总压 p 与初速度 r_0 的关系如下：

$r_0 /(\text{mol} \cdot \text{h}^{-1} \cdot \text{g}_{\text{cat}}^{-1})$	4.3	6.5	7.1	7.5	8.1
p/kPa	99.3	265.5	432.7	701.2	1437

若反应属于单活性点的机理，试推导出反应机理，并判断其控制步骤。 (略)

3. 在氧化钽催化剂上进行乙醇氧化反应

$$C_2H_5OH + \tfrac{1}{2}O_2 \longrightarrow CH_3CHO + H_2O$$
$$\qquad A \qquad\quad B \qquad\qquad R \qquad\quad S$$

其反应机理为

A: $C_2H_5OH + 2\sigma_1 \underset{k_2}{\overset{k_1}{\rightleftharpoons}} C_2H_5O\sigma_1 + H\sigma_1$
$\quad\; A \qquad\qquad\qquad\quad A\sigma_1$

B: $\tfrac{1}{2}O_2 + \sigma_2 \underset{k_4}{\overset{k_3}{\rightleftharpoons}} O\sigma_2$
$\quad\; B \qquad\qquad B\sigma_2$

C: $C_2H_5O\sigma_1 + O\sigma_2 \overset{k_5}{\longrightarrow} CH_3CHO + OH\sigma_2 + \sigma_1$ (控制步骤)
$\quad\; A\sigma_1 \quad\; B\sigma_2 \qquad\qquad R$

D: $H\sigma_1 + OH\sigma_2 \overset{k_6}{\longrightarrow} H_2O + \sigma_2 + \sigma_1$

试证明下列速率表达式：

$$r = \dfrac{k\sqrt{p_A p_B}}{(1 + K_B\sqrt{p_B})(1 + 2\sqrt{K_A p_A})}$$ (略)

4. 用均匀吸附模型推导甲醇合成动力学。假定反应机理为

(1) $CO + \sigma \rightleftharpoons CO\sigma$

(2) $H_2 + \sigma \rightleftharpoons H_2\sigma$

(3) $CO\sigma + 2H_2\sigma \rightleftharpoons CH_3OH\sigma + 2\sigma$
　　　A　　　B　　　　　R

(4) $CH_3OH\sigma \rightleftharpoons CH_3OH + \sigma$

推导当控制步骤分别为(1)、(3)、(4)时的反应动力学方程。　　　　　　　　　　　　　　　　　　　　(略)

5. 一氧化碳变换反应 $CO + H_2O \longrightarrow CO_2 + H_2$ 在催化剂上进行，若CO吸附为控制步骤：

(1) 用均匀表面吸附模型推导反应动力学方程。

(2) 用焦姆金非均匀表面吸附模型推导反应动力学方程。　　　　　　　　　　　　　　　　　　　　　　(略)

6. 催化反应 $A + B \longrightarrow P$，其中 A、B 为均匀吸附，反应机理为

(1) $A + \sigma \rightleftharpoons A\sigma$

(2) $A\sigma \rightleftharpoons B\sigma$

(3) $B\sigma \rightleftharpoons B + \sigma$

其中，A 分子吸附(1)和表面反应(2)两步都影响反应速率，而 B 脱附(3)很快达平衡。试推导该反应的动力学方程。　　　(略)

7. 在 30℃和 101.33 kPa 下，二氧化碳向镍铝催化剂中的氢扩散，已知该催化剂的孔容 $V_g = 0.36$ cm$^3\cdot$g^{-1}，比表面积 $S_g = 150$ m$^2\cdot$g^{-1}，曲折因子 $\delta = 3.9$，颗粒密度 $\rho_p = 1.4$ g$\cdot$cm^{-3}，氢的摩尔扩散体积 $V_B = 7.4$ cm$^3\cdot$mol^{-1}，二氧化碳的摩尔扩散体积 $V_A = 26.9$ cm$^3\cdot$mol^{-1}。试求二氧化碳的有效扩散系数。　　　(0.001 55 cm$^2\cdot$s^{-1})

8. 常压下正丁烷在镍铝催化剂上进行脱氢反应。已知该反应为一级不可逆反应。在 500℃时，反应的速率常数 $k = 0.94$ cm$^3\cdot$s$^{-1}\cdot$g$_{cat}^{-1}$，若采用直径 $d = 0.32$ cm 的球形催化剂，其平均孔径 $d_0 = 1.1 \times 10^{-8}$ m，孔容 $V_g = 0.35$ cm$^3\cdot$g^{-1}，孔隙率 $\varepsilon = 0.36$，曲折因子 $\delta = 2.0$。试计算催化剂的效率因子。　　　(0.705)

9. 某一级不可逆催化反应在球形催化剂上进行，已知 $D_{eff} = 10^{-3}$ cm$^2\cdot$s^{-1}，反应速率常数 $k = 0.1$ s^{-1}。若要消除内扩散影响，试估算球形催化剂的最大直径。　　　　　　　　　　　　　　　　　　　　(0.18 cm)

10. 某催化反应在 500℃条件下进行，已知反应速率为 $-r_A = 3.8 \times 10^{-9} p_A^2$ mol$\cdot$s$^{-1}\cdot$g$_{cat}^{-1}$，式中，p_A 的单位为 kPa。颗粒为圆柱形，高×直径为 5 mm×5 mm，颗粒密度 $\rho_p = 0.8$ g$\cdot$cm^{-3}，粒子表面分压为 10.133 kPa，粒子内组分 A 的有效扩散系数为 $D_{eff} = 0.025$ cm$^2\cdot$s^{-1}。试计算催化剂的效率因子。　　　(0.201)

11. 某相对分子质量为 225 的油品在硅铝催化剂上裂解，反应温度为 630℃、压强为 101.33 kPa，催化剂为球形，直径为 0.176 cm，密度 0.95 g$\cdot$cm^{-3}，比表面积为 338 m$^2\cdot$g^{-1}，孔隙率 $\varepsilon = 0.46$，导热系数 $\lambda = 3.6 \times 10^{-4}$ J$\cdot$s$^{-1}\cdot$cm$^{-1}\cdot$K^{-1}；测得实际反应速率常数 $k_V = 6.33$ s^{-1}；反应物在催化剂外表面处的浓度 $c_{As} = 1.35 \times 10^{-5}$ mol$\cdot$cm^{-3}；反应热 $\Delta H = 1.6 \times 10^5$ J$\cdot$mol^{-1}；活化能 $E_a = 1.6 \times 10^5$ J$\cdot$mol^{-1}；扩散过程属于克努森扩散，曲折因子 $\delta = 3$。试求催化剂的效率因子和颗粒内最大温差。　　　(8.02×10^{-4} cm$^2\cdot$s^{-1}；4.81 K)

12. 实验室中欲测定某气固相催化反应动力学，该动力学方程包括本征动力学与宏观动力学方程，应如何进行？　　(略)

第8章 停留时间分布

本章重点：

(1) 停留时间分布函数、停留时间分布密度函数及其测定。
(2) 停留时间分布的数学特征。

本章难点：

(1) 各种理想、非理想反应器的停留时间分布。
(2) 停留时间分布的应用及实际流动反应器的计算。

8.1 概　　述

物料质点从进入反应器到离开反应器的时间称为该质点在反应器中的停留时间。停留时间长短与化学反应的转化率有密切的关系。对于间歇搅拌釜式反应器，物料一次投入，反应完成后一次排出，所有物料在反应器中的停留时间相同并等于反应时间。对于活塞流反应器，由于没有物料返混，所有物料质点在反应器中的停留时间也相等。在这两种反应器中物料的停留时间很容易测量和控制。至于全混流反应器，釜内有良好的搅拌，使刚进入反应器的物料立即与原先进入的物料充分混合，以致有些物料质点一进入反应器就很快被排出，而另一些物料则在反应器中停留较长的时间，从整体物料看，就形成了一定的停留时间分布。显然，返混是造成反应器内物料的停留时间分布的根本原因。

除活塞流反应器外，凡连续操作的反应器内物料质点的停留时间都不相同，它们是一个不确定的量，可视其为随机变量。但在一定条件下，大量物料质点的停留时间具有确定的分布规律，这种规律可用概率统计方法描述，即具有不同停留时间的物料质点在物料总量中所占分数的分布规律，这种规律称为停留时间分布。根据概率论，可用两种概率分布函数定量描述物料在反应器中的停留时间分布规律，即停留时间分布密度函数和停留时间分布函数。

8.1.1 停留时间分布密度函数

如图 8-1 所示的连续封闭系统，只有一个入口和一个出口，物料只能从入口进入系统且只能从出口离开系统，一旦离开系统将不再返回。在封闭系统中，物料质点从进入反应器到离开反应器的时间即为停留时间，记作 t。如果在 $t=0$ 时瞬间向入口输入 100 个红色粒子，同时在出口记录不同时间间隔流出的红色粒子数，结果见表 8-1。

图 8-1 封闭系统示意图

表 8-1 封闭系统中红色粒子停留时间统计

停留时间范围 $t \to t+\Delta t$	0~2	2~3	3~4	4~5	5~6	6~7	7~8	8~9	9~10	10~11	11~12	12~14
出口流中红色粒子数	0	2	6	12	18	22	17	12	6	4	1	0
分数 $\Delta N/N$	0	0.02	0.06	0.12	0.18	0.22	0.17	0.12	0.06	0.04	0.01	0

假定红色粒子和主流体除了颜色差别，其他性质完全相同，则这 100 个粒子的停留时间分布就可以认为是主流体的停留时间分布。如果进入反应器的有 N 份物料，停留时间为 $t \to t+\Delta t$ 的有 ΔN 份物料，则停留时间为 $t \to t+\Delta t$ 的物料占进料物料的分数为

$$\frac{\Delta N}{N} = \frac{\text{停留时间为} t \to t+\Delta t \text{的物料}}{t=0 \text{时瞬间进入系统的物料}}$$

以时间 t 为横坐标、出口红色粒子数为纵坐标，将表 8-1 中的数据作图，得到图 8-2。

若用红色流体代替粒子，在时间间隔足够小的情况下进行连续检测，则可以得到一条与停留时间有关的曲线 $E(t)$，如图 8-3 所示。该曲线下的面积即为具有不同停留时间的物料在进料总量中所占分数的变化，即

$$\frac{\mathrm{d}N}{N} = E(t)\mathrm{d}t \tag{8-1}$$

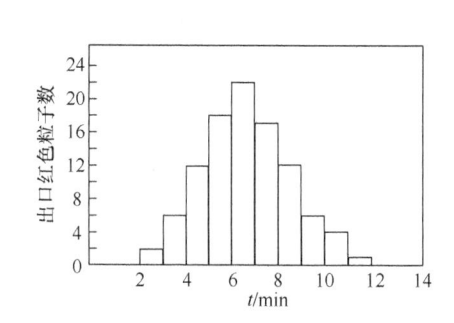

图 8-2 封闭系统出口红色粒子数分布 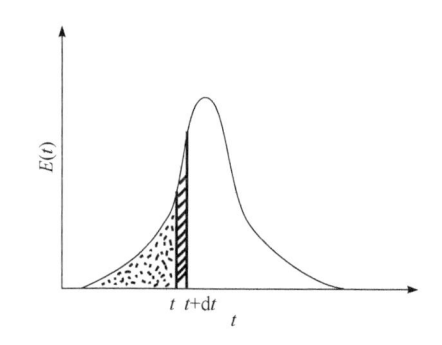   图 8-3 封闭系统出口红色粒子停留时间

通常将 $E(t)$ 称为停留时间分布密度函数。显然，只要知道停留时间分布密度函数，就可以利用式(8-1)计算任意停留时间范围的物料在进料总量中所占的分数。

停留时间分布密度函数 $E(t)$ 满足如下性质：

$$E(t) = 0 \quad (t < 0)$$
$$E(t) \geqslant 0 \quad (t \geqslant 0)$$
$$\int_0^\infty E(t)\mathrm{d}t = 1 \tag{8-2}$$

式(8-2)称为停留时间分布密度函数的归一化条件，即停留时间趋于无限长时，所有不同停留时间质点分数之和等于 1。同时，可知 $E(t)$ 的单位为时间的倒数，即 s^{-1} 或 min^{-1}。

8.1.2 停留时间分布函数

如果将 $E(t)$ 从 0~t 积分，得

$$F(t) = \int_0^t E(t)\mathrm{d}t \tag{8-3}$$

不难理解 $F(t)$ 的意义是停留时间小于 t 的流体粒子所占的分数，为无因次量。通常称 $F(t)$ 为停留时间累积分布函数或停留时间分布函数。

图 8-4(a)为典型的 $F(t)$ 图。$F(t)$ 曲线不同于 $E(t)$ 曲线，它是一条单调递增的曲线，其最大值为 1，即 $F(\infty)=1$；最小值则为 0，即 $F(t)=0$（$t\leqslant 0$ 时）。总之，$F(t)$ 永远为正值。既然 $F(t)$ 为停留时间小于 t 的流体粒子所占的分数，则 $1-F(t)$ 为停留时间大于 t 的流体粒子所占的分数。

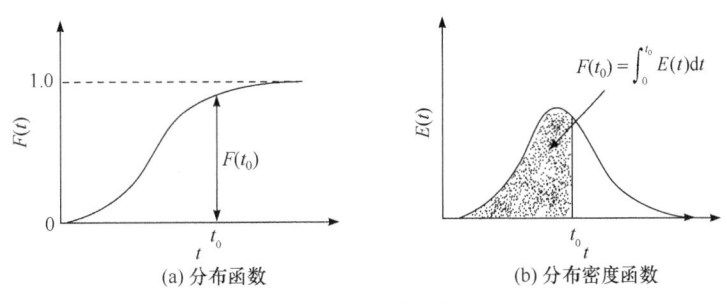

(a) 分布函数　　(b) 分布密度函数

图 8-4　停留时间分布

式(8-3)可改写为

$$E(t) = \frac{\mathrm{d}F(t)}{\mathrm{d}t} \tag{8-4}$$

由式(8-4)可知，当 $F(t)$ 曲线已知时，过线上的一点作切线，即如图 8-5 所示的直线 AP，该直线的斜率等于相应的 $E(t)$ 值。反之，若 $E(t)$ 曲线已知，将其进行积分，即得相应的 $F(t)$ 值。因此，对于与停留时间分布相关的 $F(t)$ 和 $E(t)$ 这两种不同函数，只要知道其中的一种，即可求出另一种。

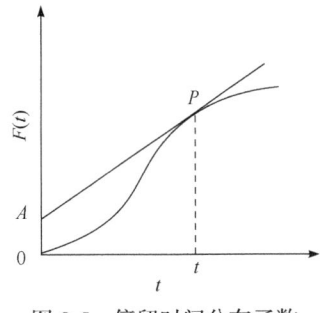

图 8-5　停留时间分布函数

8.2　停留时间分布函数的测定

为了能够使用 $F(t)$ 和 $E(t)$ 函数对给定反应系统进行分析，需要根据实验确定这些函数。实验时，必须在反应器入口处用一部分示踪物质做标记。对示踪物的要求是不能对反应器中物料的物理、化学性质产生影响。为了不使系统的流体力学状况发生变化，注入示踪物的速度应与该处流体具有的速度一致。示踪物一般选那些在低浓度下仍能够简便且精确分析出来的物质。通常使用有色物质、电导性物质、热导性物质及放射性物质等，测定时可采用比色、测电导、热导以及 γ 射线的发射和吸收等方法。实验测定停留时间分布时需在反应器入口处用示踪物质强制加入一个信号(即"刺激")，在其出口处测定由系统引起的入口信号的变化(即"响应")，这样利用刺激-响应技术，就能测定系统的传递函数。停留时间分布的测定方法通常采用脉冲示踪法和阶跃示踪法。

8.2.1　脉冲示踪法

脉冲示踪剂法是将示踪剂从测定系统入口处瞬间全部注入做稳态流动的物料中，同时在系统出口处跟踪检测示踪剂量随时间的变化。由于示踪剂快速加入且加入的量很少，因此对原物料的流动等性质不会产生影响，而且示踪剂在反应器内的流动情况可以代表反应器内物料的流动状况。换言之，示踪物的停留时间分布就是物料的停留时间分布。

图 8-6 为脉冲示踪法测定停留时间分布示意图，其中(a)为实验装置示意图；(b)表示在系统入口处输入的示踪剂初始浓度 c_0 与时间 t 的变化关系，为 δ 函数；(c)为系统出口示踪剂浓度 c_t 随时间 t 的变化曲线。设示踪剂的初始加入量为 M_0，c_t 为任意时刻 t 从出口测得的示踪剂浓度，q_{V0} 为物料体积流量，则在 $t \sim t + \mathrm{d}t$ 时间间隔内，自系统出口流出的示踪剂占输入示踪剂总量的分数为

$$E(t)\mathrm{d}t = \frac{q_{V0}c_t\mathrm{d}t}{M_0} \tag{8-5}$$

即

$$E(t) = \frac{q_{V0}c_t}{M_0} \tag{8-6}$$

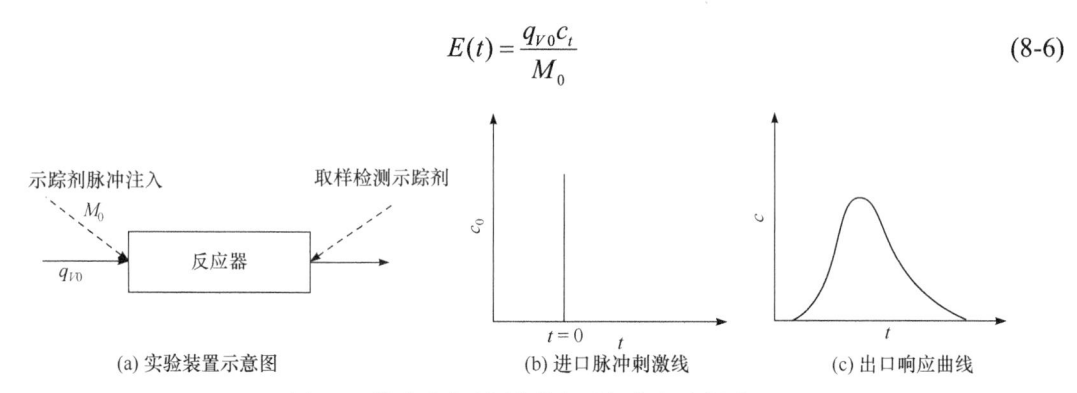

图 8-6 脉冲示踪法测定停留时间分布示意图

由式(8-6)即可根据响应曲线求停留时间分布密度函数 $E(t)$。可见，脉冲示踪法直接测得的是 $E(t)$ 函数，而 $F(t)$ 函数可按式(8-3)由 $E(t)$ 求得。

一次注入的示踪剂的量 M_0 有时不能准确地在出口测定，因为示踪剂需要很长时间才能完全流出反应器，所以

$$M_0 = \int_0^\infty q_{V0}c_t\mathrm{d}t \tag{8-7}$$

对于稳定流动过程，q_{V0} 为定值，将式(8-7)代入式(8-6)，得

$$E(t) = \frac{c_t}{\int_0^\infty c_t\mathrm{d}t} \tag{8-8}$$

如果反应系统出口检测的不是示踪剂的浓度而是其他物理量，由式(8-8)可知，只要这些物理量与浓度呈线性关系，就可直接将响应测定值代入，而无需换算成浓度后再代入。还需指出，如果所得的响应曲线拖尾很长，即有小部分流体的停留时间很长，则式(8-8)右边分母的积分值不易准确计算，此时应尽量采用已知的输入时示踪剂的浓度代替，以避免由积分值计算所带来的误差。

另外，对于实验测得的离散型数据，式(8-8)也可以写成离散形式

$$E(t) = \frac{c_t}{\sum c_t\Delta t} \tag{8-9}$$

8.2.2 阶跃示踪法

阶跃示踪法是针对在系统中做稳态流动的流体，在某一时刻突然切换为流量相同的含有示踪剂的流体，或者相反的实验过程。前一种方法称为升阶法，或称正阶跃法；后一种则称为降阶法，或称负阶跃法。阶跃示踪法和脉冲示踪法的最大区别是前者连续向系统加入示踪剂，后者则在极短的时间内一次加入全部示踪剂。

图 8-7 为阶跃示踪法测定停留时间分布示意图。设物料与示踪剂开始切换的时间为 $t=0$，示踪剂初始浓度为 c_0，在整个输入过程中，c_0 保持不变。显然，在系统入口处，当 $t<0$ 时，$c_t=0$；当 $t\geqslant 0$ 时，$c_t=c_0$。出口流体中示踪剂从无到有，其浓度随时间单调递增，最终达到与输入的示踪剂浓度 c_0 相等。在时刻 $t\sim t+\mathrm{d}t$ 的时间间隔内，从系统流出的示踪剂量为 $q_{V0}c_t\mathrm{d}t$，这部分示踪剂在系统内的停留时间必定小于或等于 t，而在相应的时间间隔内输入的示踪剂量为 $q_{V0}c_0\mathrm{d}t$。因此，由 $F(t)$ 的定义得

$$F(t)=\frac{q_{V0}c_t\mathrm{d}t}{q_{V0}c_0\mathrm{d}t}=\frac{c_t}{c_0} \tag{8-10}$$

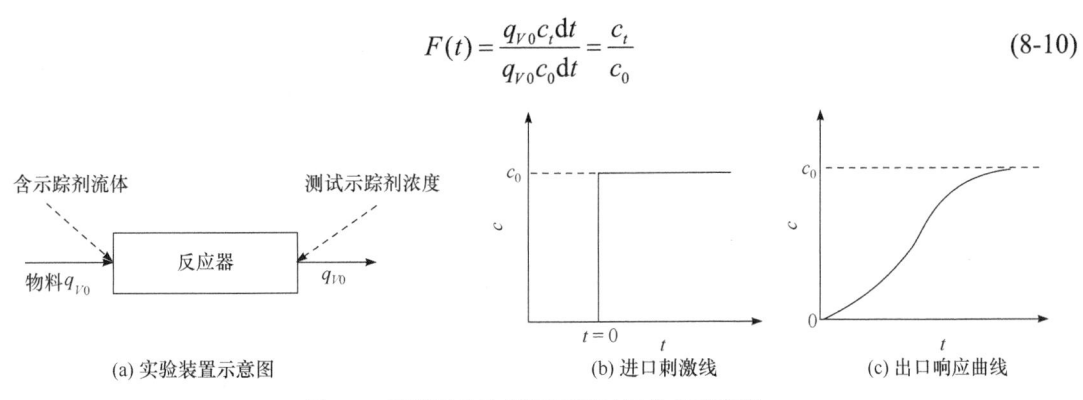

图 8-7　阶跃示踪法测定停留时间分布示意图

由式(8-10)可见，$F(t)$ 函数与出口示踪物浓度 c_t 有相同的变化趋势，二者仅差浓度常数 c_0。此外，由阶跃响应曲线直接求得的是停留时间分布函数，而由脉冲响应曲线求得的是停留时间分布密度函数。

通过对比可知，阶跃示踪法消耗示踪剂的量较大，脉冲示踪法消耗的示踪剂较少。脉冲示踪法很难保证在较短的时间内输入全部示踪剂，尤其对于平均停留时间短的流动系统难度更大。但是，脉冲示踪法直接测得的是停留时间分布密度函数 $E(t)$，它在反应器的特性分析中是最有用的参数，并且示踪剂消耗量较少，因此脉冲示踪法的使用较阶跃示踪法更为普遍。

8.3　停留时间分布的数学特征

物料在反应器中的停留时间分布是一随机变量，分析不同流动状况下的停留时间分布规律，除可用上述分布曲线的直观图像描述外，通常还采用一些特征值表征其分布特征，以便于记录和建立数学模型。常用的统计特征值有两个：数学期望和方差，前者表示平均停留时间，后者表示停留时间分布的离散程度。

8.3.1　数学期望

数学期望是随机变量在数轴取值的集中位置，即随机变量的分布中心，它说明随机变量

值的大多数集中在哪里。数学期望的实际意义就是平均值，停留时间分布的数学期望就是物料质点在反应器中的平均停留时间。

各流体质点通过反应器所需时间的平均值称为平均停留时间，其值相当于停留时间分布密度函数 $E(t)$ 曲线下方面积重心在横轴上的投影，即对坐标原点的一次矩。根据一次矩的定义，平均停留时间 $\bar{t}$ 为

$$\bar{t} = \frac{\int_0^\infty tE(t)\mathrm{d}t}{\int_0^\infty E(t)\mathrm{d}t} = \int_0^\infty tE(t)\mathrm{d}t \tag{8-11}$$

根据 $E(t)$ 与 $F(t)$ 的关系，数学期望也可由式(8-12)计算

$$\bar{t} = \int_0^\infty F(t)\mathrm{d}t \tag{8-12}$$

若是离散型数据，数学期望可由式(8-13)计算

$$\bar{t} = \frac{\sum_0^\infty tE(t)\Delta t}{\sum_0^\infty E(t)\Delta t} = \frac{\sum_0^\infty tc_t\Delta t}{\sum_0^\infty c_t\Delta t} \tag{8-13}$$

关于停留时间分布的数学期望的计算，需要说明以下两点：

(1) 当实验测得停留时间分布密度函数曲线时，可在曲线上取若干等时间间隔的数据点，按式(8-13)计算数学期望；或者按式(8-11)进行数值积分，计算数学期望。

(2) 数学期望也可由设备内的流通体积和体积流量进行计算，即

$$\bar{t} = \int_0^{V_0} \frac{\mathrm{d}V_0}{q_{V0}} \tag{8-14}$$

在均相反应器中，对于定态恒容过程，反应器的流通体积 V_0 即为反应体积 V_R，当物料在设备内的体积流量 q_{V0} 为定值时，数学期望可按式(8-15)计算

$$\bar{t} = \frac{V_R}{q_{V0}} \tag{8-15}$$

8.3.2 方差

方差也称离散度，是度量随机变量与数学期望的偏离程度。上面的停留时间分布的数学期望只是表征了停留时间的分布中心，但不能反映停留时间分布的离散程度。而反应器内物料停留时间分布的离散程度所反映的正是该物料的返混程度。

这里用流体质点通过反应器的时间与平均停留时间之差的平方 $(t-\bar{t})^2$ 的平均值(记作 σ_t^2)表示物料停留时间相对于分布中心(平均停留时间)的分散程度，其定义式为

$$\sigma_t^2 = \frac{\int_0^\infty (t-\bar{t})^2 E(t)\mathrm{d}t}{\int_0^\infty E(t)\mathrm{d}t} = \int_0^\infty (t-\bar{t})^2 E(t)\mathrm{d}t = \int_0^\infty t^2 E(t)\mathrm{d}t - \bar{t}^2 \tag{8-16}$$

对于实验测得的离散型数据，可用式(8-17)计算方差

$$\sigma_t^2 = \frac{\sum_0^\infty (t-\bar{t})^2 E(t) \Delta t}{\sum_0^\infty E(t) \Delta t} = \frac{\sum_0^\infty t^2 E(t) \Delta t}{\sum_0^\infty E(t) \Delta t} - \bar{t}^2 \tag{8-17}$$

当实验时间间隔 Δt 为定值时

$$\sigma_t^2 = \frac{\sum_0^\infty t^2 E(t)}{\sum_0^\infty E(t)} - \bar{t}^2 \tag{8-18}$$

对脉冲实验数据，则有

$$\sigma_t^2 = \frac{\int_0^\infty t^2 c_t \mathrm{d}t}{\int_0^\infty c_t \mathrm{d}t} - \bar{t}^2 \tag{8-19}$$

或

$$\sigma_t^2 = \frac{\sum_0^\infty t^2 c_t}{\sum_0^\infty c_t} - \bar{t}^2 \tag{8-20}$$

8.3.3 对比时间

为了便于计算，可以采用无因次对比时间 $\theta = \frac{t}{\bar{t}}$ 表示停留时间分布的数学特征。因用对比时间表示的停留时间分布函数具有相同的分数，故有 $F(\theta) = F(t)$。

用对比时间表示的停留时间分布密度函数为

$$E(\theta) = \frac{\mathrm{d}F(\theta)}{\mathrm{d}\theta} = \bar{t} \frac{\mathrm{d}F(t)}{\mathrm{d}t} = \bar{t} E(t) \tag{8-21}$$

$E(\theta)$ 同样有归一化性质，即

$$\int_0^\infty E(\theta) \mathrm{d}\theta = 1 \tag{8-22}$$

用对比时间表示的停留时间分布的数学特征如下：

(1) 对比时间 θ 为变量的数学期望

$$\bar{\theta} = \int_0^\infty \theta E(\theta) \mathrm{d}\theta = \int_0^\infty \left(\frac{t}{\bar{t}}\right) \bar{t} E(t) \mathrm{d}\left(\frac{t}{\bar{t}}\right) = \frac{1}{\bar{t}} \int_0^\infty t E(t) \mathrm{d}t = \frac{\bar{t}}{\bar{t}} = 1 \tag{8-23}$$

可见，无论停留时间分布的数学期望为何值，其对比时间的数学期望 $\bar{\theta}$ 都等于 1。

(2) 对比时间 θ 为变量的方差

$$\sigma_\theta^2 = \int_0^\infty (\theta - \overline{\theta})^2 E(\theta) \mathrm{d}\theta = \int_0^\infty \theta^2 E(\theta)\mathrm{d}\theta - 1 = \int_0^\infty \left(\frac{t}{\overline{t}}\right)^2 \overline{t} E(t)\mathrm{d}\left(\frac{t}{\overline{t}}\right) - 1$$
$$= \frac{1}{\overline{t}^2}\left[\int_0^\infty t^2 E(t)\mathrm{d}t - \overline{t}^2\right] = \frac{\sigma_t^2}{\overline{t}^2} \tag{8-24}$$

可见，采用无因次对比时间后，停留时间分布函数、密度函数及方差都成了无因次量。用无因次方差很容易评价反应器停留时间分布的离散程度。

对于活塞流反应器：$\sigma_t^2 = \sigma_\theta^2 = 0$。

对于全混流反应器：$\sigma_\theta^2 = 1$。

对于实际流型反应器，$0 < \sigma_\theta^2 < 1$。当 σ_θ^2 趋近于 0 时，可作为活塞流处理；当 σ_θ^2 趋近于 1 时，可作为全混流处理。

【例 8-1】 设 $E(\theta)$ 和 $F(\theta)$ 分别为某流动反应器的停留时间分布密度函数和停留时间分布函数，θ 为对比时间。

(1) 若反应器为 PFR，试求 $F(1)$、$E(1)$、$F(0.8)$、$E(0.8)$、$E(1.2)$ 的值。
(2) 若反应器为 PMFR，试求 $F(1)$、$E(1)$、$F(0.8)$、$E(0.8)$、$E(1.2)$ 的值。

解 (1) 对 PFR，$F(1) = 1$，$E(1) = \infty$，$F(0.8) = 0$，$E(0.8) = 0$，$E(1.2) = 0$。

(2) 对 PMFR，$F(\theta) = 1 - \mathrm{e}^{-\theta}$，$E(\theta) = \mathrm{e}^{-\theta}$，则

$$F(1) = 1 - \mathrm{e}^{-1} = 0.632 \qquad F(0.8) = 1 - \mathrm{e}^{-0.8} = 0.551$$

$$E(1) = \mathrm{e}^{-1} = 0.368 \qquad E(0.8) = \mathrm{e}^{-0.8} = 0.449 \qquad E(1.2) = \mathrm{e}^{-1.2} = 0.301$$

【例 8-2】 对某一反应器用阶跃示踪法测得出口处不同时间的示踪剂质量浓度变化关系为

t /min	0	2	4	6	8	10	12	14	16
c /(kg·m^{-3})	0	0.05	0.11	0.2	0.31	0.43	0.48	0.50	0.50

已知 $c_0 = 0.5$ kg·m^{-3}，求其停留时间分布规律，即 $F(t)$、$E(t)$、$\overline{t}$、σ_t^2。

解 已知 $c_0 = 0.5$ kg·m^{-3}，用阶跃示踪法求停留时间分布规律，根据式(8-10)计算 $F(t)$，再根据式(8-4)计算 $E(t)$，计算 $\dfrac{t\Delta c}{c_0}$、$\dfrac{t^2 \Delta c}{c_0}$ 并列于下表中。

t /min	c /(kg·m^{-3})	$\sum c$	$F(t)$	$E(t)$	$\dfrac{t\Delta c}{c_0}$	$\dfrac{t^2 \Delta c}{c_0}$
0	0	0	0	0	0	0
2	0.05	0.05	0.1	0.05	0.2	0.4
4	0.11	0.16	0.22	0.06	0.48	1.92
6	0.2	0.36	0.4	0.09	1.08	6.48
8	0.31	0.67	0.62	0.11	1.76	14.08
10	0.43	1.10	0.86	0.12	2.4	24

续表

t/min	c/(kg·m^{-3})	$\sum c$	$F(t)$	$E(t)$	$\dfrac{t\Delta c}{c_0}$	$\dfrac{t^2\Delta c}{c_0}$
12	0.48	1.58	0.96	0.05	1.2	14.4
14	0.5	2.08	1.0	0.02	0.56	7.84
16	0.5	2.58	1.0	0	0	0
$\sum$					7.68	69.12

$$\bar{t} = \sum \frac{t\Delta c}{c_0} = 7.68 \text{ min}$$

$$\sigma_t^2 = \sum \frac{t^2\Delta c}{c_0} - \bar{t}^2 = 69.12 - 7.68^2 = 10.14(\text{min}^2)$$

8.4 理想反应器的停留时间分布

停留时间分布函数是描述反应器内物料流动状况的一种数学手段。各种反应器内物料的流动状况都有其独自的停留时间分布函数关系，故可用停留时间分布函数定量描述反应器内物料的返混程度。对于理想流动反应器，其流型是确定的，可直接计算停留时间分布。

8.4.1 活塞流反应器

当物料在反应器内呈活塞流流动时，所有物料质点的停留时间相同，等于平均停留时间，所以不存在不同停留时间的流体粒子之间的混合，无停留时间分布。此时，其停留时间分布函数及停留时间分布密度函数如下：

$$F(t) = \begin{cases} 0 & t < \bar{t} \\ 1 & t \geqslant \bar{t} \end{cases} \tag{8-25}$$

$$E(t) = \begin{cases} 0 & t < \bar{t} \\ \infty & t = \bar{t} \\ 1 & t > \bar{t} \end{cases} \tag{8-26}$$

用无因次对比时间表示为

$$F(\theta) = \begin{cases} 0 & \theta < 1 \\ 1 & \theta \geqslant 1 \end{cases} \tag{8-27}$$

$$E(\theta) = \begin{cases} 0 & \theta < 1 \\ \infty & \theta = 1 \\ 1 & \theta > 1 \end{cases} \tag{8-28}$$

从上面的表达式可以看出，活塞流情况下，停留时间分布密度函数 $E(t)$ 是一个宽度为 0、高度为无限高的尖峰，其面积等于 1。停留时间分布密度函数可用 σ 函数表示为式(8-29)和式(8-30)

$$E(t) = \sigma(t - \bar{t}) \tag{8-29}$$

$$E(\theta) = \sigma(\theta - 1) \tag{8-30}$$

利用 $\sigma(t)$ 函数性质，可由 $\bar{\theta} = \int_0^\infty \theta E(\theta)\mathrm{d}\theta$ 和 $\sigma_\theta^2 = \int_0^\infty \theta^2 E(\theta)\mathrm{d}\theta - 1$ 求出活塞流反应器的无因次平均停留时间 $\bar{\theta}$ 和方差 σ_θ^2

$$\bar{\theta} = \int_0^\infty \theta \sigma(\theta - 1)\mathrm{d}\theta = \theta\big|_1 = 1 \tag{8-31}$$

$$\sigma_\theta^2 = \int_0^\infty \theta^2 \sigma(\theta - 1)\mathrm{d}\theta - 1 = \theta^2\big|_1 = 0 \tag{8-32}$$

活塞流反应器停留时间分布的无因次方差 σ_θ^2 为 0，表明所有流体粒子在反应器中的停留时间相同。方差越小，说明分布越集中，分布曲线就越窄。停留时间分布方差等于 0 这一特征说明系统内不存在返混。因此，当活塞流反应器的停留时间与间歇反应器相同时，两者的反应效果相同。

活塞流反应器的停留时间分布函数 $F(t)$ 和停留时间分布密度函数 $E(t)$ 关于停留时间的曲线如图 8-8 所示。停留时间分布函数 $F(t)$ 为一阶跃函数。因为活塞流反应器的停留时间均等于 $\bar{t}$，不可能有小于 $\bar{t}$ 的流体粒子，因此 $t < \bar{t}$ 时，$F(t) = 0$；$t = \bar{t}$ 时，全部流体粒子的停留时间均为 $\bar{t}$，所以 $F(t) = 1$。从实验测定的角度也可说明这一结果，由于 $F(t)$ 的测定是由阶跃输入示踪剂而得，既然系统不存在返混，输入为阶跃函数，其输出也必然是阶跃函数。

(a) 停留时间分布密度函数

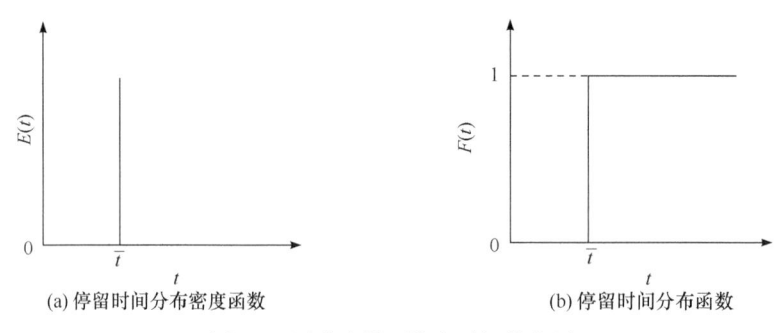

(b) 停留时间分布函数

图 8-8 活塞流模型停留时间分布图

8.4.2 全混流反应器

全混流反应器内物料的质点达到完全混合，各处浓度相等，并且等于出口处的浓度。用阶跃示踪法测定流体在反应器中的停留时间分布函数。反应器进口处示踪剂的浓度为 c_0，在 $\mathrm{d}t$ 时间内进入反应器的示踪剂量为 $q_V c_0 \mathrm{d}t$，流出反应器的示踪剂量为 $q_V c_t \mathrm{d}t$，示踪剂的累积量为 $V_R \mathrm{d}c_t$，在整个反应器有效体积范围内对示踪剂做物料衡算，得

$$q_V c_0 \mathrm{d}t = q_V c_t \mathrm{d}t + V_R \mathrm{d}c_t \tag{8-33}$$

即

$$\frac{q_V}{V_R}\mathrm{d}t = \frac{q_V}{V_R} \cdot \frac{c_t}{c_0}\mathrm{d}t + \mathrm{d}\frac{c_t}{c_0} \tag{8-34}$$

因为 $\tau = \dfrac{V_R}{q_V}$，$F(t) = \dfrac{c_t}{c_0}$，所以有

$$\frac{1}{\tau}\mathrm{d}t = \frac{1}{\tau}F(t)\mathrm{d}t + \mathrm{d}F(t) \tag{8-35}$$

积分得

$$\int_0^\infty \frac{1}{\tau}\mathrm{d}t = \int_0^{F(t)} \frac{\mathrm{d}F(t)}{1-F(t)} - \frac{t}{\tau} = \ln[1-F(t)] \tag{8-36}$$

则

$$F(t) = 1 - \mathrm{e}^{-t/\tau} \tag{8-37}$$

$$E(t) = \frac{1}{\tau}\mathrm{e}^{-t/\tau} \tag{8-38}$$

式(8-37)和式(8-38)即为全混流反应器停留时间分布函数和停留时间分布密度函数的数学表达式。用无因次对比时间表示为

$$F(\theta) = 1 - \mathrm{e}^{-\theta} \tag{8-39}$$

$$E(\theta) = \mathrm{e}^{-\theta} \tag{8-40}$$

图 8-9 为全混流反应器停留时间分布密度函数和停留时间分布函数曲线。由图可见，全混流反应器的 $F(t)$ 曲线是一条随时间递增的曲线，其斜率随时间的增加而减小；当 $t \to \infty$ 时，$F(t) \to 1$。全混流反应器的 $E(t)$ 曲线随时间增加而单调下降，并且当 $t \to \infty$ 时，$E(t) \to 0$。这说明流体质点在全混流反应器中的停留时间极度参差不齐，从零到无限大，应有尽有。究其原因是全混流反应器返混程度达到最大，是宏观混合的另一极端情况。

(a) 停留时间分布密度函数　　(b) 停留时间分布函数

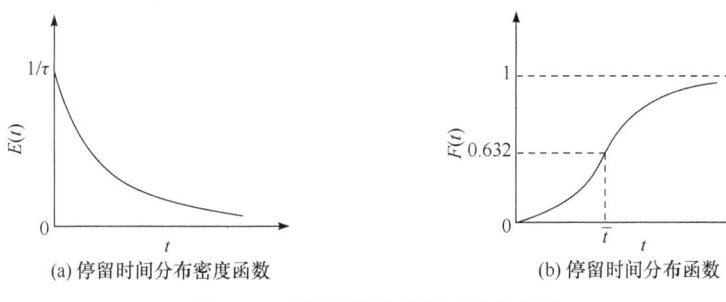

图 8-9　全混流模型停留时间分布图

全混流反应器停留时间分布的无因次平均停留时间和方差为

$$\overline{\theta} = \int_0^\infty \theta \mathrm{e}^{-\theta}\mathrm{d}\theta = 1 \tag{8-41}$$

$$\sigma_\theta^2 = \int_0^\infty \theta^2 \mathrm{e}^{-\theta}\mathrm{d}\theta - 1 = 1 \tag{8-42}$$

由此可见，返混程度达最大时，停留时间分布的无因次方差 σ_θ^2 为 1，而根据式(8-32)已知无返混时的方差 σ_θ^2 为 0。因此，一般情况下停留时间分布的方差应为 0~1，其值越大，分布越不均匀。

在第 6 章对活塞流反应器和全混流反应器的介绍中，从两者的设计方程出发，通过比较反应物浓度变化证实，对于正常反应动力学，活塞流反应器优于全混流反应器。现在从停留时间分布的不同做进一步说明。设两个反应器进行的反应相同，且平均停留时间相等。对于活塞流反应器，所有流体粒子的停留时间相等，且都等于平均停留时间。对于全混流反应器，由式(8-36)可知，停留时间小于平均停留时间的流体粒子占全部流体的分数为

$$F(\tau) = 1 - e^{-1} = 0.632 \tag{8-43}$$

这部分流体的转化率小于活塞流反应器是毫无疑问的;其余 36.8%的反应物料,其停留时间大于平均停留时间,转化率可大于活塞流反应器,但不能抵偿因停留时间短而损失的转化率。因此,活塞流反应器的转化率高于全混流反应器。由此可见,停留时间分布集中可以提高反应器的生产强度。

8.5 非理想反应器的停留时间分布

实际生产中,不是所有的连续操作釜式反应器都具有全混流的特性,也不是所有的管式反应器都符合活塞流的假设。要测算非理想反应器的转化率及收率,需要对其流动状况建立适宜的流动模型。建立流动模型的依据是该反应器的停留时间分布,普遍应用的技巧是对理想流动模型进行修正,或者将理想流动模型与停滞区、沟流和短路等实际情况做不同的组合。所建立的数学模型应便于数学处理,模型参数不应超过两个,且要能正确反映模拟对象的物理实质。

8.5.1 多釜串联反应器

将单个全混流反应器、活塞流反应器和多个全混流反应器串联时的反应效果进行对比,可以发现多釜串联反应器的性能介于前二者之间,并且串联的釜数越多,其性能越接近活塞流,当釜数无限多时,其效果与活塞流相同。因此,可以用 N 个全混釜串联来模拟一个实际的反应器。N 为模型参数,$N=1$ 时为全混流,$N=\infty$ 则为活塞流。N 的取值不同就反映了实际反应器的不同返混程度,其具体数值由停留时间分布确定。

为此,首先求多釜串联时的停留时间分布。图 8-10 为多釜串联模型示意图。设 N 个反应体积为 V_R 的全混釜串联操作,且釜间无任何返混,并忽略流体流过釜间连接管线所需的时间。图 8-10 中,q_V 为流体的体积流量;c 为示踪剂的浓度。假定各釜温度相同,对第 i 釜做示踪剂的物料衡算得

$$q_V c_{i-1,t} - q_V c_{i,t} = V_R \frac{dc_{i,t}}{dt} \tag{8-44}$$

由于 $\tau = V_R / q_V$,代入式(8-44)得

$$\frac{1}{\tau} c_{i-1,t} - \frac{1}{\tau} c_{i,t} = \frac{dc_{i,t}}{dt} \tag{8-45}$$

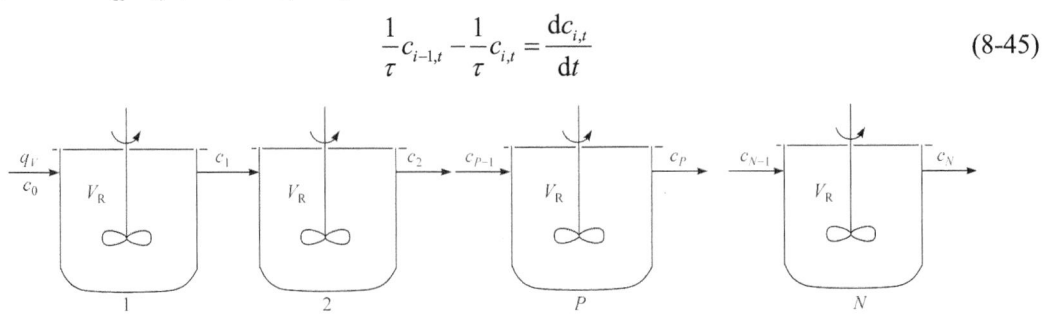

图 8-10 多釜串联模型示意图

若示踪剂呈阶跃输入且初始浓度为 c_0,从第一釜流出的示踪剂浓度为 $c_{1,t}$,第二釜流出

的示踪剂浓度为 $c_{2,t}$，…，从第 N 釜流出的示踪剂浓度为 $c_{N,t}$。

当 $i=1$ 时，式(8-45)可写为

$$\frac{1}{\tau}(c_0 - c_{1,t}) = \frac{\mathrm{d}c_{1,t}}{\mathrm{d}t} \tag{8-46}$$

此即为第一釜的物料衡算式，分离变量积分可得

$$c_{1,t} = c_0(1 - \mathrm{e}^{-t/\tau}) \tag{8-47}$$

对于第二釜，根据式(8-45)可得

$$\frac{1}{\tau}(c_{1,t} - c_{2,t}) = \frac{\mathrm{d}c_{2,t}}{\mathrm{d}t} \tag{8-48}$$

将式(8-47)代入式(8-48)，则

$$\frac{1}{\tau}[c_0(1 - \mathrm{e}^{-t/\tau}) - c_{2,t}] = \frac{\mathrm{d}c_{2,t}}{\mathrm{d}t} \tag{8-49}$$

解此一阶线性微分方程得

$$c_{2,t} = c_0\left[1 - \left(1 + \frac{t}{\tau}\right)\mathrm{e}^{-t/\tau}\right] \tag{8-50}$$

同理，求得第三釜为

$$c_{3,t} = c_0\left\{1 - \left[1 + \frac{t}{\tau} + \frac{1}{2!}\left(\frac{t}{\tau}\right)^2\right]\mathrm{e}^{-t/\tau}\right\}$$

依次对其他各釜求解，并由数学归纳法得第 N 釜的结果为

$$c_{N,t} = c_0\left\{1 - \left[1 + \frac{t}{\tau} + \frac{1}{2!}\left(\frac{t}{\tau}\right)^2 + \cdots + \frac{1}{(N-1)!}\left(\frac{t}{\tau}\right)^{N-1}\right]\mathrm{e}^{-t/\tau}\right\} \tag{8-51}$$

根据 $F(t) = c_t/c_0$，$E(t) = \mathrm{d}F(t)/\mathrm{d}t$ 得

$$F_N(t) = \frac{c_{N,t}}{c_0} = 1 - \left[1 + \frac{t}{\tau} + \frac{1}{2!}\left(\frac{t}{\tau}\right)^2 + \cdots + \frac{1}{(N-1)!}\left(\frac{t}{\tau}\right)^{N-1}\right]\mathrm{e}^{-t/\tau} \tag{8-52}$$

$$E(t) = \frac{1}{\tau}\frac{1}{(N-1)!}\mathrm{e}^{-t/\tau}\left(\frac{t}{\tau}\right)^{N-1} \tag{8-53}$$

式(8-52)和式(8-53)即为多釜串联系统的停留时间分布函数和停留时间分布密度函数。

停留时间分布函数也可表示为一般式

$$F(t) = \frac{c_t}{c_0} = 1 - \mathrm{e}^{-t/\tau}\sum_{i=1}^{N}\frac{\left(\dfrac{t}{\tau}\right)^{i-1}}{(i-1)!} \tag{8-54}$$

若将系统的总平均停留时间 $\tau_t = N\tau$ 代入式(8-54)得

$$F(t) = \frac{c_t}{c_0} = 1 - \mathrm{e}^{-Nt/\tau_t}\sum_{i=1}^{N}\frac{\left(\dfrac{Nt}{\tau_t}\right)^{i-1}}{(i-1)!} \tag{8-55}$$

计算无因次时间时，$\theta = t/\tau_t$，即根据系统的总平均停留时间来定义，而不是每釜的平均停留时间 τ，则

$$F(\theta) = 1 - e^{-N\theta} \sum_{i=1}^{N} \frac{(N\theta)^{i-1}}{(i-1)!} \tag{8-56}$$

$$E(\theta) = \frac{N^N}{(N-1)!} \theta^{N-1} e^{-N\theta} \tag{8-57}$$

根据式(8-56)和式(8-57)计算不同釜数串联的停留时间分布函数和停留时间分布密度函数，结果如图 8-11 所示。由图 8-11(a)可见，釜数越多，其停留时间分布越接近活塞流；图 8-11(b)表明，不同的 N 值模拟不同的停留时间分布，N 值增加，停留时间分布变窄，流动模型越接近活塞流。

(a) 停留时间分布函数

(b) 停留时间分布密度函数

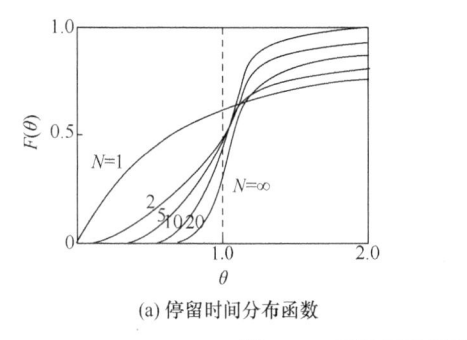

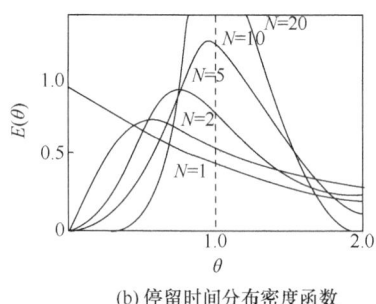

图 8-11 多釜串联模型停留时间分布图

利用多釜串联模型模拟一个实际反应器的流动状况时，除要测定停留时间分布外，还需要求出该停留时间分布的方差，再求出模型参数 N。

多釜串联模型的无因次平均停留时间为

$$\bar{\theta} = \int_0^\infty \theta E(\theta) d\theta = \int_0^\infty \frac{N^N \theta^N e^{-N\theta}}{(N-1)!} d\theta = 1 \tag{8-58}$$

无因次方差为

$$\begin{aligned}\sigma_\theta^2 &= \int_0^\infty (\theta - \bar{\theta})^2 E(\theta) d\theta = \int_0^\infty \theta^2 E(\theta) d\theta - 1 \\ &= \int_0^\infty \frac{N^N \theta^{N+1} e^{-N\theta}}{(N-1)!} d\theta - 1 = \frac{N+1}{N} - 1 \\ &= \frac{1}{N}\end{aligned} \tag{8-59}$$

显然，一个实际反应器的停留时间分布与 N 个等体积全混流反应器串联的停留时间分布相当，两者的平均停留时间相等，但绝不能说两者分布相同。当 $N=1$ 时，$\sigma_\theta^2 = 1$，与全混流模型一致；当 $N \to \infty$ 时，$\sigma_\theta^2 = 0$，则与活塞流模型一致。因此，当 N 为任意正数时，其方差应为 0~1。对 N 的不同取值便可模拟不同的停留时间分布。如果模型参数 N 值出现非整数时，用四舍五入的办法圆整成整数是一个粗略的近似处理方法，也可以将小数部分视作一个体积较小的全混流反应器。

8.5.2 轴向扩散流动模型反应器

因分子扩散、涡流扩散和流速分布不均匀等而使流动状况偏离理想流动时，可用轴向扩散模型模拟。轴向扩散模型适用于返混程度较小的非理想流动系统，如管式反应器、固定床反应器。该模型处理非理想流动系统的方法为：将实际流动过程简化为在活塞流基础上叠加一个与流动方向相反的轴向扩散。该模型提出下列假设：

(1) 流体以恒定的流速 u 通过系统。

(2) 在垂直于流体运动方向的横截面上径向浓度分布均一，即径向混合达到最大。

(3) 因湍流混合、分子扩散和流速分布等传递机理而产生的扩散仅发生在流动方向，即轴向，物料浓度是流体流动距离的函数。轴向扩散因素的综合作用可用非克定律[式(8-60)]加以描述

$$J = Da \frac{\partial c}{\partial l} \tag{8-60}$$

同时假定在同一反应器内轴向扩散系数 Da 不随时间和位置而变，其数值大小与反应器的结构、操作条件和流体性质有关。

如图 8-12 所示，设圆柱形反应器管长为 L，直径为 D，横截面积为 $A = \frac{1}{4}\pi D^2$，体积为 V_R，在距入口 l 处取长为 $\mathrm{d}l$ 的微元管段，在阶跃示踪法实验中，对示踪物做物料衡算。

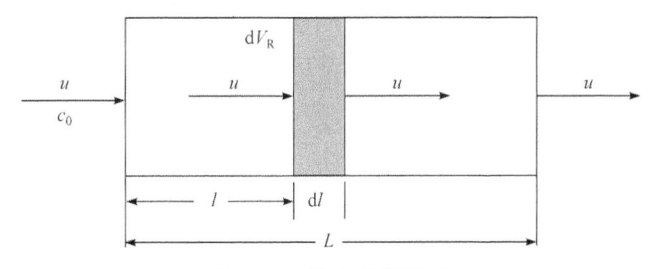

图 8-12 轴向扩散模型

输入项应包括两项：一是通过对流流动输入；二是通过扩散输入，即

$$uAc - DaA\left(\frac{\partial c}{\partial l}\right)_l$$

输出也应包括两项，只是输出处的浓度和浓度梯度不同于输入截面，即

$$uA\left[c + \left(\frac{\partial c}{\partial l}\right)_l \mathrm{d}l\right] - DaA\left[\left(\frac{\partial c}{\partial l}\right)_l + \frac{\partial}{\partial l}\left(\frac{\partial c}{\partial l}\right)_l \mathrm{d}l\right]$$

积累项为

$$\frac{\partial c}{\partial t} A \mathrm{d}l$$

假定系统内不发生化学反应，则根据输入量=输出量+积累量，将上述各项代入后整理得

$$A\left[uc + Da\frac{\partial}{\partial l}\left(c + \frac{\partial c}{\partial l}\mathrm{d}l\right)\right] = A\left[u\left(c + \frac{\partial c}{\partial l}\mathrm{d}l\right) + Da\frac{\partial c}{\partial l}\right] + A\frac{\partial c}{\partial t}\mathrm{d}l \tag{8-61}$$

即

$$\frac{\partial c}{\partial t} = Da \frac{\partial^2 c}{\partial l^2} - u \frac{\partial c}{\partial l} \tag{8-62}$$

式(8-62)即为轴向扩散模型方程。其初始条件为

$$c = \begin{cases} 0 & l > 0, \ t = 0 \\ c_0 & l < 0, \ t = 0 \end{cases}$$

边界条件为

$$c = \begin{cases} c_0 & l = -\infty, \ t \geqslant 0 \\ 0 & l = \infty, \ t \geqslant 0 \end{cases}$$

这里共有两个自变量：一个是时间自变量；另一个是空间自变量，即轴向距离 l，所以模型方程为一抛物线型偏微分方程。由式(8-62)可知，轴向扩散模型实质上是活塞流模型再迭加一扩散项(式中右边第一项)，通过此项反映系统内返混的大小。若 $Da = 0$，则式(8-62)即化为活塞流模型方程

$$\frac{\partial c}{\partial t} = -u \frac{\partial c}{\partial l}$$

轴向扩散模型通过 Da 值的大小不同可以模拟从活塞流至全混流间的任何非理想流动。但实际经验表明，只有返混程度不太大时才是合适的。

通常将式(8-62)化为无因次形式使用起来比较方便。为此，引入下列各无因次量

$$\theta = \frac{t}{\bar{t}} = \frac{t}{L/u}; \quad \bar{c} = \frac{c}{c_0}; \quad \bar{l} = \frac{l}{L}$$

则

$$\frac{\partial \bar{c}}{\partial \theta} = \left(\frac{Da}{uL}\right)\frac{\partial^2 \bar{c}}{\partial \bar{l}^2} - \frac{\partial \bar{c}}{\partial \bar{l}} = \left(\frac{1}{Pe}\right)\frac{\partial^2 \bar{c}}{\partial \bar{l}^2} - \frac{\partial \bar{c}}{\partial \bar{l}} \tag{8-63}$$

式中，Pe 为佩克莱(Peclet)数，它的表达式为

$$Pe = \frac{uL}{Da}$$

佩克莱数 Pe 表示对流流动和扩散传递的相对大小，反映了返混的程度。值得注意的是，不同文献、不同应用场景中对佩克莱数 Pe 有不同的定义，其差别在于特征长度的不同。例如，固定床反应器常用的特征长度是所填充的固体颗粒的直径 d_p，此时 $Pe = \frac{ud_p}{Da}$；也可以用反应器的直径 D 作为特征长度来定义佩克莱数，即 $Pe = \frac{uD}{Da}$。因此，应用佩克莱数时必须谨慎。但是，无论哪一种定义式，其意义是相同的，都反映了返混的程度。佩克莱数的倒数 $\frac{1}{Pe} = \frac{Da}{uL}$ 也称为分散数。

当 $Pe \to 0$ 时，对流传递阻力远大于对流扩散阻力，轴向混合达到最大程度，即为全混流；当 $Pe \to \infty$ 时，对流传递阻力可以忽略，对流传递速率远大于对流扩散速率，即为活塞流。可见，Pe 越大，轴向返混程度越小，所以 Pe 是轴向扩散模型的参数。

轴向扩散模型的停留时间分布函数 $F(\theta)$ 和停留时间分布密度函数 $E(\theta)$ 为

$$F(\theta) = \frac{c}{c_0} = \frac{1}{2}\left[1 - \text{erf}\left(\frac{1}{2}\sqrt{Pe}\frac{1-\theta}{\sqrt{\theta}}\right)\right] \quad (8\text{-}64)$$

$$E(\theta) = \frac{1}{2\sqrt{\pi\theta^3/Pe}}\exp\left[-\frac{(1-\theta)^2}{4\theta/Pe}\right] \quad (8\text{-}65)$$

轴向扩散模型虽然引入了轴向扩散系数 Da 作为模型参数，但在停留时间分布函数中是以佩克莱数 Pe 形式体现出来的。式(8-64)和式(8-65)所描述的曲线如图 8-13 所示。

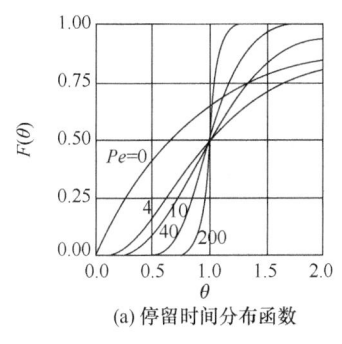

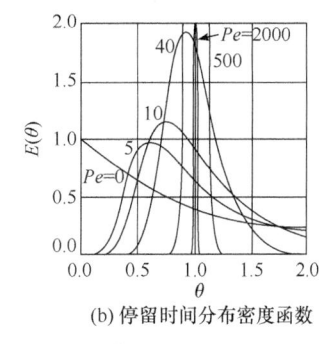

(a) 停留时间分布函数　　(b) 停留时间分布密度函数

图 8-13　轴向扩散模型停留时间分布图

当返混程度很小时，$E(\theta)$ 曲线呈正态分布，其平均停留时间和方差分别为

$$\bar{\theta} = 1 \quad (8\text{-}66)$$

$$\sigma_\theta^2 = \frac{2}{Pe} \quad \text{或} \quad \sigma_\theta^2 = \frac{2Da}{uL} \quad (8\text{-}67)$$

当返混程度较大时，由于 $E(\theta)$ 曲线分布不对称，此时它的方差为

$$\sigma_\theta^2 = \frac{2}{Pe} - \frac{2}{Pe^2}(1-e^{-Pe}) \quad (8\text{-}68)$$

由式(8-68)可知，在轴向扩散模型中，反映模型返混程度大小的方差 σ_θ^2 是 Pe 的单值函数，Pe 能够体现模型返混程度的大小，即 Pe 就是模型参数。

【例 8-3】　用阶跃示踪法测定一闭式流动反应器的停留时间分布，得到离开反应器的示踪剂与时间的关系如下：

$$c(t) = \begin{cases} 0 & t \leqslant 2 \\ t-2 & 2 < t < 3 \\ 1 & t \geqslant 3 \end{cases}$$

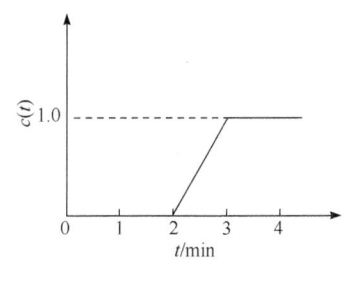

(1) 求该反应器的停留时间分布函数 $F(\theta)$ 及分布密度函数 $E(\theta)$。
(2) 求数学期望 $\bar{\theta}$ 及方差 σ_θ^2。
(3) 若用多釜串联模型模拟该反应器，则模型参数是多少？
(4) 若用轴向扩散模型模拟该反应器，则模型参数是多少？

【例 8-3】图

解　(1) 由图可知 $c_0 = c_\infty = 1.0 \text{ mol}\cdot\text{L}^{-1}$，而 $F(\theta) = F(t) = \dfrac{c_t}{c_\infty}$，所以

$$F(\theta) = F(t) = \begin{cases} 0 & t \leq 2, \ \theta \leq 0.8 \\ t-2 & 2 < t < 3, \ 0.8 < \theta < 1.2 \\ 1 & t \geq 3, \ \theta \geq 1.2 \end{cases}$$

则平均停留时间

$$\bar{t} = \int_0^\infty tE(t)\mathrm{d}t = \int_0^1 t\mathrm{d}F(t) = \int_0^1 [F(t)+2]\mathrm{d}F(t) = 2.5 \text{ min}$$

$$E(t) = \frac{\mathrm{d}F(t)}{\mathrm{d}t} = \begin{cases} 0 & t \leq 2 \\ 1 & 2 < t < 3 \\ 0 & t \geq 3 \end{cases}$$

$$E(\theta) = \bar{t}E(t) = \begin{cases} 0 & \theta \leq 0.8 \\ 2.5 & 0.8 < \theta < 1.2 \\ 0 & \theta \geq 1.2 \end{cases}$$

(2) 因是闭式系统，故 $\bar{t} = \dfrac{V_R}{q_V} = \tau$，所以 $\bar{\theta} = 1$，则

$$\sigma_\theta^2 = \int_0^\infty \theta^2 E(\theta)\mathrm{d}\theta - \bar{\theta}^2 = \int_{0.8}^{1.2} 2.5\theta^2\mathrm{d}\theta - 1 = 0.0133$$

(3) 模型参数

$$N = \frac{1}{\sigma_\theta^2} = \frac{1}{0.0133} = 75$$

(4) 因返混很小，故 $Pe \approx \dfrac{2}{\sigma_\theta^2}$，所以

$$Pe \approx \frac{2}{\sigma_\theta^2} = \frac{2}{0.0133} = 150$$

8.6 停留时间分布的应用

实验测定的停留时间分布曲线反映了反应器中物料流动状况，可以通过停留时间分布曲线的形状判断反应器中物料流动状况是接近活塞流还是接近全混流。还可以通过计算无因次方差 σ_θ^2 的方法，将实际反应器的流动状况与理想反应器的偏差给予定量化。

此外，停留时间分布曲线可用于诊断反应器中是否存在不良流动，以便对所存在的问题进行改进。以接近活塞流的固定床催化反应器为例，图 8-14 列出了几种停留时间分布曲线，图中横坐标上的 t_m 是以反应器实际容积 V_R 和体积流量 q_{V0} 计算的平均停留时间。图 8-14(a)的曲线峰形和位置均与预期相符，为正常的停留时间分布曲线。图 8-14(b)的曲线出峰时间过早，说明反应器内可能存在沟流或短路。这种现象可能是催化剂颗粒填装不均匀，床层内存在多条阻力较小的通道，使反应器出峰比预期的早。图 8-14(c)的曲线出峰时间太晚，可能是示踪物被器壁或填充物吸附，也可能是计算上的误差。图 8-14(d)的曲线出峰偏早而且拖尾很长，表明反应器中可能存在死角，使反应器有效容积小于实际容积，而且部分物料在反应器中滞留时间过长，即出现拖尾现象。图 8-14(e)的曲线出现递减的多峰，说明反应器内可能

存在循环流。

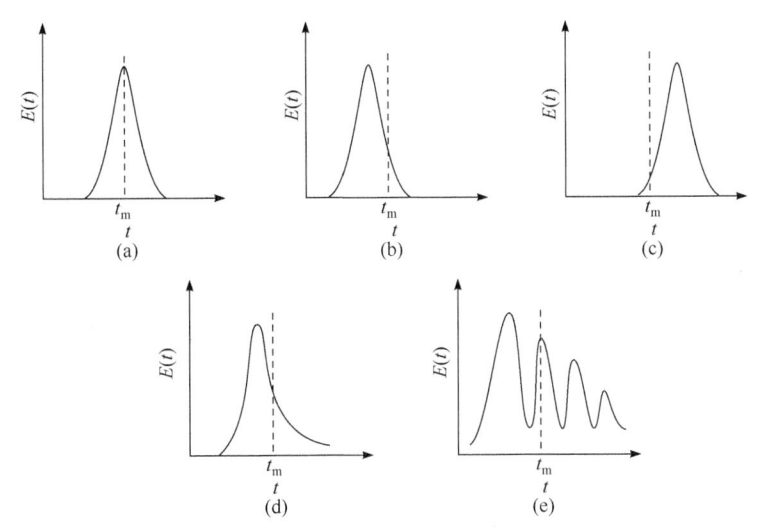

图 8-14 接近活塞流的几种停留时间分布曲线

8.7 实际流动反应器的计算

实际流动反应器的计算与理想反应器一样，通常根据生产任务和要求达到的转化率确定反应器的体积；或者根据反应器体积和规定的生产条件计算平均转化率。由于在实际反应器内流动情况复杂，返混程度不同、流体质点在反应器内的停留时间分布不同，都会影响反应的转化率。也就是说，反应物料在反应器中的最终转化率取决于物料质点在反应器中的停留时间分布。在对实际流动反应器进行计算时，可结合上述非理想流动模型，通过实验测定停留时间分布，求得模型参数，再计算反应结果。

在实际流动反应器中，由于各反应物料质点的停留时间不同，其反应程度不同，出口处物料中质点的浓度也不同，反应物的转化率实际是在一定停留时间分布下的平均转化率。要计算平均转化率，就必须根据不同的停留时间求算出口处物料的平均浓度。

根据停留时间分布密度函数的定义，停留时间在 t 与 $t+dt$ 间的质点所占的分数应为 $E(t)dt$，若这部分质点的浓度为 c_A，则出口处物料中反应组分 A 的平均浓度 $\overline{c}_A$ 应为

$$\overline{c}_A = \frac{\int_0^\infty c_A E(t) dt}{\int_0^\infty E(t) dt} = \int_0^\infty c_A E(t) dt \tag{8-69}$$

如果知道物料质点的停留时间分布和反应组分浓度 c_A 随反应时间 t 变化的关系，就可以用式(8-69)计算出口平均浓度。

以一级不可逆反应为例，其动力学方程为

$$r_A = -\frac{dc_A}{dt} = kc_A$$

积分式为

$$c_A = c_{A0}\exp(-kt) \tag{8-70}$$

8.7.1 全混流反应器的转化率和体积

如果一个一级不可逆反应在全混流反应器中进行，其物料质点的停留时间分布密度函数为

$$E(t) = \frac{1}{\bar{t}} \exp\left(-\frac{t}{\bar{t}}\right) \tag{8-71}$$

将式(8-70)和式(8-71)代入式(8-69)中并整理得

$$\bar{c}_A = c_{A0} \int_0^\infty \frac{1}{\bar{t}} \exp\left(-\frac{t}{\bar{t}}\right) \exp(-kt) dt \tag{8-72}$$

解得平均转化率为

$$\bar{x}_A = 1 - \frac{\bar{c}_A}{c_{A0}} = \frac{k\bar{t}}{1 + k\bar{t}} \tag{8-73}$$

则反应器实际容积为

$$V_R = \frac{q_{V0}\bar{x}_A}{k(1-\bar{x}_A)} \tag{8-74}$$

8.7.2 多釜串联反应器的转化率

如果一个一级不可逆反应在实际流动反应器中进行，首先用脉冲示踪法测出实际流动反应器的停留时间分布，计算出平均停留时间和方差。然后选择一实际流动模型，通过方差计算出模型参数，可求出实际流动反应器的出口转化率。这里只讨论采用多釜串联模型模拟实际流动反应器的转化率计算。

在多釜串联反应器中进行一级不可逆反应，当各釜容积、反应温度相同时，转化率为

$$x_A = 1 - \left(\frac{1}{1+k\tau}\right)^N \tag{8-75}$$

由实验测定得到实际流动反应器的方差 σ_θ^2，再利用模型参数与方差的关系 $\sigma_\theta^2 = \frac{1}{N}$，就能很容易求出模型参数 N 值(通常不是整数)，最后代入式(8-75)便可求出实际反应器的平均转化率。

习　　题

1. 有一有效容积 $V_R = 1$ m³、送入液体的流量为 1.8 m³·h⁻¹ 的反应器，现用脉冲示踪法测得其出口液体中示踪剂质量浓度变化关系为

t/min	0	10	20	30	40	50	60	70	80
c/(kg·m⁻³)	0	3	6	5	4	3	2	1	0

试用对比时间 θ 作变量，求其停留时间分布规律，即 $F(\theta)$、$E(\theta)$、$\bar{t}$、σ_θ^2。　　(33.33 min；0.245)

2. 为了测定一闭式流动反应器的停留时间分布，采用脉冲示踪法，测得反应器出口物料中示踪剂浓度如下：

t /min	0	1	2	3	4	5	6	7	8	9	10
c_t /(g·L^{-1})	0	0	3	5	6	6	4.5	3	2	1	0

试计算：

(1) 反应物料在该反应器中的平均停留时间 $\bar{t}$ 和方差 σ_θ^2。

(2) 停留时间小于 4.0 min 的物料所占的分数。　　　　　　　　　　(4.85 min，0.143；36.2%)

3. 已知一等温闭式液相反应器的停留时间分布密度函数 $E(t) = 16t\exp(-4t)$，min^{-1}。

(1) 求平均停留时间、空时、空速、停留时间小于 1 min 的物料所占的分数、停留时间大于 1 min 的物料所占的分数。

(2) 若用多釜串联模型拟合，该反应器相当于几个等体积的全混釜串联？

(3) 若用轴向扩散模型拟合，则模型参数 Pe 为多少？

(4) 若反应物料为微观流体且进行一级不可逆反应，其反应速率常数为 6 min^{-1}，$c_{A0} = 1$ mol·L^{-1}，试分别采用轴向扩散模型和多釜串联模型计算反应器出口转化率，并加以比较。

(0.5 min，0.5 min，2 min^{-1}，90.8%，9.2%；2；2.56；0.840，0.859)

第 9 章　合成氨工艺

本章重点：

(1) 氨合成反应的化学平衡、热效应、反应机理及动力学方程。
(2) 氨合成的原理与工艺流程。

本章难点：

(1) 合成氨原料气净化的步骤与方法。
(2) 合成氨工艺条件的选择。

9.1　概　　述

9.1.1　合成氨工业发展简史

氨从实验室发现到以氢气、氮气为原料进行工业生产经历了 150 余年，这期间对于氨合成的试验从未停歇。随着 19 世纪末化学热力学、动力学、催化剂等领域的研究取得了一定进展，氨的合成研究也获得了突破。

1901 年，法国物理化学家勒夏特列(Le Chatelier)提出氨合成的条件是高温、高压并需要适当的催化剂。1909 年，德国化学家哈伯(F. Haber)以锇为催化剂，在 17~20 MPa 和 500~600℃下利用氢气和氮气为原料成功合成了氨，称为合成氨(synthetic ammonia)，只是氨的平衡浓度仅有 6%。哈伯成为第一个以空气为原料制造出氨的科学家。1910 年，哈伯提出了氨合成的循环流程，并建立了每小时生成 80 g 氨的循环试验装置。循环流程的确立是合成氨工业化发展的一个飞跃。1911 年，德国巴登苯胺纯碱公司(巴斯夫公司的前身)的米塔希(A. Mittasch)成功研制出以铁为活性组分的氨合成催化剂，铁系催化剂不仅比锇催化剂的催化活性高，而且廉价易得。同时，该公司总经理、化学工程师博施(C. Bosch) 改进了氨合成的原料气的工业生产技术，解决了高温高压下氨合成的反应器问题，并于 1913 年建成世界上第一个日产 30 t 的合成氨厂，从而使合成氨生产工业化。该方法后来被称为哈伯-博施法。哈伯和博施也因此分别于 1918 年和 1931 年获诺贝尔化学奖。合成氨工艺开创了以空气中的氮气为原料实现大规模固氮为有机体提供养分的工业过程，也是工业上实现高压催化反应的里程碑。

> 小资料　哈伯

合成氨工艺从建立到今天又经过了 100 余年，虽然其工艺技术一直在不断发展进步中，但主要集中在原料路线的改变、原料气的净化方法、变换工艺的改进、合成塔塔件的改造等方面，其核心生产技术工艺没有大的变化。

我国的合成氨工业发展始于 20 世纪 30 年代，在新中国成立前仅有南京、大连两座合成氨厂，总计生产能力为 4.5 万 $t·a^{-1}$。中华人民共和国成立后，合成氨工业得到了大规模长足发展，现已跻身世界最先进的合成氨生产技术行列，在世界范围内具有很强的竞争力。据统计，截至 2023 年底全国合成氨产能合计 6760 万 $t·a^{-1}$，比上年增加 4%；产量为 5909.2 万 t，消费量为 5897.9 万 t。中国是世界上最大的合成氨生产国和消费国，占全球总产量的 42%和总消费量的 41%。

9.1.2 氨的用途及其重要性

氨是目前世界上产量最大的化工产品之一，用途十分广泛，在国民经济中占有非常重要的地位。

氨不仅是重要的无机化工产品之一，而且是基础化学工业的重要组成部分。氨可用于生产碳酸氢铵、硝酸铵、硫酸铵、尿素等氮肥，使人类从此摆脱了依靠天然氮肥的被动局面，加速了世界农业的发展。氨也可用于生产硝酸、硝酸盐、铵盐、氰化物、胺、磺胺、腈等含氮无机、有机化合物。另外，很多合成纤维、合成树脂、合成橡胶等高分子材料的生产都需要以氨作为起始原料。

氨在国防工业中也是非常重要的原料来源，如三硝基甲苯、硝酸甘油、硝化纤维素等各种硝基炸药，含氮杂环高能化合物，火箭和导弹的推进剂、氧化剂等的合成都离不开氨。

9.1.3 合成氨的原料及原则流程

合成氨的主要原料是氢气和氮气。

氢气由各种燃料(包括煤、焦炭、天然气、石脑油、重质油、焦炉气等)与水蒸气在高温下发生造气反应制得

$$C + H_2O \Longrightarrow CO + H_2 \tag{9-1}$$

$$C_nH_m + nH_2O \Longrightarrow nCO + (0.5m+n)H_2 \tag{9-2}$$

氮气来源于空气。但是由于空气中含有 78%的氮气，同时含有 21%的氧气，而氧气的存在对氨合成是不利的，所以需要用燃料将氧气消耗掉，并尽量控制在一氧化碳产物阶段。

上述反应制得的粗原料气中主要含有 H_2、N_2、CO 和少量的 CO_2。其中的 CO 可通过变换反应，使其进一步转化为原料气 H_2 和最终氧化产物 CO_2。

$$CO + H_2O \Longrightarrow CO_2 + H_2 \tag{9-3}$$

发生变换反应后获得的变换气以 H_2、N_2 和 CO_2 为主，其中氢气和氮气的物质的量比约为 3:1，另外含有少量的 CO、CH_4、O_2、H_2S 等杂质气体。杂质气体会使催化剂中毒失活，可通过脱硫、脱碳、甲烷化等净化过程除去，从而得到符合要求的氢氮混合气。

氢气、氮气在高温高压和催化剂作用下反应生成氨。由于氨合成反应的单程转化率较低，反应后气体中氨含量一般只有 10%~20%，因此将反应后的气体冷却使氨液化而与未反应的氢气和氮气分离，再将未反应的原料气返回合成系统，实现了原料气的循环使用，提高了原料的总体转化率和合成氨的收率。

氨合成的原则流程包括原料气的生产(又称造气)、原料气的净化、氨的合成、氨的分离等四步，如图 9-1 所示。由于氨的合成比较困难，工艺条件要求也最为严格，因此是氨生产

的主要过程，应首先进行优化。原料气的生产和净化是氨合成的前置过程，其优化必须满足氨合成的要求。氨的分离和未反应原料气的循环既是氨合成的后续过程，又是前置过程，都会影响氨的合成。因此，氨的合成与分离需结合在一起考虑。

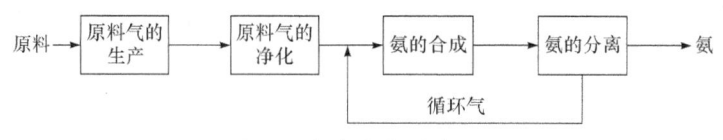

图 9-1 氨合成的原则流程

9.2 原料气的生产和净化

合成氨的原料气由燃料(如天然气、石油、煤、焦炭等)与水蒸气和空气反应制得。根据目前的技术水平，以天然气为燃料的投资、能耗和成本最低，其次是轻油和重油，煤和焦炭最高。原料气的生产可分为两步：其一是高温下燃料与水蒸气和空气反应制得 H_2、CO 和 N_2，该过程称为燃料高温转化，简称造气；其二是 CO 与水蒸气反应生成 H_2 和 CO_2，称为 CO 变换(carbon monoxide shift conversion)。CO 在变换中会产生相同体积的氢气，因此造气过程中产生的 CO 和 H_2 均被视为有效气体成分。

9.2.1 原料气的生产

合成氨原料气生产的典型方法是燃料高温转化法，下面分别介绍以煤、焦炭为原料的固体燃料高温转化法和以轻质烃为原料的气态烃高温转化法。

1. 以煤、焦炭为原料

以无烟煤或焦炭为原料的固体燃料高温转化造气过程也称为固体燃料气化，简称造气。造气所得的气体混合物统称为煤气，进行气化的设备称为煤气发生炉。采用间歇法造气时，空气和水蒸气交替通入煤气发生炉。通入空气的过程称为吹风，制得的煤气称为空气煤气，主要成分是 CO、N_2 和少量的 CO_2；通入水蒸气的过程称为制气，制得的煤气称为水煤气，主要成分是 H_2、CO 和少量的 CO_2；空气煤气和水煤气的混合物称为半水煤气(semi coal-water gas)。上述造气过程的热化学反应方程式为

吹风： $C + \frac{1}{2}O_2 \rightleftharpoons CO$ $\Delta_r H_m^\ominus = -123 \ kJ \cdot mol^{-1}$ (9-4)

制气： $C + H_2O \rightleftharpoons CO + H_2$ $\Delta_r H_m^\ominus = 131.39 \ kJ \cdot mol^{-1}$ (9-5)

$C + 2H_2O \rightleftharpoons CO_2 + 2H_2$ $\Delta_r H_m^\ominus = 90.3 \ kJ \cdot mol^{-1}$ (9-6)

总反应： $3C + 3H_2O + \frac{1}{2}O_2 \rightleftharpoons 2CO + 3H_2 + CO_2$ $\Delta_r H_m^\ominus = 98.69 \ kJ \cdot mol^{-1}$ (9-7)

因为上述总反应吸热，所以造气反应在 1000℃下进行。反应后出炉气体带走部分热量并向环境散热，床层温度逐渐降低。当温度降至 750℃左右时，造气反应已不能持续进行。为此，工业上采用间歇气化法，即交替进行吹风和制气。首先利用大风速的空气使碳完全燃烧生成二氧化碳来提供热量、升高炉温，称为送风发热。送风发热后的气体经废热锅炉回收热

量后放空。当床层温度回升至 1000℃时，停止吹风，通入水蒸气进行制气，充分利用吹风反应的热量制备水煤气。送风发热的反应方程式为

$$C + O_2 \rightleftharpoons CO_2 \qquad \Delta_r H_m^\ominus = -406 \text{ kJ} \cdot \text{mol}^{-1} \qquad (9\text{-}8)$$

送风发热产生的 CO_2 在高温下能与碳发生下列副反应而损失部分热量

$$CO_2 + C \rightleftharpoons 2CO \qquad \Delta_r H_m^\ominus = 172.6 \text{ kJ} \cdot \text{mol}^{-1} \qquad (9\text{-}9)$$

为了避免这一副反应的发生，可采取如下措施：一是控温，炉温保持在 1000℃以下可使化学平衡不利于 CO 的生成；二是缩短时间，加大风速缩短反应时间，使 CO 来不及产生。造气时的风速一般为 $0.1 \sim 0.2 \text{ m} \cdot \text{s}^{-1}$，而送风发热的风速需要提升到 $1.5 \sim 1.6 \text{ m} \cdot \text{s}^{-1}$。

工业上间歇气化过程在固定床煤气发生炉中进行。实际生产中，为了充分利用热量和保证安全，将造气过程分为 5 个阶段，如图 9-2 所示。

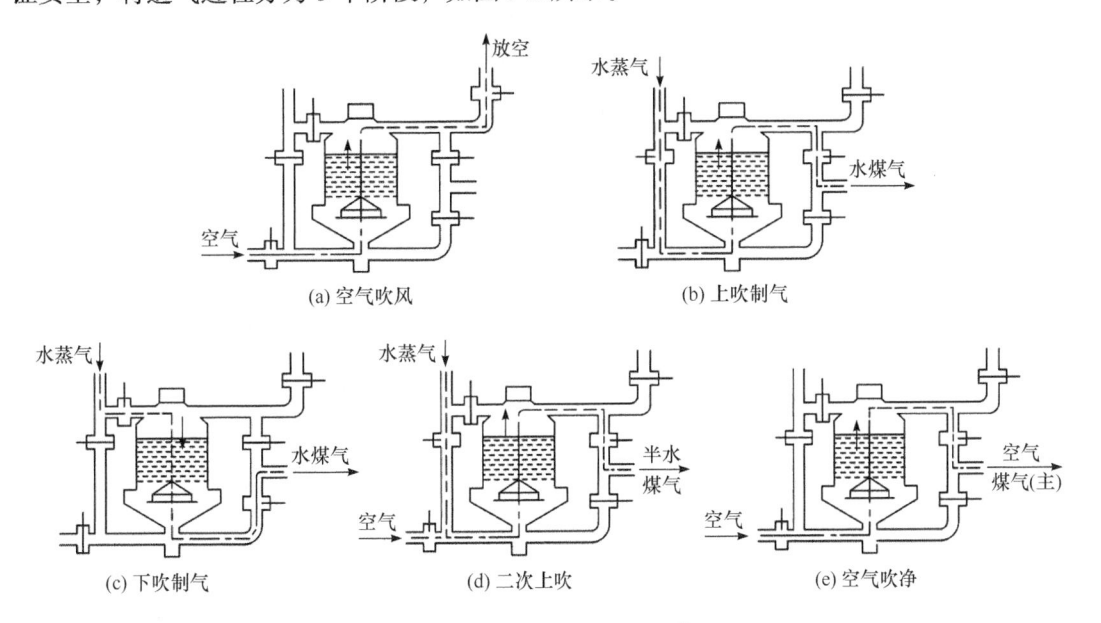

图 9-2 间歇法制半水煤气操作过程

(1) 空气吹风。属于送风发热，空气从造气炉的底部吹入，目的是升高炉温，产生的气体回收余热后放空。

(2) 上吹制气。将水蒸气从炉底吹入以生产水煤气，目的是制气，水煤气经废热锅炉回收热量，经洗涤塔进行除尘、洗涤，然后送入气柜收集。

(3) 下吹制气。上吹制气后，炉底温度降低，不宜继续造气，但炉顶温度尚高，可以下吹制气。从炉顶向下吹入水蒸气，由上而下经过煤层制得水煤气，经废热锅炉回收热量，并经洗涤塔进行除尘、洗涤，然后送入气柜收集。

(4) 二次上吹。下吹制气后，炉内温度较低，但炉内充满水煤气，若此时直接吹入空气升高炉温，有可能引起爆炸。因此，先从炉底吹入水蒸气，将炉底煤气排净，再吹水蒸气和空气的混合气制备半水煤气。二次上吹的目的主要是为返回第一阶段空气吹风做准备，同时回收下吹制气后炉内残存的水煤气。二次上吹虽可制气，但炉温低，制气质量差，因此二次上吹时间应尽可能短。

(5) 空气吹净。空气从炉底吹入，将炉内残存的半水煤气吹出，与生成的空气煤气一并

送入气柜收集。这一阶段持续时间更短,是半水煤气中 N_2 的主要来源。

以上五个步骤为一个周期,每个周期用时 2.5~3 min,不断重复上述循环,就可以实现水煤气的间歇生产。以无烟煤(粒度 25~75 mm)为燃料时,所制得的半水煤气中 H_2 38%~42%,CO 27%~31%,N_2 19%~22%,CO_2 6%~9%,另有少量 CH_4、O_2、H_2S、CS_2、COS 等。工业实践证明,间歇气化法生产半水煤气时,在维持正常气化所需的煤气炉温度、料层高度和气体成分的前提下,采用高炉温、高风量、高碳层、短循环("三高一短")的操作方法,有利于提高气化效率和气化强度。

固定床间歇气化法实现了热平衡,采用气柜储存适量的煤气,即可达到连续生产的需要,投资和生产成本低,但对煤的机械强度、灰熔点等要求高,而且阀门开关频繁,故障率较高。

如图 9-3 所示,流化床连续式气化炉是一种新型的连续气化炉,其底部是一个圆锥形的流化床,在流化床不同高度处,可通过多个喷嘴将水蒸气和氧气(或空气)送入,煤从上层的流化床中添加。气化炉的上层是一个圆筒形的固体分离区,它的高度是流化床的 6~10 倍,并设有一个二次水蒸气和一个氧喷嘴,以便将未气化的煤进行气化,提高煤层中碳的转化率。流化床连续式气化炉的特点是单炉的生产能力高,并且可以直接用小颗粒碎煤作为原料。

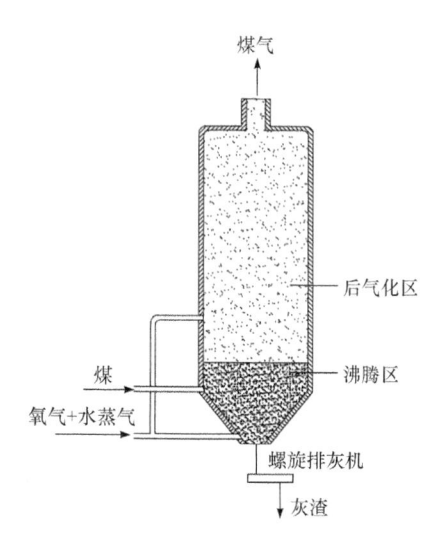

图 9-3 流化床连续式气化炉

2. 以轻质烃为原料

可以作为合成氨原料的轻质烃主要包括天然气、油田气、炼厂气、轻油等,其中天然气应用最广泛。与固体燃料气化法相比,以天然气作为合成氨的原料具有操作连续、投资少、能耗低等特点。在以 α-Al_2O_3 为载体的镍催化剂作用下,天然气与水蒸气发生转化反应生成氢气和一氧化碳,称为水蒸气转化法(steam reforming),其热化学方程式见式(9-10)

$$CH_4 + H_2O \rightleftharpoons 3H_2 + CO \qquad \Delta_r H_m^\ominus = 206.3 \text{ kJ·mol}^{-1} \qquad (9\text{-}10)$$

该反应为可逆吸热过程,随着温度的升高,反应速度越快,转化率越高。由于甲烷是氨合成反应中的一种惰性成分,它会在循环过程中不断累积,对合成反应产生不利影响,因此水蒸气转化反应后甲烷的残余量越少越好。

甲烷水蒸气转化过程还存在以下副反应:

$$CH_4 + 2H_2O \rightleftharpoons 4H_2 + CO_2 \qquad \Delta_r H_m^\ominus = 165.3 \text{ kJ·mol}^{-1} \qquad (9\text{-}11)$$

$$2CO \rightleftharpoons CO_2 + C \qquad \Delta_r H_m^\ominus = -172.5 \text{ kJ·mol}^{-1} \qquad (9\text{-}12)$$

$$CH_4 \rightleftharpoons 2H_2 + C \qquad \Delta_r H_m^\ominus = -74.9 \text{ kJ·mol}^{-1} \qquad (9\text{-}13)$$

$$CO + H_2 \rightleftharpoons H_2O + C \qquad \Delta_r H_m^\ominus = -131.4 \text{ kJ·mol}^{-1} \qquad (9\text{-}14)$$

式(9-12)、式(9-13)和式(9-14)因生成碳而称为析碳反应。析碳反应降低了原料的利用率，同时由于碳层的存在，催化剂的活性也会下降。析碳严重时，床层发生阻塞，阻力增大，催化剂毛细孔中的碳遇水蒸气发生剧烈气化，导致催化剂发生崩裂和粉化。因此，工业生产中通过增加水蒸气的用量提高甲烷转化率来抑制析碳反应，通常水蒸气与甲烷的物质的量比(水碳比)为3.5∶1。

在甲烷水蒸气转化反应中，主反应是体积增大的反应，两个析碳副反应是体积缩小的反应，因此加压对主反应不利。但是由于氨合成在高压条件下进行，需要高压的原料气体，甲烷在水蒸气转化反应之前，可通过压缩来增大压强。这与压缩转化反应后的气体相比，所需压缩功较小，并且可以通过升高反应温度和增加水蒸气的用量来克服加压对转化反应的影响。综合考虑能耗和经济效益，甲烷水蒸气转化反应通常在3 MPa压强条件下进行。

原料气中往往含有少量的H_2S、CS_2、COS和RSH等含硫化合物，会使转化反应的镍催化剂发生不可逆中毒，因此在转化反应前需要采取脱硫措施以降低原料气中的硫含量。通常在原料气中加入少量的氢气，与含硫化合物发生反应生成硫化氢，再与脱硫剂氧化锌反应得到硫化锌，从而将原料气中的硫含量降低到0.5 mg·m^{-3}及以下。脱硫反应如式(9-15)～式(9-17)所示。

$$4H_2 + CS_2 =\!=\!= 2H_2S + CH_4 \quad (9\text{-}15)$$

$$H_2 + COS =\!=\!= H_2S + CO \quad (9\text{-}16)$$

$$ZnO + H_2S =\!=\!= ZnS + H_2O \quad (9\text{-}17)$$

甲烷水蒸气转化工艺应用最广泛的是加压催化两段转化法，典型的工艺流程如图9-4所示，其基本步骤包括原料气脱硫、一段转化反应和二段转化反应。一段转化炉和二段转化炉是甲烷水蒸气转化的两个关键设备。

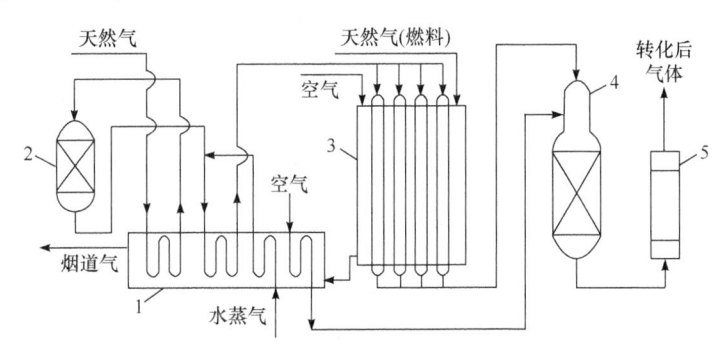

图9-4 甲烷水蒸气两段转化法工艺流程
1. 烟道气预热器；2. 脱硫槽；3. 一段转化炉；4. 二段转化炉；5. 废热锅炉

首先将天然气加压到约3.6 MPa，配入0.25%～0.5%的氢气，经过烟道气预热器加热至380℃，送入氧化锌脱硫槽脱硫。脱硫后的原料气再加入中压水蒸气，使水与碳的比例达到3.5∶1左右，再经烟道气预热器升高温度后送入填充有镍催化剂的一段转化炉反应管中，管外用天然气或其他燃料进行加热，在650～800℃时，管道中的CH_4和H_2O发生化学反应生成H_2和CO，甲烷转化率达90%左右。因为这一阶段需要大量的热量，所以一段转化采用外热方法在耐热合金管中实现造气反应。

将一段转化后的气体与经加热的空气(混入少量的水蒸气)送入二段转化炉。二段转化炉为一立式圆筒，壳体材质为碳钢，内衬耐火材料，炉内装有催化剂。在二段转化炉中，部分氢气发生燃烧反应并释放出大量的热[式(9-18)]，燃烧热使炉内温度迅速升至1200℃左右，此时剩余未转化的甲烷与水蒸气发生造气反应，使甲烷的转化率达到 99%以上。经二段转化后获得的粗原料气组成为 H_2 56.4%、N_2 22.3%、CO 12.9%、CO_2 7.8%、CH_4 0.3%、Ar 0.3%，但温度为 1000℃左右，通过废热锅炉回收显热，将其冷却至 370℃后再送入转换车间。

$$2H_2 + O_2 \Longrightarrow 2H_2O \qquad \Delta_r H_m^{\ominus} = -482.3 \text{ kJ} \cdot \text{mol}^{-1} \qquad (9\text{-}18)$$

甲烷二次转化工艺得到的粗原料气的含氢量比半水煤气高，一氧化碳和杂质气体的含量少，因此后处理工艺相对较简单。

9.2.2 原料气的净化

天然气和煤等原料中都含有一定量的有机、无机硫化物，其中以 H_2S 居多，硫化物会使过渡金属催化剂中毒，也会腐蚀管道、设备。另外，造气得到的粗原料气中含有较多的 CO 和 CO_2，前者对催化剂有一定的毒性作用，后者对氨合成产生不利影响。因此，在氨合成前必须对原料气进行脱硫、脱碳等净化处理。

1. 脱硫

脱硫(desulfurization)技术分为物理吸收法、化学吸收法和物理-化学吸收法三种。

物理吸收法采用有机溶剂作为吸收剂，H_2S 与吸收剂之间不发生化学反应，加压吸收硫化物后经减压将吸收的硫化物再释放出来，吸收剂可循环使用。冷甲醇法就属于物理吸收法。化学吸收法利用 H_2S 的弱酸性和还原性，以化学反应性试剂为吸收剂吸收硫化物并使吸收剂再生。热砷碱法、氧化法都属于化学吸收法。其中，氧化法以碱性溶液为吸收剂，加入载氧体为催化剂，吸收 H_2S 并将其氧化成单质硫。氧化法以改良 ADA 法为代表。物理-化学吸收法以弱碱性溶剂为吸收剂，吸收过程既有物理作用，也伴随可逆化学反应过程，吸收 H_2S 后的吸收剂经升温、减压后再生。物理-化学吸收法以砜胺法(sulfinol 法，又称环丁砜法、萨菲努尔法)为代表，使用环丁砜和二乙醇胺作为混合吸收剂。

另外，脱硫技术根据吸收剂的型态也可分为干法和湿法两种。干法脱硫是用氧化锌、活性炭、分子筛等固体吸收或吸附剂对硫化物进行脱硫。干法脱硫既能脱除有机硫，也能脱除无机硫，而且脱硫效率高，但缺点是脱硫剂再生困难。湿法脱硫是用液态脱硫剂吸收原料气中的硫化物，如冷甲醇法、一乙醇胺法、二乙醇胺法、砜胺法、改良 ADA 法等。湿法脱硫的优点是脱硫剂易于再生，缺点是对有机硫脱除能力差，且净化度不如干法高。

下面重点介绍改良 ADA 法脱硫技术与工艺。

改良 ADA 法又称改良蒽醌二磺酸法，是以碳酸钠、2,6-或 2,7-蒽醌二磺酸(ADA)、偏钒酸钠($NaVO_3$)为主要原料的氧化法脱硫技术，其主要装置是吸收塔和氧化再生塔。改良 ADA 法脱硫的原理是首先利用硫化氢的弱酸性与碳酸钠反应生成硫氢化钠[式(9-19)]；硫氢化钠被偏钒酸钠氧化成单质硫后分离除去，自身被还原成焦亚钒酸钠[式(9-20)]；前述生成的碳酸氢钠和氢氧化钠进一步反应又能生成碳酸钠[式(9-21)]；焦亚钒酸钠被 ADA 氧化再生得到偏钒酸钠，而 ADA 被还原成还原态(二酚型)ADA[式(9-22)]，后者被氧气氧化后又再生回到氧化态(醌型)ADA[式(9-23)]。

$$Na_2CO_3 + H_2S \Longrightarrow NaHS + NaHCO_3 \qquad (9\text{-}19)$$

$$2NaHS + 4NaVO_3 + H_2O \Longrightarrow Na_2V_4O_9 + 4NaOH + 2S \qquad (9\text{-}20)$$

$$NaOH + NaHCO_3 \rightleftharpoons Na_2CO_3 + H_2O \tag{9-21}$$

$$Na_2V_4O_9 + 2ADA(氧化态) + 2NaOH + H_2O \rightleftharpoons 4NaVO_3 + 2ADA(还原态) \tag{9-22}$$

$$2ADA(还原态) + O_2 \rightleftharpoons 2ADA(氧化态) + 2H_2O \tag{9-23}$$

将以上五式合并，得到脱硫过程的总反应

$$2H_2S + O_2 \rightleftharpoons 2H_2O + 2S \tag{9-24}$$

从以上反应可以看出，碳酸钠、ADA、偏钒酸钠均可再生，供脱硫过程循环使用。这是改良 ADA 法脱硫的显著优点之一。

改良 ADA 法脱硫的工艺流程如图 9-5 所示。含硫原料气通过吸收塔的底部进入，自下而上与进入吸收塔顶部的吸收剂逆流接触，除去硫化氢的原料气从塔顶排出。吸收了硫化氢的富液从塔底排出，用泵送入反应槽使硫氢化钠与偏钒酸钠的反应继续进行，待反应结束后送入氧化再生塔的底部。空气加压后同样从再生塔底部送入，与溶液并流而上使其氧化再生，然后由塔顶排入大气，析出的硫附着在空气泡上，借空气浮力上升至再生塔顶部扩大部分，从出口溢流进入硫泡沫槽，离心分离得到粗硫，滤液返回吸收塔循环使用。氧化再生后的贫液从再生塔扩大部分的下部送入吸收塔循环使用。粗硫经熔硫釜精制可得到纯度大于 99%的硫。

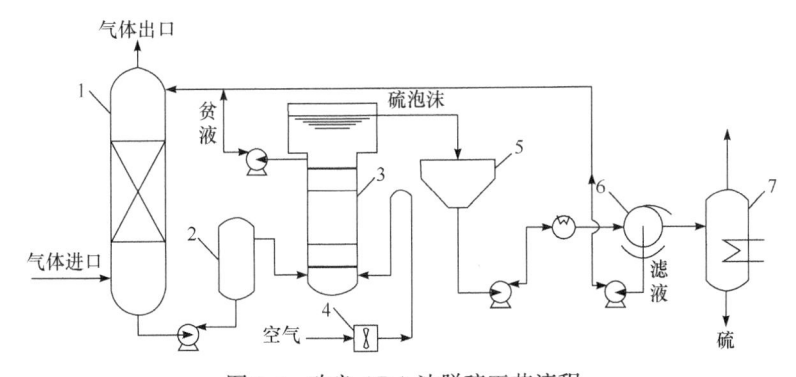

图 9-5 改良 ADA 法脱硫工艺流程
1. 吸收塔；2.反应槽；3. 再生塔；4. 空压机；5. 硫泡沫器；6. 硫过滤器；7. 熔硫釜

改良 ADA 法脱硫工艺的硫容量较低，适合低浓度的硫化氢的脱除。

以天然气或轻质烃为原料造气时，为防止水蒸气转化过程中催化剂中毒，脱硫过程安排在造气之前，转化气中不含硫化物。以煤或重质油为原料造气时，气化过程不用催化剂，无须对原料预先脱硫，脱硫过程安排在氨合成之前。

思考：改良 ADA 法脱硫的原理是什么？

2. 变换

煤、焦炭和轻质烃生产的原料气中 CO 含量较高，如固体燃料制得的半水煤气中含 CO 28%～31%，气态烃水蒸气转化法的原料气中含 CO 15%～18%，重油气化法含 CO 46%左右。CO 对氨合成催化剂具有一定的毒性作用，必须除去。利用水蒸气将 CO 转变为易于清除的 CO_2，同时制得所需的原料气 H_2，这一过程称为 CO 的变换。变换过程的反应式为

$$CO + H_2O(g) \rightleftharpoons CO_2 + H_2 \qquad \Delta_r H_m^\ominus = -41.19 \text{ kJ} \cdot \text{mol}^{-1} \tag{9-25}$$

这是一个体积不变的可逆放热反应，温度、反应物组成及催化剂的催化性能是影响平衡转化率的主要因素。变换反应后的混合气称为变换气。变换反应既是原料气的净化过程，也是原料气制造的延续。为了提高 CO 的转化率，水蒸气需要远远过量。变换反应中水蒸气与 CO 的物质的量的比称为汽化比。

变换反应的催化剂主要有铜锌系催化剂和铁铬系催化剂两类。铜锌系催化剂是用 CuO、ZnO、Al_2O_3 混合物煅烧而成，使用前用氢还原，其活性成分是铜，活性温度范围较低，为 180～260℃，故又称为低温变换催化剂。铜锌系催化剂的催化活性较高，原料气中 CO 的浓度最高可降至 0.3%(体积分数，下同)以下。硫化氢对铜锌系催化剂会造成永久性中毒，所以在低温变换前原料气必须经过精细脱硫处理，将硫含量降低到 1 ppm(1 ppm=10^{-6})以下。铁铬催化剂由 Fe_2O_3、Cr_2O_3 的混合物组成，使用前用氢气将氧化铁部分还原为二价铁，其活性组分为 Fe_3O_4，活性温度范围为 350～500℃，故又称为中温变换催化剂。与铜锌系催化剂相比，铁铬系催化剂反应速率快、价格低廉、使用寿命长且具有良好的耐硫性能，但其变换效率不如铜锌系催化剂高。在铁铬催化剂的作用下，原料气中 CO 的浓度最高可降至 3%～4%。表 9-1 列出了两类变换催化剂的组成、操作条件及其催化性能。

表 9-1 两类变换催化剂的组成、操作条件及其催化性能

催化剂	主要成分	活性组分	活性温度/℃	汽化比	空速/h^{-1}	CO 转化率/%	允许 H_2S 含量/ppm(体积比)
铜锌系	CuO、ZnO	Cu	180～260	6～10	1000～2000	96～99	<1
铁铬系	Fe_2O_3、Cr_2O_3	Fe_3O_4	350～500	2.5～4	300～400	80～90	<100

变换反应工艺条件的优化可从温度、压强、原料气组成、空间速度等四个方面进行。

(1) 温度。对于可逆放热反应，最大反应速率时的反应温度随着转化率的提高而降低。因此，在反应初期应采用较高的反应温度，使用铁铬系催化剂，即中温变换，简称中变；在反应后期应采用较低的反应温度，使用铜锌系催化剂，即低温变换，简称低变。工业生产中采用水蒸气分阶段冷激的方法控制变换反应的温度，既可使反应温度更接近最优反应温度，又可使在反应后期通过提高汽化比以获得更高的 CO 转化率而不致使反应器的容积过大。

(2) 压强。CO 的变换反应为恒定体积反应，所以平衡转化率与压强无关。但是加压可以提高反应速率和反应器的生产能力，也可以降低合成氨的总压缩功，从而降低能耗。此外，加压还有利于提高传质效率和传热速率，使变换系统设备更紧凑。一般小型氨厂的操作压强为 0.7～1.2 MPa，中型氨厂为 1.2～1.8 MPa。

(3) 原料气组成。原料气组成即汽化比，是变换反应中最主要的调节手段。生产中采取水蒸气过量的方式增加 CO 的转化率。通过平衡常数的计算发现，在 200℃时汽化比由 1∶1 增加到 6∶1，CO 的平衡转化率可由 93.8%上升至 99.9%。另外，过量的水蒸气也可以使催化剂活性成分 Fe_3O_4 稳定存在，并抑制析碳和生成 CH_4 的副反应发生，降低床层温升，有效调整床层温度，但是水蒸气用量太大会导致床层阻力增加。

(4) 空间速度。变换过程采用物料一次通过流程，空间速度不宜太大。在催化剂和反应温度确定的条件下，空速越小，反应时间越长，则 CO 转化率越高。工业上通常采用的空速为 400～600 h^{-1}。

工业上 CO 变换通常采用中变、低变串联工艺流程，如图 9-6 所示。原料气在 320～380℃下进入中变一段反应器，温度升至约 500℃，CO 转化率可达 80%；再用水蒸气冷激至 380～400℃后进入中变二段反应器，使其温度升至 425℃左右进行二次中温变换，CO 转化率可提升至 90%。二次中温变换后的气体通过喷射水蒸气后进入废热锅炉降温到 330℃，再进入换热器冷却至 200℃，除去冷凝水后送入低变反应器，经变换后温度升高 20℃左右，CO 的转化率可达 99%。变换气经喷射的软水降温、换热器换热后送入后续工段。

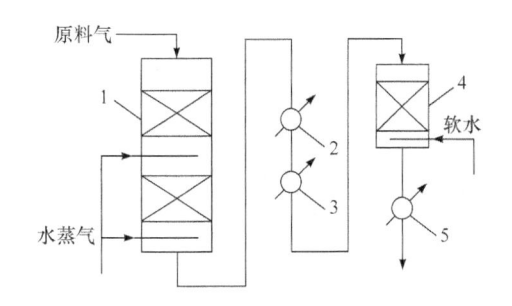

图 9-6 CO 变换工艺流程
1. 中变反应器；2. 废热锅炉；3、5. 换热器；
4. 低变反应器

近年来，随着宽温区、低温、耐硫的钴钼系变换催化剂的研究，基于此催化剂的全低变工艺已成功实现工业化应用并得到了不断推广，大有取代传统的铁铬系中变催化剂及其工艺之势。

思考：变换反应的催化剂组成、活性组分是什么？

3. 脱碳

变换气中 CO_2 含量为 15%～35%，对原料气的进一步精制及氨的合成不利，必须脱除。目前工业上常用溶液吸收法脱除 CO_2，根据吸收过程的不同又分为物理吸收和化学吸收两类。

物理吸收是利用 CO_2 能溶于水或有机溶剂的性质，采用加压水洗法、低温甲醇洗涤法、碳酸丙烯酯法、聚乙二醇二甲醚法等。加压水洗法设备简单，但脱除 CO_2 净化度差，氢气损失多，动力消耗高，现已很少使用。甲醇在低温下对 CO_2、H_2S 等酸性气体的溶解度比 H_2、N_2 有效气体大 100 倍，因此能从合成氨原料气中选择性地吸收 CO_2、H_2S 等，而 H_2、N_2 几乎不受影响。低温有利于气体的吸收，当温度从 20℃降至-40℃时，CO_2 的溶解度约增加 6 倍。这就是低温甲醇洗涤法。低温甲醇洗涤法的操作温度为-70～-30℃，能将 CO_2 的体积分数降到 10 ppm 以下，同时将总硫含量的体积分数降到 0.1 ppm 以下，是一种既能脱碳又能脱硫的有效方法。

化学吸收是使用氨水、碳酸钾、有机胺等碱性溶液作为 CO_2 的吸收剂，并利用化学反应制取产品。小型氨厂用氨水吸收 CO_2 可制取碳酸氢铵作为化肥[式(9-26)]；中大型氨厂一般用碳酸钾溶液吸收 CO_2，称为改良热钾碱法或 Benfield 法，是在 105～115℃、(1.82～2.84)×10^3 kPa 下加入二乙醇胺、氨基乙酸、有机硼酸盐等活化剂以促进吸收并生成碳酸氢钾；当碳酸氢钾溶液进入再生塔后压强降至常压，加热使溶液沸腾后，CO_2 解吸，碳酸钾溶液再生[式(9-27)]。活化剂的加入使吸收、解吸的速率加快了 10～1000 倍，同时减轻了碱液对设备的腐蚀作用。改良热钾碱法可将原料气中 CO_2 含量降至 0.2%～0.4%，同时脱除微量的 H_2S。

$$NH_3 + CO_2 + H_2O \Longleftrightarrow NH_4HCO_3 \tag{9-26}$$

$$K_2CO_3 + CO_2 + H_2O \underset{\text{解吸}}{\overset{\text{吸收}}{\rightleftharpoons}} 2KHCO_3 \tag{9-27}$$

4. 精制

经脱硫、变换、脱碳后的原料气仍含有少量 CO 和 CO_2 等有害气体，需要进一步精制除去，常见的方法有铜洗法和甲烷化法。

铜洗法即乙酸铜氨溶液洗涤法。洗涤过程中，CO 可与溶液中的乙酸亚铜合二氨、氨反应生成一氧化碳乙酸亚铜合三氨[式(9-28)]被除去，CO_2 则与溶液中的氨和水反应生成碳酸铵、碳酸氢铵被除去。

$$Cu(NH_3)_2OAc + NH_3 + CO \rightleftharpoons [Cu(NH_3)_3(CO)]OAc \tag{9-28}$$

铜洗法的吸收过程在铜洗塔中进行，吸收后的铜液送到再生器中，经减压、加热解吸 CO 后可循环使用。铜洗法不仅可以吸收 CO、CO_2，将碳含量降至 $100\ \mu g \cdot g^{-1}$ 左右，还可以同时吸收 O_2 和 H_2S。

甲烷化是将脱硫脱碳后的原料气中少量 CO 和 CO_2 通过加氢作用转化成对氨合成催化剂没有毒性的甲烷而使原料气净化的方法，其反应方程见式(9-29)和式(9-30)。

$$3H_2 + CO \rightleftharpoons CH_4 + H_2O \tag{9-29}$$

$$4H_2 + CO_2 \rightleftharpoons CH_4 + 2H_2O \tag{9-30}$$

甲烷化反应是甲烷蒸气转化的逆反应，是体积缩小的强放热过程，需要在镍催化、280～380℃、2.5 MPa 的条件下进行。因甲烷化反应需消耗一部分氢，又生成了对氨合成无用的惰性气体甲烷，这对氨合成和原料气的有效利用都不利，故仅适用于原料气中 CO 和 CO_2 总体积分数低于 1%的情况，且通常与低温变换、脱碳流程配合使用。此法能将气体中碳化物总量降低到 $10\ \mu g \cdot g^{-1}$，比铜洗法更高效。

需要指出的是，原料气的净化技术与工艺往往需要根据原料气中的硫化物种类、含量和 CO、CO_2 含量综合考虑，选择分别脱硫、脱碳或硫碳联脱工艺以及具体的脱硫、脱碳方法。

9.3 氨 的 合 成

9.3.1 氨合成的热力学和动力学

1. 氨合成的热力学

氢气和氮气反应合成氨是放热、体积缩小的可逆反应，见式(9-31)。

$$0.5N_2 + 1.5H_2 \rightleftharpoons NH_3 \qquad \Delta_r H_m^\ominus = -46.2\ kJ \cdot mol^{-1} \tag{9-31}$$

一般情况下，温度越低、压强越大，氨合成反应的平衡常数就越大，对生成氨的反应有利。式(9-31)的氨合成反应的平衡常数为

$$K_p = \frac{p_{NH_3}}{(p_{N_2})^{0.5}(p_{H_2})^{1.5}} = \frac{py_{NH_3}}{(py_{N_2})^{0.5}(py_{H_2})^{1.5}} = \frac{y_{NH_3}}{p(y_{N_2})^{0.5}(y_{H_2})^{1.5}} \tag{9-32}$$

式中，p 和 p_i 分别为总压和各组分的平衡分压；y_i 为各平衡组分的物质的量分数。

由于合成氨在高压下进行，气体已偏离理想状态，反应的化学平衡常数 K_p 值不仅与温度有关，而且与压强和气体组成有关，需要用逸度表示，即

$$K_f = \frac{f_{NH_3}}{(f_{N_2})^{0.5}(f_{H_2})^{1.5}} = \frac{\gamma_{NH_3}}{(\gamma_{N_2})^{0.5}(\gamma_{H_2})^{1.5}} \frac{p_{NH_3}}{(p_{N_2})^{0.5}(p_{H_2})^{1.5}} = K_\gamma K_p \tag{9-33}$$

即

$$K_p = \frac{K_f}{K_\gamma} \tag{9-34}$$

式中，f 和 γ 分别为各平衡组分的逸度和逸度系数。根据 K_f 和 K_γ 值可以求得 K_p。表 9-2 给出了不同温度和压强下氨合成反应的 K_p 值，可以看出，K_p 随着温度升高而降低，随着压强增大而增加。

表 9-2　不同温度和压强下的 K_p 值　　　　　　　　　　（单位：MPa^{-1}）

	10.1 MPa	20.2 MPa	30.4 MPa
400℃	0.138 5	0.157 6	0.181 8
450℃	0.071 32	0.079 01	0.088 37
500℃	0.039 89	0.043 37	0.047 47
550℃	0.023 88	0.025 64	0.027 62

根据 K_p 值可求出反应达到平衡时的氨含量。设总压为 p 的混合气体中 NH_3、N_2、H_2 和惰性气体的物质的量分数分别为 y_{NH_3}、y_{N_2}、y_{H_2} 和 y_i，令 $\frac{y_{H_2}}{y_{N_2}} = R$（又称原始氢氮比），则

$$y_{NH_3} + y_{N_2} + y_{H_2} + y_i = 1$$
$$y_{N_2} = 1 - y_{NH_3} - y_i - Ry_{N_2}$$

整理得

$$y_{N_2} = \frac{1 - y_{NH_3} - y_i}{1 + R} \tag{9-35}$$

由 $y_{H_2} = 1 - y_{NH_3} - y_i - \frac{y_{H_2}}{R}$ 得

$$y_{H_2} = \frac{R(1 - y_{NH_3} - y_i)}{1 + R} \tag{9-36}$$

当反应达到平衡时，将式(9-35)、式(9-36)代入式(9-32)中，得

$$K_p = \frac{y_{NH_3}}{p(y_{N_2})^{0.5}(y_{H_2})^{1.5}} = \frac{y_{NH_3}}{p\left(\frac{1-y_{NH_3}-y_i}{1+R}\right)^{0.5}\left[\frac{R(1-y_{NH_3}-y_i)}{1+R}\right]^{1.5}}$$

整理得

$$\frac{y_{NH_3}}{(1 - y_{NH_3} - y_i)^2} = pK_p \frac{R^{1.5}}{(1+R)^2} \tag{9-37}$$

根据式(9-37)可分析影响平衡氨含量的因素。

(1) 温度。氨合成反应是可逆放热反应，当反应温度较低时平衡氨的含量较高；但是温

度越低，反应速率越慢，所以确定适宜的反应温度很重要。实际生产中，反应温度的选择主要取决于氨合成催化剂的性能。因此，实现低温催化合成是长期以来合成氨工业的一个重大研究课题。

(2) 压强。氨合成反应是体积缩小的过程，增大压强有利于氨的生成，提高平衡氨的含量。同时，增大压强等于提高了反应气体的浓度，增加了分子间碰撞的机会，加快了反应速率。一定操作条件下，温度和压强对平衡氨含量的影响如图 9-7 所示。

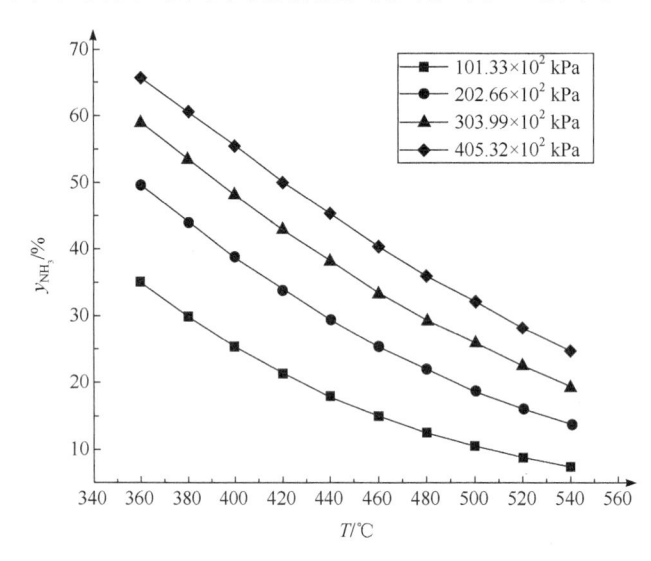

图 9-7 混合气体温度和压强对平衡氨含量的影响

(3) 氢氮比。将式(9-37)对 R 求导数并令导数为 0，解得 $R = 3$。这说明当 $R = 3$ 时，平衡氨的物质的量分数 y_{NH_3} 为最大值，即平衡氨含量最大。实际生产中，具有最大 y_{NH_3} 时的 R 略小于 3 并随压强变化而变化，为 2.68～2.90，如图 9-8 所示。

(4) 惰性气体的含量。惰性气体的存在降低了反应物的分压，也就是降低了反应物浓度，平衡氨含量会下降。因此，氨合成的原料气中应尽量减少惰性气体的含量，以获得较大的平衡氨含量。

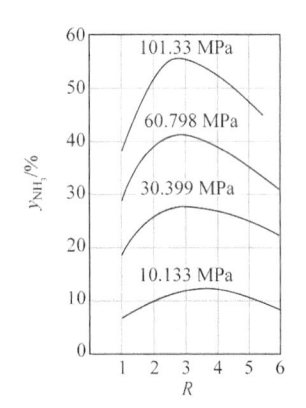

图 9-8 500℃时平衡氨含量与 R 的关系

2. 氨合成的动力学

氨合成反应是一个多相催化反应过程，催化剂是必不可少的，其动力学研究内容主要包括催化剂组成及各组分的作用、催化反应过程、反应机理及关键步骤等。

(1) 催化剂。氨合成反应如果不加催化剂，即使在很高的压强下，反应速率也非常小，生成的氨浓度很低。铁系催化剂自 1911 年被发现对氨合成有催化作用以来，由于其低廉的成本、良好的催化性能至今仍被广泛用于合成氨工业中。铁系催化剂以铁的氧化物 Fe_3O_4 为主体，由物质的量比为 1:1 的 FeO 和 Fe_2O_3 组成，占催化剂总质量的 90%以上；另以 Al_2O_3 等其他金属氧化物为助催化剂。铁系催化剂中各组分的质量分数见表 9-3。

表 9-3 铁系催化剂的组成

组成	Fe$_2$O$_3$	FeO	Al$_2$O$_3$	K$_2$O	CaO	MgO
质量分数/%	55～65	29～35	2～4	0.5～0.8	0.7～2.5	1～3

铁系催化剂的活性组分是金属铁，因此催化剂在使用前要用原料气对其进行还原，将铁氧化物还原为具有较高活性的 α-型纯铁，如式(9-38)所示。

$$Fe_3O_4 + 4H_2 \Longleftrightarrow 3Fe + 4H_2O \tag{9-38}$$

α-铁具有海绵状结构，内表面积很大，其作用是吸附氮分子并削弱 N≡N 键，以利于加氢反应。催化剂中的 Al$_2$O$_3$、K$_2$O、CaO、MgO 等不会被原料气还原，其中 Al$_2$O$_3$ 为结构型助催化剂，可保持催化剂原结构的骨架作用，防止活性铁的微晶长大，增加了催化剂的表面积，提高了催化活性；K$_2$O 为电子型助催化剂，可降低催化剂的金属电子逸出功，使铁更容易将电子传给氮，促进氮的活性吸附；CaO 起助熔作用，降低熔炼时物料的熔点和黏度，使 Al$_2$O$_3$ 易于分散在铁氧化物中，增强催化剂的热稳定性；MgO 具有与 Al$_2$O$_3$ 同样的作用，还能提高催化剂的耐热性和耐硫性，延长催化剂寿命。

铁系催化剂因催化剂表面的活性中心被杂质占据而引起的催化剂活性降低或失活称为催化剂中毒。原料气中的少量 CO、CO$_2$、H$_2$O 等氧化物会导致铁被氧化而失去活性，而当氧化物被除去后，氧化铁被氢还原为铁，催化剂活性得以恢复，称为暂时性中毒。原料气中的硫(如 H$_2$S、SO$_2$)和磷(如 PH$_3$)等杂质与金属铁会形成非常稳定的铁化合物，使催化剂失活并不可恢复，称为永久性中毒。氨合成工业中铁系催化剂的寿命一般为 6～10 年。为防止催化剂中毒，需要对原料气净化以除去毒物。因此，研制抗毒能力强的新型催化剂仍是氨合成工业面临的一个挑战。

(2) 催化反应动力学。氨合成反应为气固多相催化反应。如图 9-9 所示，没有催化剂，氨合成反应的活化能 E_a 很高，约为 335 kJ·mol^{-1}[图 9-9(a)]。加入铁催化剂后，反应分两个阶段进行，分别生成氮化物和氮氢化物，前者的反应活化能 E_1 为 126～167 kJ·mol^{-1}，后者的反应活化能 E_2 为 13 kJ·mol^{-1}[图 9-9(b)]。

氨合成反应的宏观动力学过程包括以下几个步骤：

a. 氢氮混合气由气相主体扩散到催化剂的外表面、内表面上。

b. 氢气、氮气在催化剂表面发生活性吸附，形成活性 N、活性 H，其中 σ 表示催化剂的活性中心。

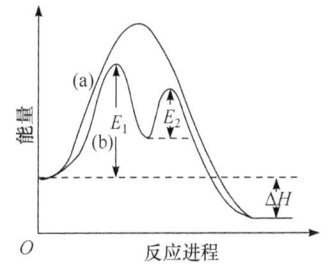

图 9-9 氨合成反应的活化能

$$N_2(g) + \sigma \longrightarrow 2N\sigma$$

$$H_2(g) + \sigma \longrightarrow 2H\sigma$$

c. 被吸附的活性氮和活性氢在催化剂表面反应生成氨。

$$N\sigma + H\sigma \longrightarrow NH\sigma$$

$$NH\sigma + H\sigma \longrightarrow NH_2\sigma$$

$$NH_2\sigma + H\sigma \longrightarrow NH_3\sigma$$

d. 生成的氨从催化剂的内、外表面脱附。

$$NH_3\sigma \longrightarrow NH_3(g)$$

e. 脱附的氨从催化剂表面向气相主体扩散。

上述五个步骤中，a 和 e 为扩散过程，b、c、d 为表面反应，属于化学动力学过程。氨合成的本征动力学研究表明，氮气在催化剂表面的吸附是最慢的一步，也就是表面反应过程的控制步骤。

对于整个反应过程，控制步骤是扩散过程还是表面反应过程取决于反应条件。因氨合成中采用很大气速以提高生产能力，故外扩散不会成为整个反应过程的控制步骤。氨合成反应的催化剂具有许多内孔，其内表面积远远大于外表面积。内表面上的反应过程是内扩散控制还是化学动力学控制主要取决于反应温度和催化剂颗粒大小。因为表面化学反应(包括化学吸附)的活化能($80 \sim 250$ kJ·mol^{-1})比扩散活化能($4 \sim 12$ kJ·mol^{-1})大得多，而温度对反应有较大影响，所以低温时反应速率较小，氨含量不受催化剂粒径的影响，属于化学动力学控制，高温时属于内扩散控制。大颗粒催化剂的内扩散路径长，小颗粒的路径短，所以在同样温度下大颗粒催化剂可能是内扩散控制，小颗粒则是化学动力学控制。图 9-10 反映了在 30 MPa、30 000 h^{-1} 空速下不同粒径铁催化剂对氨合成反应结果的影响。

对于铁催化的氨合成反应，控制步骤不同，动力学方程也不一样。当氨合成反应为内扩散控制时，动力学方程为

$$r_{NH_3} = kp \tag{9-39}$$

式中，r_{NH_3} 为氨合成反应的速率；k 为扩散系数；p 为反应物的总压。

当氨合成反应为化学动力学控制，在接近平衡时时，反应速率方程为

$$r_{NH_3} = k_1 p_{N_2} \frac{(p_{H_2})^{1.5}}{p_{NH_3}} - k_2 \frac{p_{NH_3}}{(p_{H_2})^{1.5}} \tag{9-40}$$

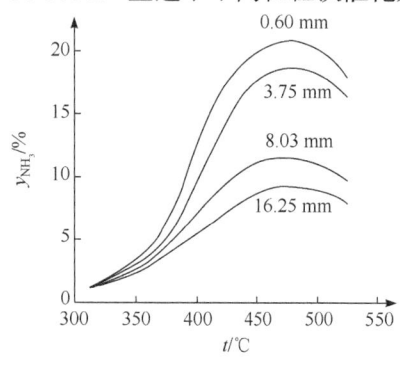

图 9-10 不同粒径铁催化剂对氨合成反应的影响

式中，r_{NH_3} 为氨合成反应的总速率；p_i 为各组分气体的分压；k_1 和 k_2 分别为氨合成和分解反应的速率常数。当反应达到平衡时，$r_{NH_3} = 0$，则

$$k_1 p_{N_2} \frac{(p_{H_2})^{1.5}}{p_{NH_3}} = k_2 \frac{p_{NH_3}}{(p_{H_2})^{1.5}}$$

整理得

$$\frac{k_1}{k_2} = \frac{(p_{NH_3})^2}{p_{N_2}(p_{H_2})^3} = \left[\frac{p_{NH_3}}{(p_{N_2})^{0.5}(p_{H_2})^{1.5}}\right]^2 = K_p^2 \tag{9-41}$$

式(9-41)表明反应平衡时正反应与逆反应速率常数之比是平衡常数的平方。但当反应远离平衡时，式(9-40)不再适用，此时动力学方程为

$$r_{NH_3} = k(p_{N_2})^{0.5}(p_{H_2})^{1.5} \tag{9-42}$$

式中，r_{NH_3} 为氨合成反应的速率；k 为反应速率常数；p_{N_2}、p_{H_2} 分别为 N$_2$、H$_2$ 的分压。

9.3.2 氨合成工艺

根据热力学和动力学分析可知，氨合成反应是可逆放热和体积缩小的反应。为了提高转化率，反应应在低温、高压下进行，但即使在催化剂活性温度范围的最低温度下，反应转化率仍然较低，因此需要采用循环流程以提高原料的总转化率。氨合成中需要优化的工艺条件主要有温度、压强、空间速度、原料气组成、催化剂粒径等。

(1) 温度。氨合成反应在铁系催化剂的活性温度范围(400～510℃)内进行。由于氨的合成是可逆放热反应，为了保持最大反应速率，最佳反应温度必须随着转化率的提高而逐渐降低。因此，氨的合成采用先高温、后低温的操作，即将原料气先预热到高于催化剂活性温度下限的某一温度后送入催化剂层并在绝热条件下反应；随着反应的进行，温度逐渐升高，当接近最佳反应温度后再采取冷却措施，使反应温度降低并接近最佳反应温度，以维持较高的反应速率并获得较高的转化率。

(2) 压强。从化学平衡的角度看，增大压强对提高平衡时氨的浓度和原料气的转化率是有利的。高压能使循环气压缩功和氨分离冷冻系统的压缩减少，但氢氮原料气的压缩功将增加。同时，压强过高对设备的材质、加工制造要求也会相应提高，使设备费用增加，动力消耗增大。另外，高压、高温操作也会使催化剂寿命缩短。

实际生产中，选择操作压强的主要依据是要求经济技术指标中包含能源消耗、原材料费用、设备费用等在内的综合费用最低。技术经济分析表明，将氨合成反应的压强从 10 MPa 提高到 30 MPa 时，综合费用可下降 40% 左右。因此，30 MPa 左右(中压法)是国内外普遍采用的适宜压强。近年来，新建的大型合成氨厂从节约能源的角度考虑，氨合成压强已有降低趋势，如采用 15～20 MPa 的压强。

(3) 空间速度。空间速度是单位时间内通过单位体积催化剂的气体量，简称空速，h^{-1}。空速的大小反映气体与催化剂接触时间的长短。空速越大，反应的推动力增大，反应速率增加，反应时间变短，生产能力增大，氨的产量增加。但空速增大，平衡氨浓度和出口氨浓度降低，单位产量需要处理的气体量增加，氨分离器和循环气压缩机等设备的费用增大，气体流动的阻力损失增大。表 9-4 列出了空速大小对平衡氨浓度和生产强度的影响。可见，空速的提高有一定限度，采用中压法合成氨，空速一般为 20 000～30 000 h^{-1}。

表 9-4　空速与氨浓度和生产强度的关系

空速/h^{-1}	氨浓度/%	生产强度/(kg·m^{-3}·h^{-1})
15 000	23.0	2 657
30 000	18.2	4 204
45 000	16.5	5 717
60 000	14.6	6 745

(4) 氢氮比。根据氨合成的化学计量方程和 9.3.1 小节中对化学热力学的讨论可以看出，原料气中氢氮比为 3∶1 时可获得最大的平衡氨浓度。但铁催化的氨合成化学动力学研究表明，氮的活性吸附是合成反应的控制步骤，适当增加原料气中氮的含量有利于反应速率的提高，也就是说氢氮比略低于 3 时可以加快反应速率，提高出口氨的浓度。实际生产中，循环气体的氢氮比为 2.8～2.9。

(5) 惰性气体含量。惰性组分(如甲烷)在新鲜原料气中的物质的量分数一般小于 2%，不会对反应造成影响。但是由于氨合成采用循环流程，惰性气体在循环过程中不断积累增多，降低了原料气的浓度，使平衡氨含量下降、反应速率减慢。为了防止惰性气体含量过高，生产中将一部分循环气放掉，称为弛放气，另行处理以回收其中的氨等有用气体。但这一操作也会损失较多的原料气。循环气中惰性气体的合理含量范围一般需要在综合考虑原料利用率和反应速率对经济效益的影响后经过对比分析确定。若以氨的增产为主要目标，惰性气体含量一般控制在10%～14%；若以降低原料成本为主要目标，则惰性气体含量可控制在16%～20%。

(6) 进口氨含量。合成塔进口气体中的氨由循环气带入，其含量取决于氨分离的条件。进口氨含量越低，反应推动力越大，反应速率越快，氨的产量也越高。由于氨的分离采用降温液化法，温度越低，分离效果越好，循环气中氨的含量越低，进口氨含量就越小。但是氨的分离越彻底，动力消耗越大，成本越高。因此，合理的进口氨含量需平衡增产与能耗之间的经济效益。合成氨厂在 30 MPa 左右的压强下生产时进口氨含量控制在 3.2%～3.8%；在 15 MPa 左右时控制在 2.8%～3.0%。

(7) 催化剂粒径。原料气在催化剂内表面的内扩散作用对氨合成的影响十分显著。在氨合成塔中，反应气体由上而下穿过催化剂床层。反应初期远离平衡，可控制 440～470℃的较高反应温度以提高反应速率；高温下为内扩散控制，故催化剂上层装填 0.6～3.7 mm 的小颗粒催化剂以减少内扩散阻力，充分利用催化剂内表面。反应后期已接近化学平衡，可控制在 420～440℃的较低温度范围，因反应速率小，整个过程受化学动力学控制，故在催化剂下层应使用较大颗粒催化剂，以减少系统阻力。

9.3.3 合成分离流程

合成反应后，需将氨与未反应的气体分离，目前广泛采用的方法是降低温度使氨液化，再经氨分离器使液氨与气体分离，未液化的气体则返回合成塔循环使用。由于液氨蒸气压较大，未液化的气体中仍含有相当数量的氨。分离压强越高、温度越低，循环气中氨含量越低，但能耗也越大，所以氨分离时应综合考虑增产和能耗两个因素。

图 9-11 是合成压强为 30 MPa 的大型氨厂的氨合成分离流程。由于合成压强高，合成塔出口气体中氨含量较高，出口气体首先经废热锅炉回收热量，再经水冷器冷却至常温，使部分氨冷凝，然后在氨分离器中分离。未凝气体经压缩机压缩后进入油分离器除油，再进入冷凝塔上部热交换器冷却，与补充的新鲜原料气混合后，进入氨冷器冷却至 −8～0℃，使循环气中的大部分氨冷凝，并在冷凝塔的下部进行气、液分离。分离液氨后的低温循环气经冷凝塔上部热交换器加热至 10～30℃进入氨合成工段。

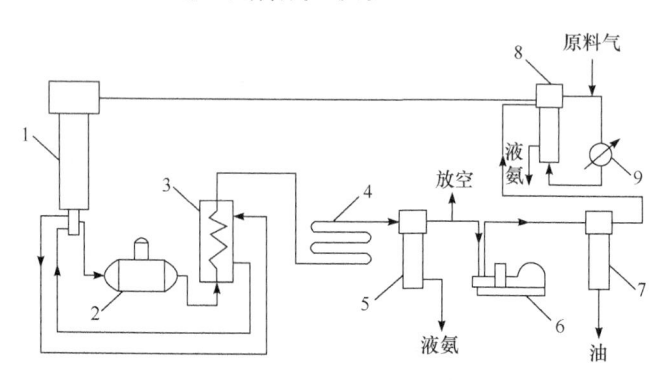

图 9-11 氨合成分离流程

1. 合成塔；2. 废热锅炉；3. 预热器；4. 水冷器；5. 氨分离器；6. 循环压缩机；7. 油分离器；8. 冷凝塔；9. 氨冷器

9.3.4 合成塔

合成塔是合成氨生产的核心设备,是氨合成的场所,因此合成塔的设计和操作必须保证原料气在最佳条件下进行反应。

氨合成在高温、高压下进行,氢、氮对碳钢有明显的腐蚀作用。为了满足氨合成的最佳条件并减轻原料气对设备的腐蚀,将合成塔设计成外筒和内筒两部分。外筒容积大,需耐高压,但外筒的温度一般不超过 50℃,并且外筒材料的耐氢、耐氮腐蚀性能要求不高,通常采用高强度低合金钢制成。内筒是原料气预热、反应和冷却的场所,温度较高,需要采用耐氢、耐氮腐蚀的特种合金钢制成,但内筒的内、外压差小,厚度较薄。将合成塔分成外筒与内筒两个部分,使承受高压的部分不承受高温,而承受高温的部分不承受高压,可以节省钢材,降低设备投资。

内筒中装设有催化剂筐、换热器和分气盒。催化剂筐内放置催化剂、冷却管(适用于连续换热式合成塔)、电热器和测温仪,冷却管的作用是迅速移去反应热,同时预热未反应气体,保证催化剂床层温度接近最佳反应温度;电热器用于开车时升温、操作波动时调温。换热器用于进入气体和反应后气体的换热,通常采用列管式。分气盒与换热器相连,起分气和集气作用。

合成塔的分类方法很多,按从催化剂床层移热的方式不同,可分为连续换热式、多段间接换热式和多段冷激式;按原料气流动的方向不同,可分为轴向塔、径向塔和轴-径向混合塔。对合成塔的设计,原则上不同移热方式可以与不同气体流动方向任意搭配。下面分别介绍大型氨厂常用的四段冷激轴向合成塔和二段冷激径向合成塔的构造及优缺点。

1. 四段冷激轴向合成塔

大型氨厂的轴向合成塔大多采用多段(一般是四段)绝热式反应器,段间采用原料气冷激式换热,如图 9-12 所示。温度为 30~40℃、含 NH_3 2.1%(物质的量分数,下同)的新鲜原料气和循环气组成的混合反应气从塔底主进气口进入塔内,沿外筒与内筒间的环隙上升,同时吸收内筒向外筒的传热,防止外筒温度超过 50℃而发生腐蚀。混合反应气上升到塔顶后进入换热器的壳程向下流动,并被换热器管内合成后的气体预热到 420℃左右,与侧面冷激气进口进入的适量冷激气混合后,温度降到 410℃,由上而下经过第一段催化剂床层,反应气温度由 410℃上升至 496℃,氨浓度由 2.1%上升到 8.0%;再次与适量冷激气混合,温度由 496℃降至 430℃,氨浓度由 8.0%降至 6.9%,之后进入第二段催化床层。如此反复,反应气体经过四段床层后,从中心管上升进入换热器管内放出热量,温度降至 130~200℃后出塔。需要说明的是,四段催化剂床层厚度并非等分,第四段催化剂的用量比第一段多几倍,这是因为反应初期速率很快,只需少量催化剂,而反应后期速率很慢,需要较多的催化剂。另外,轴向塔的长径比一般为 12~15,其中催化剂床层的长径比为 8~10,床层总厚度可达 7~8 m。

多段冷激轴向合成塔的主要优点是塔体结构简单,催化剂和温度分布均匀,控温调温方便,催化剂装卸容易;缺点是全塔阻力较大,合成气分布不均,出口氨浓度较低。

2. 二段冷激径向合成塔

图 9-13 为二段冷激径向合成塔示意图。二段冷激径向合成塔有两个催化剂床层,床层下

面为换热器。反应气体由塔顶进入，向下流经内、外筒间的环隙，再进入换热器的壳程。冷副线气体(用于控制第一个床层的进口温度)由塔底进入，两者混合后经中心管进入第一段床层，气体沿径向流经床层后进入环形通道，在此与塔顶进入的冷激气混合，再进入第二段床层，由外向内沿径向流动，然后由中心管外的环形通道向下流动，经换热器管内从塔底流出。径向塔中催化剂层较薄，阻力仅为轴向塔的 10%～30%，气体压缩机的能耗相应降低，可以提高空速以增加产量。另外，较薄的床层还能改善催化剂的还原条件，提高催化活性。

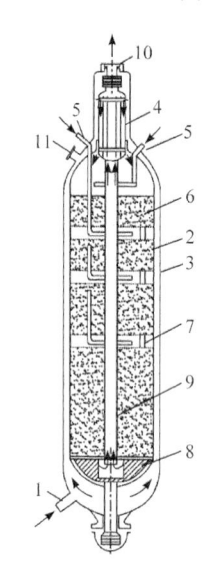

图 9-12　四段冷激轴向合成塔
1. 主进气口；2. 内芯；3. 外壳；4. 换热器；5. 冷激气进口；6. 催化剂；7. 卸料管；8. 氧化铝填料；9. 中心管；10. 合成气出口；11. 入孔

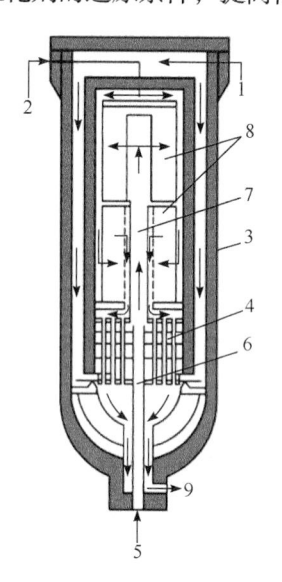

图 9-13　二段冷激径向合成塔
1. 气体主流入口；2. 冷激气体入口；3. 外筒；4. 换热器；5. 冷副线气体入口；6. 冷副线管；7. 中心管；8. 径向催化床；9. 合成气出口

9.4　氨合成全流程

以煤或焦炭为原料的合成氨典型全流程如图 9-14 所示。该工艺采用改良 ADA 法脱硫、氨基乙酸法脱除 CO_2、加压(2.03 MPa)变换等先进技术。

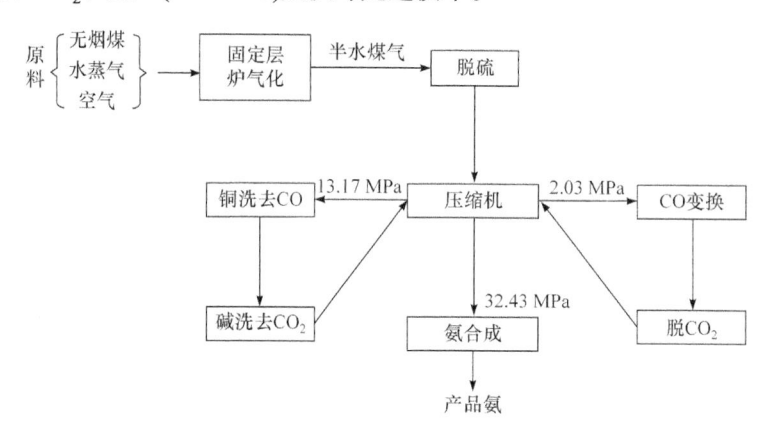

图 9-14　以煤或焦炭为原料的合成氨全流程

以天然气等气态烃为原料的合成氨典型全流程如图 9-15 所示。该工艺采用原料二段转化法，并且将脱硫置于转化之前，能有效提高原料转化率，避免转化和变换催化剂中毒，节省和利用了大量热量。

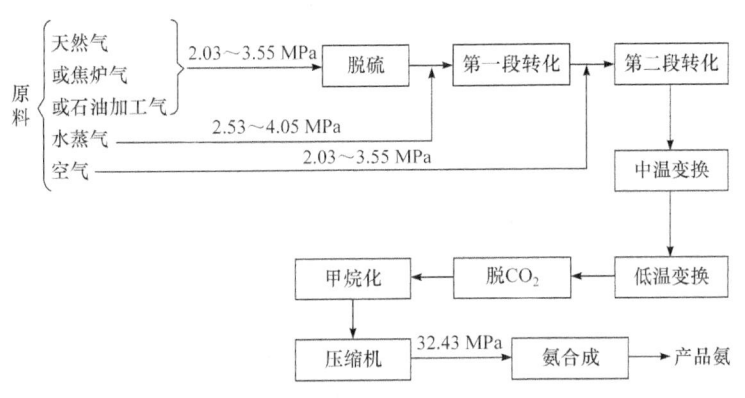

图 9-15　以气态烃为原料的合成氨全流程

9.5　氨的深加工——尿素的合成

尿素又称脲(urea)或碳酰胺(carbamide)，分子式为 H_2NCONH_2，是最简单的有机化合物之一，呈白色针状或柱状结晶，熔点为 132.7℃，常压下温度超过熔点即分解。尿素略有吸湿性，易溶于水，25℃下 100 mL 水中能溶解 116.8 g 尿素。尿素作为一种中性化学肥料，含氮量为 46%，是含氮量最高的固体氮肥，适用于各种土壤和植物。尿素易保存，使用方便，对土壤的破坏作用小，是目前使用量较大的一种化学氮肥。尿素也是一种常见的化工原料，广泛应用于有机合成、农药医药等精细化工领域及聚合物材料合成等方面。

1828 年，德国化学家维勒(F. Wöhler)用氰酸与氨反应生成了白色的尿素，并确定了其结构。这是第一个以人工方法从无机物制得的有机化合物，开创了有机合成新时代，在化学发展史上具有重要意义。1868 年，俄国人巴扎罗夫提出用氨基甲酸铵脱水法生产尿素。1922 年，德国建成用氨和二氧化碳合成尿素的第一套工业化生产装置，但原料利用率低、副产物多。20 世纪 50 年代末，尿素生产的全循环流程获得成功应用，经济效益得以提升，规模不断扩大。目前世界各国仍普遍采用这一方法合成尿素。可见，尿素是氨的深加工产品，也是大型合成氨厂的联产产品。

尿素的合成反应分两步进行，第一步是氨与二氧化碳反应生成氨基甲酸铵(简称甲铵)，第二步是甲铵脱水生成尿素，分步反应和总反应的化学方程式分别如式(9-43)、式(9-44)和式(9-45)所示。

$$2NH_3(g) + CO_2(g) \rightleftharpoons NH_2COONH_4(l) \qquad \Delta_r H_m^\ominus = -117 \text{ kJ} \cdot \text{mol}^{-1} \qquad (9\text{-}43)$$

$$NH_2COONH_4(l) \rightleftharpoons (NH_2)_2CO(l) + H_2O(l) \qquad \Delta_r H_m^\ominus = 28.5 \text{ kJ} \cdot \text{mol}^{-1} \qquad (9\text{-}44)$$

$$2NH_3(g) + CO_2(g) \rightleftharpoons (NH_2)_2CO(l) + H_2O(l) \qquad \Delta_r H_m^\ominus = -88.5 \text{ kJ} \cdot \text{mol}^{-1} \qquad (9\text{-}45)$$

式(9-43)的反应是强放热反应，在常压下反应速率很慢，加压下则很快，转化率也高。式(9-44)的反应是温和的吸热反应，速率较慢，而且必须在熔融状态下才能进行，故尿素的生产温度必须高于氨基甲酸铵的熔点(152℃)。尿素合成的总反应是体积缩小的可逆、放热过程，氨基甲酸铵的分解是整个反应过程的控制步骤，决定总的反应速率和转化率。

尿素合成反应的温度一般控制在 170～190℃。但是高温不利于式(9-43)的正反应的进行，为了抑制其逆反应，需要加压，一般操作压强为 14～24 MPa。实际生产中，考虑到氨的回收比二氧化碳容易，采用氨过量的方法提高二氧化碳的转化率，氨与二氧化碳的物质的量比为 3∶1～4.5∶1，反应物料停留时间为 25～40 min。

尿素的生产工艺流程很多，目前国内外普遍采用 20 世纪 60 年代开发的甲铵水溶液全循环工艺和二氧化碳气提全循环工艺。

甲铵水溶液全循环工艺流程可分为二氧化碳的压缩、液氨的输送、甲铵的合成与分解、甲铵液与未反应物的循环、尿素溶液的蒸发浓缩、尿素的造粒等工序，如图 9-16 所示。首先，液氨经过滤、加压和预热后，与被压缩的二氧化碳一起进入合成塔，同时一起进入合成塔的还有经过加压后循环使用的氨基甲酸铵溶液。反应 1 h 后 CO_2 的转化率可达 62%～64%。出塔物料是尿素、氨基甲酸铵、氨和水的混合物。此混合物经减压后在预分解器、两段分解塔中加热和降压，使溶液中的氨、二氧化碳和水汽化，由两段分解塔的塔底流出的尿素溶液进入闪蒸槽，在负压下进一步分离出少量的氨、二氧化碳和一定量的水蒸气，再通过两段减压蒸发浓缩后得熔融态的尿素，送往造粒塔造粒得到粒状尿素产品。

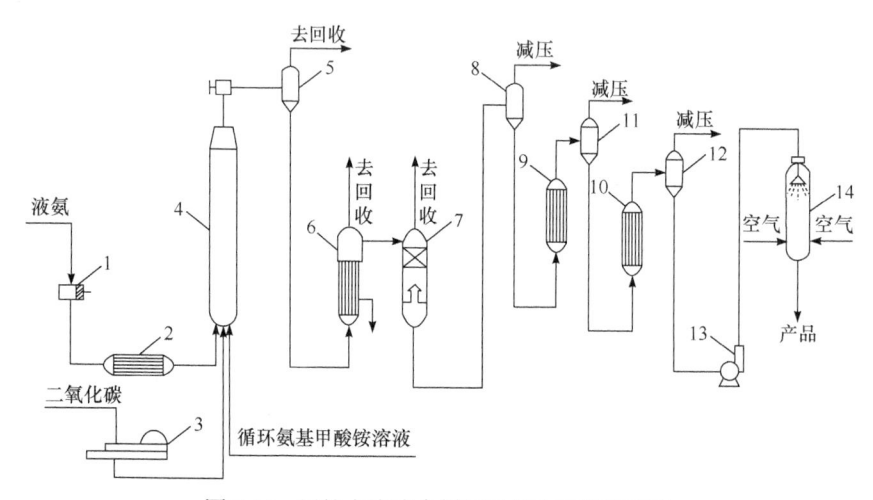

图 9-16 甲铵水溶液全循环工艺生产尿素流程
1. 液氨加压泵；2. 液氨预热器；3. 二氧化碳压缩机；4. 合成塔；5. 预分解器；6、7. 一、二段分解塔；8. 闪蒸槽；9、10. 二段蒸发加热器；11、12. 二段蒸发分离器；13. 熔融尿素泵；14. 造粒塔

二氧化碳气提全循环工艺流程主要包括二氧化碳压缩、尿素合成、尿素溶液保存、浓缩、造粒等工序，如图 9-17 所示。从合成塔出来的尿素合成液依靠重力流入列管式降膜气提塔中，于 180～190℃下在列管内壁成膜，从塔顶流向塔底；二氧化碳气体从塔底进入向上流动。从气提塔出来的氨和二氧化碳进入高压甲铵冷凝器的顶部，同时送入稀甲铵循环溶液和一部分由合成塔引出的溶液，保证甲铵不会析出。从高压甲铵冷凝器底部流出的溶液再返回合成塔形成循环。从气提塔底部出来的溶液经降压后依次进入精馏塔、加热器和闪蒸槽分解得到尿素浓缩液，浓度可达 99.5%以上，再采用结晶法、塔式喷淋造粒法或颗粒成型造粒法得到尿素产品。

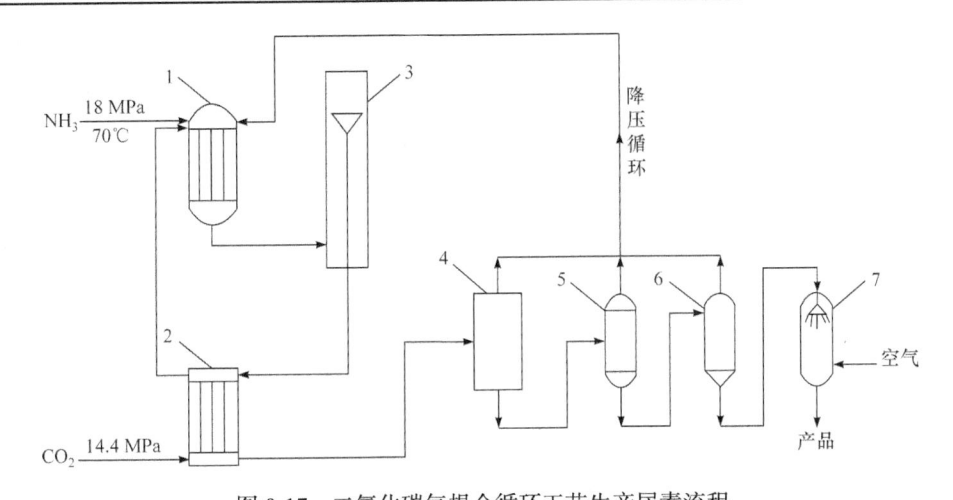

图 9-17 二氧化碳气提全循环工艺生产尿素流程
1. 高压甲铵冷凝器；2. 气提塔；3. 尿素合成塔；4. 精馏塔；5. 加热器；6. 闪蒸槽；7. 造粒塔

9.6 合成氨的发展趋势

合成氨在工业、农业、医药、材料等领域具有广泛用途。合成氨工业经过多年的发展，其生产技术与工艺持续优化，已日趋完善。现阶段，随着能源结构调整、环境保护力度加大以及"碳达峰、碳中和"的要求，在合成氨生产的过程中大力发展氨合成新技术、新工艺，持续实施节能、减排、降耗举措，提高生产效率，实现清洁生产，仍是当前合成氨工业发展的主要目标。

(1) 持续进行工艺优化和工程技术改造，开发低能耗制氨技术。目前合成氨的理论能耗为每吨液氨 22 GJ，但实际生产中根据原料来源、技术工艺和生产规模的不同，每吨液氨的能耗为 33～58 GJ，可见合成氨生产仍有很大的节能降耗的空间。这就要求生产企业优化技术工艺、改进设备，实现节能降耗。

(2) 合理替换原材料及产出架构。全球石油储量不断下降，而我国石油的对外依存度逐年上升，石油资源短缺问题已迫在眉睫，"多煤、少气、缺油"的化石资源特点将长期存在。为了解决原料短缺问题，除对天然气及重油、渣油、石蜡等石油资源作为合成氨原料进行深度利用外，寻找储量丰富、更加清洁、科学的原料是当务之急。

(3) 大力发展高效、节能环保型清洁生产设备、技术与工艺。开发高效合成气制造技术，发展低温、中低压条件下具有强抗毒性的氨合成催化剂体系与工艺，开发具有高效传热、传质性能的氨合成塔设备，不断提升合成氨工艺技术的自我净化能力。另外，减少生产过程中的副产物排放，建立对整个合成氨生产的能量利用、碳排放的全过程监控，为节能减排、保护环境提供决策依据。

(4) 合成氨工艺技术大型化、规模化。为了降低单位产品的生产成本，合成氨技术已向大型化、集成化、自动化方向发展，从最初新建的 10 万 $t·a^{-1}$ 小产能转变为如今单套装置 100 万 $t·a^{-1}$ 的主流产能，今后还会继续增加。这就要求换热设备、合成塔、精馏塔等的制造、安装、集成技术与之配套，促进装置大型化和生产规模化，提高合成氨的产量，进而提高企业的经济效益。

(5) 加强联产技术与工艺的研究和开发。合成氨是多种有机、无机化工产品的生产原料，因此充分利用合成氨联产技术就地生产尿素、甲醇、二甲醚、氯化铵、碳酸钠、碳酸氢钠等化学品，不仅可以提高合成氨的利用效率，减少储存运输费用，而且可以向高附加值的多元化产品方向发展，提高装置竞争力，显著增加经济效益。

习　题

1. 合成氨工业的原则生产流程有哪些？
2. 合成氨的原料气制造有哪几种方法？各有什么优缺点？
3. 简述合成氨反应的热力学特点及动力学反应步骤。
4. 以轻质烃为原料生产合成氨原料气时，为什么采用二段转化法？
5. 氨合成的催化剂由哪些组分构成？各起什么作用？活性组分是什么？
6. 为什么要将原料气中的硫化物，以及 CO、CO_2、O_2 等气体除去？试述除去这些气体的原理和反应。
7. 影响氨合成的因素有哪些？如何优化这些工艺条件？
8. 简述尿素的合成方法及工艺流程。

主要参考文献

李德华, 2017. 化学工程基础[M]. 3 版. 北京: 化学工业出版社.
彭盘英, 娄向东, 2011. 化工基础[M]. 北京: 科学出版社.
王永成, 2011. 化学工程基础[M]. 北京: 北京师范大学出版社.
武汉大学, 2016. 化学工程基础[M]. 3 版. 北京: 高等教育出版社.
张近, 2014. 化工基础[M]. 2 版. 北京: 高等教育出版社.

附　　录

附录1　干空气的物理性质

(p = 760 mmHg = 1.013 25×10^5 Pa)

温度 T/℃	密度 ρ/(kg·m^{-3})	比热容 c_p/(kJ·kg^{-1}·℃$^{-1}$)	导热系数 λ/(×10^2 W·m^{-1}·℃$^{-1}$)	黏度 η/(×10^6 Pa·s)	普朗特数 Pr
−50	1.584	1.013	2.04	14.6	0.728
−40	1.515	1.013	2.12	15.2	0.728
−30	1.453	1.013	2.20	15.7	0.723
−20	1.395	1.009	2.23	16.2	0.716
−10	1.342	1.009	2.36	16.7	0.712
0	1.293	1.005	2.44	17.2	0.707
10	1.247	1.005	2.51	17.6	0.705
20	1.205	1.005	2.59	18.1	0.703
30	1.165	1.005	2.67	18.6	0.701
40	1.128	1.005	2.76	19.1	0.699
50	1.093	1.005	2.83	19.6	0.698
60	1.060	1.005	2.90	20.1	0.696
70	1.029	1.009	2.96	20.6	0.694
80	1.000	1.009	3.05	21.1	0.692
90	0.972	1.009	3.13	21.5	0.690
100	0.946	1.009	3.21	21.9	0.688
120	0.898	1.009	3.34	22.8	0.686
140	0.854	1.013	3.49	23.7	0.684
160	0.815	1.017	3.64	24.5	0.682
180	0.779	1.022	3.78	25.3	0.681
200	0.746	1.026	3.93	26.0	0.680
250	0.674	1.038	4.27	27.4	0.677
300	0.615	1.047	4.60	29.7	0.674
350	0.566	1.059	4.91	31.4	0.676
400	0.524	1.068	5.21	33.0	0.678
500	0.456	1.093	5.74	36.2	0.687
600	0.404	1.114	6.22	39.1	0.699
700	0.362	1.135	6.71	41.8	0.706
800	0.329	1.156	7.18	43.3	0.713
900	0.301	1.172	7.63	46.7	0.717
1000	0.277	1.185	8.07	49.0	0.719
1100	0.257	1.197	8.50	51.2	0.722
1200	0.239	1.210	9.15	53.5	0.724

附录2　水的物理性质

温度 /℃	外压 /(10⁵ Pa)	密度 /(kg·m⁻³)	焓 /(kJ·kg⁻¹)	比热容 /(kJ·kg⁻¹·K⁻¹)	热导率 /(W·m⁻¹·K⁻¹)	黏度 /(mPa·s)	运动黏度 /(10⁻⁵ m²·s⁻¹)	体积膨胀系数 /(10⁻³ ℃⁻¹)	表面张力 /(mN·m⁻¹)	普朗特数 Pr
0	1.013	999.9	0	4.212	0.551	1.789	0.1789	0.063	75.6	13.66
10	1.013	999.7	42.04	4.197	0.575	1.305	0.1306	0.070	74.1	9.52
20	1.013	998.2	83.9	4.183	0.599	1.005	0.1006	0.182	72.7	7.01
30	1.013	995.7	125.8	4.174	0.618	0.801	0.0803	0.321	71.2	5.42
40	1.013	992.2	167.5	4.174	0.634	0.653	0.0659	0.387	69.6	4.32
50	1.013	988.1	209.3	4.174	0.648	0.549	0.556	0.449	67.7	3.54
60	1.013	983.2	251.1	4.178	0.659	0.470	0.0478	0.511	66.2	2.98
70	1.013	977.8	293.0	4.187	0.668	0.406	0.0415	0.570	64.3	2.54
80	1.013	971.8	334.9	4.195	0.675	0.355	0.0365	0.632	62.6	2.22
90	1.013	965.3	377.0	4.208	0.680	0.315	0.0326	0.695	60.7	1.96
100	1.013	958.4	419.1	4.220	0.683	0.283	0.0295	0.752	58.8	1.76
110	1.433	951.0	461.3	4.233	0.685	0.259	0.0272	0.808	56.9	1.61
120	1.986	943.1	503.7	4.250	0.686	0.237	0.0252	0.864	54.8	1.47
130	2.702	934.8	546.4	4.266	0.686	0.218	0.0233	0.919	52.8	1.36
140	3.624	926.1	589.1	4.287	0.685	0.201	0.0217	0.972	50.7	1.26
150	4.761	917.0	632.2	4.312	0.684	0.186	0.0203	1.030	48.6	1.18
160	6.481	907.4	675.3	4.346	0.683	0.173	0.0191	1.070	46.6	1.11
170	7.924	887.3	719.3	4.386	0.679	0.163	0.0181	1.130	45.3	1.05
180	10.03	886.9	763.3	4.417	0.675	0.153	0.0173	1.190	42.3	1.00
190	12.55	876.0	807.6	4.459	0.670	0.144	0.0165	1.260	40.0	0.96
200	15.54	863.0	852.4	4.505	0.663	0.136	0.0158	1.330	37.7	0.93
210	19.07	852.8	897.6	4.555	0.655	0.130	0.0153	1.410	35.4	0.91
220	23.20	840.3	943.7	4614	0.645	0.124	0.0148	1.480	33.1	0.89
230	27.98	827.3	990.2	4.681	0.637	0.120	0.0145	1.590	31.0	0.88
240	33.47	813.6	1038	4.756	0.628	0.115	0.0141	1.680	28.5	0.87
250	39.77	799.0	1086	4.844	0.618	0.110	0.0137	1.810	26.2	0.86
260	46.93	784.0	1135	4.949	0.604	0.106	0.0135	1.970	23.8	0.87
270	55.03	767.9	1185	5.070	0.590	0.102	0.0133	2.160	21.5	0.88
280	64.16	750.7	1237	5.229	0.575	0.098	0.0131	2.370	19.1	0.89
290	74.42	732.3	1290	5.485	0.558	0.094	0.0129	2.620	16.9	0.93
300	85.81	712.5	1345	5.730	0.540	0.091	0.0128	2.920	14.4	0.97
310	98.76	691.1	1402	6.071	0.523	0.088	0.0128	3.290	12.1	1.02
320	113.0	667.1	1462	6.573	0.506	0.085	0.0128	3.820	9.81	1.11
330	128.7	640.2	1526	7.240	0.484	0.081	0.0127	4.330	7.67	1.22
340	146.1	610.1	1595	8.160	0.470	0.077	0.0127	5.340	5.67	1.38
350	165.3	574.4	1671	9.500	0.430	0.073	0.0126	6.680	3.81	1.60
360	189.6	528.0	1761	13.980	0.400	0.067	0.0126	10.900	2.02	2.36
370	210.4	450.5	1892	40.320	0.340	0.057	0.0126	26.400	4.71	6.80

附录3　主要物理量的单位换算

力 (MLT^{-2})	N	dyn	kgf		
	1	1×10^5	1.020×10^{-1}		
	1×10^{-5}	1	1.020×10^{-6}		
	9.807	9.807×10^5	1		

压力、应力 (ML^{-1}T^{-2})	Pa	bar	atm	kgf·cm^{-2}	mmHg (torr)
	1	1×10^{-5}	9.869×10^{-6}	1.020×10^{-5}	7.501×10^{-3}
	1×10^5	1	9.869×10^{-1}	1.02	7.501×10^2
	1.013×10^5	1.013	1	1.033	7.60×10^2
	9.807×10^4	9.807×10^{-1}	9.678×10^{-1}	1	7.36×10^2
	1.333×10^2	1.333×10^{-3}	1.316×10^{-3}	1.360×10^{-3}	1

能量、功、热 (ML^{2}T^{-2})	J	kgf·m	cal	kW·h
	1	1.020×10^{-1}	2.388×10^{-1}	2.778×10^{-7}
	9.807	1	2.344	2.72×10^{-6}
	4.187	4.27×10^{-1}	1	1.163×10^{-6}
	3.600×10^6	3.67×10^5	8.598×10^5	1

功率、热流量 (ML^{2}T^{-3})	W	J·s^{-1}	kgf·m·s^{-1}	cal·s^{-1}
	1	1	1.020×10^{-1}	2.388×10^{-1}
	9.807	9.807	1	2.34
	4.19	4.19	4.27×10^{-1}	1

比热容 (L^{2}T^{-2}θ^{-1})	kJ·kg^{-1}·K^{-1}	kcal·kg^{-1}·℃$^{-1}$
	1	2.388×10^{-1}
	4.187	1

热导率 (MLT^{-3}θ^{-1})	W·m^{-1}·K^{-1}	cal·s^{-1}·m^{-1}·℃$^{-1}$
	1	2.388×10^{-1}
	4.187	1

动力黏度 (ML^{-1}T^{-1})	Pa·s	P	kgf·m^{-2}·s
	1	1×10^1	1.020×10^{-1}
	1×10^{-1}	1	1.020×10^{-2}
	9.807	9.807×10^1	1

运动黏度、热扩散率 (L^{2}T^{-1})	m^2·s^{-1}	cm^2·s^{-1}	m^2·h^{-1}
	1	1×10^4	3.60×10^3
	1×10^{-4}	1	3.60×10^{-1}
	2.778×10^{-4}	2.778	1

传热系数、表面传热系数 (MT^{-3}θ^{-1})	W·m^{-2}·K^{-1}	cal·cm^{-2}·s^{-1}·℃$^{-1}$	kcal·m^{-2}·h^{-1}·℃$^{-1}$
	1	2.389×10^{-5}	8.60×10^{-1}
	4.184×10^4	1	3.60×10^4
	1.163	2.78×10^{-5}	1

续表

	W·m^{-2}	cal·cm^{-2}·s^{-1}	kcal·m^{-2}·h^{-1}
热流密度(通量) (MT^{-3})	1	2.389×10^{-5}	8.60×10^{-1}
	4.184×10^4	1	3.60×10^4
	1.163	2.78×10^{-5}	1

附录 4 钢管的规格

1. 普通钢管的公称外径和公称壁厚(摘自 GB/T 17395—2024)

公称外径/mm	公称壁厚/mm 从	到	公称外径/mm	公称壁厚/mm 从	到	公称外径/mm	公称壁厚/mm 从	到
10	0.25	3.5	48	1.0	12	219	1.8	55
13.5	0.25	4.0	60	1.0	16	273	2.0	65
17	0.25	5.0	76	1.0	20	325	2.5	65
21	0.40	6.0	89	1.4	24	356	2.5	65
27	0.40	7.0	114	1.5	30	406	2.5	65
34	0.40	8.0	140	1.6	36	457	3.2	65
42	1.0	10	168	1.6	45	508	3.2	65

注：壁厚(mm)有 0.25、0.30、0.40、0.50、0.60、0.80、1.0、1.2、1.4、1.5、1.6、1.8、2.0、2.2、2.4、2.5、2.8、3.0、3.2、3.5、3.8、4.0、4.3、4.5、4.8、5.0、5.5、6.0、6.5、7.0、7.5、8.0、8.5、9.0、9.5、10、11、12、13、14、15、16、17、18、19、20、22、24、25、26、28、30、32、34、36、38、40、42、45、48、50、55、60、65。

2. 冷拔或冷轧精密无缝钢管(摘自 GB/T 3639—2021)

外径/mm	壁厚/mm 从	到	外径/mm	壁厚/mm 从	到	外径/mm	壁厚/mm 从	到
4	0.5	1.2	35	0.5	10	130	2.5	18
5	0.5	1.2	38	0.5	10	140	2.5	18
6	0.5	2.0	40	0.5	10	150	3.0	20
7	0.5	2.0	42	1.0	10	160	3.0	20
8	0.5	2.5	45	1.0	10	170	3.0	20
9	0.5	2.8	48	1.0	10	180	3.5	20
10	0.5	3.0	50	1.0	10	190	3.5	20
12	0.5	4.0	55	1.0	12	200	3.5	20
14	0.5	4.5	60	1.0	12	220	4.5	25
15	0.5	5.0	65	1.0	14	240	4.5	25
16	0.5	6.0	70	1.0	14	260	5.0	25
18	0.5	6.0	75	1.0	16	280	5.5	25
20	0.5	7.0	80	1.0	16	300	6.0	25
22	0.5	7.0	85	1.5	16	320	6.0	25
25	0.5	8.0	90	1.5	16	340	8.0	25
26	0.5	8.0	95	2.0	18	360	8.0	25
28	0.5	8.0	100	2.0	18	380	8.0	25
30	0.5	10	110	2.0	18			
32	0.5	10	120	2.0	18			

注：壁厚(mm)有 0.5、0.8、1.0、1.2、1.5、1.8、2.0、2.2、2.5、2.8、3.0、3.5、4.0、4.5、5.0、5.5、6.0、7.0、8.0、9.0、10、12、14、16、18、20、22、25。

科学出版社 高等教育出版中心
教学支持说明

  科学出版社高等教育出版中心为了对教师的教学提供支持，特对教师免费提供本教材的电子课件，以方便教师教学。

  获取电子课件的教师需要填写如下情况的调查表，以确保本电子课件仅为任课教师获得，并保证只能用于教学，不得复制传播用于商业用途。否则，科学出版社保留诉诸法律的权利。

  微信关注公众号"科学 EDU"，可在线申请教材课件。也可将本证明签字盖章、扫描后，发送到 chem@mail.sciencep.com，我们确认销售记录后立即赠送。

  如果您对本书有任何意见和建议，也欢迎您告诉我们。意见一旦被采纳，我们将赠送书目，教师可以免费选书一本。

证　明

  兹证明_____大学_____学院/_____系第_____学年□上□下学期开设的课程，采用科学出版社出版的_____/_____（书名/作者）作为上课教材。任课教师为_____共_____人，学生_____个班共_____人。

  任课教师需要与本教材配套的电子教案。

电　话：_____

传　真：_____

E-mail：_____

地　址：_____

邮　编：_____

院长/系主任：_____（签字）

（学院/系办公室章）

___年___月___日